全国普通高等中医药院校药学类专业第三轮规划教材

仪器分析（第3版）

（供药学、中药学、制药工程等专业用）

主 编 容 蓉 黄荣增

副主编 韦国兵 纪永升 张春丽

编 者（以姓氏笔画为序）

韦国兵（江西中医药大学）
纪永升（河南中医药大学）
宋永兴（河北中医药大学）
张国英（山东中医药大学）
陈 晖（甘肃中医药大学）
容 蓉（山东中医药大学）
韩毅丽（山西中医药大学）
许光明（湖南中医药大学）
李小蓉（陕西中医药大学）
宋成武（湖北中医药大学）
张春丽（河南大学）
袁瑞娟（北京中医药大学）
黄荣增（湖北中医药大学）

中国健康传媒集团
中国医药科技出版社

内容提要

本教材是“全国普通高等中医药院校药学类专业第三轮规划教材”之一，依照教育部相关文件精神，根据专业教学要求和课程特点，结合《中国药典》和国家执业药师考试大纲要求编写而成。全书共分十五章，内容涵盖了药典通则中关于药物结构分析、含量测定以及定性鉴别等所涉及的主要仪器分析方法，重点介绍各种光谱分析法和色谱分析法。本教材为书网融合教材，即纸质教材有机融合电子教材、教学配套资源（PPT、微课、视频、图片等）、题库系统、数字化教学服务（在线教学、在线作业、在线考试），使教学资源更加多样化、立体化，有助学习者理解掌握相关知识，并及时考察学习效果。

本教材主要供高等中医药院校药学、中药学、制药工程等专业师生教学使用，也可作为考研、医药行业考试与培训的参考用书。

图书在版编目（CIP）数据

仪器分析/容蓉，黄荣增主编. —3版. —北京：中国医药科技出版社，2023.12（2024.12重印）.

全国普通高等中医药院校药学类专业第三轮规划教材

ISBN 978-7-5214-3983-0

Ⅰ.①仪… Ⅱ.①容… ②黄… Ⅲ.①仪器分析-中医学院-教材 Ⅳ.①O657

中国国家版本馆CIP数据核字（2023）第141350号

美术编辑 陈君杞
版式设计 友全图文

出版 **中国健康传媒集团** | 中国医药科技出版社
地址 北京市海淀区文慧园北路甲22号
邮编 100082
电话 发行：010-62227427 邮购：010-62236938
网址 www.cmstp.com
规格 889mm×1194mm 1/16
印张 17 3/4
字数 524千字
初版 2014年8月第1版
版次 2023年12月第3版
印次 2024年12月第2次印刷
印刷 北京印刷集团有限责任公司
经销 全国各地新华书店
书号 ISBN 978-7-5214-3983-0
定价 58.00元

出版说明

“全国普通高等中医药院校药学类专业第二轮规划教材”于2018年8月由中国医药科技出版社出版并面向全国发行，自出版以来得到了各院校的广泛好评。为了更好地贯彻落实《中共中央　国务院关于促进中医药传承创新发展的意见》和全国中医药大会、新时代全国高等学校本科教育工作会议精神，落实国务院办公厅印发的《关于加快中医药特色发展的若干政策措施》《国务院办公厅关于加快医学教育创新发展的指导意见》《教育部　国家卫生健康委　国家中医药管理局关于深化医教协同进一步推动中医药教育改革与高质量发展的实施意见》等文件精神，培养传承中医药文化，具备行业优势的复合型、创新型高等中医药院校药学类专业人才，在教育部、国家药品监督管理局的领导下，中国医药科技出版社组织修订编写“全国普通高等中医药院校药学类专业第三轮规划教材”。

本轮教材吸取了目前高等中医药教育发展成果，体现了药学类学科的新进展、新方法、新标准；结合党的二十大会议精神、融入课程思政元素，旨在适应学科发展和药品监管等新要求，进一步提升教材质量，更好地满足教学需求。通过走访主要院校，对2018年出版的第二轮教材广泛征求意见，针对性地制订了第三轮规划教材的修订方案。

第三轮规划教材具有以下主要特点。

1.立德树人，融入课程思政

把立德树人的根本任务贯穿、落实到教材建设全过程的各方面、各环节。教材内容编写突出医药专业学生内涵培养，从救死扶伤的道术、心中有爱的仁术、知识扎实的学术、本领过硬的技术、方法科学的艺术等角度出发与中医药知识、技能传授有机融合。在体现中医药理论、技能的过程中，时刻牢记医德高尚、医术精湛的人民健康守护者的新时代培养目标。

2.精准定位，对接社会需求

立足于高层次药学人才的培养目标定位教材。教材的深度和广度紧扣教学大纲的要求和岗位对人才的需求，结合医学教育发展“大国计、大民生、大学科、大专业”的新定位，在保留中医药特色的基础上，进一步优化学科知识结构体系，注意各学科有机衔接、避免不必要的交叉重复问题。力求教材内容在保证学生满足岗位胜任力的基础上，能够续接研究生教育，使之更加适应中医药人才培养目标和社会需求。

3. 内容优化，适应行业发展

教材内容适应行业发展要求，体现医药行业对药学人才在实践能力、沟通交流能力、服务意识和敬业精神等方面的要求；与相关部门制定的职业技能鉴定规范和国家执业药师资格考试有效衔接；体现研究生入学考试的有关新精神、新动向和新要求；注重吸纳行业发展的新知识、新技术、新方法，体现学科发展前沿，并适当拓展知识面，为学生后续发展奠定必要的基础。

4. 创新模式，提升学生能力

在不影响教材主体内容的基础上保留第二轮教材中的“学习目标”“知识链接”“目标检测”模块，去掉“知识拓展”模块。进一步优化各模块内容，培养学生理论联系实践的实际操作能力、创新思维能力和综合分析能力；增强教材的可读性和实用性，培养学生学习的自觉性和主动性。

5. 丰富资源，优化增值服务内容

搭建与教材配套的中国医药科技出版社在线学习平台“医药大学堂”（数字教材、教学课件、图片、视频、动画及练习题等），实现教学信息发布、师生答疑交流、学生在线测试、教学资源拓展等功能，促进学生自主学习。

本套教材的修订编写得到了教育部、国家药品监督管理局相关领导、专家的大力支持和指导，得到了全国各中医药院校、部分医院科研机构和部分医药企业领导、专家和教师的积极支持和参与，谨此表示衷心的感谢！希望以教材建设为核心，为高等医药院校搭建长期的教学交流平台，对医药人才培养和教育教学改革产生积极的推动作用。同时，精品教材的建设工作漫长而艰巨，希望各院校师生在使用过程中，及时提出宝贵意见和建议，以便不断修订完善，更好地为药学教育事业发展和保障人民用药安全有效服务！

数字化教材编委会

主　编　容　蓉　黄荣增

副主编　韦国兵　纪永升　张春丽

编　者　（以姓氏笔画为序）

韦国兵（江西中医药大学）

纪永升（河南中医药大学）

宋永兴（河北中医药大学）

张国英（山东中医药大学）

陈　晖（甘肃中医药大学）

容　蓉（山东中医药大学）

韩毅丽（山西中医药大学）

许光明（湖南中医药大学）

李小蓉（陕西中医药大学）

宋成武（湖北中医药大学）

张春丽（河南大学）

袁瑞娟（北京中医药大学）

黄荣增（湖北中医药大学）

前言 PREFACE

仪器分析课程是药学、中药学、制药工程等专业重要的专业基础课。该课程旨在指导学生学习药学研究中常用的各类仪器分析方法，掌握各类方法的基本原理、分析仪器的组成和特点，熟悉各类仪器分析方法的应用及分析过程，为后期的专业课程学习和实际应用打好基础。

为贯彻落实党的二十大精神，服务我国医药健康事业发展需求，紧跟学科发展步伐，适应医学教育创新发展、中医药教育改革与高质量发展的目标要求，更好地满足专业人才的培养需求，经过广泛调研、征求意见，在上一版教材基础上，开展本教材的修订编写工作。为帮助学生明确需要达到的知识、能力和素质目标，教材在每章之前设立了“学习目标”模块；在每章之后设置“目标检测”模块，以便于学生更好地学习掌握本课程的基本理论、基础知识和基本技能。本教材为书网融合教材，即纸质教材有机融合电子教材、教学配套资源（PPT、微课、视频、图片等）、题库系统、数字化教学服务（在线教学、在线作业、在线考试），使教学资源更加多样化、立体化，有助学习者理解掌握相关知识，并及时考察学习效果。

本教材由容蓉、黄荣增担任主编，具体编写分工如下：第一、十三章由容蓉编写，第二、十章由黄荣增编写，第三章由张春丽编写，第四章由李小蓉编写，第五章由陈晖编写，第六章由韩毅丽编写，第七章由许光明编写，第八章由宋永兴编写，第九章由韦国兵编写，第十一章由纪永升编写，第十二章由宋成武编写，第十四章由张国英编写，第十五章由袁瑞娟编写。其中色谱部分由容蓉负责统稿审校，光谱部分由黄荣增负责统稿审校；张春丽、韦国兵和纪永升协助对部分章节的内容进行了审校。

本教材在编写过程中得到了各参编院校领导、同行的大力支持，同时，在编写过程中参考了一些优秀教材和资料，在此一并向相关人员表示衷心的感谢！

尽管我们竭尽心智，限于水平与经验，疏漏之处在所难免，敬请各位同行和读者提出宝贵意见，以便再版时完善和提高。

编　者

2023 年 9 月

CONTENTS 目录

第一章　绪　论

微课

学习目标

知识目标

1. 掌握　仪器分析的分类及其特点。
2. 熟悉　仪器分析的标准方法及其验证。
3. 了解　仪器分析的发展及应用。

能力目标　通过本章学习，建立针对不同分析任务需要合理选择分析方法的理念，为解决药物研究中的定性定量分析问题奠定基础。

仪器分析法是指通过仪器测量物质的某些物理或化学性质、参数及其变化来确定物质的组成、成分含量及化学结构的分析方法。20 世纪 40 年代后，分析化学突破了以经典化学分析为主的局面，开创了仪器分析的新时代。1922 年 J. Heyrovsky 提出了极谱法，获得 1959 年诺贝尔化学奖；J. P. Martin 和 R. L. M. Synge 建立了气相色谱分析法，获得 1952 年诺贝尔化学奖；F. Bloch 和 E. M. Purcell 建立了核磁共振测定方法，获得 1952 年诺贝尔物理学奖。现代使用的仪器分析方法中，每一类方法都与若干项诺贝尔奖紧密相连，而一系列重大的科学发现，也为仪器分析的建立和发展奠定了基础。

当代信息技术、激光技术、自动化技术、材料科学等高科技领域的技术发展，使得分析仪器成为分析者与所研究的体系之间便捷的沟通纽带，分析化学获取信息的能力大大加强，分析速度显著加快。仪器分析的研究内容不仅包括定性、定量、结构分析，还包括价态、形态、空间结构测定，以及表面分析、微区分析等。分析测定从实验室取样分析，发展到现场实时分析、过程在线检测以及活体内原位分析等。

第一节　仪器分析的分类与特点

PPT

一、仪器分析的分类

仪器分析方法很多，其方法原理、仪器结构、操作、适用范围等各不相同。

（一）光学分析法

光学分析法是根据物质与电磁辐射的相互作用而建立起来的定性、定量和结构分析的方法。根据光辐射谱区的不同，可分为紫外、可见、红外分析等；根据光辐射与物质相互作用的方式，可分为吸收、发射、散射、衍射、旋转等光学分析。根据辐射能与物质的分子或原子的相互作用性质的不同，又可分为分子吸收或原子吸收、分子发射或原子发射分析等。

（二）电化学分析法

电化学分析法是根据物质的电学及电化学性质所建立的分析方法。它通常是将电极与待测试样溶液构成一个化学电池，通过研究或测量化学电池的电学性质或电学性质的突变等来确定试样的含量。根据测量的电学性质，可分为电位分析、电流分析、电量分析以及电导分析等。

（三）色谱法

色谱法是一种高效的分离分析技术，它是利用物质在固定相和流动相之间分配系数的不同，对混合物进行分离的分析方法，主要有气相色谱、液相色谱、超临界流体色谱、毛细管电泳以及毛细管电色谱等方法。

（四）其他仪器分析方法

其他仪器分析方法主要包括质谱法、放射化学分析法、热分析法等。质谱法是利用电磁学原理将被测物质电离，然后按离子质荷比（m/z）大小进行分离、检测的分析方法。放射化学分析法是利用放射性同位素及核辐射测量对元素进行微量和痕量分析的方法。热分析法是通过制定控温程序控制样品的加热过程，并检测加热过程中产生的各种物理、化学变化的方法，常见的有热导法、热焓法等。

表 1－1 列出了主要仪器分析方法的分类比较。

表 1－1　仪器分析方法分类

方法分类	主要分析方法	特征性质
光学分析法	原子发射光谱法（X 射线、原子荧光），分子发射光谱法（分子荧光、分子磷光），化学发光法	辐射的发射
	分子吸收光谱法（紫外、可见、红外），原子吸收光谱法，核磁共振波谱法，电子自旋共振波谱法	辐射的吸收
	浊度法，拉曼光谱法	辐射的散射
	折射法，干涉法	辐射的折射
	X 射线衍射法，电子衍射法	辐射的衍射
	偏振法，旋光色散法，圆二色谱法	辐射的旋转
电化学分析法	电位分析法，电位滴定法	电位
	极谱法，伏安法，电流滴定	电流－电压
	电导法	电导
	库仑法（恒电位、恒电流）	电量
色谱法	气相色谱法，液相色谱法，超临界流体色谱法，毛细管电色谱	两相间的分配
	毛细管电泳法	电场中的迁移率
其他方法	热导法，热焓法	热性质
	质谱法	质荷比
	放射化学分析法	放射性

二、仪器分析法的特点

仪器分析法是随着现代科技的进步，迅速发展起来的一种分析方法，主要有以下特点。①灵敏度高，可用于微量、痕量组分的分析，绝对灵敏度甚至可达 10^{-14}g。②分析速度快，自动化程度高，通过与计算机联机、程序化控制，可实现批量样品的快速分析。③选择性好，适用于复杂组分的试样分析，也可进行多组分的同时测定。④应用范围广，仪器分析方法多，功能各不相同，不仅可以用于定性和定量分析，也可用于结构、形态、空间分布、微观分布，以及表面分析、微区分析、遥测分析等；分析所需试样量很少，有时只需数微克甚至是无损分析；因此广泛应用于工农业生产和科学研究，特别是化学、物理、生物、医药、环保等领域。⑤相对误差较大，通常为 3%～5%；在进行常量和高含量组分的分析时，化学分析更有优势（一般相对误差小于0.3%）。⑥仪器复杂，价格贵，分析成本较高。

第二节　仪器分析的标准方法及其验证

PPT

一、仪器分析方法的标准化

一个项目的测定往往有多种可供选择的分析方法，这些方法的灵敏度不同，对仪器和操作的要求不同；而且由于方法的原理不同，干扰因素也不同，甚至其结果表示的含义也不尽相同。为了保证分析测试结果的可靠性和准确性，必须对建立的方法进行系统科学的评价，即通过一定的方法和数据对分析方法的标准化和规范化进行认证。

在医药行业，人用药物注册技术要求国际协调会（International Conference on Harmonization of Technical Requirements for Registration of Pharmaceuticals for Human Use，ICH①）就药品质量、安全性、有效性及其他相关问题颁发了相关文件指南，其中包括关于药品质量、稳定性及标准方法的验证等内容的文件。目前，该文件已成为国际公认的对药品分析方法进行验证的基本原则，被各国药典采用。

二、分析方法验证的内容、方法和要求

分析方法验证的目的是证明建立的方法适合相应检测要求。在起草药品质量标准时，或者，在药物生产方法变更、制剂的组分变更、原分析方法进行修订时，质量标准分析方法都需要进行验证。方法验证过程和结果均应记载在药品标准起草或修订说明中。

根据《中华人民共和国药典》（以下简称《中国药典》）（2020年版）的规定，需要验证的分析项目有：鉴别试验，杂质定量或限度检测，原料药或制剂中有效成分含量测定，以及制剂中其他成分（如降解产物、添加剂等）的测定。药品溶出度、释放度等功能检查中，其溶出量等测试方法也应做必要验证。

验证内容有准确度、精密度（包括重复性、中间精密度和重现性）、专属性、检测限、定量限、线性、范围和耐用性。视具体方法拟定验证的内容。

根据《中国药典》（2020年版）中“分析方法验证指导原则”，简要介绍方法验证内容。

（一）准确度

准确度（accuracy）系指用该方法测定的结果与真实值或参考值接近的程度，一般用回收率（%）表示。准确度应在规定的范围内测试。用于定量测定的分析方法均需做准确度验证。可用已知纯度的对照品做加样回收测定，即向已知被测成分含量的供试品中再精密加入一定量的已知纯度的被测成分对照品，依法测定，计算回收率，一般含量测定的回收率应在95%~105%，或参考药典的要求。在加样回收试验中须注意对照品的加入量与供试品中被测成分含有量之和必须在标准曲线线性范围之内；加入的对照品的量要适当，过小则引起较大的相对误差，过大则干扰成分相对减少，真实性差。

（二）精密度

精密度（precision）系指在规定的测试条件下，同一个均匀供试品，经多次取样测定所得结果之间

---

① 不同国家对药品注册要求各不相同，这不仅不利于患者在药品的安全性、有效性和质量方面得到科学的保证，不利于国际技术的交流和贸易的发展，同时也造成制药科研、生产部门人力、物力的浪费，不利于人类医药事业的发展。为解决这一问题，由美国、日本和欧盟三方的官方药品注册部门和制药行业在1990年发起建立了ICH。

的接近程度。精密度一般用偏差、标准偏差或相对标准偏差表示。

精密度包含重复性、中间精密度和重现性。

在相同操作条件下，由同一个分析人员在较短的间隔时间内测定所得结果的精密度称为重复性；在同一个实验室，不同时间由不同分析人员用不同设备测定结果之间的精密度称为中间精密度；在不同实验室由不同分析人员测定结果之间的精密度称为重现性。

用于定量测定的分析方法均应考察方法的精密度。

1. 重复性 在规定范围内，取同一浓度的供试品，用 6 个测定结果进行评价；或设计 3 个不同浓度，每个浓度分别制备 3 份供试品溶液进行测定，用 9 个测定结果进行评价。

2. 中间精密度 为考察随机变动因素对精密度的影响，应进行中间精密度试验。变动因素为不同日期、不同分析人员、不同设备等。

3. 重现性 当分析方法将被法定标准采用时，应进行重现性试验。例如建立药典分析方法时通过不同实验室的复核检验得出重现性结果。复核检验的目的、过程和重现性结果均应记载在起草说明中。应注意重现性试验用的样品本身的质量均匀性和贮存运输中的环境影响因素，以免影响重现性结果。

（三）专属性

专属性（specificity）系指在其他成分可能存在的情况下，采用的方法能正确测定出被测成分的特性。鉴别试验、限量检查、含量测定等方法均应考察其专属性。

1. 鉴别试验 应能与可能共存的物质或结构相似化合物区分。不含被测成分的供试品，以及结构相似或组分中的有关化合物，均不得干扰测定。显微鉴别、色谱及光谱鉴别等应附相应的代表性图像或图谱。

2. 含量测定和限量检查 以不含待测成分的供试品（除去含待测成分药材或不含待测成分的模拟复方）试验说明方法的专属性。色谱法、光谱法等应附代表性图谱，并标明相关成分在图中的位置，色谱法中的分离度应符合要求。必要时可采用二极管阵列检测和质谱检测，进行峰纯度检查。

（四）检测限

检测限（limit of detection）系指供试品中被测物能被检测出的最低量。

对于仪器分析方法，采用信噪比法，即把已知低浓度供试品测出的信号与空白样品测出的信号进行比较，算出能被可靠地检测出的最低浓度或量。一般以信噪比为 3∶1 时相应浓度或注入仪器的量确定检测限。

（五）定量限

定量限（limit of quantification）系指供试品中被测成分能被定量测定的最低量，其测定结果应符合准确度和精密度要求。用于限量检查的定量测定的分析方法应确定定量限。

常用信噪比法确定定量限。一般以信噪比为 10∶1 时相应浓度或注入仪器的量进行确定。

（六）线性

线性（linearity）系指在设计的范围内，测试结果与供试品中被测物浓度直接成正比关系的程度。应在规定的范围内测定线性关系。可用同一对照品贮备液经精密稀释，或分别精密称取对照品，制备一系列对照品溶液的方法进行测定，至少制备 5 个不同浓度水平。以测得的响应信号作为被测物浓度的函数作图，观察是否呈线性，再用最小二乘法进行线性回归。必要时，响应信号可经数学转换，再进行线性回归计算。

（七）范围

范围（range）系指能达到一定精密度、准确度和线性，测试方法适用的高低限浓度或量的区间。

范围应根据分析方法的具体应用和线性、准确度、精密度结果及要求确定。对于有毒的、具特殊功效或药理作用的成分，其范围应大于被限定含量的区间。溶出度或释放度中的溶出量测定，范围应为限度的 ±20%。

（八）耐用性

耐用性（robustness）系指在测定条件有小的变动时，测定结果不受影响的承受程度，为方法可用于常规检验提供依据。开始研究分析方法时，就应考虑其耐用性。如果测试条件要求苛刻，则应在方法中写明。典型的变动因素有：被测溶液的稳定性，样品提取次数、时间等。液相色谱法中典型的变动因素有：流动相的组成比例或 pH，不同厂牌或不同批号的同类型色谱柱，柱温，流速及检测波长等。气相色谱法变动因素有：不同厂牌或批号的色谱柱、固定相，不同类型的担体，柱温，进样口和检测器温度等。薄层色谱的变动因素有：不同厂牌的薄层板，点样方式及薄层展开时温度及相对湿度的变化等。

经试验，应说明小的变动能否满足的系统适用性试验要求，以确保方法的可靠性。

不同类型样品的分析方法评价内容有所不同。例如，一般含量测定方法不要求评价检出限和定量限，而杂质定量需要评价定量限，限度试验则要求检出限、选择性的评价。仅有耐用性对所有的法定方法都要求进行。

>>> 知识链接

分析方法准确度的验证方法

准确度一般用回收率（%）表示。在规定范围内，取同一浓度（相当于 100% 浓度水平）的供试品，用至少 6 份样品的测定结果进行评价；或设计至少高、中、低 3 种不同浓度，每种浓度分别制备至少 3 份供试品溶液进行测定，用至少 9 份样品的测定结果进行评价，且浓度的设定应考虑样品的浓度范围。两种方法的选定应考虑分析的目的和样品的浓度范围。

中药化学成分测定方法的准确度，可用已知纯度的对照品进行加样回收率测定，即向已知被测成分含量的供试品中精密加入一定量的已知纯度的被测成分对照品，依法测定。用实测值与供试品中含有量之差，除以加入对照品量计算回收率。对于中药应报告供试品取样量、供试品中含有量、对照品加入量、测定结果和回收率（%）计算值，以及回收率（%）的相对标准偏差（RSD%）或置信区间。样品中待测定成分含量和回收率限度的关系可参考《中国药典》（2020 年版）“9101 分析方法验证指导原则”部分的相关规定。在基质复杂、组分含量低于 0.01% 及多成分等分析中，回收率限度可适当放宽。

第三节 仪器分析的发展和应用

PPT

分析化学的发展经历了三次变革。第一次变革发生在 20 世纪初期，由于物理化学的发展，为分析技术提供了理论基础，建立了溶液四大平衡理论，分析化学从此由一门操作技术上升为一门科学。第二次变革发生在第二次世界大战前后至 20 世纪 60 年代，物理学、电子学、半导体及原子能工业的发展促使了仪器分析的大发展，使以经典化学分析为主的分析化学进入仪器分析的新时代，核磁共振、极谱分析法、气相色谱法等都是在这个时期发展起来的。20 世纪 70 年代末以来，以计算机应用为主要标志的信息时代的来临，给科学技术带来了巨大的活力，分析仪器更加灵敏、准确，数据采集和处理更加智能化，分析化学也进入第三次变革时期，仪器分析成为一门建立在化学、物理学、数学、计算机科学、精密仪器制造学等学科上的综合性科学。现代仪器分析的任务不仅限于测定物质的组成和含量，还要对物质的形态（氧化－还原态、络合态、结晶态）、结构（空间分布）、微区、薄层及化学和生物活性等进行瞬时追踪，开展无损和在线监测以及过程控制等。

党的二十大报告中指出，要“把保障人民健康放在优先发展的战略位置”。药物研发、生产和质量控制是医药产业发展的重要环节。在药品生产与质控领域，仪器分析广泛应用于药品生产的过程控制、原料药和药物制剂质量与稳定性分析、药品的生物利用度测定与生物等效性评价、药品杂质分析等。例如，采用薄层色谱法进行药品的定性鉴别，采用高效液相色谱或气相色谱进行混合样品中目标成分的定量分析，采用紫外－可见分光光度法、荧光分析法等进行药效物质的性状分析、鉴别或含量测定，采用红外光谱法、质谱法、核磁共振波谱法进行药效物质的结构分析等。

生命科学是当今最活跃的学科之一，既要测定某些生命大分子，如蛋白质、肽、核酸、多糖等，也要测定复杂生物体系中的痕量生物活性物质。质谱分析技术的进步，推动了蛋白质组学、基因组学的研究和学科发展。液质联用、气质联用技术的日益成熟和应用，使得对复杂样品的分离效率和检测灵敏度大大提高，可用于分析和表征复杂药物体系（如中药体系）的物质基础以及复杂生物体系的生物标志物与代谢轮廓，从而推动了代谢组学、系统生物学等学科方向的建立与发展。

纵观当代仪器分析的发展趋势，可以预测，它在现代生产和科技中的应用会更广泛，发展会更迅速。分析仪器的灵敏度、选择性、对复杂体系的分离能力以及分析速度将进一步提高，智能化与自动化程度将进一步加强。仪器分析将不断地吸取数学、物理学、计算机科学以及生物学中的新思想、新概念、新方法和新技术，不断改进完善、发展创新。

目标检测

1. 仪器分析有何特点？方法有哪些分类？
2. 查阅《中国药典》（2020 年版），简述分析方法的验证项目、指标和验证方法。

书网融合……

思政导航

本章小结

微课

题库

第二章　光谱分析法概论

微课

学习目标

知识目标

1. 掌握　电磁辐射的性质；光谱法与非光谱法的区别；吸收光谱和发射光谱的过程。
2. 熟悉　电磁辐射与物质相互作用方式及光谱仪器基本构造。
3. 了解　光学分析法的应用及光谱仪器的研究进展。

能力目标　通过本章学习，对常用光学分析法及光谱仪器具有基本了解。

光学分析法是基于电磁辐射与物质相互作用后，电磁辐射发生某些变化或被作用物质的某些性质发生改变而产生各种信号，利用这些信号对物质的性质、组成及结构进行分析的一种方法。光学分析法的原理主要包含三个过程：①能源提供能量；②能量与被测物质相互作用；③产生被检测的信号。

光学分析法是仪器分析的重要分支，由于电磁辐射包括从波长极短的射线到无线电波的所有电磁波谱范围，而且电磁辐射与物质的相互作用方式有吸收、发射、散射、反射、折射、干涉、衍射及偏振等多种形式。因此，光学分析法的类型多，应用范围广，在定性分析、定量分析及结构分析等方面发挥着极其重要的作用。

第一节　电磁辐射及其与物质的相互作用

PPT

一、电磁辐射与电磁波谱

电磁辐射是一种以极大的速度（在真空中 $c=2.9979\times10^{10}$ cm/s）通过空间传播能量的电磁波，电磁波包括无线电波、微波、红外光、紫外－可见光以及 X 线和 γ 线等，它具有波动性和微粒性。

根据经典物理学的观点，电磁波是在空间传播着的交变电场和磁场，具有一定的频率、强度和速度。光的波动性用波长 λ、波数 $\bar{\nu}$、频率 ν 作为表征。λ 是在波的传播路线上具有相同振动相位的相邻两点之间的线性距离，常用 μm 或 nm 作为单位；$\bar{\nu}$ 是每厘米长度中波的数目，单位为 cm^{-1}。ν 是每秒内的波动次数，单位 Hz 或周/秒。在真空中，波长和频率的关系为：

$$\lambda=c/\nu \tag{2-1}$$

波数和波长的关系为：

$$\bar{\nu}=1/\lambda \tag{2-2}$$

在分析光与原子及分子的相互作用时，可把光看作是一种从光源射出的能量子或者是高速移动的粒子，这种能量子也叫光量子或光子，光的微粒性用每个光子具有的能量 E 作为表征。光子的能量与光的频率成正比，与波长成反比。它与频率、波长和波数的关系可用下式表示：

$$E=\mathrm{h}\nu=\mathrm{h}c/\lambda=\mathrm{h}c\bar{\nu} \tag{2-3}$$

式中，h 是 Planck（普朗克）常数 6.626×10^{-34} J·s，能量 E 的单位常用电子伏特（eV）、尔格（erg）或焦耳（J）表示。

从γ射线到无线电波都是电磁辐射，光是电磁辐射的一部分，它们在性质上完全相同，区别仅在于波长或频率不同。将电磁辐射按照波长的长短排列，组成电磁波谱。表2－1为电磁波谱的分区、相对应的能量范围、跃迁类型及产生的波谱类型。

表2－1 电磁波谱

波谱区名称	波长范围	波数(cm^{-1})	频率范围(Hz)	光子能量(eV)	跃迁能级类型
γ线	<0.005nm	$>2\times10^{9}$	$>6\times10^{19}$	$>2.5\times10^{5}$	核能级
X线	0.005～10nm	$2\times10^{9}\sim1\times10^{6}$	$6\times10^{19}\sim3\times10^{16}$	$2.5\times10^{5}\sim124$	内层电子能级
远紫外光	10～200nm	$10^{6}\sim5\times10^{4}$	$3\times10^{16}\sim1.5\times10^{15}$	124～6.2	内层电子能级
近紫外光	200～400nm	$5\times10^{4}\sim2.5\times10^{4}$	$1.5\times10^{15}\sim7.5\times10^{14}$	6.2～3.1	价电子或成键电子能级
可见光	400～750nm	$2.5\times10^{4}\sim1.3\times10^{4}$	$7.5\times10^{14}\sim4\times10^{14}$	3.1～1.65	价电子或成键电子能级
近红外光	0.75～2.5μm	$1.3\times10^{4}\sim4\times10^{3}$	$4.0\times10^{14}\sim1.2\times10^{14}$	1.65～0.5	分子振动能级
中红外光	2.5～50μm	4000～200	$1.2\times10^{14}\sim6\times10^{12}$	0.5～0.025	分子振动能级
远红外光	50～1000μm	200～10	$6.0\times10^{12}\sim3\times10^{11}$	$2.5\times10^{-2}\sim1.25\times10^{-3}$	分子转动能级
微波	0.1～100cm	10～0.01	$3\times10^{11}\sim3\times10^{8}$	$1.24\times10^{-3}\sim1.24\times10^{-6}$	分子转动能级
射频	1～1000m	$10^{-2}\sim10^{-5}$	$3\times10^{8}\sim3\times10^{5}$	$1.24\times10^{-6}\sim1.24\times10^{-9}$	电子自旋或核自旋

二、电磁辐射与物质的相互作用

电磁辐射与物质的相互作用是普遍发生的复杂的物理现象，有涉及能量变化的吸收、发射等，以及不涉及能量变化的反射、折射、衍射及旋光等。当电磁辐射与物质相互作用时，如果入射的电磁辐射能量正好等于物质中分子、原子或离子基态与激发态之间的能量差，物质就会选择性地吸收部分辐射能，从基态跃迁到激发态。在某些情况下，处于激发态的分子或原子可发生化学物理变化，或以荧光及磷光的形式发射出吸收的能量重新回到基态，从而产生光的吸收、发射等现象。如果入射的电磁辐射能量与基态和激发态能量差不相等，则电磁辐射不被吸收，从而产生光的透射、反射、折射等物理现象。

常见的电磁辐射与物质相互作用的方式有以下几种。

（1）吸收　当光子的能量等于原子、分子或离子的基态和激发态能量之差时，物质吸收该光子，从基态跃迁到激发态的过程。

（2）发射　物质吸收能量从基态跃迁到激发态，由于激发态不稳定，物质以光的形式释放能量重新回到基态的过程。

（3）散射　光通过介质时会发生散射，可分为丁达尔效应和分子散射两类。当被照射粒子的直径等于或大于入射光波长时所发生的散射为丁达尔散射。当被照射粒子的直径小于入射光波长时所发生的散射为分子散射。光子与介质分子之间发生弹性碰撞，碰撞过程中没有能量交换，光的频率不变，仅光子的运动方向发生改变，这种分子散射称为瑞利（Rayleigh）散射。光子与介质分子之间发生非弹性碰撞，相互之间有能量交换，光的频率因此发生变化，这种分子散射称为拉曼（Raman）散射。

（4）折射和反射　当光从介质1照射到介质2的界面时，一部分光在界面上改变方向返回介质1，称为光的反射；另一部分光则改变方向，以一定的角度进入介质2，称为光的折射。

此外，还有干涉、衍射等作用方式。

第二节　光学分析法的分类

PPT

一、非光谱法

非光谱法是基于电磁辐射与物质相互作用时，通过测量辐射所产生的某些性质（如折射、反射、散射、衍射、偏振等）的变化所建立起来的分析方法。非光谱法不涉及物质内部能级跃迁，电磁辐射只改变传播方向、速度或某些物理性质。属于这类分析方法的有折射法、偏振法、光散射法、干涉法、衍射法、旋光法等。

二、光谱法

光谱法是基于电磁辐射与物质相互作用时，通过测量由物质内部发生量子化的能级之间跃迁而产生的发射、吸收或散射辐射的波长和强度的变化而建立起来的分析方法。光谱法有多种分类方法，根据被辐射作用物质对象的不同可分为原子光谱和分子光谱，根据物质与辐射的相互作用形式可分为吸收光谱、发射光谱和散射光谱。两种分类方法相互补充和渗透。

（一）吸收光谱法

当物质所吸收的电磁辐射能量与该物质的原子核、原子或分子的两个能级间跃迁所需的能量满足“$\Delta E = h\nu$”的关系时，将产生吸收光谱。

$$M + h\nu \rightarrow M^* \tag{2-4}$$

通过测量物质对辐射吸收的强度随波长变化的关系进行分析的方法，称为吸收光谱法。它有以下几种分析方法。

1. 紫外－可见分光光度法　利用溶液中分子或基团对紫外光或可见光的吸收，产生分子外层电子能级跃迁所形成的吸收光谱，可用于定性、定量分析及部分官能团的判断。

2. 红外分光光度法　利用分子或基团吸收红外光，产生基团中化学键的振动能级跃迁和分子的转动能级跃迁所形成的吸收光谱，可用于物质的定性鉴别、纯度检查、结构分析和反应进程判断等。

3. 原子吸收分光光度法　利用待测元素气态基态原子对共振线吸收，导致原子的外层电子发生能级跃迁所形成的吸收光谱。主要用于定量分析，可用于药物中很多元素的含量测定。

4. 核磁共振波谱法　在外磁场作用下，自旋核的核磁矩与外磁场相互作用分裂为能量不同的核磁能级。在无线电波的照射下，吸收能量发生核自旋能级跃迁所形成的吸收光谱。利用该吸收光谱可以对有机化合物的结构进行鉴定，可用于中药化学成分、新药研发、分子的动态效应、氢键形成及互变异构反应等方面的研究。

（二）发射光谱法

物质通过电致激发、热致激发或光致激发等过程获取能量，成为激发态的原子或分子（M^*），激发态的原子或分子极不稳定，它们可能以不同形式释放出能量，从激发态回到基态或低能态。如果这种跃迁是以辐射形式释放多余的能量就产生发射光谱。

$$M^* \rightarrow M + h\nu \tag{2-5}$$

通过测量物质发射光谱的波长和强度来进行定性、定量分析的方法叫作发射光谱法。依据光谱区域和激发方式不同，主要有原子荧光分析法、分子荧光分析法和分子磷光分析法等几种。

（三）散射光谱法

散射光谱法主要是以拉曼散射为基础的拉曼散射光谱法。发生拉曼散射时，散射光的频率与入射光的频率之差，称为拉曼位移。拉曼位移的大小与分子的转动和振动能级有关，利用拉曼位移研究物质结构的方法称为拉曼光谱法。

>>> 知识链接

拉曼光谱

拉曼光谱是一种散射光谱，拉曼光谱分析法是基于C. V. 拉曼（Raman）所发现的拉曼散射效应，对与入射光频率不同的散射光谱进行分析以得到分子振动、转动方面信息，并应用于分子结构研究的一种分析方法。

当光照射在物质上会出现瑞利散射和拉曼散射。瑞利散射在碰撞过程中没有能量交换，光的波长不变，仅光子运动的方向发生改变。拉曼散射在碰撞过程中有能量的交换，并且也改变了运动的方向，所产生的光辐射与入射波长不相同。

拉曼光谱仪按照激发光源与分光系统的不同可分为两大类：色散型拉曼光谱仪和傅里叶变换拉曼光谱仪。色散型拉曼光谱仪采用短波的可见光激光器激发、光栅分光系统，近年向着更短的紫外激光器发展。傅里叶变换拉曼光谱仪则采用长波的近红外激光器激发、迈克尔逊干涉仪调制分光等技术。

X线衍射

X线，是一种频率极高，波长极短、能量很大的电磁波。可由X线管中阴极发射的电子经高压加速撞击阳极金属靶而产生。X线和可见光一样属于电磁辐射，但其波长比可见光短得多，介于紫外线与γ线之间，为0.01～10nm，其特点是波长短、穿透力强。X线和其他电磁波一样，能产生反射、折射、散射、干涉、衍射、偏振和吸收等现象。由于其波长短，用普通光栅观察不到它的衍射现象。

X线照射到晶体上，就会产生衍射效应。其衍射方向和强度，即衍射花样，决定于晶体内部结构及周期性。所以当确定了衍射方向和衍射强度，就确定了晶体内部的原子排列方式，即晶体结构。而每一种结晶物质都有各自独特的化学组成和晶体结构。没有任何两种物质，它们的晶胞大小、质点种类及其在晶胞中的排列方式是完全一致的。因此，当X线被晶体衍射时，每一种结晶物质都有自己独特的衍射花样。

第三节 光谱分析仪器

PPT

光谱法是以物质与辐射之间的吸收、发射或散射等相互作用为基础建立的分析方法。虽然测定不同作用方式的仪器在构造上略有不同，但其基本部件却大致相同，统称为光谱分析仪器。这一类仪器一般包括五个基本单元：辐射源、分光系统、试样容器、检测器和信号处理与显示装置。

一、辐射源

光谱仪器中对辐射源最主要的要求是必须有足够的输出功率和稳定性。光源可分为连续光源（continuous source）和线光源（line source）。一般连续光源用于分子吸收光谱，包括紫外光源、可见光源和红外光源，常见的有氢灯、氘灯、钨灯、氙灯、硅碳棒及能斯特（Nernst）灯等。线光源主要用于原子吸收光谱和荧光光谱，常见的有汞或钠蒸气灯、空心阴极灯。发射光谱则常采用电弧、火花、电感耦合等离子体等光源。

二、分光系统

分光系统的作用是将复合光分解成单色光或有一定波长范围的谱带。图 2-1 是两种类型的分光系统的光路示意图。分光系统分为单色器和滤光器。单色器由出射和入射狭缝、准直镜、色散元件组成。色散元件是分光系统的核心，有棱镜和光栅两种。聚焦于入射狭缝的光经准直镜变成平行光，投射于色散元件。色散元件的作用是使各种不同波长的平行光有互不相同的投射方向（或偏转角度）。再经与准直镜相同的聚光镜将色散后的平行光聚焦于出射狭缝上，形成按波长排列的光谱。转动色散元件或准直镜的方位，可在一个很宽的范围内任意选择所需波长的光从出射狭缝分出。

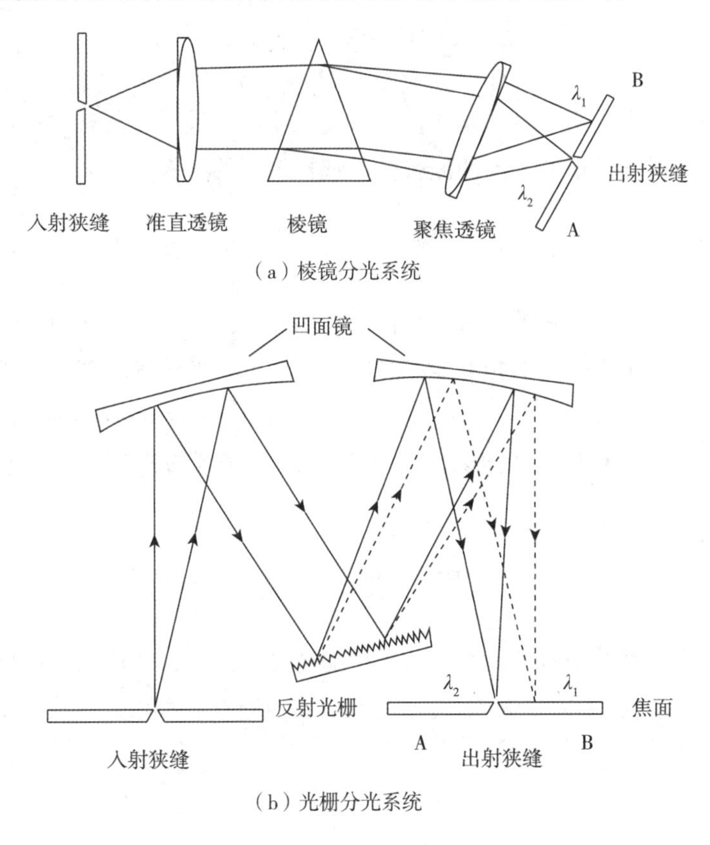

(a) 棱镜分光系统

(b) 光栅分光系统

图 2-1 两种类型的分光系统

(一) 狭缝

狭缝为光的进出口，狭缝宽度直接影响分光质量。狭缝过宽，单色光不纯，将使吸光度变小；过窄，则光通量变小，将使灵敏度降低。因此，狭缝宽度要恰当。

(二) 棱镜

棱镜的色散作用是基于棱镜材料对不同波长的光有不同的折射率，因此可将混合光中所包含的各个波长的光从长波到短波依次分散成为一个连续光谱。棱镜分光得到的光谱按波长排列是疏密不均的，长波长区密，短波长区疏。

（三）光栅

光栅是一种在高度抛光的表面上刻有许多等宽度、等距离的平行条痕狭缝的色散原件。利用复色光通过条痕狭缝反射后，产生衍射和干涉作用，使不同波长的光有不同的投射方向而起到色散作用。光栅色散后的光谱与棱镜不同，从短波到长波各谱线间距离相等，是均匀分布的连续光谱，波长范围比棱镜宽，且色散近乎线性。

（四）准直镜

准直镜是以狭缝为焦点的聚光镜，将进入进口狭缝的发射光变成平行光；又用作聚光镜，将色散后的平行单色光聚集于出射狭缝。

（五）滤光器

滤光器是最简单的分光系统。它只能分离出一个波长带（带通滤光器）或只能保证消除给定波长以上或以下的所有辐射（截止滤光器）。

三、试样容器

盛放试样的容器必须由光透明的材料制成。紫外光工作区，采用石英材质；可见光区，采用硅酸盐玻璃材料；红外光区工作时，可根据不同的波长范围选择不同的材料晶体。

四、检测器

光谱仪器中的检测器通常分为两类：量子化检测器和热检测器。量子化检测器包括单道光子检测器和多道光子检测器。单道光子检测器如光电池、光电管、光电倍增管等；多道光子检测器如光电二极管阵列（photodiode arrays detector，PAD）、电荷耦合器件（charge - coupled device，CCD）和电荷注入器件（charge - injection devices，CID）。热检测器主要用于红外光区的检测，如热电偶、辐射热测量计和热电检测器。

五、信号处理器和显示装置

一般的信号处理器是一种电子器件，可以放大检测的输出信号，也可以把信号从直流变为交流（或相反），改变信号的相位，滤掉不需要的成分。现代光谱分析仪器则大多采用计算机及相应的工作站软件作为信号处理和显示装置。

答案解析

一、名词解释

电磁辐射；光学分析法；光谱法；非光谱法。

二、简答题

1. 光与物质的相互作用有哪些？
2. 光学分析法有哪些类型？

3. 吸收光谱法和发射光谱法有哪些异同点？
4. 什么是分子光谱法？什么是原子光谱法？
5. 光谱分析仪器的基本组成部件有哪些？

书网融合……

思政导航

本章小结

微课

题库

第三章　紫外－可见分光光度法 微课

学习目标

知识目标

1. 掌握　紫外－可见吸收光谱的产生原理；吸收带类型、特点及影响因素；朗伯－比尔定律及其偏离的影响因素；紫外－可见分光光度法定性和定量分析方法及其应用。

2. 熟悉　紫外－可见分光光度法的显色反应条件和测量条件的选择；紫外－可见分光光度计的主要部件及其作用。

3. 了解　紫外－可见吸收光谱与有机化合物分子结构的关系。

能力目标　通过本章的学习，能使用紫外－可见分光光度法进行定性和定量分析。

紫外－可见分光光度法（ultraviolet and visible spectrophotometry，UV－vis），又称紫外－可见吸收光谱法，是基于物质分子对紫外－可见光区（200～800nm）辐射的吸收特性建立起来的一种定性、定量和结构分析的方法。这种分子光谱主要产生于分子的外层价电子在电子能级间的跃迁，因此紫外－可见光谱属于电子光谱。

知识链接

紫外光是波长为10～400nm的电磁辐射，分为远紫外光（10～200nm）和近紫外光（200～400nm）。波长在200nm以下的紫外光，在大气中极易被空气所吸收，所以该波段的紫外光只有在真空中才能存在，才能进行较长距离的传播，因此通常把10～200nm这一波段的紫外光称为真空紫外光。真空紫外光在大气中与氧气发生光化学反应产生臭氧和原子氧，臭氧又能吸收远紫外光（波长为253.7nm）进一步生成氧气和活性原子氧，从而使真空紫外光在通过大气层时被吸收。紫外光的波长越短、通过空气的距离越长，被吸收的就越多，因此阳光中波长为200nm以下的真空紫外线在到达地面时已基本没有辐射强度。基于以上原因，真空紫外光谱仪通过对样品室抽真空（真空室），满足真空紫外光的传播条件，从而进行该波段的紫外光谱和相关光学材料有关性能的测试。

由于电子光谱的强度较大，故紫外－可见分光光度法灵敏度较高，一般可达10^{-4}～10^{-6}g/ml，部分可达10^{-7}g/ml。测定准确度高，其相对误差一般在1%～3%。紫外－可见分光光度法具有仪器普及、操作简单、重现性好且灵敏度较高等优点，广泛应用于医药卫生、食品分析、临床检验、生物化学等领域。

第一节　紫外－可见分光光度法的基本原理

PPT

一、电子跃迁类型

紫外－可见吸收光谱是分子中的价电子在不同分子轨道之间跃迁而产生的。分子内部运动所涉及的能级变化比较复杂，既有价电子的运动，又有内部原子在平衡位置的振动和分子绕其重心的转动。因此，分子具有电子能级、振动能级和转动能级。图3－1是双原子分子能级示意图。

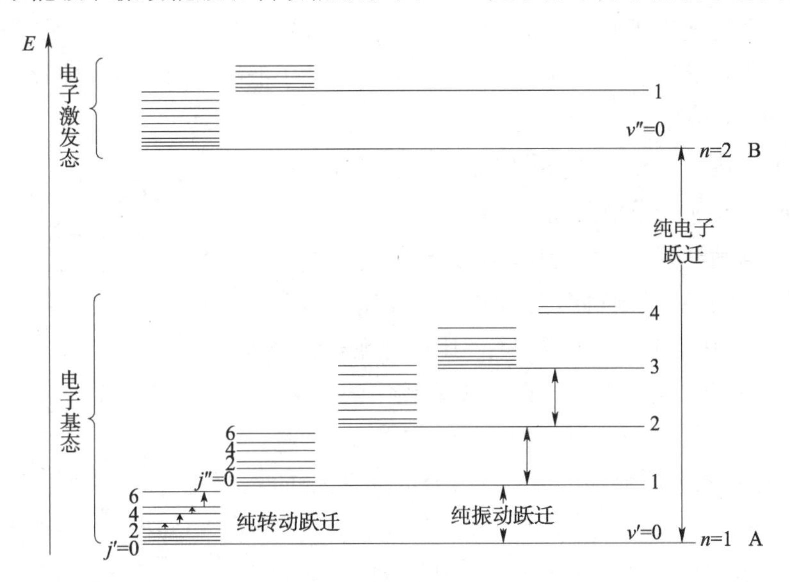

图3－1　双原子分子能级示意图

图中A和B是电子能级，在同一电子能级A，分子的能量还因振动情况的不同而分为若干“支级”称为振动能级。图中$\nu'=0$，1，2，…即为电子能级A的各振动能级，而$\nu''=0$，1，…则是电子能级B的各振动能级。当分子在同一电子能级和同一振动能级时，它们的能量还因转动情况的不同而分为若干“分级”，称为转动能级。图中，$j'=0$，1，2，…即为A电子能级和$\nu'=0$的振动能级的各转动能级。

所以分子的能量$E_{分子}$等于下列3项之和。

$$E_{分子}=E_{电子}+E_{振动}+E_{转动} \tag{3-1}$$

式中，$E_{电子}$、$E_{振动}$、$E_{转动}$分别代表电子能量、振动能量和转动能量。

当用频率为ν的电磁辐射照射分子时，若电磁辐射的能量$h\nu$恰好等于分子能级间的能量差ΔE时，即

$$\Delta E=E_2-E_1=h\nu=hc/\lambda \tag{3-2}$$

则分子吸收能量，将从较低能级跃迁到较高能级。由于分子各能级间跃迁所需能量不同，所以需要不同波长的电磁辐射使它们跃迁，即在不同的光学区出现吸收带。

由于发生振动、转动能级跃迁所需能量远小于发生电子能级跃迁所需的能量，当发生电子能级跃迁时，不可避免地会引起振动和转动能级跃迁，并由于这些谱线的重叠而成为连续的吸收带。

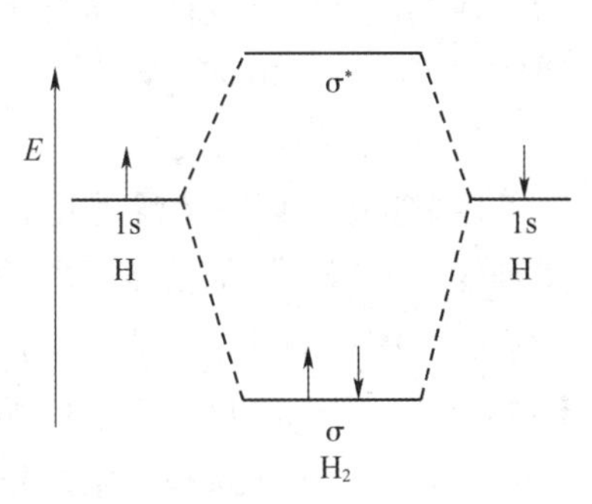

图3－2　H_2的成键和反键轨道

从化学键的性质来看，与紫外－可见光谱相关的价电子主要有3种：形成单键的电子称为σ电子；形成不饱和键的电子称为π电子；氧、氮、硫、卤素等含有未成键的孤对电子，称为n电子（亦称p电子）。电子围绕分子或原子运动的概率分布叫作轨道。轨道不同，电子所具有的能量也不同。当两个原子靠近而结合成分子时，两原子的原子轨道可线性组合成两个分子轨道。其中一个分子轨道具有较低能量称为成键轨道，另一个分子轨道具有较高能量称为反键轨道。如图3－2所示，两个自旋方向相反的氢原子的s电子结合并以σ键组成氢分子，分子轨道具有σ成键轨道和σ^*反键轨道。同样两个原子的p

轨道平行地重叠起来，组成两个分子轨道时，该分子轨道称 π 成键轨道和 π^* 反键轨道。π 键的电子重叠比 σ 键的电子重叠少，键能弱，跃迁所需的能量低。分子中 n 电子的能级，基本上保持原子状态的能级，称非键轨道。比成键轨道所处能级高，比反键轨道能级低。

由上所述，分子中不同轨道的价电子具有不同能量，处于低能级的价电子吸收一定能量后，就会跃迁到较高能级，如图 3－3 所示。

在紫外和可见光区内，有机化合物的吸收光谱主要由 $\sigma\to\sigma^*$、$\pi\to\pi^*$、$n\to\sigma^*$、$n\to\pi^*$ 及电荷迁移跃迁产生，无机化合物的吸收光谱主要由电荷迁移跃迁和配位场跃迁产生。

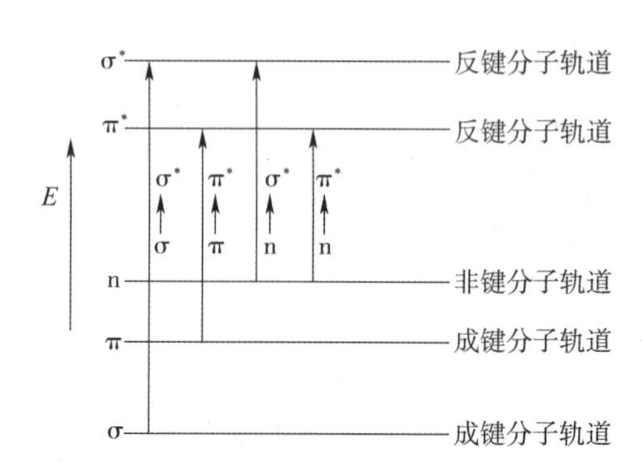

图 3－3 分子中价电子能级及跃迁示意图

1. $\sigma\to\sigma^*$ 跃迁 处于 σ 成键轨道上的电子吸收光能后跃迁到 σ^* 反键轨道。分子中只有 C—C 键和 C—H 键的饱和烷烃类，只能发生 $\sigma\to\sigma^*$ 跃迁。实现 $\sigma\to\sigma^*$ 跃迁需要较大的能量，因此所吸收的辐射波长最短，吸收峰一般在小于 150nm 的真空紫外区。如甲烷的最大吸收峰波长 λ_{max} 为 125nm，乙烷的 λ_{max} 为 135nm。

2. $\pi\to\pi^*$ 跃迁 处于 π 成键轨道上的电子跃迁到 π^* 反键轨道。含有 π 电子的不饱和有机化合物会产生 $\pi\to\pi^*$ 跃迁。所需能量小于 $\sigma\to\sigma^*$ 跃迁，$\pi\to\pi^*$ 这种跃迁的吸光系数 ε 较大，一般在 $5\times10^3\sim5\times10^4$。孤立双键的 $\pi\to\pi^*$ 跃迁，一般在 160～200nm。例如 $CH_2{=}CH_2$ 的吸收峰在 165nm，ε 为 10^4。

3. $n\to\pi^*$ 跃迁 含有杂原子不饱和基团，如 $>C{=}O$、$>C{=}S$、$-N{=}N-$、$-N{=}O$ 等，其 n 非键轨道中孤对电子吸收能量后，向 π^* 反键轨道跃迁，实现此种跃迁所需能量最小，吸收峰处于较长波长范围（250～500nm），吸收强度弱，ε 一般在 10～100。例如丙酮的 $\lambda_{max}=279$nm，ε 为 10～30。

4. $n\to\sigma^*$ 跃迁 含—OH、—NH_2、—X、—S 等基团的化合物，其杂原子中孤对电子吸收能量后向 σ^* 反键轨道跃迁。$n\to\sigma^*$ 跃迁吸收峰的波长一般在 200nm 附近，ε 较小，一般在 100～300。例如，CH_3Cl 的 $n\to\sigma^*$ 跃迁吸收带，其 $\lambda_{max}=173$nm，$\varepsilon=200$。

5. 电荷迁移跃迁 某些分子同时具有电子给予体和电子接受体两部分，这种分子在外来辐射的激发下，会强烈地吸收辐射能，使电子从给予体向接受体迁移，所产生的吸收光谱称为电荷迁移吸收光谱。电荷迁移跃迁实质上是分子内的氧化－还原过程。某些有机化合物（如取代芳烃）可产生这种分子内电荷迁移吸收。许多无机配合物也有电荷迁移吸收光谱，不少过渡金属离子与含生色团的试剂反应所生成的配合物以及许多水合无机离子均可产生电荷迁移跃迁。电荷迁移吸收光谱的特点是谱带较宽，吸收强度大，一般 $\varepsilon_{max}>10^4$，在定量分析中很有实用价值。

6. 配位场跃迁 包括 d－d 跃迁和 f－f 跃迁。元素周期表中第四、五周期的过渡金属元素分别含有 3d 和 4d 轨道，镧系和锕系元素分别含有 4f 和 5f 轨道。在配体的存在下，过渡元素五个能量相等的 d 轨道和镧系元素七个能量相等的 f 轨道分别分裂成几组能量不等的 d 轨道和 f 轨道。当它们的离子吸收光能后，低能态的 d 电子或 f 电子可以分别跃迁至高能态的 d 或 f 轨道，这两类跃迁分别称为 d－d 跃迁和 f－f 跃迁。由于这两类跃迁必须在配体的配位场作用下才可能发生，因此又称为配位场跃迁。与电荷迁移跃迁相比，由于选择规则的限制，配位场跃迁吸收产生的摩尔吸光系数较小，一般 $\varepsilon_{max}<10^2$，位于可见光区。

二、紫外－可见吸收光谱中的常用术语

紫外－可见吸收光谱又称紫外－可见吸收曲线，是以波长 λ 为横坐标，吸光度 A（或透光率 T）为

纵坐标所绘制的曲线，如图 3－4 所示。吸收光谱一般都有一些特征，分别用一些术语进行描述。

1. 吸收峰（absorption peak） 曲线上吸收最大的地方，对应的波长称最大吸收波长（λ_{max}）。

2. 波谷（absorption valley） 相邻两峰之间吸光度最小的部位，对应波长称最小吸收波长（λ_{min}）。

3. 肩峰（shoulder peak） 在一个吸收峰旁边产生的一个小的曲折。

4. 末端吸收（end absorption） 在吸收曲线短波处，吸收较强但未形成峰形的部分。

5. 生色团（chromophore） 有机化合物分子结构中含有 $\pi\rightarrow\pi^*$ 或 $n\rightarrow\pi^*$ 跃迁的基团，即能在紫外－可见光范围内产生吸收的原子基团，如 >C═C<、—C≡C—、—N═N—、—N═O 等。

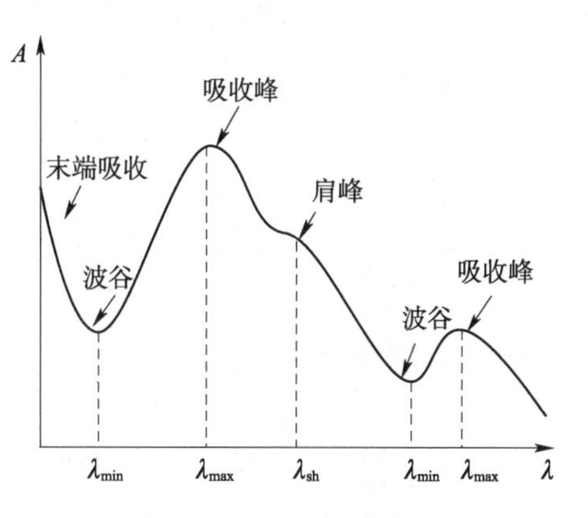

图 3－4 紫外－可见光谱示意图

6. 助色团（auxochrome） 含有非键电子的杂原子饱和基团，它们本身并不吸收紫外可见光，但是当它们与生色团或饱和烃相连时，能使该生色团或饱和烃的吸收峰向长波方向移动，同时使吸收强度增加，例如—OH、—OR、$—NH_2$、—SR、—Cl、—I 等。

7. 红移（red shift）和蓝移（blue shift） 因化合物的结构改变或溶剂效应等引起的吸收峰向长波方向移动称为红移（长移），向短波方向移动称为蓝移（短移或紫移）。

8. 增色效应（hyperchromic effect）和减色效应（hypochromic effect） 由于化合物分子结构中引入取代基或其他原因，使吸收带的强度增加或减弱的现象称为增色效应或减色效应。

9. 强吸收带（strong band）和弱吸收带（weak band） 化合物的紫外－可见吸收光谱中，摩尔吸光系数 ε_{max} 大于 10^4 的吸收峰称为强带；ε_{max} 小于 10^2 的吸收峰称为弱带。

三、吸收带

把不同化合物中所含有的不同或相同基团，但具有相同跃迁形式所产生的吸收峰用吸收带（absorption band）来表示，从吸收带的位置和强度，可以推断化合物可能的结构类型以及所含有的官能团。根据电子跃迁和分子轨道的种类，可把吸收带分为六种类型。

1. R 带 以德文 radikal（基团）得名。含有杂原子的不饱和基团，如 >C═O、—N═N—、—N═O 等的 $n\rightarrow\pi^*$ 跃迁引起的吸收带。其特点是处于较长波长范围（250～500nm），弱吸收，$\varepsilon<100$。溶剂极性增加，R 带发生蓝移。另外，当有强吸收峰在其附近时，R 带有时出现红移，有时被掩盖。

2. K 带 从德文 konjugation（共轭作用）得名。共轭双键的 $\pi\rightarrow\pi^*$ 跃迁产生的吸收带，其特点是吸收强度大（$\varepsilon>10^4$），吸收峰通常在 210nm 以上，随着共轭体系的增大，K 带吸收峰红移，吸收强度有所增加。如丁二烯的 λ_{max} 为 217nm，ε 为 2.1×10^4，就属于 K 带。苯环上若有发色团取代，并形成共轭，也会出现 K 带。

3. B 带 从 benzenoid（苯的）得名，是芳香族（包括杂芳香族）化合物的特征吸收带。由苯环的骨架伸缩振动叠加环内双键的 $\pi\rightarrow\pi^*$ 跃迁所产生的吸收带，吸收峰在 230～270nm，中心在 255nm 附近，ε 约为 220（图 3－5）。B 带为一宽峰，在非极性溶剂中出现若干小峰或称精细结构，但苯环上有取代基或在极性溶剂中测定时精细结构会简单化或消失。

4. E带 由英文名ethylenic（乙烯的）得名，是由苯环结构中三个乙烯的环状共轭系统的 $\pi \rightarrow \pi^*$ 跃迁所产生的，E带也是芳香化合物的特征吸收带。E带又分为 E_1 和 E_2 两个吸收带（图3－5），E_1 带的吸收峰约在180nm，ε 为 4.7×10^4；E_2 带的吸收峰约在200nm，ε 约为 7.0×10^3，均为强吸收带。当苯环上有发色基团取代且与苯环共轭时，E_2 带常与K带合并且向长波方向移动。

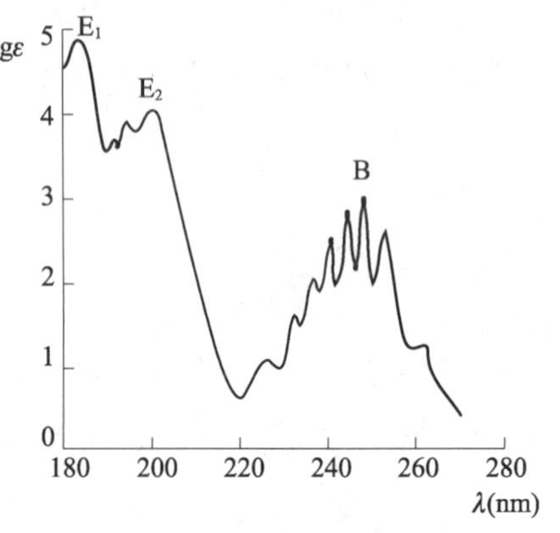

图3－5 苯在环己烷中的紫外吸收光谱

5. 电荷转移吸收带 指的是许多无机物和某些有机物混合而得的分子配合物，在外来辐射激发下强烈吸收紫外光或可见光，从而获得的紫外或可见吸收带。

6. 配位体场吸收带 指的是过渡金属水合离子与显色剂（通常是有机化合物）所形成的配合物，吸收适当波长的可见光或紫外光，从而获得的吸收带。如 $[Ti(H_2O)_6]^{3+}$ 水合离子的吸收峰在490nm处。

六种常见的吸收带在光谱中的位置和大致强度如图3－6所示。一些化合物的电子结构、跃迁类型和吸收带的关系如表3－1所示。

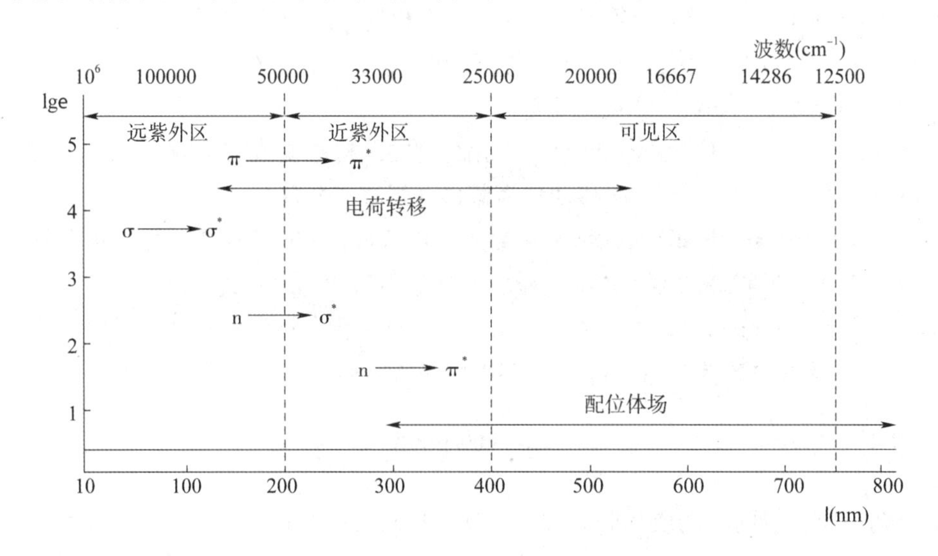

图3－6 几种常见的紫外－可见光吸收光谱的位置

表3－1 一些化合物的电子结构、跃迁和吸收带

化合物	电子结构	跃迁	λ_{max}（nm）	ε_{max}	吸收带
$CH_3—CH_3$	σ	$\sigma \rightarrow \sigma^*$	135	10000	
$CH_3—I$	n	$n \rightarrow \sigma^*$	257	486	
$CH_2=CH_2$	π	$\pi \rightarrow \pi^*$	165	10000	
$CH_2=CH—CH=CH—CH=CH_2$	π－π	$\pi \rightarrow \pi^*$	258	35000	K
$H_3C—C(=O)—CH_3$	π和n	$\pi \rightarrow \pi^*$ $n \rightarrow \sigma^*$ $n \rightarrow \pi^*$	约160 194 279	16000 9000 15	 R
$CH_2=CH—CHO$	π－π和n	$\pi \rightarrow \pi^*$ $n \rightarrow \pi^*$	210 315	11500 14	K R
（苯）	芳香族π	芳香族 $\pi \rightarrow \pi^*$ 芳香族 $\pi \rightarrow \pi^*$ 芳香族 $\pi \rightarrow \pi^*$	约180 约200 255	60000 8000 215	E_1 E_2 B

续表

化合物	电子结构	跃迁	λ_{max}（nm）	ε_{max}	吸收带
$C_6H_5-CH=CH_2$	芳香族 π－π	芳香族 $\pi\to\pi^*$	244	12000	K
		芳香族 $\pi\to\pi^*$	282	450	B
$C_6H_5-CO-CH_3$	芳香族 π－π 和 n	芳香族 $\pi\to\pi^*$	240	13000	K
		芳香族 $\pi\to\pi^*$	278	1110	B
		$n\to\pi^*$	319	50	R

四、紫外－可见吸收光谱与分子结构的关系

（一）饱和烃及其取代衍生物

饱和烃中只有 σ 键，因此只产生 $\sigma\to\sigma^*$ 跃迁，所需能量很大，其吸收峰在远紫外区，通常在 200～400nm 没有吸收，在紫外吸收光谱中常用作溶剂。

饱和烃上的氢被氧、氮、硫、卤素等杂原子取代后，分子内除了 σ 电子外还有 n 电子，因而有 $n\to\sigma^*$ 跃迁，其能量低于 $\sigma\to\sigma^*$ 跃迁。杂原子的电负性小、离子半径大，其 n 电子能级高，$n\to\sigma^*$ 跃迁所需能量小，λ_{max} 较长。如 CH_4 的吸收波长为 125nm，而 CH_3Cl、CH_3Br 和 CH_3I 的吸收波长分别红移至 173nm、204nm 和 258nm。

（二）不饱和烃及共轭烯烃

含有孤立双键或三键的简单不饱和脂肪化合物，可产生 $\sigma\to\sigma^*$ 和 $\pi\to\pi^*$ 两种跃迁。最大吸收波长一般小于 200nm。具有共轭体系的不饱和化合物，共轭体系越长，跃迁时需要能量越小，吸收峰红移越明显。

（三）羰基化合物

羰基化合物含有 $>C=O$ 基团，可以发生 $n\to\sigma^*$ 跃迁、$n\to\pi^*$ 和 $\pi\to\pi^*$ 跃迁。

醛、酮、羧酸及其衍生物（酯、酰胺、酰卤等）由于结构上的不同，$n\to\pi^*$ 跃迁产生的吸收波长有所不同。醛、酮的 $n\to\pi^*$ 跃迁吸收带常出现在 270～300nm 附近，强度低且带略宽。羧酸及其衍生物（酯、酰胺、酰卤等），由于羰基上的碳原子直接连接具有未共享 n 电子的助色团，例如—OH、$—NH_2$、—X 等，基团上的 n 电子与羰基上的 π 电子产生了共轭，导致 π、π^* 轨道能级的提高，而 π 轨道提高得更多，但是羰基中氧原子上 n 电子不受影响，所以实现 $n\to\pi^*$ 跃迁所需的能量变大，吸收波长蓝移至 210nm 左右，而 $\pi\to\pi^*$ 跃迁所需的能量降低，吸收波长红移。

α、β－不饱和醛、酮，产生了 π－π 共轭，使 π 电子进一步离域，π^* 轨道的成键性加大，能量降低，所以 $\pi\to\pi^*$、$n\to\pi^*$ 跃迁所需的能量都降低，吸收波长都发生了红移，分别移至 200～260nm 和 310～350nm。

（四）苯及其取代衍生物

1. 苯和取代苯 苯具有环状共轭体系，在紫外光区有 E_1 带、E_2 带和 B 带三个吸收带，都是由 $\pi\to\pi^*$ 跃迁产生的特征吸收带，B 带是芳香化合物特征吸收带，对鉴定芳香化合物很有用。在气态或非极性溶剂中，B 带有许多由于苯环振动跃迁叠加在电子跃迁上的精细结构。在极性溶剂中，这些精细结构消失，形成一个宽的谱带。

当苯环上引入取代基时，苯的三个特征谱带都会红移，B 带的精细结构因取代基而变得简单化。其

中影响较大的是 E_2带和 B 带。如果引入的基团带有不饱和杂原子时则产生了 $n \to \pi^*$ 跃迁的新吸收带。如硝基苯、苯甲醛的 $n \to \pi^*$ 跃迁的吸收波长分别为 330nm 和 328nm。同时，取代基的性质不同，红移效应不同，部分取代基的红移效应强弱次序大致如下。

供电子取代基：$—CH_3 < —Cl < —Br < —OH < —OCH_3 < —NH_2 < —NHCOCH_3 < —NCH_3$

吸电子取代基：$—NH_3^+ < —SO_2NH_2 < —COO^- \leqslant —CN^- < —COOH < —CHO < —NO_2$

2. 稠环芳烃及杂环化合物 稠环芳烃，如萘、蒽、菲、芘等都有大的共轭体系，它们均显示出类似于苯的三个吸收带，而与苯本身比较，这三个吸收带均发生红移，且吸收强度增加。随着苯环数目增多，吸收波长红移也更多，吸收强度也相应增加更多。

当苯环中引入杂原子（如 N 原子），则构成了杂环化合物，如吡啶、喹啉、吖啶等，杂环化合物的吸收光谱与其相对应的芳环化合物极为相似，如吡啶与苯相似、喹啉与萘相似等。由于杂环化合物中引入了杂原子，它们具有 n 电子，所以会产生 $n \to \pi^*$ 跃迁的吸收带，如吡啶在非极性溶剂中有 270nm 的吸收带（ε 为 450）就属于 $n \to \pi^*$ 跃迁的吸收带。

五、影响紫外 - 可见吸收光谱的主要因素

（一）共轭效应

如果分子中存在两个或两个以上双键（包括三键），并形成共轭体系时，电子离域到多个原子之间，使 $\pi \to \pi^*$ 跃迁所需能量降低，同时跃迁概率增大。共轭不饱和键越多，红移越明显，吸收强度也随之增大（表 3 - 2）。

表 3 - 2 共轭多烯的 $\pi \to \pi^*$ 跃迁

化合物	双键数（n）	λ_{max}（nm）	ε_{max}	颜色
乙烯	1	165	10000	无
丁二烯	2	217	20900	无
己三烯	3	258	35000	无
二甲基辛四烯	4	296	64000	淡黄
十碳五烯	5	335	121000	淡黄
二甲基十二碳六烯	6	364	138000	黄

（二）立体效应

1. 位阻影响 化合物中若有生色团共轭，可使吸收带红移。但若生色团由于立体障碍不能处于同一平面就会影响其共轭程度，使 λ_{max} 减小。如联苯分子中，两个苯环处在同一平面，产生共轭效应，λ_{max} = 247nm，甲基取代联苯分子中，随着取代基位置不同和个数增多，会造成两个苯环不在同一个平面，不能有效共轭，λ_{max} 蓝移。甲基的位置以及数目对 λ_{max} 的影响如下（溶剂为环己烷）。

λ_{max}(nm) 247
ε_{max} 17000

λ_{max}(nm) 253
ε_{max} 19000

λ_{max}(nm) 237
ε_{max} 10250

λ_{max}(nm) 231
ε_{max} 5600

λ_{max}(nm) 227（肩峰）
ε_{max} —

2. 跨环效应 分子中两个非共轭生色团处于一定的空间位置，尤其是在环状体系中，有利于电子轨道间的相互作用，使得吸收带红移，同时吸光强度增大，这种作用称为跨环效应。由此产生的光谱，既非两个生色团的加和，也不同于二者共轭的光谱。如二环庚二烯分子中有两个非共轭双键，与含有孤立双键的二环庚烯的紫外光谱有明显的区别，二环庚二烯在 200～230nm，有一个弱的并具有精细结构的吸收带，这是由于分子中两个双键相互平行，空间位置有利于相互作用。

λ_{max}(nm) 205 214 220 230（肩峰） 197

ε_{max} 21000 214 870 200 7600

（三）溶剂效应

改变溶剂的极性会引起吸收带的 λ_{max} 发生变化，对于大多数能发生 $\pi\rightarrow\pi^*$ 跃迁的基团，其激发态的极性总大于基态的极性，当使用极性大的溶剂时，由于溶剂与溶质的相互作用，激发态的 π^* 比基态 π 的能量下降更多，因而激发态与基态之间的能量差减小，导致吸收谱带红移。而在 $n\rightarrow\pi^*$ 跃迁中，基态 n 电子与极性溶剂易形成氢键，降低了基态能量，使激发态与基态之间的能量差变大，导致吸收带蓝移。图 3－7 为极性溶剂中 $\pi\rightarrow\pi^*$ 和 $n\rightarrow\pi^*$ 跃迁能量变化示意图。所以，在测定紫外－可见吸收光谱时，应当注明所使用的溶剂。例如 4－甲基－3－戊烯－2－酮的溶剂效应如表 3－3 所示。

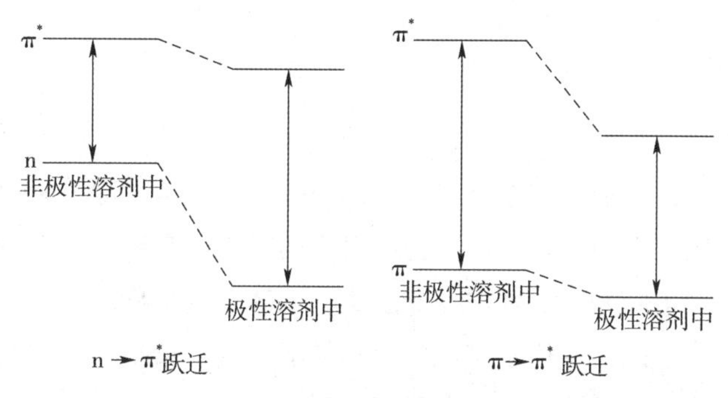

图 3－7 极性溶剂对两种跃迁能级差的影响

表 3－3 溶剂极性对 4－甲基－3－戊烯－2－酮的两种跃迁吸收峰的影响

跃迁类型	λ_{max}（nm）				迁移
	正己烷	三氯甲烷	甲醇	水	
$\pi\rightarrow\pi^*$	230	238	237	243	红移
$n\rightarrow\pi^*$	329	315	309	305	蓝移

溶剂除影响吸收峰位置外，还影响吸收强度和光谱形状。图 3－8 所示为溶剂极性对对称四嗪吸收光谱的影响情况。当对称四嗪处于蒸气状态时，由于分子间的相互作用力减小到最低程度，电子光谱的精细结构清晰可见；当对称四嗪在非极性溶剂环己烷中时，由于溶质分子与溶剂分子间的相互碰撞，使精细结构大部分消失；在极性溶剂水中时，由于溶剂化作用，使精细结构完全消失。

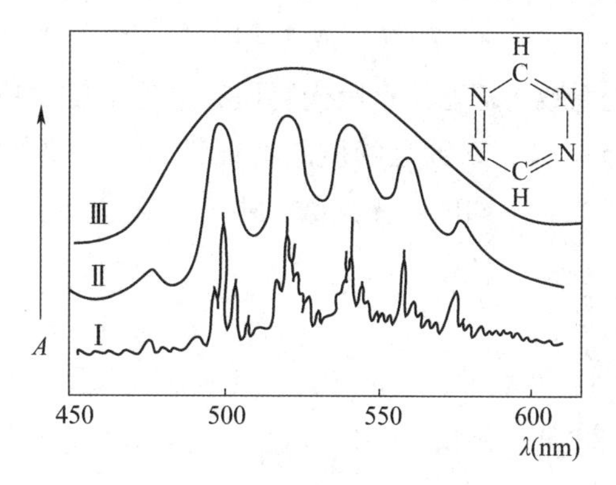

Ⅰ. 蒸气态中 Ⅱ. 环己烷中 Ⅲ. 水中

图 3－8 对称四嗪的紫外光谱图

（四）体系 pH 的影响

无论是酸性、碱性还是中性物质，体系的 pH 对紫外可见光谱都有明显的影响。例如酚类化合物，当体系 pH 不同时，其解离情况不同，从而产生不同的吸收光谱。

$$\text{C}_6\text{H}_5\text{OH} \underset{H^+}{\overset{OH^-}{\rightleftharpoons}} \text{C}_6\text{H}_5\text{O}^-$$

	苯酚			苯酚负离子	
$\lambda_{max(nm)}$	210.5	270	$\lambda_{max(nm)}$	235	287
ε_{max}	6200	1450	ε_{max}	9400	2600

第二节　朗伯 - 比尔定律

PPT

一、概述

朗伯 - 比尔定律（Lambert - Beer law）是光吸收的基本定律，是分光光度法定量分析的依据和基础。朗伯定律说明了物质对光的吸光度与吸光物质的液层厚度成正比，比尔定律说明了物质对光的吸光度与吸光物质的浓度成正比，两者合起来称为朗伯 - 比尔定律，简称光吸收定律。

朗伯 - 比尔定律可简述如下：当一束平行的单色光通过含有均匀的吸光物质的吸收池（或气体、固体）时，光的一部分被溶液吸收，一部分透过溶液，一部分被吸收池表面反射。

设入射光强度为 I_0，吸收光强度为 I_a，透过光强度为 I_t，反射光强度为 I_r，则它们之间的关系应为：

$$I_0 = I_a + I_t + I_r \tag{3-3}$$

在进行吸收光谱分析时，被测溶液和参比溶液是分别放在同样材料及厚度的两个吸收池中，让强度同为 I_0 的单色光分别通过两个吸收池，用参比池调节仪器的零吸收点，再测量被测溶液的透射光强度，所以反射光的影响通过参比溶液调零消除，则上式可简写为：

$$I_0 = I_a + I_t \tag{3-4}$$

试验证明：当一束强度为 I_0 的单色光通过浓度为 c、液层厚度为 l 的溶液时，一部分光被溶液中的吸光物质吸收后透过光的强度为 I_t，则它们之间的关系为：

$$-\lg\frac{I_t}{I_0} = Kcl \tag{3-5}$$

上式即为朗伯 - 比尔定律的数学表达式。其中 I_t/I_0 是透光率（transmittance；T），常用百分数表示；又以 A 代表 $-\lg T$，并称之为吸光度（absorbance），于是：

$$A = -\lg T = Kcl \text{ 或 } T = 10^{-A} = 10^{-Kcl} \tag{3-6}$$

式中，K 为吸光系数。吸光系数物理意义：吸光物质在单位浓度、单位液层厚度时的吸光度。在给定单色光、溶剂和温度等条件下，吸光系数是物质的特征常数，表明物质对某一特定波长光的吸收能力。不同物质对同一波长的单色光有不同的吸光系数，吸光系数愈大，表明该物质的吸光能力愈强，灵敏度愈高。

吸光系数通常有两种表达方式。

1. 摩尔吸光系数　是指在一定波长下，溶液浓度为 1mol/L，厚度为 1cm 时的吸光度，用 ε 表示。

2. 百分吸光系数（比吸光系数）　是指在一定波长下，溶液浓度为 1g/100ml，厚度为 1cm 时的吸光度，用 $E_{1cm}^{1\%}$ 表示。

同一物质在同一波长时，摩尔吸光系数与百分吸光系数可以按下式进行换算。

$$\varepsilon = \frac{M}{10} \cdot E_{1cm}^{1\%} \tag{3-7}$$

式中，M 是吸光物质的摩尔质量。摩尔吸光系数一般不超过10^5数量级，通常大于10^4为强吸收，小于10^2为弱吸收，介于两者之间称中强吸收。吸光系数 ε 或 $E_{1cm}^{1\%}$不能直接测得，需用已知准确浓度的稀溶液测得吸光度换算而得到。

例 3－1　氯霉素（$M=323.15$）的水溶液在 278nm 处有吸收峰。设用纯品配置 100ml 含有 2.00mg 的溶液，以 1.00cm 厚的吸收池在 278nm 处测得透光率为 24.3%。则：

$$E_{1cm}^{1\%} = \frac{-\lg T}{c \cdot l} = \frac{0.614}{0.002} = 307$$

$$\varepsilon = \frac{M}{10} \cdot E_{1cm}^{1\%} = \frac{323.15}{10} \times E_{1cm}^{1\%} = 9921$$

二、吸光度的加和性

当溶液中含有两种或两种以上吸光物质（a、b、c、……）时，只要共存物质不互相影响吸光性质，即不因共存物而改变本身的吸光系数，则该溶液的总吸光度是各组分吸光度的总和，即：

$$A = A_a + A_b + A_c + \cdots\cdots = E_a c_a l_a + E_b c_b l_b + E_c c_c l_c + \cdots\cdots \tag{3-8}$$

吸光度的这种加和性质是计算分光光度法测定混合组分的依据。

三、偏离朗伯－比尔定律的因素

根据比尔定律，当波长和入射光强度一定时，吸光度 A 与吸光物质的浓度 c 成正比，即 $A-c$ 曲线应为一条通过原点的直线，在实际测定过程中，往往容易发生偏离直线的现象，从而影响测定的准确度。

（一）化学因素

1. 比尔定律成立的前提之一是稀溶液。当吸光物质在溶液中的浓度较高时，由于吸光质点之间的平均距离缩小，邻近质点彼此的电荷分布会产生相互影响，以至于改变它们对特定辐射的吸收能力，即改变了吸光系数，导致比尔定律的偏离。

2. 推导吸光定律时，吸光度的加和性隐含着测定溶液中各组分之间没有相互作用的假设。但实际上，随着浓度的增大，各组分之间甚至同组分的吸光质点之间的相互作用是不可避免的。例如，可以发生缔合、离解、光化学反应、互变异构及配合物配位数的变化等，会使被测组分的吸收曲线发生明显的变化，吸收峰的位置、强度及光谱精细结构都会有所不同，从而破坏了原来的吸光度与浓度之间的函数关系，导致比尔定律的偏离。

例如，亚甲蓝阳离子水溶液中存在着单体和二聚体的平衡，其单体的吸收峰在 660nm 处，而二聚体的吸收峰在 610nm 处，随着浓度的增大，平衡向生成二聚体的方向移动，660nm 处吸收峰相对减弱，而 610nm 处吸收峰相对增强，二者叠加的结果使吸收光谱形状改变。在一个选定的波长下测定亚甲蓝的浓度时，吸光度与浓度关系就偏离了线性关系（图 3－9）。

3. 溶剂及介质条件对吸收光谱的影响十分重要。溶剂及介质条件（如 pH）经常会影响被测物质的性质和组成，影响生色团的吸收波长和吸收强度，也会导致比尔定律的偏离。

4. 当测定溶液有胶体、乳状液或悬浮物质存在时，入射光通过溶液时，有一部分光会因散射而损失，造成“假吸收”，使吸光度偏大，导致比尔定律的正偏离。质点的散射强度与照射光波长的四次方成反比，所以在紫外光区测量时，散射光的影响更大。

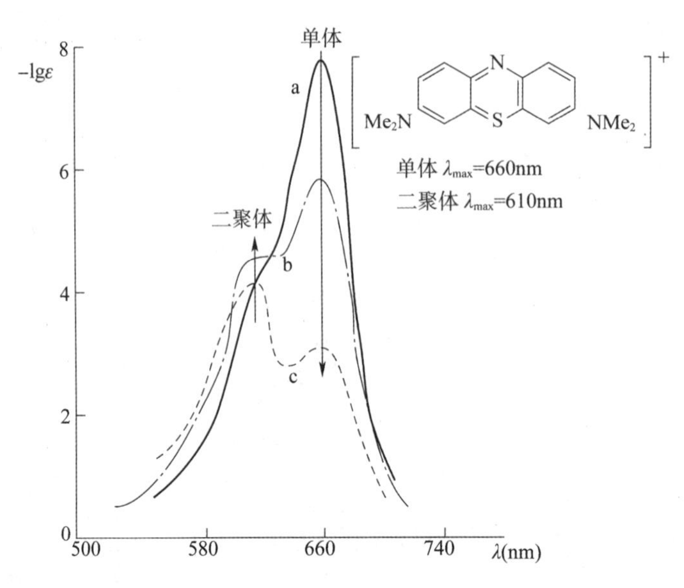

a. 6.36×10⁻⁶mol/L　b. 1.27×10⁻⁴mol/L　c. 5.97×10⁻⁴mol/L

图3-9　亚甲蓝阳离子水溶液的紫外光谱

（二）光学因素

1. 非单色光　朗伯-比尔定律的基本假设条件是入射光为单色光。但由于单色器色散能力的限制和出口狭缝需要保持一定的宽度，所以目前各种分光光度计得到的入射光实际上都是具有一定波长范围的光。这一宽度称为谱带宽度（band width）。由于物质对不同波长光的吸收程度不同，因而导致对朗伯-比尔定律的偏离。为讨论方便起见，假设入射光仅由两种波长 λ_1 和 λ_2 的光组成，吸光系数分别为 E_1 和 E_2。测定时，两种光各以强度 I_{0_1} 与 I_{0_2} 同时入射试样。则因：

$$I = I_0 \cdot 10^{-Ecl}$$

因此混合光的透光率为：

$$T = \frac{I_1 + I_2}{I_{0_1} + I_{0_2}} = \frac{I_{0_1} \cdot 10^{-E_1cl} + I_{0_2} \cdot 10^{-E_2cl}}{I_{0_1} + I_{0_2}} = 10^{-E_1cl} \cdot \frac{I_{0_1} + I_{0_2} \cdot 10^{(E_1 - E_2)cl}}{I_{0_1} + I_{0_2}} \qquad (3-9)$$

$$A = -\lg T = E_1cl - \lg \frac{I_{0_1} + I_{0_2} \cdot 10^{(E_1 - E_2)cl}}{I_{0_1} + I_{0_2}} \qquad (3-10)$$

从上式可以看出，当 $E_1 = E_2$ 时，$A = Ecl$，A 与 c 成直线关系；如果 $E_1 \neq E_2$ 时，A 与 c 则不成直线关系。假若 λ_1 是所需光的波长，则 λ_2 的光所产生的影响将是：$E_1 < E_2$ 时，使吸光度增大，产生正偏离；$E_1 > E_2$ 时，使吸光度降低，产生负偏离；E_1 与 E_2 的差值愈大，偏差愈显著。所以入射光的谱带宽度将严重影响物质的吸光系数值和吸收光谱形状。

实际工作中，为了降低非单色光的影响，应适当提高单色光的纯度，同时选择吸光物质的最大吸收波长作为检测波长。最大吸收波长处，吸光系数值大，测定的灵敏度、准确度高；最大吸收波长附近，吸光系数值差别小，吸光度与浓度的线性关系好。

2. 杂散光　从单色器得到的单色光中，还有一些不在谱带宽度范围内的、与所需波长相隔较远的光。杂散光可使吸收光谱变形。杂散光是仪器本身的缺陷造成的。其中包括光学系统设计局限性、光学元件被污染或受损、热辐射或荧光引起的二次电子发射等。现代仪器的杂散光强度的影响可以减少到忽略不计。但在接近末端吸收处，有时因杂散光影响而出现假峰。

3. 散射光和反射光　吸光质点对入射光有散射作用，入射光在吸收池内外界面之间通过时又有反射作用。散射光和反射光，都是入射光谱带宽度内的光，对透射光强度有直接影响。光的散射和反射均可使透射光强度减弱，使测得的吸光度偏高。

4. 非平行光　通过吸收池的光，一般都不是真正的平行光，倾斜光通过吸收池的实际光程比平行光的光程长，使实际厚度 l 增大而影响测量值。这种测量时实际厚度的变异也是同一物质用不同仪器测定吸光系数时，产生差异的主要原因之一。

此外，温度等环境的变化会影响波长的准确度和重复性，应定期或在测定前对仪器进行校正和检定。

四、测量条件的选择

（一）检测波长的选择

为了使测定结果有较高的灵敏度，应选择被测物质的最大吸收波长的光作为入射光，这称为“最大吸收原则”。选用这种波长的光进行分析，不仅灵敏度较高，而且测定时可减小或消除由非单色光引起的对朗伯-比尔定律的偏离。例如图3-10的吸收光谱，选择谱带Ⅰ的波长宽度作为入射光时，吸光系数变化较小，测量造成的偏离就比较小，若选择谱带Ⅱ的波长宽度作为入射光时，吸光系数的变化很大，测量造成的偏离也就很大。

但是如果在最大吸收波长处，共存的其他吸光组分（显色剂、共存离子等）也有吸收，就会产生干扰。此时，应根据“吸收最大、干扰最小”的原则来选择检测波长（λ_s）（图3-11）。

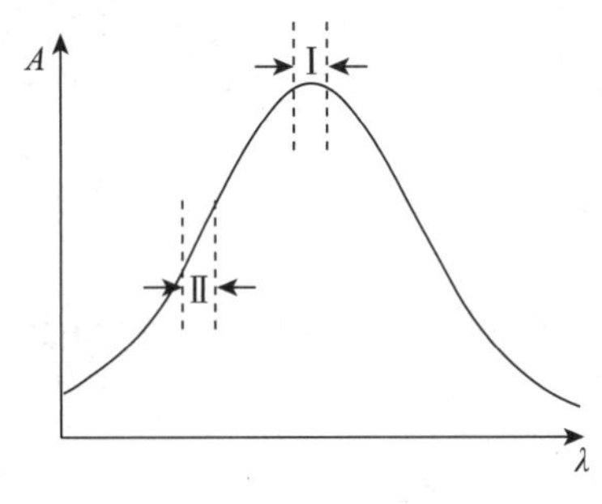

图3-10　分析谱带的选择

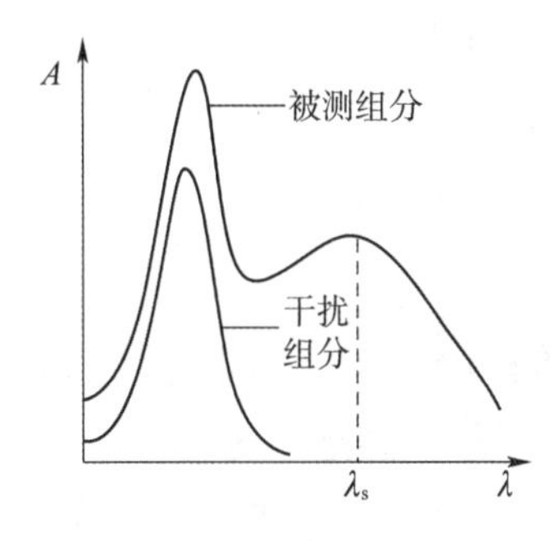

图3-11　吸收曲线

（二）适宜吸光度范围的选择

任何光度计都有一定的测量误差，这是由于测量过程中光源的不稳定、读数的不准确或试验条件的偶然变动等因素造成的。

测定结果的相对误差与透光率测量误差 ΔT 间的关系可由朗伯-比尔定律导出。

$$c=\frac{A}{El}=\lg\frac{1}{T}\cdot\frac{1}{El} \tag{3-11}$$

微分后并除以上式即可得浓度的相对误差 $\Delta c/c$ 为：

$$\frac{\Delta c}{c}=\frac{0.434\Delta T}{T\lg T} \tag{3-12}$$

由此可知，测定结果的浓度相对误差取决于透光率 T 和透光率测量误差 ΔT 的大小。高精度的分光光度计暗噪声 ΔT 可低达0.01%，但大多数分光光度计的 ΔT 在±0.2%～±1%。设 $\Delta T=0.5\%$，可求得不同 T 值时的浓度测量相对误差 $\Delta c/c$，以此做 $\Delta c/c-T$ 关系曲线（图3-12）。可以看出，浓度相对误差的大小与透光率（或吸光度）读数范围有关。当 $T=36.8\%$ 时，$\Delta c/c=$

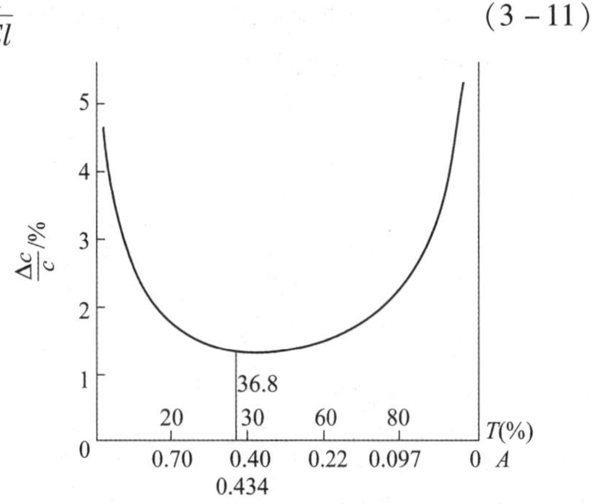

图3-12　浓度测定的相对误差与透射率的关系

1.32%，浓度相对误差最小。因此，为了减小浓度相对误差，提高测量准确度，一般应控制被测液的吸光度在0.3~0.7。在实际工作中，可通过调节被测溶液的浓度或选用适当厚度的吸收池的方法，使测得的吸光度落在所要求的范围内。

（三）仪器狭缝宽度的选择

狭缝的宽度会直接影响测定的灵敏度和校准曲线的线性范围。狭缝宽度过宽时，入射光的单色性降低，校准曲线偏离比尔定律，灵敏度降低；狭缝宽度过窄时，光强变弱，随之而来的是仪器噪声增大，对测量不利。选择狭缝宽度的方法是：测量吸光度随狭缝宽度的变化。狭缝的宽度在一个范围内，吸光度是不变的，当狭缝宽度大到某一程度时，吸光度开始减小。因此，在不减小吸光度时的最大狭缝宽度，即是所欲选取的合适的狭缝宽度。

第三节　显色反应及其显色条件选择

PPT

紫外-可见分光光度法一般用来测定能吸收紫外光和可见光的物质。但对于不能产生吸收的物质、吸收系数较小的物质或虽有吸收但为了避免干扰，可选用适当的试剂与被测物质定量反应，生成对紫外光或者可见光有较大吸收的物质再进行测定。若产物生成有颜色的物质，则可在可见光区测量，这种将被测物转变为有色化合物的反应称为显色反应，所用的试剂称为显色剂。通过显色反应进行物质测量的方法称比色法。

一、显色反应的类型

按显色反应的类型来分，主要有配位反应、氧化还原反应、缩合反应等，其中应用最广的是配位反应。对于显色反应一般应满足下列要求。

（1）选择性好，干扰少，或干扰容易消除；灵敏度足够高，反应产物的摩尔吸光系数足够大（10^3~10^5）。

（2）被测物质和所生成的有色物质之间，必须有确定的定量关系，能使反应产物的吸光度准确地反映被测物的含量。

（3）反应产物的化学性质足够稳定，以保证测得的吸光度有一定的重现性。这就要求有色化合物不容易受外界环境条件的影响，如日光照射、空气中的氧和二氧化碳的作用等，此外，也不应受溶液中其他化学因素的影响。

（4）反应产物和显色剂之间的颜色差别要大，即显色剂对光的吸收与反应产物的吸收有明显区别，一般要求两者的吸收峰波长之差 $\Delta\lambda$ 大于60nm。

二、显色条件的选择

吸光光度法是测定显色反应达到平衡后溶液的吸光度，因此要能得到准确的结果，必须从研究平衡着手，了解影响显色反应的因素，控制适当的条件，使显色反应完全和稳定。这些试验条件包括：溶液酸度、显色剂用量、试剂加入顺序、显色时间、显色温度、配合物的稳定性及共存离子的干扰等。

（一）溶液酸度

许多有色物质的颜色随溶液中的氢离子浓度变化而改变，同时显色反应的历程也多与溶液的酸碱度有关。例如磺基水杨酸与 Fe^{3+} 的显色反应，当溶液 pH 为1.8~2.5、4~8、8~11.5时，将分别生成络合物比为1∶1（紫红色）、1∶2（棕褐色）和1∶3（黄色）三种颜色的络合物，因此测定时应严格控制溶液的酸度。

其他反应，如氧化还原反应、缩合反应等，溶液的酸碱度也是重要条件之一，有些反应对溶液的酸碱性很敏感，须用缓冲溶液来保持溶液的 pH。

（二）显色剂用量

显色反应一般可用下式表示：

$$\text{M（被测组分）+ R（显色剂）= MR（有色络合物）}$$

为了使显色反应进行完全，一般需加入过量的显色剂。但显色剂不是越多越好，对于有些显色反应，显色剂加入太多，反而会引起副反应，对测定不利。在实际工作中，通常根据试验结果来确定显色剂的用量。

显色剂用量对显色反应的影响一般有三种可能的情况，如图 3－13 所示。其中Ⅰ的曲线形状比较常见，当显色剂用量达到某一数值时，吸光度不再增大，在 $a \sim b$ 范围内，曲线平直，吸光度出现稳定值，因此可在此范围内选择合适的显色剂用量。在曲线Ⅱ中，当显色剂用量在 $a' \sim b'$ 这一较窄范围内，吸光度才比较稳定，显色剂用量小于 a' 或大于 b'，吸光度都下降，因此必须严格控制显色剂用量的大小。而曲线Ⅲ不出现平坦区，需控制显色剂用量，应使浓度相对较大，以保证显色反应的完全。但一般不采用这样的显色体系。

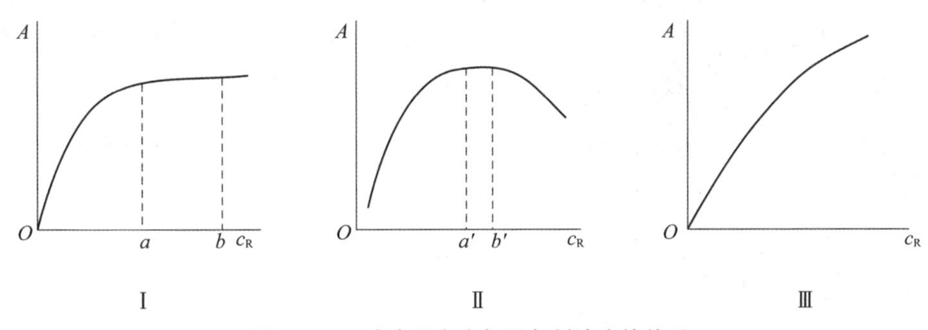

图 3－13　试液吸光度与显色剂浓度的关系

（三）显色反应时间

由于反应速度不同，完成反应所需时间常有较大差异。有些显色反应瞬间完成，溶液颜色很快达到稳定状态，并在较长时间内保持不变；有些显色反应虽能迅速完成，但有色络合物的颜色很快开始褪色；有些显色反应进行缓慢，溶液颜色需经一段时间后才稳定。因此，必须经试验来确定最合适测定的时间区间。必要时可以绘制 $A-t$（时间）曲线予以确定。

（四）显色反应温度

很多显色反应在室温下进行，室温的变动一般影响不大。有些涉及氧化还原或配位等的反应，常需考虑温度，提高温度可促进反应，但也可产生副反应，须在适当的温度下进行。有些反应与溶解度有关，也要考虑温度，提高温度促进溶解，以利反应进行；或降低温度以避免沉淀溶解，都应根据具体的反应考虑适当的温度。

（五）共存离子的干扰及消除

光度分析中，共存离子如本身有颜色，或与显色剂作用生成有色化合物，都将干扰测定。要消除共存离子的干扰，可采用下列方法。

1. 控制酸度　实质上是根据各种离子与显色剂所形成配合物的稳定性差异，利用酸效应来控制反应的完全程度。

2. 加入掩蔽剂 常用的掩蔽剂是络合剂，还有氧化剂和还原剂。例如，用NH_4SCN测定 Co^{2+} 时，Fe^{3+} 的干扰可通过加入 NaF 使之生成无色的［FeF_6］$^{3-}$ 而消除。

（六）参比溶液的选择

在进行光度测量时，利用参比溶液作对照，可以消除由于吸收池壁及溶剂对入射光的反射和吸收带来的误差，并扣除干扰的影响。参比溶液可根据下列情况来选择。

（1）若仅被测物与显色剂的反应产物在测定波长处有吸收，可用纯溶剂作参比溶液。

（2）若显色剂或其他所加试剂在测定波长处略有吸收，而试液中其他组分无吸收，用“试剂空白”（不加试样溶液）作参比溶液。

（3）若被测试液中其他组分在测定波长处有吸收，而显色剂等无吸收，则可用“试样空白”（不加显色剂）作参比溶液。

（4）若显色剂、试液中其他组分在测定波长处有吸收，则可在试液中加入适当掩蔽剂将被测组分掩蔽后再加显色剂，作为参比溶液。

第四节 紫外－可见分光光度计

PPT

紫外－可见分光光度计是在紫外－可见光区可任意选择不同波长的光测定吸光度的仪器。仪器的类型很多，性能差别很大，但基本原理与结构相似。主要部件及光路简示如下。

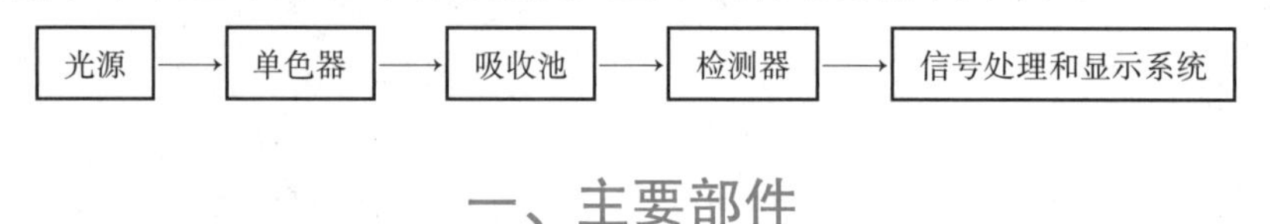

一、主要部件

（一）光源

光源是提供入射光的装置。要求在仪器操作所需的光谱区域内能够发射连续辐射；应有足够的辐射强度及良好的稳定性；辐射强度随波长的变化应尽可能小；光源的使用寿命长，操作方便。

1. 钨灯或卤钨灯 钨灯光源是固体炽热发光的光源，又称白炽灯，发射光能的波长覆盖较宽（340～2500nm），但紫外区很弱。通常取其波长大于 350nm 的光为可见区光源。钨灯的发光强度与供电电压的 3～4 次方成正比，所以供电电压要稳定。卤钨灯的灯泡内含碘或溴的低压蒸气，与钨灯比，具有更高的发光强度，更长的使用寿命。

2. 氢灯或氘灯 氢灯和氘灯均是气体放电发光的光源，发射自 150nm 至约 400nm 的连续光谱。由于玻璃吸收紫外光，故光源必须由石英窗或石英灯管制成。氢灯是最初的光源，目前已被氘灯替代，这是因为氘灯的发光强度比氢灯强、使用寿命比氢灯长。气体放电发光需先激发，同时应控制稳定的电流，所以都配有专用的电源装置。

（二）单色器

单色器的作用是将来自光源的连续光谱按波长顺序色散，并从中分离出一定宽度的谱带。单色器通常由入射狭缝、准直镜、色散元件、聚焦镜和出射狭缝组成。其中色散元件是关键部件，有棱镜和光栅两种。

棱镜是根据光的折射原理而将复合光色散为不同波长的单色光，然后再让所需波长的光通过一个很窄的狭缝照射到吸收池上。它由玻璃或石英制成，玻璃棱镜用于可见光范围，石英棱镜则在紫外和可见光范围均可使用。

光栅是根据光的衍射和干涉原理将复合光色散为不同波长的单色光，它可用于紫外、可见和近红外光谱区域，而且在整个波长区域中具有良好的、几乎均匀一致的色散率，且具有适用波长范围宽、分辨本领高、成本低、便于保存和易于制作等优点，所以是目前用得最多的色散元件。

（三）吸收池

用于盛放试液的装置。用光学玻璃制成的吸收池，只能用于可见光区。用熔融石英（氧化硅）制成的吸收池，适用于紫外光区，也可用于可见光区。用作盛空白溶液的吸收池与盛试样溶液的吸收池应互相匹配，即有相同的厚度与相同的透光性。在测定吸光系数或利用吸光系数进行定量测定时，还要求吸收池有准确的厚度（光程）或用同一只吸收池。吸收池两光面易损蚀，应注意保护。

（四）检测器

检测器是一种光电转换元件，是检测单色光通过溶液被吸收后透射光的强度，并把这种光信号转变为电信号的装置。要求检测器应在测量的光谱范围内具有高的灵敏度；对辐射能量响应快、线性关系好、线性范围宽；对不同波长的辐射响应性能相同且可靠；有好的稳定性和低的噪声水平等。常用的检测器有光电管、光电倍增管和光电二极管阵列检测器。

1. 光电池　有硒光电池和硅光电池。硒光电池只能用于可见光区。硅光电池能同时适用于紫外区和可见区。光电池是一种光敏半导体，当光照时就产生光电流，在一定范围内光电流大小与照射光强成正比，可直接用微电流计测量。光电池内阻小，电流不易放大，当光强度弱时，不能测量。光电池只能用于谱带宽度较大的低级仪器，且强光长时间照射时易产生“疲劳”现象，目前使用较少。

2. 光电管　在紫外-可见分光光度计上应用很广泛。它以一弯成半圆柱且内表面涂上一层光敏材料的镍片作为阴极，而置于圆柱中心的一金属丝作为阳极，密封于高真空的玻璃或石英中构成（图3-14），当光照到阴极的光敏材料时，阴极发射出电子，被阳极收集而产生光电流。

随阴极光敏材料不同，灵敏的波长范围也不同。可分为蓝敏和红敏两种光电管，前者是阴极表面上沉积锑和铯，适用于210~625nm，后者是阴极表面上沉积银和氧化铯，用于625~1000nm。与光电池比较，光电管具有灵敏度高、光敏范围宽、不易疲劳等优点。

3. 光电倍增管　实际上是一种加上多级倍增电极的光电管，结构上的差别是在光敏金属的阴极和阳极之间还有几个倍增极（一般是九个），如图3-15所示。当辐射光子撞击阴极时发射光电子，该电子被电场加速并撞击第一倍增极，撞出更多的二次电子，依次不断进行，像“雪崩”一样，最后阳极收集到的电子数将是阴极发射电子的10^5~10^6倍，由此产生较强的电流，再经放大，由指示器显示或用记录器记录下来。光电倍增管灵敏度高，是检测微弱光最常见的光电元件，可以用较窄的单色器狭缝，从而对光谱的精细结构有较好的分辨能力。

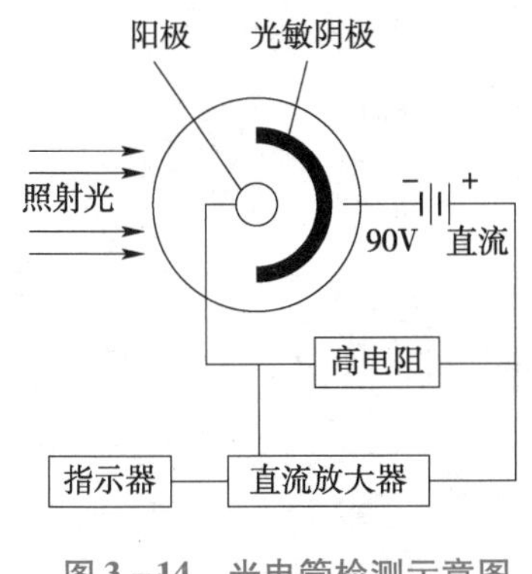

图3-14　光电管检测示意图

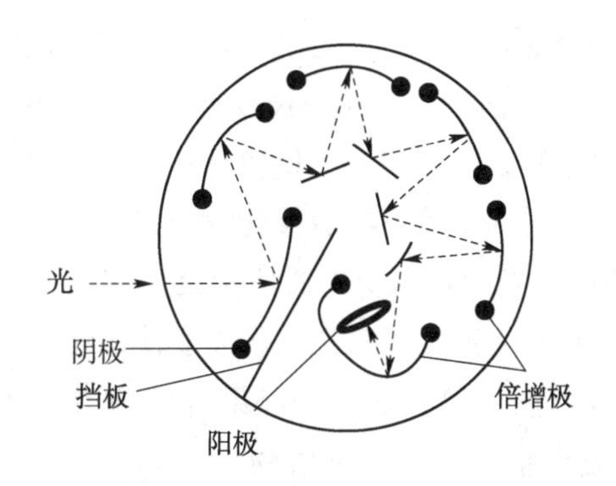

图3-15　光电倍增管示意图

4. 光二极管阵列检测器 是紫外－可见光度检测器的一个重要进展，这类检测器用光二极管阵列作检测元件。通过单色器的光含有全部的吸收信息，在阵列上同时被检测，并用电子学方法及计算机技术对二极管阵列快速扫描采集数据，由于扫描速度非常快，可以得到三维（A，λ，t）光谱图。

（五）信号处理和显示系统

光电管输出的信号很弱，需经过放大才能以某种方式将测量结果显示出来，信号处理过程也会包含一些数学运算，如对数函数、浓度因素等运算乃至微分积分等处理。显示器有电表表示、数字显示、荧光屏显示、结果打印及曲线扫描等。显示方式一般都有透光率与吸光度两种，有的还可转换成浓度、吸光系数等显示。

二、分光光度计的类型及校正和检查

（一）分光光度计类型

紫外－可见分光光度计主要类型有单光束分光光度计、双光束分光光度计、双波长分光光度计、光电二极管阵列分光光度计以及光纤探头式分光光度计。

1. 单光束分光光度计 用钨灯或氘灯作光源，从光源到检测器只有一束单色光。这种简易型分光光度计结构简单，价格便宜，操作方便，维修容易，适用于在给定波长处测定吸光度或透光率，一般不能作全波段的光谱扫描，并且对其光源发光强度的稳定性要求很高。

2. 双光束分光光度计 光路设计基本上与单光束的相似，不同的是经过单色器的光被切光器1一分为二，一束通过参比溶液，另一束通过样品溶液，然后在样品池与检测器之间的切光器2控制下，两束光交替聚焦到同一检测器上，检测器输出信号决定于两束光的强度之差，如图3－16所示。如果两束光的强度相同，则交流放大器无信号输出。如果两束光的强度不同，则交流放大器产生不平衡信号，经对数转换将其转换成吸光度或透光率，并作为波长的函数记录下来。

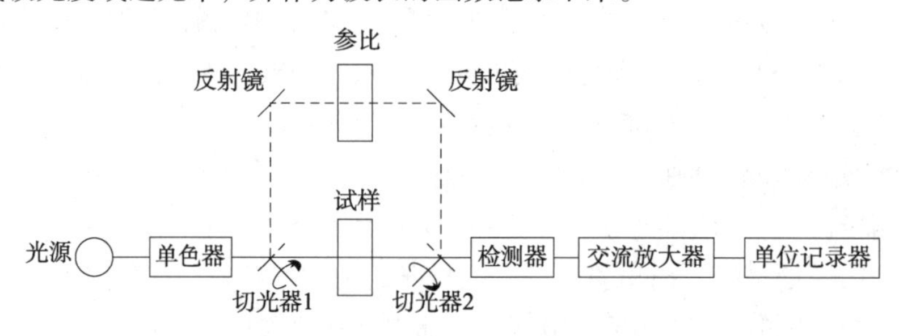

图3－16 双光束分光光度计结构示意图

双光束分光光度计对参比信号和试样信号的测量几乎是同时进行的，能自动消除并补偿由于光源强度不足和电子检测系统的波动等引起的误差，提高了测量的精密度和准确度。

3. 双波长分光光度计 与单波长分光光度计的主要差别在于使用了两个单色器，如图3－17所示。将同一光源发出的光分为两束，分别经过两个单色器后得到两束强度相同，波长分别为λ_1和λ_2的单色光。利用切光器使两束光束以一定的频率交替照射到装有试样溶液的吸收池，不需要使用参比溶液，然后检测其透过光强度，得到的信号经系统处理后显示出两个波长下的吸光度差值（ΔA）。根据ΔA = （E_{λ_1} － E_{λ_2}）cl进行定量分析。

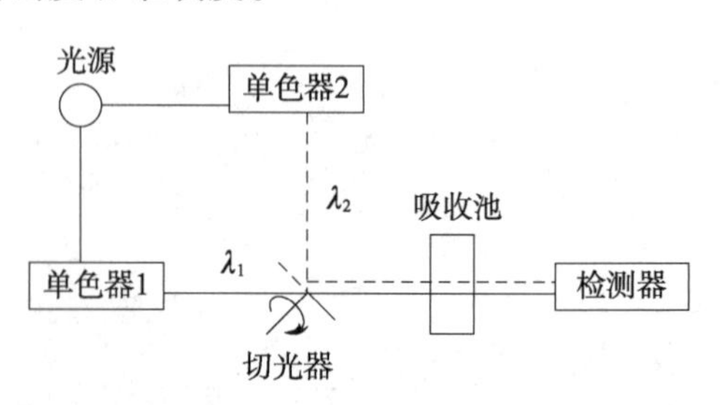

图3－17 双波长分光光度计结构示意图

双波长分光光度计的优点是它不需要参比溶液，可以通过波长的选择消除由于试样浑浊产生的背景干扰或共存组分的吸收干扰。校正由于光源强度变化引起的误差，使测定的准确度显著提高，适用于浑浊试液的定量分析。

4. 光学多通道分光光度计　问世于20世纪80年代初期，是一种具有全新光路系统的仪器。由光源发出的光，经色差聚光镜聚焦后通过样品池，再聚焦于多色仪的入口狭缝上。透过光经全息光栅表面色散并投射到二极管阵列检测器上，其光路图如图3－18所示。二极管阵列的电子系统可在1/10秒的极短时间内获得整个光谱范围内的全部信息。

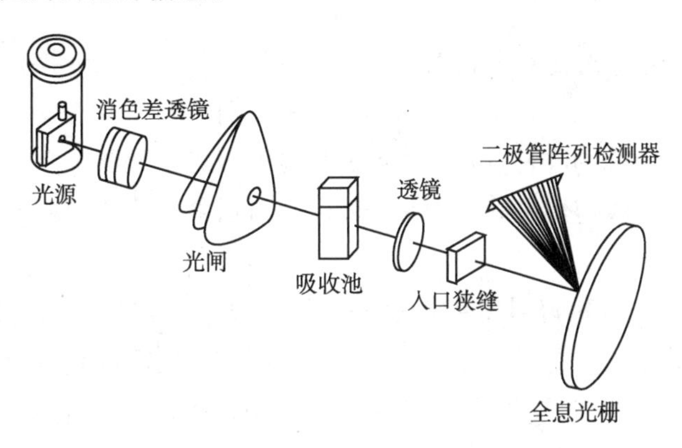

图3－18　二极管阵列分光光度计光路图

5. 光纤探头式分光光度计　此类仪器特点是不需要吸收池，直接将探头插入样品溶液中进行原位检测，不受外界光线的影响。常用于生产过程中质量监测和环境监测。

（二）分光光度计的校正和检查

新仪器启用前或仪器修理后或长期使用后均需对仪器的性能进行检定。仪器的性能主要包括波长准确度与重现性、单色器的分辨能力、吸光度的准确性和重现性及杂散光等。

1. 波长的校正　由于环境因素对机械部分的影响，仪器的波长经常会略有变动，因此除应定期对所用仪器进行全面校正检定外，还应于测定前校正测定波长。常用汞灯中的较强谱线237.83nm，253.65nm等，或用仪器中氘灯的486.02nm与656.10nm谱线进行校正；近年来，常使用高氯酸钬溶液校正双光束仪器。

苯蒸气在紫外区有很特征的吸收峰，也可用它来进行紫外光区波长准确度的检查和校正。在吸收池中滴一滴液体苯，盖上吸收池盖，待苯挥发充满整个吸收池后，就可以测绘苯蒸气的吸收光谱，观察实测结果与苯的标准光谱曲线（图3－19）是否一致。

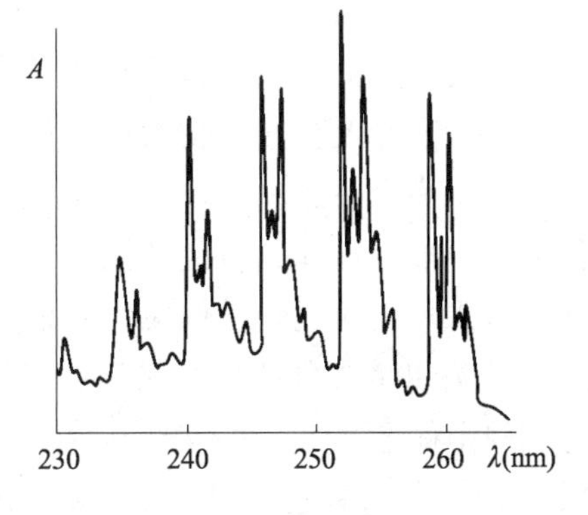

图3－19　苯蒸气的紫外光谱图

2. 吸光度的校正　校正吸光度常用一定浓度的纯物质的溶液为标准，同时要求溶液稳定，且在相当的波长范围内吸光度的改变符合朗伯－比尔定律。常用硫酸铜、硫酸铵钴和铬酸钾的溶液。铬酸钾溶液是最常用的标准溶液，此溶液在紫外区和可见区均适用。《中国药典》（2020年版）紫外－可见分光光度法（通则0401）项下采用重铬酸钾的硫酸（0.005mol/L）溶液检定。

第五节 紫外－可见分光光度法的应用

紫外－可见分光光度法是一种广泛应用的定量分析方法，也是对物质进行定性分析和结构分析的一种手段，同时还可以测定某些化合物的物理化学参数。

一、定性分析

利用紫外－可见吸收光谱进行定性分析时，其主要依据是化合物的吸收光谱特征。一般采用比较光谱法，即在相同测量条件下（仪器、试剂、pH 等），比较试样与标准化合物的吸收曲线，如果吸收光谱的形状、吸收峰数目、各吸收峰的波长位置、强度及相应的吸光系数值等完全一致，则可能是同一种化合物，如两者有明显差别，则肯定不是同一种化合物。也可借助文献所载或前人汇编的标准图谱库进行核对。

1. 对比吸收光谱特征数据 可以对比紫外光谱的 λ_{max}、λ_{min}、ε 或 $E_{1cm}^{1\%}$ 以及吸收峰的数目、形状等。最常用于鉴别的光谱特征数据是 λ_{max}。具有不同或相同吸收基团的不同化合物，可有相同的 λ_{max}，但它们的摩尔质量一般是不同的，因此它们的 ε 或 $E_{1cm}^{1\%}$ 常有明显差异，所以吸光系数也常用于化合物的鉴别。

2. 对比吸光度（或吸光系数）的比值 当物质的紫外光谱有几个吸收峰时，可根据不同吸收峰处（或峰与谷）的吸光度比值作鉴别。因为用的是同一浓度溶液和同一厚度吸收池，取吸光度比值也就是吸光系数比值，可消去浓度与厚度的影响。有时可将光谱特征数据和吸光度比值相结合以提高可靠性。

例如维生素 B_{12} 的鉴别：其供试品溶液应在 278nm、361nm 与 550nm 的波长处有最大吸收，《中国药典》（2020 年版）规定在 361nm 波长处的吸光度与 278nm 波长处的吸光度的比值应为 1.70～1.88，361nm 波长处的吸光度与 550nm 波长处的吸光度的比值应为 3.15～3.45。

3. 对比吸收光谱的一致性 用上述几个光谱数据作鉴别，不能发现吸收光谱曲线中其他部分的差异。必要时，可在相同的测量条件下，测定和比较未知物与已知标准物的吸收光谱曲线，如果两者的光谱完全一致，则可以初步认为它们是同一化合物。为了能使分析更准确可靠，需注意测定时尽量保持光谱的精细结构。为此，应采用与吸收物质作用力小的非极性溶剂，且采用窄的光谱通带。例如醋酸可的松、醋酸泼尼松与醋酸氢化可的松，将三者分别精密称定，加无水乙醇溶解并定量稀释制成每 1ml 含有 10μg 溶质的溶液，三者有几乎完全相同的 λ_{max}（240nm）、E（390）和 ε（1.57×10^4），但从吸收光谱曲线上可以看出其中的某些差别，从而对三者加以鉴别（图 3－20）。

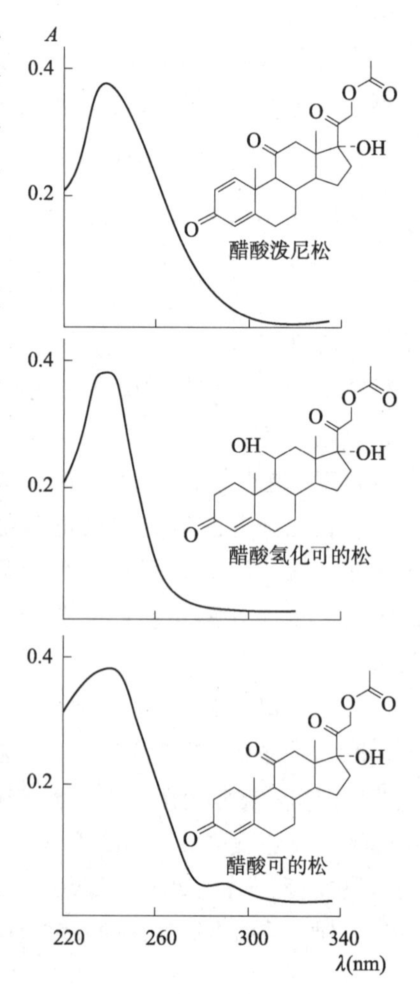

图 3－20 三种甾体激素的紫外光谱图（10μg/ml 甲醇溶液）

用紫外吸收光谱数据或曲线进行定性鉴定，有一定的局限性，主要是因为紫外吸收光谱较为简单，光谱信息少，特征性不强，不相同的化合物可以有很类似甚至雷同的吸收光谱。所以在得到相同的吸收光谱时，应考虑到有并非同一物质的可能性。而在两种纯化合物的吸收光谱有明显差别时，却可以肯定两者不是同一物质。

二、纯度检查

（一）杂质检查

利用试样与所含杂质紫外-可见吸收的差异，可用于检查杂质。如果杂质有吸收而药物无吸收，或杂质吸收峰与药物吸收峰互不干扰，可在杂质吸收峰处检出杂质。例如，乙醇和环己烷中若含有少量杂质苯，苯在255nm附近有吸收峰，而乙醇与环己烷在此波长处无吸收，乙醇中含苯量低达万分之一，也能从光谱中检出。

若化合物有较强的吸收峰，而所含杂质在此波长处无吸收峰或吸收很弱，杂质的存在将使化合物测定的吸光系数值降低；若杂质在此吸收峰处有比化合物更强的吸收，则将使测定的吸光系数值增大；有吸收的杂质也可能使化合物的吸收光谱变形。这些都可用作检查杂质是否存在的方法。

（二）杂质的限量测定

药物中的杂质，常需制订一个允许其存在的限量。在药品质量标准中杂质的检查多为限量检查。若杂质在某一波长处有最大吸收，而药物在此波长无吸收，可以通过控制供试品溶液杂质特征吸收波长处的吸光度来控制杂质的量。例如，肾上腺素在合成过程中有一中间体肾上腺酮，当它还原成肾上腺素时，反应不够完全而带入产品中，称为肾上腺素的杂质，而影响肾上腺素疗效。因此，肾上腺酮的量必须规定在某一限量之下。在HCl溶液（0.05mol/L）中肾上腺素与肾上腺酮的紫外吸收光谱有显著不同，在310nm处，肾上腺酮有吸收峰，而肾上腺素没有吸收。可利用310nm处的吸收检测肾上腺酮的混入量。方法是将肾上腺素的制成品用HCl溶液（0.05mol/L）制成每1ml含2mg的溶液，在1cm吸收池中，于310nm处测定吸光度A。《中国药典》（2020年版）规定A值不得超过0.05，则以肾上腺酮310nm处的$E_{1cm}^{1\%}$值（435）计算，相当于含肾上腺酮不超过0.06%。

有时用峰谷吸光度的比值控制杂质的限量。例如碘解磷定注射液中分解产物的检查，在碘解磷定的最大吸收波长294nm处，分解产物几乎没有吸收，但在碘解磷定的吸收谷262nm处有一些吸收，因此就可利用碘解磷定的峰谷吸光度之比作为杂质的限量检查指标。已知纯品碘解磷定的$A_{294}/A_{262}=3.39$，如果含有杂质，则在262nm处吸光度增加，使峰谷吸光度之比小于3.39。因此可在294nm和262nm的波长处分别测定吸光度，《中国药典》（2020年版）规定其比值应不小于3.1。

三、单组分定量分析方法

紫外-可见光谱法定量分析的依据是朗伯-比尔定律，即物质在一定波长处的吸光度与它的浓度成正比。因此，通过测定溶液对一定波长入射光的吸光度，便可求得溶液的浓度。通常应选被测物质吸收光谱中的吸收峰处测定，以提高灵敏度并减少测定误差。被测物如有几个吸收峰，可选不易有其他物质干扰的、较高的吸收峰。一般不选光谱中靠近短波长末端的吸收峰。

许多溶剂本身在紫外光区有吸收，选用的溶剂应不干扰被测组分的测定。溶剂的截止波长指当小于截止波长的辐射通过溶剂时，溶剂对此幅射产生强烈吸收，此时溶剂会严重干扰组分的吸收测定。所以选择溶剂时，组分的测定波长必须大于溶剂的截止波长。一些溶剂的截止波长列于表3-4。

表3-4 一些常用的溶剂的截止波长

溶剂	截止波长（nm）	溶剂	截止波长（nm）	溶剂	截止波长（nm）
水	200	乙醇	215	四氯化碳	260
环己烷	200	二氯甲烷	235	二甲苯	295
甲醇	205	三氯甲烷	245	苯甲腈	300
正丁醇	210	乙酸乙酯	260	吡啶	305
乙醚	210	苯	260	丙酮	330
异丙醇	210	甲酸甲酯	260	硝基甲烷	380

单组分试样可采用吸光系数法、工作曲线法和对照法进行定量测定。

1. 吸光系数法 是利用被测物质的吸光系数（$E_{1cm}^{1\%}$或ε）计算含量的方法，也称绝对法。通常$E_{1cm}^{1\%}$和ε可从手册、文献或药典中查到。根据朗伯-比尔定律$A=E_{1cm}^{1\%}cl$，若l和吸光系数$E_{1cm}^{1\%}$或ε已知，即可根据测得的A求出被测物的浓度。

例3-2 维生素B_6的盐酸溶液（0.1mol/L）在290nm处的$E_{1cm}^{1\%}$值是427，盛于1cm吸收池中，测得溶液的吸收度为0.432，则溶液浓度是多少？

$$c=\frac{A}{E_{1cm}^{1\%}\cdot l}=\frac{0.432}{427\times 1}=0.00101\ (\text{g}/100\text{ml})$$

注意计算结果是100ml溶液中所含溶质的克数，这是百分吸光系数的定义所决定的。若用ε计算，则是每升含溶质的摩尔数。

2. 工作曲线法 是实际工作中用的最多的一种方法。首先配置一系列不同浓度的标准溶液，以不含被测组分的空白溶液为参比，测定标准溶液的吸光度，在符合朗伯-比尔定律的浓度范围内绘制$A-c$关系图（图3-21），理论上可获得一条通过原点的直线，称为工作曲线（或标准曲线）。但多数情况下工作曲线并不通过原点。在相同条件下测定试样溶液的吸光度，就可以从工作曲线上查出试样溶液的浓度，也可以通过线性回归方程计算试样溶液的浓度。

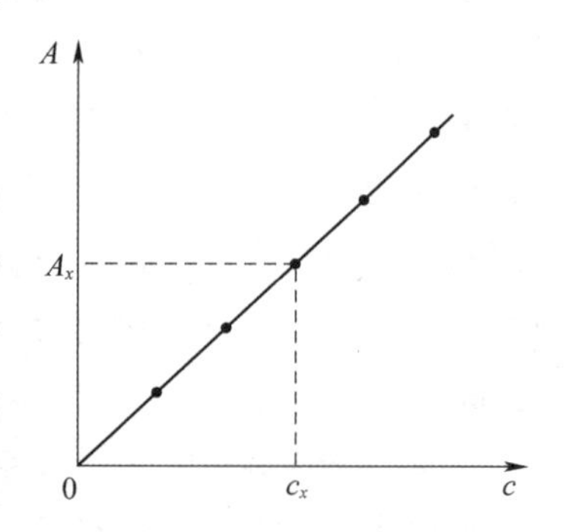

图3-21 $A-c$的标准曲线

3. 对照法 已知试样溶液基本组成，配制相同基体、相近浓度的标准溶液，分别测定吸光度$A_标$、$A_样$。

根据朗伯-比尔定律：$A_标=E_{1cm}^{1\%}\cdot c_标\cdot l$ $A_样=E_{1cm}^{1\%}\cdot c_样\cdot l$

因是同种物质、同台仪器及同一波长测定，故l和E相等，所以：

$$c_样=\frac{A_样}{A_标}\times c_标 \tag{3-13}$$

该法采用对照品平行操作，可以消除或降低不同仪器、不同环境下测定的变异性，提高检测的可信度，在法定方法中采用较多。《中国药典》（2020年版）紫外-可见分光光度法（通则0401）项下规定，对照品溶液中所含被测成分的量应为供试品溶液中被测成分规定量的100%±10%，所用溶剂也应完全一致。

四、多组分定量分析方法

（一）线性方程组法

1. 吸收光谱不重叠 当混合物中各组分吸收峰互不干扰，如图3-22（a）所示，则按单组分的测定方法测定。

2. 吸收光谱部分重叠　如图3－22（b）所示，a、b两组分的吸收光谱有部分重叠。则可在λ_1处测定组分a，再在λ_2处测定混合溶液的吸光度$A_{\lambda_2}^{a+b}$，然后根据吸光度的加和性计算出b组分的浓度。

$$A_{\lambda_2}^{a+b}=A_{\lambda_2}^{a}+A_{\lambda_2}^{b}=E_{\lambda_2}^{a}c_a l+E_{\lambda_2}^{b}c_b l \tag{3-14}$$

式中，$E_{\lambda_2}^{a}$、$E_{\lambda_2}^{b}$可由各自的标准曲线求得，然后可由上式求出组分b的浓度。

3. 吸收光谱双向重叠　如图3－22（c）所示，各组分的吸收光谱互相都有干扰。则在λ_1和λ_2处分别测得总的吸光度$A_{\lambda_1}^{a+b}$、$A_{\lambda_2}^{a+b}$，当$l=1$cm时，则：

$$A_{\lambda_1}^{a+b}=A_{\lambda_1}^{a}+A_{\lambda_1}^{b}=E_{\lambda_1}^{a}c_a l+E_{\lambda_1}^{b}c_b l$$

$$A_{\lambda_2}^{a+b}=A_{\lambda_2}^{a}+A_{\lambda_2}^{b}=E_{\lambda_2}^{a}c_a l+E_{\lambda_2}^{b}c_b l$$

$$c_a=\frac{A_{\lambda_1}^{a+b}E_{\lambda_2}^{b}-A_{\lambda_2}^{a+b}E_{\lambda_1}^{b}}{E_{\lambda_1}^{a}E_{\lambda_2}^{b}-E_{\lambda_2}^{a}E_{\lambda_1}^{b}} \tag{3-15}$$

$$c_b=\frac{A_{\lambda_1}^{a+b}E_{\lambda_2}^{a}-A_{\lambda_2}^{a+b}E_{\lambda_1}^{a}}{E_{\lambda_1}^{b}E_{\lambda_2}^{a}-E_{\lambda_1}^{a}E_{\lambda_2}^{b}} \tag{3-16}$$

其中$E_{\lambda_1}^{a}$、$E_{\lambda_1}^{b}$、$E_{\lambda_2}^{a}$、$E_{\lambda_2}^{b}$可由各自的标准曲线求得，通过解此线性方程组，可求出两组分的浓度。

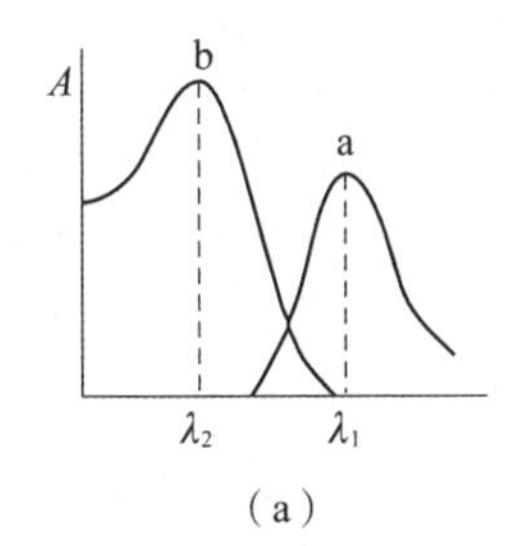

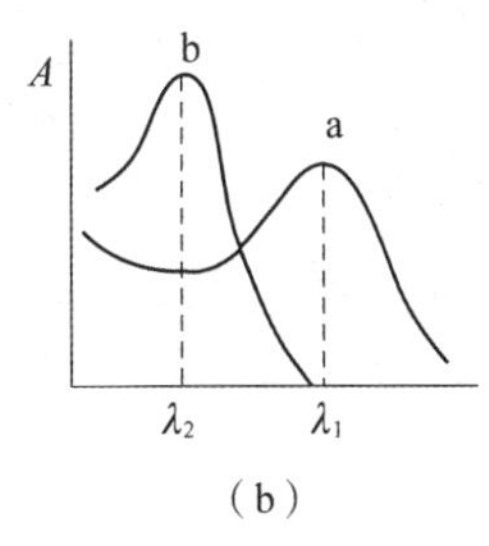

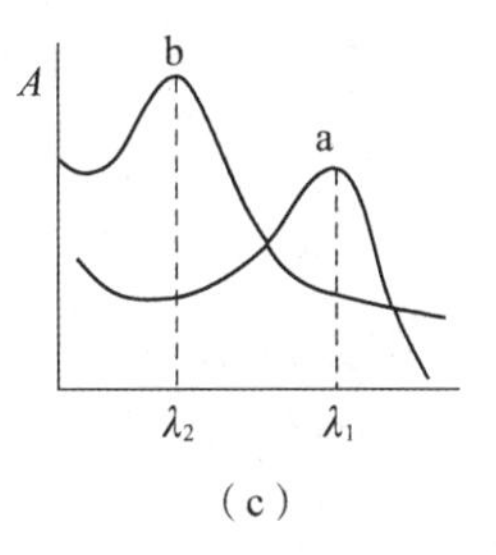

图3－22　混合组分吸收光谱的三种可能情况示意图

（二）等吸收双波长法

吸收光谱重叠的a、b两组分混合物中，若要消除b的干扰测定a，可从b的吸收光谱上选择两个吸光度相等的波长λ_1和λ_2，测定混合物的吸光度差值，然后根据ΔA来计算a的含量。选择波长的原则：①在选定的两个波长处干扰组分b应当具有相同的吸收；②在这两个波长处，被测组分a的吸光度差值ΔA应足够大。现用作图法说明波长组合的选定方法。

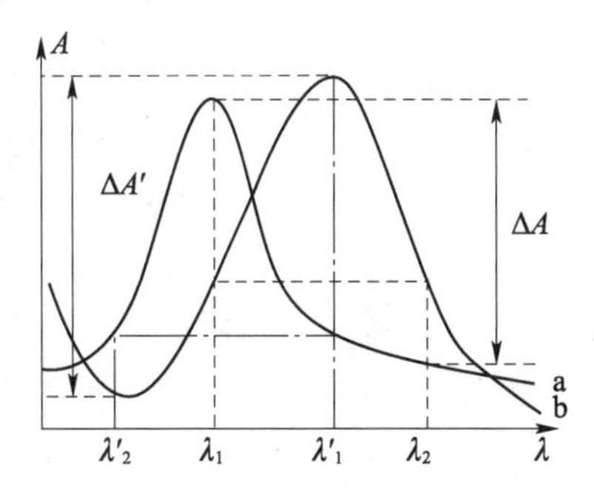

图3－23　等吸收双波长测定法示意图

如图3－23所示，a为被测组分，可选择组分a的吸收峰波长作为测定波长λ_1，在该波长处作x轴的垂线，此直线与干扰组分b的吸收光谱相交于一点，再从这一点作平行于x轴的直线，此直线又与组分b的吸收光谱相交于一点或数点，则选择与这些交点相对应的波长作为参比波长λ_2。若λ_2有几个波长可供选择，应选择使被测组分的吸光度差值尽可能大的波长。因为

$$\Delta A=A_{\lambda_1}^{a+b}-A_{\lambda_2}^{a+b}=(A_{\lambda_1}^{a}-A_{\lambda_2}^{a})+(A_{\lambda_1}^{b}-A_{\lambda_2}^{b})$$

$$A_{\lambda_1}^{b}=A_{\lambda_2}^{b}$$

$$\Delta A=(E_{\lambda_1}^{a}-E_{\lambda_2}^{a})\ cl \tag{3-17}$$

上式说明，双波长法测得的ΔA与b组分无关，因此可在b组分存在的情况下准确测定a组分。同理，也可在a组分存在情况下准确测定b组分。

（三）导数光谱法

根据朗伯－比尔定律，吸光度是波长的函数，即 $A_\lambda = K_\lambda cl$，可得到吸光度与波长的多阶导数为：

一阶导数 $$\frac{dA}{d\lambda} = \frac{d\varepsilon}{d\lambda} \cdot c \cdot l$$

二阶导数 $$\frac{d^2A}{d\lambda^2} = \frac{d^2\varepsilon}{d\lambda^2} \cdot c \cdot l$$

三阶导数 $$\frac{d^3A}{d\lambda^3} = \frac{d^3\varepsilon}{d\lambda^3} \cdot c \cdot l$$

n 阶导数 $$\frac{d^nA}{d\lambda^n} = \frac{d^n\varepsilon}{d\lambda^n} \cdot c \cdot l$$

经 n 次求导后，吸光度 A 的导数值仍与吸收物质浓度 c 成正比，借此可用于定量分析（图 3－24）。

在用导数光谱进行定量分析时，需要对扫描出的导数光谱进行测量以获得导数值。常用的测量方法有三种，如图 3－25 所示。

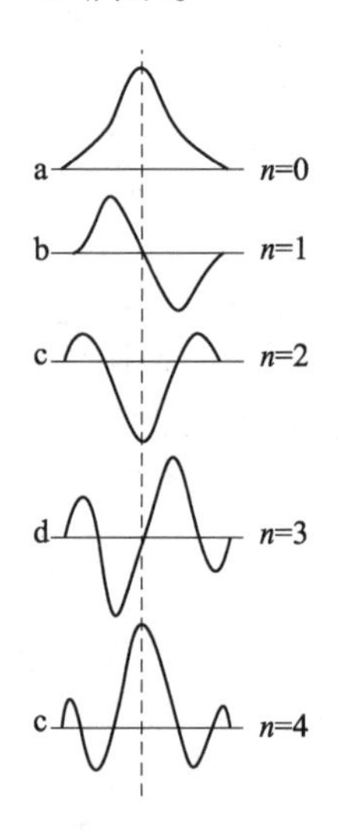

图 3－24 吸收光谱曲线（a）及其导数光谱示意图（b～e）

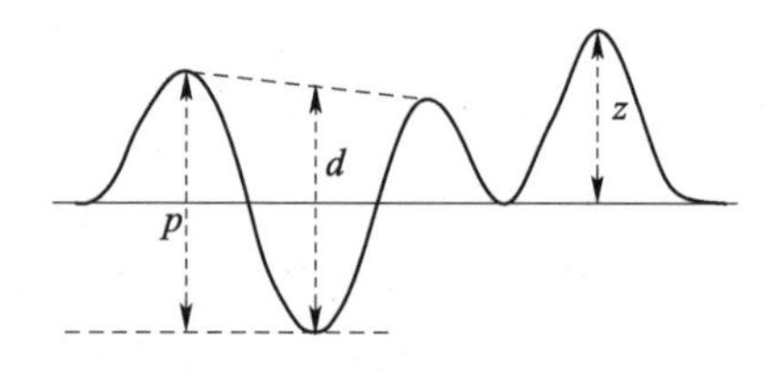

图 3－25 导数光谱的图解测定法
d. 正切法；*p*. 峰谷法；*z*. 峰零法

1. 基线法（正切法） 画一条直线正切于两个相邻的极大值或极小值，然后测量中间极值至切线的距离 d。这种方法可用于线性背景干扰的试样测定。

2. 峰谷法 如果基线平坦，可通过测量两个极值之间的距离 p 来进行定量分析。

3. 峰零法 极值到零线之间的垂直距离 z 也可以作为导数值。这种方法适用于信号对称于横坐标的较高阶导数的求值。

导数光谱的最大优点是分辨率得到很大提高。因为吸收光谱曲线经过求导之后，其中各种微小变化能更好地显示出来。它能分辨两个或两个以上完全重叠或以很小波长差相重叠的吸收峰，能够分辨吸光度随波长急剧上升时所掩盖的弱吸收峰，能确认宽吸收带的最大吸收波长。导数光谱可以消除胶体和悬浮物散射影响和背景吸收，因此可以提高检测灵敏度。

五、结构分析

紫外－可见吸收光谱主要用于生色团和共轭体系的鉴定，但单靠紫外－可见吸收光谱，一般无法确定化合物结构。它可配合红外光谱法、核磁共振波谱法和质谱法等常用的结构分析法进行定性鉴定和结构分析，是一种有用的辅助方法。

（一）从吸收光谱中初步判断基团

如果在220～800nm无吸收（$\varepsilon<1$），则可能是脂肪族饱和碳氢化合物、醇、醚、胺、腈、氯代烃和氟代烃，不含直链或环状共轭体系，没有醛、酮等基团；如果在210～250nm有吸收带，可能含有两个共轭单位；如果在260～300nm有强吸收带，则可能含有3～5个共轭单位；在250～300nm有中等强度吸收带，而且含有振动结构，表示有苯环存在；在250～300nm有弱吸收带表示有羰基存在；如果化合物有颜色，分子中含有的共轭生色团一般在五个以上。

（二）化合物骨架的推定

四环素结构的确定。在测定四环素的结构过程中，发现其降解产物有如下结构A。但是结构A中括号内的三个甲氧基位置没有确定。从结构可以看出：结构A中有两个发色团－萘系统和苯系统组成，这两个系统由一个 —CH(OH)— 隔开而未发生共轭。这样结构A的紫外光谱应近似等于两组发色团光谱的叠加，由此可选用一系列易于得到的模型化合物（B～E）的光谱叠加起来与该降解产物的紫外光谱进行比较，结果发现只有结构B和结构D的叠加光谱与该降解产物的光谱最吻合，从而确定了降解产物中 —$C_6H_2(OCH_3)_3$部分为1,2,4－三甲氧基苯。

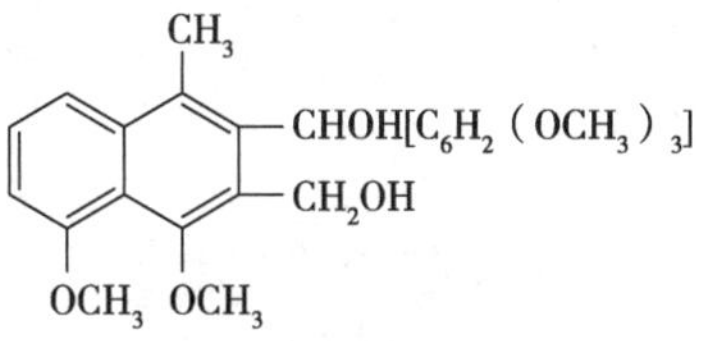

CH_3　$CHOH[C_6H_2(OCH_3)_3]$　CH_2OH　OCH_3　OCH_3

A

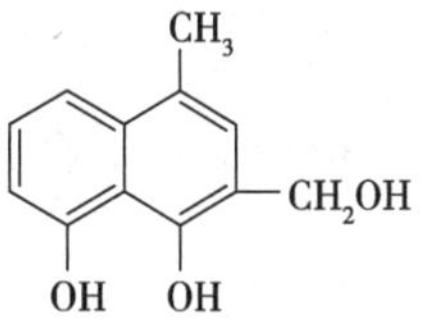

CH_3　CH_2OH　OH　OH

B

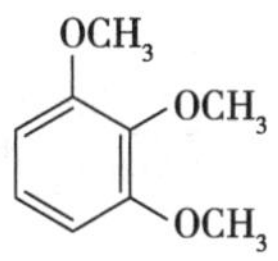

OCH_3　OCH_3　OCH_3

C

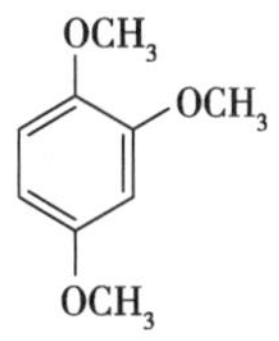

OCH_3　OCH_3　OCH_3

D

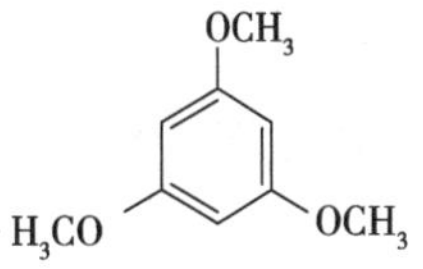

OCH_3　H_3CO　OCH_3

E

（三）异构体的推定

1. 结构异构体　许多结构异构体之间可利用其双键的位置不同，应用紫外吸收光谱推定异构体的结构。例如松香酸（A）和左旋松香酸（B）的λ_{max}分别为238nm和273nm，相应ε分别为1.5×10^4和7.1×10^3，这是因为左旋松香酸为同环双烯，共轭体系的共平面性好，因此λ_{max}比松香酸大；对于共轭体系而言，左旋松香酸的立体障碍更严重，因此松香酸的ε比左旋松香酸大得多。

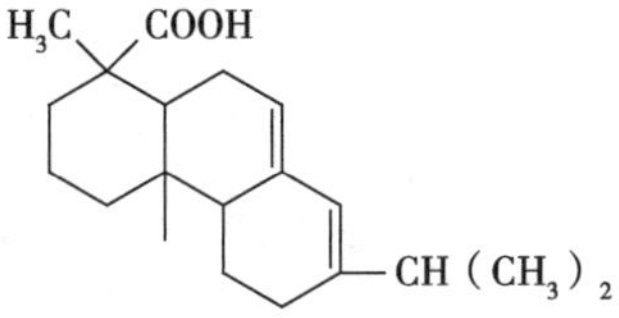

H_3C　COOH　$CH(CH_3)_2$

A

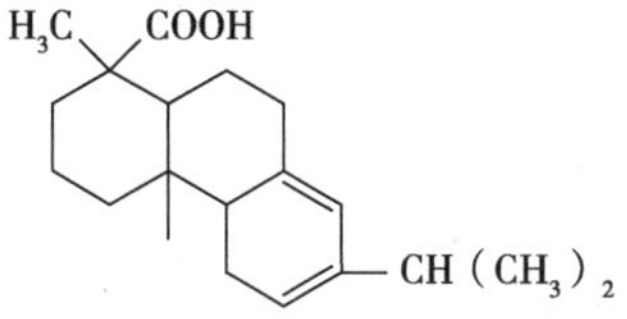

H_3C　COOH　$CH(CH_3)_2$

B

2. 顺反异构体的判断　由光谱可区分二苯乙烯顺式和反式两种几何异构体。由于顺式二苯乙烯有空间障碍，苯环和双键不能在同一平面上，影响共轭效应。因此λ_{max}在较短波长处，ε也比较小。而反式二苯乙烯空间障碍小，苯环和双键在同一平面上，有较好的共轭效应，使吸收向长波方向位移，ε也较大。一般情况下顺式异构体的λ_{max}比反式异构体的λ_{max}要短，而且ε较小。

顺式二苯乙烯			反式二苯乙烯		
λ_{max}	288nm	224nm	λ_{max}	295.5nm	228nm
ε	10500	24000	ε	29000	16500

3. 互变异构体 某些有机化合物在溶液中可能有两种以上的互变异构体处于动态平衡中，这种异构体的互变过程常伴随有双键的移动及共轭体系的变化，因此也产生吸收光谱的变化。最常见的是某些含氧化合物的酮式与烯醇式异构体之间的互变。例如，乙酰乙酸乙酯就是酮式和烯醇式两种互变异构体。

$$H_3C-\overset{O}{\overset{\|}{C}}-CH_2-\overset{O}{\overset{\|}{C}}-OC_2H_5 \rightleftharpoons H_3C-\overset{OH}{\overset{|}{C}}=CH-\overset{O}{\overset{\|}{C}}-OC_2H_5$$

酮式		烯醇式	
λ_{max}	272nm	λ_{max}	243nm
ε	16	ε	16000

答案解析

目标检测

一、名词解释

吸光度；透光率；摩尔吸光系数；百分吸光系数；生色团；助色团；增色效应；减色效应；红移；蓝移。

二、简答题

1. 朗伯－比尔定律的物理意义是什么？此定律中浓度 c 与吸光度 A 线性关系发生偏离的主要因素有哪些？
2. 简述紫外－可见分光光度计的主要部件、类型及基本性能。
3. 紫外吸收光谱中，吸收带的位置受哪些因素影响？
4. 简述双波长法的原理和优点。如何选择 λ_1 和 λ_2？
5. 以下列 A、B、C 三种有机化合物的官能团说明各种类型的吸收带，并指出各吸收带在紫外－可见吸收光谱中的大概位置和各吸收带的特征。

(A) (B) (C)

三、选择题

1. 可见光区波长范围是

A. 400～800nm　B. 200～400nm　C. 200～800nm　D. 10～200nm

2. 有两种不同有色溶液均符合朗伯－比耳定律，测定时若比色皿厚度、入射光强度及溶液浓度皆相等，以下说法正确的是

A. 透过光强度相等　　B. 吸光度相等

C. 吸光系数相等　　D. 以上说法都不对

3. 符合朗伯－比耳定律的有色溶液被稀释时，其最大吸收峰的波长位置

A. 向长波方向移动　　B. 向短波方向移动

C. 不移动，但峰高值降低　　D. 不移动，但峰高值增加

4. 某物质在某波长处的摩尔吸光系数很大，则表明

A. 该物质的浓度很大　　B. 光通过该物质溶液的光程长

C. 该波长处物质吸光能力强　　D. 测定该物质的精密度很高

5. 丙酮在乙烷中的紫外吸收 $\lambda_{max}=279$nm，$\varepsilon=14.8$，产生此吸收峰的能级跃迁类型是

A. $n\rightarrow\pi^*$　　B. $\pi\rightarrow\pi^*$　　C. $n\rightarrow\sigma^*$　　D. $\sigma\rightarrow\sigma^*$

6. 下列说法正确的是

A. 按照比尔定律，浓度 c 与吸光度 A 之间的关系是一条通过原点的直线

B. 比尔定律成立的必要条件是稀溶液，与是否单色光无关

C. 摩尔吸光系数是指用浓度为 1%（W/V）的溶液，吸收池厚度 1cm 时所测得吸光度值

D. 同一物质在不同波长处吸光系数不同，不同物质在同一波长处的吸光系数相同

四、计算题

1. 称取维生素 C 0.05g 溶于 100ml 的 0.005mol/L 硫酸溶液中，再准确量取此溶液 2.00ml 稀释至 100ml，取此溶液于 1cm 吸收池中，在 λ_{max}245nm 处测得 A 值为 0.551，求试样中维生素 C 的百分质量分数。（245nm 处，$E_{1cm}^{1\%}=560$）

2. 精密称取维生素 B_{12} 对照品 20mg，加水准确稀释至 1000ml，将此溶液置厚度为 1cm 的吸收池中，在 $\lambda=361$nm 处测得其吸收值为 0.414，另有两个试样，一为维生素 B_{12} 的原料药，精密称取 20mg，加水准确稀释至 1000ml，同样在 $l=1$cm，$\lambda=361$nm 处测得其吸收光度为 0.400。一为维生素 B_{12} 注射液，精密吸取 1.00ml，稀释至 10.00ml，同样测得其吸光度为 0.518。试分别计算维生素 B_{12} 原料药的百分质量分数及注射液的浓度。

3. 有一 A 和 B 两化合物混合溶液，已知 A 在波长 282nm 和 238nm 处的吸光系数值分别为 720 和 270；而 B 在上述两波长处吸光度相等。现把 A 和 B 混合液盛于 1.0cm 吸收池中，测得 $\lambda_{max}=282$nm 处的吸光度为 0.442；在 $\lambda_{max}=238$nm 处的吸光度为 0.278，求 A 化合物的浓度（mg/100ml）。

书网融合……

思政导航

本章小结

微课

题库

第四章　分子荧光分光光度法 微课

学习目标

知识目标

1. 掌握　分子荧光的产生过程；荧光强度与分子结构的关系；影响荧光强度的外部因素；荧光的定性和定量分析方法。

2. 熟悉　荧光激发光谱和发射光谱；荧光光谱的特征；荧光无辐射跃迁；荧光寿命与荧光效率。

3. 了解　荧光分光光度计的构造；荧光分析法的应用与荧光分析新技术。

能力目标　通过本章的学习，能够正确运用荧光分析法的理论和实验技能，完成待测样品的定性和定量分析任务。

分子荧光分光光度法（molecular fluorescence spectrophotometry）简称荧光分析法（fluorometry），是目前普遍使用并有发展前途的一种光谱分析技术。如上一章所述，物质可选择吸收一定波长的电磁辐射从基态跃迁到激发态，激发态也可以选择发射一定波长的电磁辐射返回到基态。物质吸收电磁辐射被激发后，再发射出电磁辐射返回基态的现象称为光致发光，最常见的光致发光有荧光（fluorescence）和磷光（phosphorescence）。根据产生荧光的物质粒子不同，荧光可分为原子荧光和分子荧光。本章仅介绍分子荧光。

分子荧光分光光度法是根据物质分子的荧光光谱特征及其强度进行物质鉴定和含量测定的分析方法。荧光分析法的主要优点是灵敏度高、选择性好，所以被广泛应用于痕量分析，特别适用于生物样品中原型药物或代谢产物的分析。荧光分析法的检测限达 10^{-10}g/ml，甚至可达 10^{-12}g/ml，比紫外－可见分光光度法低 2～3 个数量级以上，但能产生强荧光的化合物相对较少，因此荧光分析法的应用范围不如紫外－可见分光光度法广泛。

PPT

第一节　基本原理

一、分子荧光的产生

（一）分子的电子能级

如前所述，物质的分子体系中存在电子能级、振动能级和转动能级，在室温时，大多数分子处在电子基态的最低振动能级，当受到一定的电磁辐射的作用时，就会发生能级之间的跃迁形成激发态。

分子的基态与激发态的电子分布如图 4－1 所示。在基态时，分子中的电子成对地填充在能量最低的各轨道中。根据泡利（Pauli）不相容原理，一个给定轨道中的两个电子，自旋方向必定相反（图 4－1a），即自旋量子数分别为 1/2 和 －1/2，其总自旋量子数 $s=0$，即基态没有净自旋。当基态的一个电子吸收光辐射被激发而跃迁至较高的电子能态时，通常电子不会发生自旋方向的改变，即两个电子的自旋方向仍相反（图 4－1b），这时总自旋量子数 s 仍等于 0，这种分子激发态没有净自旋。在某些情况下，电子在跃迁过程中还伴随着自旋方向的改变，这时分子的两个电子的自旋方向相同（图 4－1c），自旋量子数都为 1/2，总自旋量子数 $s=1$，这种分子激发态有净自旋。

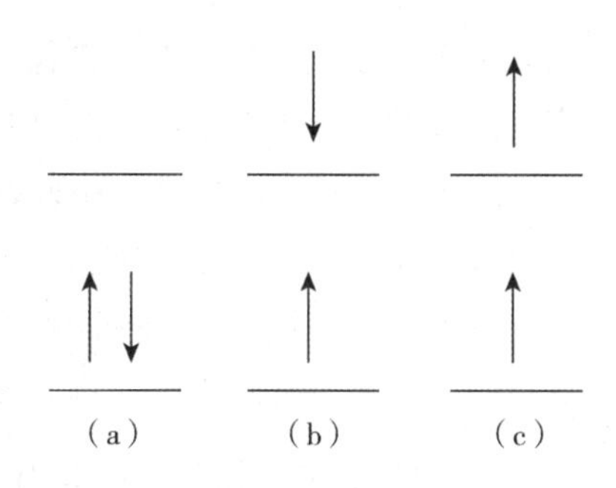

图 4－1　基态与激发态的电子分布

分子激发态的电子能级出现多重性，这种多重性可用 $M=2s+1$ 表示，当 $s=0$ 时，分子电子能级的多重性 $M=2s+1=1$，此时分子所处的电子能态称为单重态（singlet state），用符号 S 表示。当 $s=1$ 时，分子电子能级的多重性 $M=2s+1=3$，此时分子所处的电子能态称为三重态（triplet state），用符号 T 表示。基态分子电子能级只有单重态，用 S_0 表示。

激发单重态与激发三重态的性质有明显不同：①激发单重态是抗磁性分子，而激发三重态是顺磁性分子；②激发三重态的平均寿命比激发单重态的长；③激发三重态的能级比相应激发单重态的稍低一些。

分子中能级结构分布如图 4－2 所示。图中 S_0、S_1 和 S_2 分别表示分子的基态、第一和第二电子激发的单重态，T_1 和 T_2 表示第一和第二电子激发的三重态。

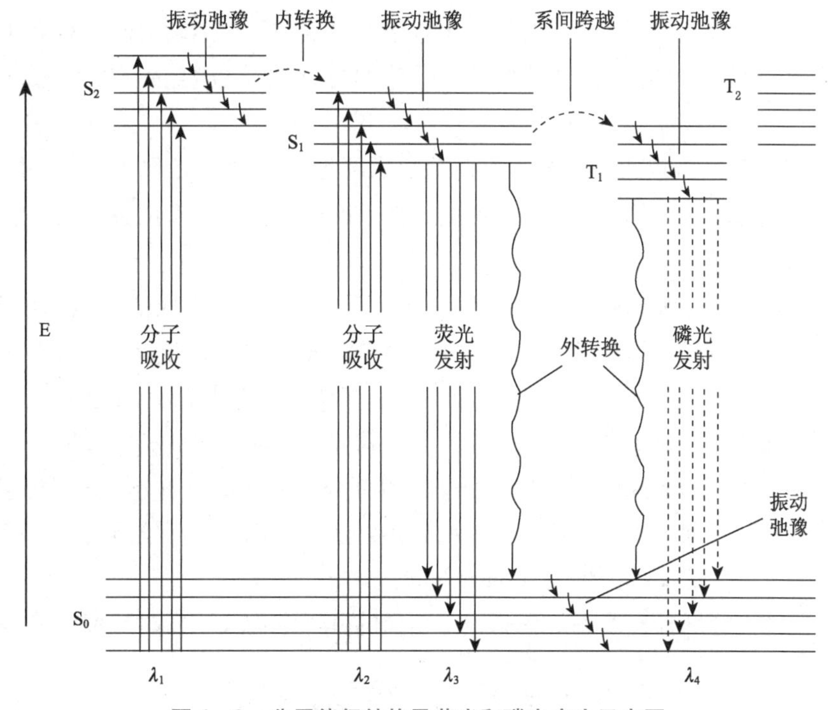

图 4－2　分子能级结构及荧光和磷光产生示意图

（二）分子荧光的产生

根据波尔兹曼（Boltzmann）分布，分子在室温时基本上处于电子能级的基态。按照光谱选择定则，当吸收了紫外－可见光后，基态分子中的电子只能跃迁到激发单重态的各个不同振动－转动能级，不能直接跃迁到三重态的各能级。

处于激发态的分子是不稳定的，通常以辐射跃迁和无辐射跃迁等方式释放多余的能量而返回至基态，这一过程称为去激发过程。去激发过程要经历多种途径，这些途径相应的示意图如图 4－2 所示。

1. 振动弛豫（vibrational relaxation）　处于激发态的分子与溶剂分子相互碰撞，把多余的振动能量传递给溶剂分子，自身返回到同一电子激发态的最低振动能级，这一过程属无辐射跃迁，称为振动弛豫。每个电子能级都有振动弛豫发生，但振动弛豫只能在同一电子能级内进行，振动弛豫发生过程效率高、速度快，一般只需 $10^{-13}\sim10^{-11}$秒。

2. 内转换（internal conversion） 当两个电子激发态之间的能量相近以致其振动能级有重叠时，激发态分子可发生由高电子能级以无辐射方式跃迁至低电子能级，这一过程称内部能量转换，简称内转换。如图4-2中 S_1的高振动能级与 S_2的低振动能级有重叠，内转换过程（$S_2\rightarrow S_1$）很容易发生。内转换过程效率高、速度快，一般只需 $10^{-13}\sim10^{-11}$秒。

3. 荧光发射 振动弛豫和内转换发生的速度快、效率高，所以激发单重态的分子总是先通过振动弛豫和内转换跃迁到第一激发单重态的最低振动能级。从第一激发单重态的最低振动能级以辐射跃迁形式返回基态的任一振动能级，所发射的电磁辐射称为荧光。由于激发态分子先发生振动弛豫和内转换损失了部分能量，故荧光的波长总比激发光的波长更长。发射荧光的过程只需 $10^{-9}\sim10^{-7}$秒。由于电子返回基态时可以停留在基态的任一振动能级上，因此得到的荧光光谱中有时呈现几个非常靠近的峰。通过进一步振动弛豫，这些分子很快地回到基态的最低振动能级。

4. 系间跨越（intersystem crossing） 处于激发态的分子，其电子发生自旋反转而使分子的多重性发生变化的过程称为系间跨越。如图4-2所示，S_1的低振动能级同 T_1的高振动能级重叠，则有可能发生系间跨越（$S_1\rightarrow T_1$）。分子由激发单重态跨越到激发三重态后，荧光强度减弱甚至熄灭。含有碘、溴等的分子，系间跨越较为常见，原因在于其原子中电子的自旋与轨道运动之间的相互作用较大，有利于电子自旋反转的发生。另外，在溶液中存在氧分子等顺磁性物质也容易发生系间跨越，从而使荧光减弱。

5. 磷光发射 经过系间跨越的分子再通过振动弛豫降至第一激发三重态的最低振动能级，分子在第一激发三重态的最低振动能级可以存活一段时间，然后跃迁返回至基态的各个振动能级而发出电磁辐射，这种电磁辐射称为磷光。

因为第一激发三重态的能级比第一激发单重态的稍低，所以磷光发射的能量比荧光发射的能量小，磷光的波长比荧光的波长更长。同时激发三重态的寿命较激发单重态的寿命长，故磷光发射比荧光发射更迟，需要 $10^{-4}\sim10$ 秒。在室温下处于激发三重态的分子常常通过热辐射过程失活回到基态，很少呈现磷光，只有通过冷冻或固定化才能检测到磷光，所以磷光法不如荧光分析法普遍。

6. 外转换（external conversion） 激发态分子与溶剂分子或其他溶质分子之间相互碰撞，并以热能的形式转移能量而自身跃迁回到基态。这一过程属无辐射跃迁，称为外部能量转换，简称外转换。外转换会降低荧光或磷光强度，故又称为熄灭（quenching）。

激发态分子经何种途径跃迁回基态效率高，与物质的分子结构及激发时环境有关。

二、激发光谱和荧光光谱

荧光物质分子都具有两个特征光谱，即荧光激发光谱（excitation spectrum）和荧光发射光谱（fluorescence spectrum）。

（一）荧光激发光谱

荧光激发光谱简称激发光谱，是通过固定荧光的测定波长，以不同波长的入射光激发荧光物质而绘制的荧光强度（F）对激发波长（λ_{ex}）的关系曲线。它表示不同激发波长的辐射引起物质发射某一波长荧光的相对效率。荧光物质的激发光谱形状与其发射光谱极为相似。

（二）荧光发射光谱

荧光发射光谱简称荧光光谱，是在固定激发光的波长和强度保持不变的情况下，记录的荧光强度

（F）对检测的荧光波长（λ_{em}）的关系曲线。它表示在一定波长入射光激发下，物质所发射的荧光中各种波长组分的相对强度。

激发光谱和荧光光谱可用来鉴别荧光物质，而且是选择测定波长的依据。图 4-3 是蒽的激发光谱（虚线部分）和荧光光谱（实线部分）。

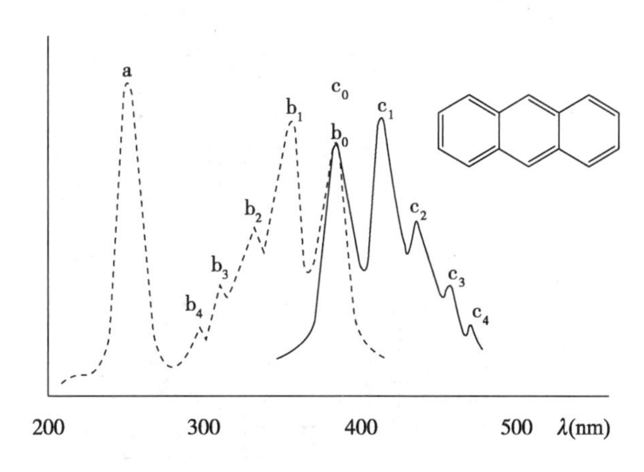

图 4-3　蒽的激发光谱和荧光光谱

（三）荧光光谱的特征

荧光物质的荧光光谱通常具有如下特征。

1. Stokes 位移　从荧光发生过程可知，受激发的荧光物质分子，总是先发生振动弛豫和内转换跃迁（无辐射跃迁）失去一部分能量，到达第一激发单重态 S_1 的最低振动能级后才开始发射荧光，荧光发射能量比受激发的能量低，故荧光波长比激发光波长更长。这种现象是斯托克斯（Stokes）在 1852 年首次观察到，故称 Stokes 位移。

>>> 知识链接

斯托克斯位移

斯托克斯位移是指荧光物质的最大发射波长与最大激发波长之差。斯托克斯位移小，容易产生严重的自猝灭现象，使荧光检测结果受到仪器激发光的干扰严重，产生较大的测量误差，使其应用受到一定限制。斯托克斯位移大，激发光波长与发射波长相距较远，吸收光谱和发射光谱之间重叠概率变小，可有效避免激发光对发射光信号的干扰，提高荧光测量的准确度。对于具有大斯托克斯位移的染料，因其吸收光谱与发射光谱交叉重叠较少，荧光成像信噪比高，受到越来越多的关注。如基于小分子荧光染料的荧光定量分析技术，目前在细胞分析、体外诊断和生物医学成像等领域得到广泛的应用。

2. 荧光光谱的形状与激发光波长无关　荧光分子有多个激发单重态，电子吸收光谱可能含有几个吸收带，但荧光发射是从第一激发单重态 S_1 的最低振动能级开始，直接跃迁回基态 S_0 的各个振动能级上，所以荧光发射光谱只有一个发射带，荧光发射光谱的形状与基态的振动能级结构有关，而与激发光波长无关。

3. 荧光光谱与激发光谱的形状呈镜像关系　如蒽的激发光谱和荧光光谱。由图 4-3 可见，蒽的激发光谱有 a、b 两个发射带，a 带是由分子从基态 S_0 跃迁到第二电子激发态 S_2 而形成的。b 带由一些小峰 b_0、b_1、b_2、b_3 和 b_4 组成，它们分别由分子吸收光能量后从基态 S_0 跃迁至第一电子激发态 S_1 的各个不同振动能级而形成（图 4-4）。b_0 峰相应于 b_0 跃迁线，b_1 峰相应于 b_1 跃迁线，以此类推。各小峰间波长递减值 $\Delta\lambda$ 与振动能级差 ΔE 有关，各小峰的高度与跃迁概率有关。蒽的荧光光谱 c 发射带同样由 c_0、c_1、

c_2、c_3和c_4等小峰形成。它们分别由分子从第一电子激发态S_1的最低振动能级跃迁至基态S_0的各个不同振动能级而发出电磁辐射所形成（图4-4），c_0峰相应于c_0跃迁线，c_1峰相应于c_1跃迁线，以此类推。同样，各小峰间波长递减值$\Delta\lambda$与振动能级差ΔE有关，各小峰的高度与跃迁概率有关。由于电子基态的振动能级分布与第一激发态相似，故激发光谱与荧光光谱的各峰之间都以b_0为中心基本对称，形成了激发光谱和荧光光谱呈镜像对称的现象。

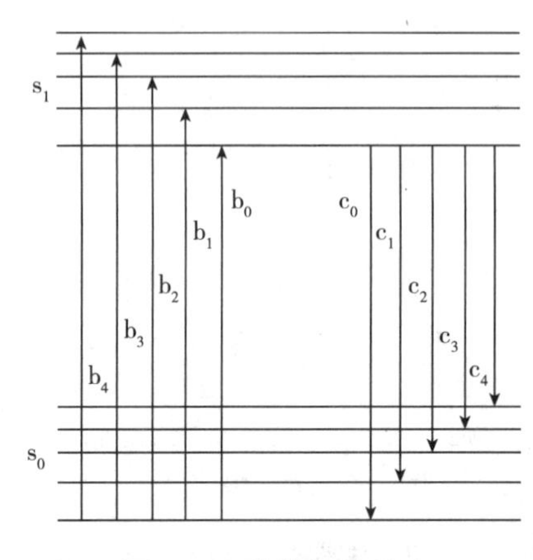

图4-4 蒽的能级跃迁

第二节 荧光强度的影响因素

PPT

一、荧光效率和荧光寿命

荧光效率和荧光寿命是荧光物质的重要发光参数。

1. 荧光效率（fluorescence efficiency） 又称荧光量子产率（fluorescence quantum yield），是指激发态分子发射荧光的光子数与基态分子吸收激发光的光子数之比，常用φ_f表示。

$$\varphi_f = \frac{\text{发射荧光的光子数}}{\text{吸收激发光的光子数}} \quad \text{即} \quad \varphi_f = \frac{F}{I_a} \tag{4-1}$$

式中，F和I_a分别是荧光强度和吸收激发光的强度。

如果所有受激发的分子都经发射荧光跃迁回到基态，这一体系的荧光效率$\varphi_f=1$。但在溶液中激发态分子受各种因素影响，会发生外转换、系间跨越等跃迁，因此物质的荧光效率一般在0~1。

2. 荧光寿命（fluorescence life time） 是指除去激发光源后，分子的荧光强度降低到最大荧光强度的1/e所需的时间，常用τ表示。

当荧光物质受到一极其短暂的光脉冲激发后，荧光强度的变化可用指数衰减定律表示。

$$F_t = F_0 e^{-Kt} \tag{4-2}$$

或

$$\ln\frac{F_0}{F_t} = Kt \tag{4-3}$$

式（4-2）中，F_0和F_t分别是激发时和激发后时间t时的荧光强度，K是衰减常数。当时间$t=\tau$时，$\ln\frac{F_0}{F_\tau} = K\tau = 1$，故$K = \frac{1}{\tau}$。

如果以$\ln\frac{F_0}{F_t}$对t作图，则直线斜率即为$\frac{1}{\tau}$，由此可计算荧光寿命τ。利用分子荧光寿命的差别，可以进行荧光物质混合物的分析。

二、荧光强度与分子结构的关系

荧光的发生涉及分子吸收电磁辐射和分子发射电磁辐射两个过程，因此能够发射荧光的物质应同时具备两个条件：一是物质分子必须有强的紫外－可见吸收特征结构；二是必须有较高的荧光效率。能符合这种条件的分子通常具备如下结构特征。

1. 共轭双键结构　绝大多数能产生荧光的物质都含有芳环或杂环，因为这些分子具有共轭双键，易发生$\pi \to \pi^*$跃迁，对紫外－可见光有强的吸收，形成的激发态π^*寿命短，不利于碰撞而引发的外转换，有利于发射荧光。如上一章所述，双键的共轭程度增大，$\pi \to \pi^*$跃迁吸收峰红移增色，荧光峰也相应红移增强。如苯、萘和蒽三个化合物的荧光效率。

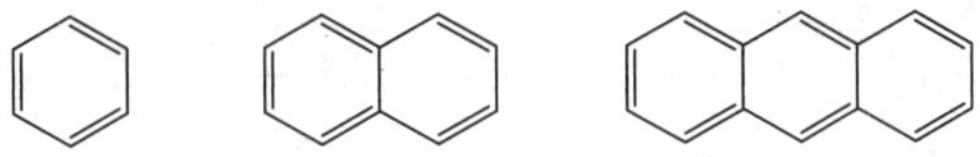

φ_f = 0.11　　φ_f = 0.29　　φ_f = 0.36

除芳香族化合物外，含有长共轭双键的脂肪族化合物也可能有荧光，如维生素A是能发射荧光的脂肪族化合物之一，但这一类化合物的数目不多。

2. 刚性平面结构　有相同共轭双键的分子中，具有刚性平面结构的分子有较高的荧光效率。如联苯和芴的荧光效率比较：

联苯　　芴

φ_f = 0.2　　φ_f = 1.0

联苯和芴的结构差别在于芴的分子中加入亚甲基成桥，使两个苯环不能自由旋转，成为刚性平面结构的分子，降低了分子的振动，减少分子与溶剂或其他溶质分子的相互作用，同时刚性平面结构可以提高分子的共轭程度，因此分子的荧光效率大大增加。

对于顺反异构体，顺式分子的两个基团在同一侧，由于位阻效应使分子不能共平面而无荧光。例如，1,2－二苯乙烯的顺式异构体没有荧光，而其反式异构体有强荧光。

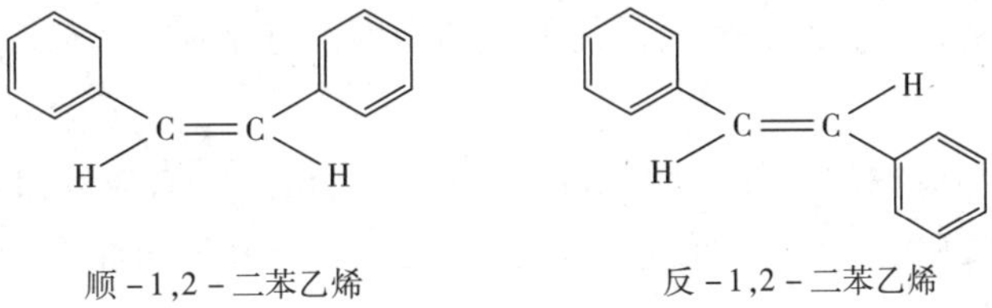

顺－1,2－二苯乙烯　　反－1,2－二苯乙烯

本来不发生荧光或荧光较弱的物质与金属离子形成配位化合物后，如果刚性和共平面性增加，就可以发射荧光或增强荧光。例如，8－羟基喹啉是弱荧光物质，与Zn^{2+}形成配位化合物后，荧光增强。

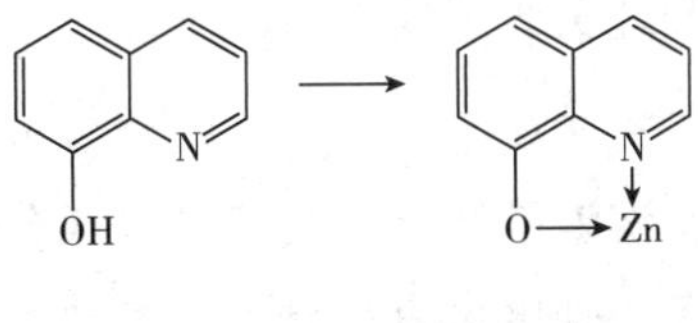

相反，如果原来结构中共平面性较好，但由于位阻效应使分子共平面性下降，则荧光减弱。例如，1－二甲氨基萘－7－磺酸盐的φ_f = 0.75，1－二甲氨基萘－8－磺酸盐的φ_f = 0.03，这是因为后者的二

甲氨基与磺酸盐之间的位阻效应，使分子发生了扭转，两个环不能共平面，因而使荧光大大减弱。

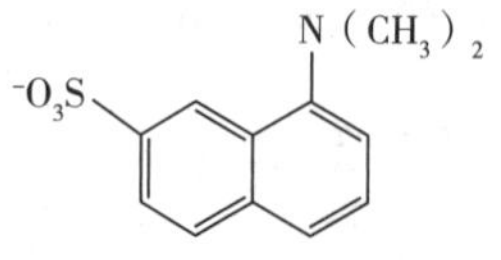

1-二甲氨基萘-7-磺酸盐
$\varphi_f = 0.75$

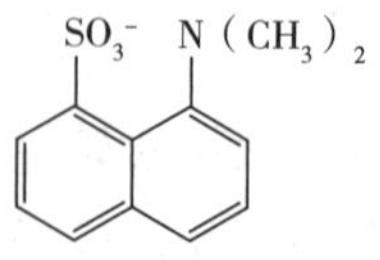

1-二甲氨基萘-8-磺酸盐
$\varphi_f = 0.03$

3. 取代基对分子荧光的影响 芳香环上引入不同取代基对分子的荧光有不同的影响。通常有以下三类。

（1）给电子基团 如—OH、—OR、—NH_2、—NHR、—NR_2、—CN 等，这一类取代基团能增加分子的电子共轭程度，常使荧光效率提高，荧光波长红移。

（2）吸电子基团 如—COOH、—C═O、—NO_2、—N═N—、—X 等，这一类基团减弱分子的电子共轭程度，使荧光减弱甚至熄灭。

（3）其他基团 如—R、—SO_3H、—NH_3^+ 等，这一类取代基对电子共轭体系作用较小，对荧光的影响也不明显。

三、影响荧光强度的外部因素

荧光物质所处的外界环境，如温度、溶剂、酸度、荧光熄灭剂等都会影响荧光效率，甚至影响分子结构及立体构象，从而影响荧光光谱的形状和强度。了解和利用这些因素，选择合适的测定条件，可以提高荧光分析的灵敏度和选择性。

（一）温度的影响

溶液中荧光物质的荧光强度对温度十分敏感。一般情况下，随着溶液温度的升高，荧光物质的荧光效率和荧光强度都会降低。这主要是因为温度升高时，溶液中分子运动速度加快，分子间碰撞机会增加，使无辐射跃迁概率增加，从而降低了荧光效率。降低溶液温度有利于荧光发射，因此低温荧光分析技术是荧光分析的一个重要手段。

（二）溶剂的影响

同一荧光物质在不同溶剂中，其荧光光谱的形状和强度都有差别。溶剂的影响主要与溶剂极性、黏度有关。

一般情况下，随着溶剂极性的增强，荧光波长红移，荧光强度增强。如上一章所述，在极性溶剂中，$\pi \to \pi^*$ 跃迁的能量差 ΔE 减小，从而使吸收波长与荧光发射波长均红移。此外，跃迁概率增加，故吸收强度与荧光发射强度均增强。

溶剂黏度增大时，分子运动速度减慢，分子间碰撞机会减少，使无辐射跃迁概率降低，荧光效率增大，荧光强度增强。随溶剂黏度的降低，荧光强度也会减弱。上述温度对荧光强度的影响也与溶剂的黏度有关，温度上升，溶剂黏度降低，因此荧光强度下降。

（三）酸度的影响

当荧光物质本身是弱酸或弱碱时，溶液的酸度对其荧光强度有较大影响。这主要是因为在不同酸度下，分子和离子间的平衡改变，因此荧光强度也有差异。每一种荧光物质都有它最适宜的发射荧光的存在形式，也就是有它最适宜的 pH 范围。例如苯胺，分子和离子间的平衡如下。

$$C_6H_5NH_3^+ \underset{H^+}{\overset{OH^-}{\rightleftharpoons}} C_6H_5NH_2 \underset{H^+}{\overset{OH^-}{\rightleftharpoons}} C_6H_5NH^-$$

在 pH =7 ~12 的溶液中苯胺主要以分子形式存在，由于—NH_2是提高荧光效率的取代基，故苯胺分子会发生蓝色荧光。但在 pH <2 和 pH >13 的溶液中均以离子形式存在，故不能发射荧光。

（四）熄灭剂的影响

荧光物质分子与溶剂分子或其他溶质分子相互作用引起荧光强度降低的现象称为荧光熄灭，或荧光猝灭。引起荧光熄灭的物质称为荧光熄灭剂（quenching medium）。如卤素离子、重金属离子、氧分子以及硝基化合物、重氮化合物、羰基和羧基化合物均为常见的荧光熄灭剂。

荧光熄灭的原因很多，机制也很复杂，主要类型包括如下。

1. 动态熄灭 因荧光物质的分子和熄灭剂分子碰撞而引起的荧光熄灭。

2. 静态熄灭 因荧光物质的分子与熄灭剂分子作用生成了本身不发光的配位化合物而引起的荧光熄灭。

3. 转入三重态熄灭 溶液中存在溴、碘或氧等顺磁性物质时，易发生系间跨越，激发态分子由单重态跃迁至三重态，而引起的荧光熄灭。

4. 自熄灭 当荧光物质浓度较高时，荧光分子间碰撞概率增加，分子间相互作用形成二聚体，产生荧光熄灭现象。溶液浓度越高，自熄灭现象越严重。

荧光熄灭剂引起荧光熄灭，不利于荧光分析。但是，如果一个荧光物质在加入某种熄灭剂后，荧光强度的减弱和荧光熄灭剂的浓度呈线性关系，则可以利用这一性质测定荧光熄灭剂的含量，这种方法称为荧光熄灭法（fluorescence quenching method）。如利用氧分子对硼酸根 - 二苯乙醇酮配合物的荧光熄灭效应，可进行微量氧的测定。

（五）散射光的影响

当一束平行单色光通过溶液时，光子会被吸收或透过溶液，还有小部分光子由于和溶剂分子相碰撞，运动方向发生改变而向不同角度散射，这种光称为散射光（scattering light）。散射光有瑞利散射光（Rayleigh scattering light）和拉曼散射光（Raman scattering light）两种，它们对荧光强度没有干扰，但是对荧光测定有干扰，必须采取措施消除。

瑞利散射光是指光子和溶剂分子发生弹性碰撞，不发生能量的交换，仅仅改变光子运动方向的散射光。瑞利散射光的波长与激发光波长相同，只要通过单色器选择适当的荧光测定波长即可消除其影响。

拉曼散射光是指光子和物质分子发生非弹性碰撞时，发生能量的交换，光子的能量和运动方向都发生改变的散射光。拉曼散射光的波长与激发光波长不同，其中，比激发光波长更长的拉曼散射光，因其波长与荧光波长接近，无法仅通过单色器消除其影响。

拉曼散射光的波长与溶剂及激发光的波长有关。表 4 -1 为水、乙醇、环己烷、四氯化碳及三氯甲烷 5 种常用溶剂在不同波长激发光照射下拉曼散射光的波长，可供选择激发光波长或溶剂时参考。从表 4 -1 可见，四氯化碳的拉曼散射光与激发光的波长极为相近，所以其拉曼散射光几乎不干扰荧光测定。而水、乙醇及环已烷的拉曼散射光波长较长，使用时必须注意。

表 4 -1 在不同波长激发光照射下主要溶剂的拉曼光波长（nm）

溶剂	激发光（nm）				
	248	312	365	405	436
水	271	350	416	469	511
乙醇	267	344	409	459	500

续表

溶剂	激发光（nm）				
	248	312	365	405	436
环己烷	267	344	408	458	499
四氯化碳	—	320	375	418	450
三氯甲烷	—	346	410	461	502

选择适当的激发波长也可消除拉曼光的干扰。

例如，图4－5是硫酸奎宁在不同波长激发下的荧光光谱（实线）和溶剂的散射光谱（虚线）。由图4－5可见，选用不同波长（320nm和350nm）的激发光，得到的硫酸奎宁荧光峰波长总是在448nm处；而溶剂的拉曼光波长却分别在360nm处和400nm处。波长400nm的拉曼光谱与硫酸奎宁的荧光光谱重叠，干扰荧光测定。因而在测定硫酸奎宁溶液的荧光时，不能选用350nm作为激发波长，而应选择320nm为激发波长。

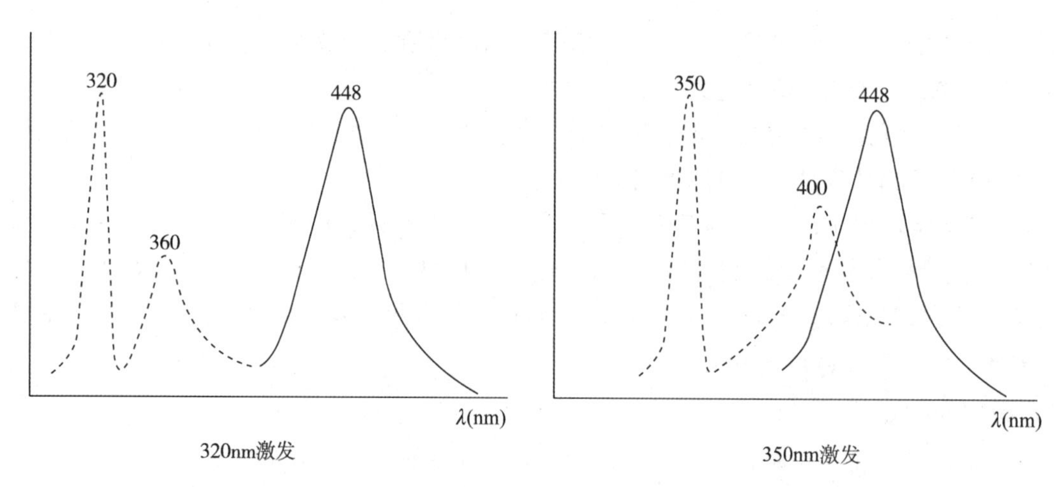

图4－5 硫酸奎宁在不同波长激发下的荧光光谱和溶剂的散射光谱

四、荧光强度与溶液浓度的关系

当强度为 I_0 的入射光通过荧光物质溶液时，溶液中荧光物质被激发而发射荧光。这时在溶液的各个方向都可以观察荧光，但入射光对面方向还有透射光（I_t），为了消除其影响，一般是在与激发光源垂直的方向观测荧光，如图4－6所示。

荧光物质是在吸收光能而被激发之后才发射荧光的，因此溶液的荧光强度（F）与该溶液中荧光物质吸收光能的程度（$I_0 - I_t$）以及荧光效率（φ_f）有关。则：

$$F = (I_0 - I_t)\varphi_f \tag{4-4}$$

设溶液中荧光物质浓度为 c，液层厚度为 l。根据光的吸收定律：

$$I_t = I_0 10^{-Ecl} \tag{4-5}$$

将式（4－5）代入式（4－4），得：

$$F = (I_0 - I_0 10^{-Ecl})\varphi_f = I_0\varphi_f(1 - 10^{-Ecl}) = I_0\varphi_f(1 - e^{-2.303Ecl}) \tag{4-6}$$

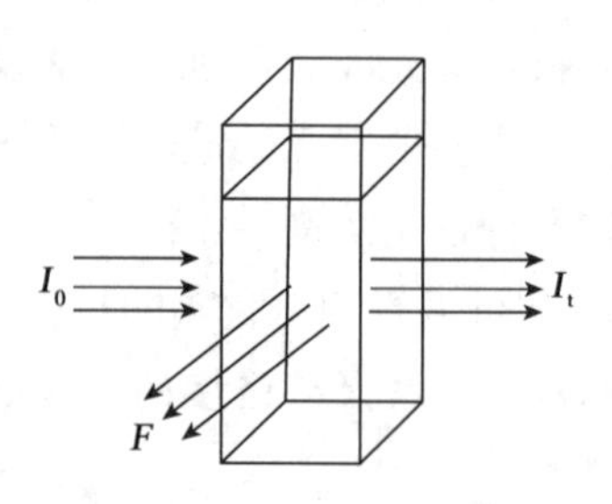

图4－6 溶液的荧光测定

因有
$$e^x = 1 + \frac{x}{1!} + \frac{x^2}{2!} + \frac{x^3}{3!} + \cdots \tag{4-7}$$
则
$$1 - e^x = -x - \frac{x^2}{2!} - \frac{x^3}{3!} - \cdots \tag{4-8}$$
即
$$F = I_0\varphi_f\left(2.303Ecl - \frac{(-2.303Ecl)^2}{2!} - \frac{(-2.303Ecl)^3}{3!} - \cdots\right) \tag{4-9}$$
当浓度 c 很小时，Ecl 值也很小，式（4－9）括号中第一项以后的各项可以忽略，故：
$$F = I_0\varphi_f 2.303Ecl \tag{4-10}$$
在一定条件下
$$F = Kc \tag{4-11}$$
式（4－11）是荧光分析法定量的依据。

需要注意的是，只有在稀溶液中，溶液的荧光强度才与溶液中荧光物质的浓度呈线性关系；当 $Ecl > 0.05$ 时，式（4－9）括号中第一项以后的数值就不能忽略，此时荧光强度与溶液浓度之间不呈线性关系。

第三节　荧光光谱仪

PPT

一、荧光光谱仪的类型

荧光光谱仪主要有荧光计与荧光分光光度计两类。

荧光计结构简单，价格便宜。这样的仪器虽然不能得到激发光谱和荧光光谱，但基本上能满足紫外与可见光区范围内一般荧光分析测定的需要，是一种比较实用的仪器。

荧光分光光度计构造精细，价格较贵。此类仪器的灵敏度和选择性大大提高，可以扫描物质的激发光谱和荧光光谱。在建立荧光分析法时，可以选择适宜的激发波长和发射波长。当两种或两种以上的荧光物质共存时，由于它们的最大激发波长和最大发射波长不完全相同，使用荧光分光光度计结合适当的方法就有可能同时进行测定。

二、仪器的主要部件

荧光计和荧光分光光度计都有相同的主要部件，而且与紫外－可见分光光度计相似，是由光源、分光系统、样品池、检测器及显示系统五个基本部件组成。但部件的布置有些差别，其基本结构如图4－7所示。

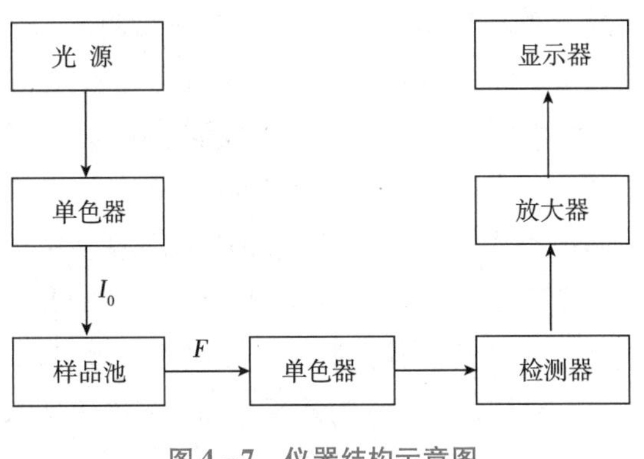

图4－7　仪器结构示意图

1. 光源　对激发光源的选择，首先考虑它的稳定性和强度，其次考虑使用目的和价格。从理论上说，发射荧光的强度取决于激发光源的强度，但在实践中常常不使用很强的光源。因为：①随着光强的增加，样品池中待测溶液温度升高，从而降低荧光强度；②强光源照射，容易使样品分解；③强光源会产生大量的臭氧，损害健康。最理想的光源应该具备发热量少、单色性好且强度高的特点。

荧光光谱仪所用的激发光源种类很多，常用的有汞灯、氙灯、卤钨灯、激光器等。荧光计常用价格低廉的汞灯、卤钨灯，而荧光分光光度计常用氙灯。高压氙灯是一种气体放电灯，外套为石英，内充氙气。在250～800nm的范围内发光强度几乎相等，是比较理想的光源。由于氙灯的启动电压为20～40kV，所以当仪器配有计算机时，应使氙灯点着稳定后再开计算机。

2. 分光系统 荧光光谱仪的分光系统具有两个单色器，如图4－7所示，第一单色器为激发单色器，放在光源和样品池之间，其作用是滤去非选择波长的激发光；第二单色器为发射单色器，放在样品池和检测器之间，通常放置于与激发光源成90°角的位置，以消除光源透过光的影响，其作用是滤去反射光、散射光和由溶液中杂质产生的荧光，让待测物质发射的荧光进入检测器。

3. 样品池 测定荧光用的样品池需用低荧光的玻璃或石英材料制成，四壁均为光学面。普通玻璃会吸收323nm以下的紫外线，不适用于以紫外光作为激发光的荧光分析，此时应采用石英材料的样品池。低温荧光测定时可在石英池外套上一个盛放液氮的石英真空瓶，用于降低温度。

4. 检测器 用紫外－可见光作激发光源时产生的分子荧光多为可见荧光，强度较弱，因此，要求检测器的灵敏度高，通常采用光电倍增管作为检测器。此外，光电二极管阵列检测器也常用于荧光分光光度计。

5. 显示系统 包括放大器、处理器和显示器。放大器可以提高分析的灵敏度。显示器可采用指针表显示、数字显示及计算机显示等，荧光计常用指针表显示或数字显示，荧光分光光度计常用计算机显示。

第四节 定性和定量分析方法

PPT

一、定性分析

紫外－可见分光光度法中，被测物质只有吸收光谱一个特征光谱，而荧光分析法具有荧光光谱和激发光谱两个特征光谱，所以荧光分析法鉴定物质比紫外－可见分光光度法可靠。凡是紫外－可见分光光度法中所用的定性方法，都能用于荧光分析法中的两个特征光谱定性。此外，荧光分析法还可以根据荧光效率、荧光寿命、荧光偏振等参数来进行定性分析，这一点是紫外－可见吸收光谱法所无法比拟的。

二、定量分析

荧光分析法的定量分析，与紫外－可见分光光度法的基本相同，通常依据激发光谱和荧光光谱，选择最大激发波长和最大荧光波长进行测定。常用的方法有标准曲线法、标准对比法等。

1. 标准曲线法 与紫外－可见分光光度法相似，取已知量的纯净对照品，配制一系列标准溶液，将空白溶液的荧光强度F_0读数调至0，浓度最高的标准溶液的荧光强度F_{max}读数调至100%，测定系列中其他各个标准溶液的荧光强度。以标准溶液的浓度为横坐标，荧光强度为纵坐标绘制标准曲线。然后在同样条件下测定试样溶液的荧光强度，由标准曲线求出试样中荧光物质的含量。

在实际工作中，常常出现空白溶液的荧光强度F_0读数不能调至0的情况，这时测定标准溶液的荧光强度应减去F_0，得到的才是标准溶液本身的荧光强度。为了使在不同时间所绘制的标准曲线能一致，在每次绘制标准曲线时均采用同一标准溶液对仪器进行校正。

2. 标准对比法 取已知量的纯净对照品，配制一个与试样浓度c_x相近的标准溶液c_s，在选定条件下测定标准溶液的荧光强度F_s，然后在同样条件下测定试样溶液的荧光强度F_x，根据溶液的荧光强度与浓度的关系计算试样中荧光物质的含量，即

$$c_x = \frac{F_x}{F_s}c_s \qquad (4-12)$$

在空白溶液的荧光强度 F_0 调不到0时，必须从 F_s 和 F_x 中扣除空白溶液的荧光强度 F_0，然后进行计算，则

$$c_x = \frac{F_x - F_0}{F_s - F_0} c_s \tag{4-13}$$

如果混合物中各组分荧光发射波长相距较远，而且相互之间无显著干扰，则可分别在不同波长处测定各个组分的荧光强度，从而直接求出各个组分的浓度。如果各个组分的荧光光谱相互重叠，可利用荧光强度的加和性质，在适宜的荧光波长处，测定混合物的荧光强度，再根据各组分在该荧光波长处的荧光强度，列出联立方程式，分别求出它们各自的含量。

第五节　荧光分析法的应用和新技术简介

PPT

一、荧光分析法在药物分析中的应用

自20世纪70年代以来，荧光分析法已有效地用于制剂和生物体液中药物的分析。《中国药典》（2020年版）收载多种药品的含量及溶出度测定，均采用荧光分析法。

1. 利血平片的含量测定　避光操作。取利血平片，照利血平片“含量测定”项下制备供试品溶液和对照品溶液。精密量取对照品溶液与供试品溶液各5ml，分别置具塞试管中，加五氧化二钒试液2.0ml，激烈振摇后，在30℃放置1小时，照荧光分析法，在激发光波长400nm、发射光波长500nm处测定荧光强度，计算利血平含量。

2. 甲地高辛片的溶出度测定　取甲地高辛片，照溶出度测定法制备供试品溶液和甲地高辛对照品溶液。精密量取供试品溶液与对照品溶液各1ml，分别置10ml量瓶中，各加0.1%抗坏血酸的甲醇溶液3.0ml与0.009mol/L过氧化氢溶液0.2ml，摇匀，用0.1mol/L盐酸溶液稀释至刻度，在30℃下放置90分钟，取出，放至室温，照荧光分析法在激发波长356nm与发射波长485nm处分别测定荧光强度，计算每片的溶出量。限度为标示量的65%，应符合规定。

3. 组胺人免疫球蛋白中游离磷酸组胺测定　依据磷酸组胺与邻苯二甲醛在碱性条件下生成荧光衍生物，测定组胺人免疫球蛋白中游离磷酸组胺含量。依法制备供试品溶液和对照品溶液的荧光衍生物，加入酶标板孔中，用荧光酶标仪，在激发波长350nm与发射波长450nm处测定荧光强度。以对照品溶液的浓度对其相应的荧光强度作标准曲线，求得直线的回归方程，将供试品溶液的荧光强度代入回归方程，计算供试品中游离的磷酸组胺含量。

4. 外源性DNA残留量测定（荧光染色法）　应用双链DNA荧光染料与双链DNA特异性结合，形成的复合物在波长为480nm激发光激发下产生超强荧光信号，可用荧光酶标仪在波长520nm处进行检测。在荧光染料过量的情况下，在一定的浓度范围内，荧光强度与DNA浓度成正比。可用标准品溶液的浓度对其相应的荧光强度作标准曲线，求得直线的回归方程（相关系数应不低于0.99），将供试品溶液的荧光强度代入回归方程，计算供试品中的DNA残留量。DNA残留量在1.25～80ng/ml范围内，本法线性较好，供试品DNA残留量在该范围内可定量测量。

二、荧光新技术

荧光分析法具有灵敏度高、选择性好、信息量丰富、检测限低等众多优点。但能够发射荧光的物质

相对较少，许多有机药物分子所含基团对荧光光谱有吸收，导致荧光减弱甚至熄灭，还有许多药物成分的荧光光谱重叠严重而相互干扰，因此常规荧光分析法在药物分析中的应用受到限制。为了解决常规荧光分析法存在的诸多问题，近年来，人们研究并发展出各种新型荧光分析技术，推动和促进了荧光分析法的发展，使得荧光分析法从灵敏度到选择性都得到很大改善。下面介绍几种新型荧光分析技术。

1. 激光诱导荧光分析技术 激光诱导荧光分析是采用单色性极好、强度更大的激光作为光源的荧光分析方法。与一般光源荧光测定相比，灵敏度可提高2～10倍，甚至可进行单分子检测。因此，激光诱导荧光分析法已成为分析超低浓度物质的灵敏而有效的方法，应用领域越来越广泛。

2. 胶束增敏荧光分析技术 胶束增敏荧光分析是使用表面活性剂与荧光分子发生缔合生成胶束，来改进荧光法的检测和专属性的一种分析方法。它具有增敏、增稳、增溶等许多优点，由于其灵敏度高、选择性好、操作简便，被认为是痕量分析中最有前途的新领域。应用该方法进行药物分析主要是找出合适的胶束体系，目前已报道的胶束体系以十二烷基硫酸钠（sodium dodecyl sulfate，SDS）居多。例如，在表面活性剂SDS存在下测定氟罗沙星的含量。由于氟罗沙星与SDS生成胶束，使氟罗沙星自身荧光大大增强。在酸性介质中SDS对氟比洛芬的荧光也有较强的增敏作用。此外，在醋酸－醋酸钠缓冲溶液中SDS对加替沙星的荧光也有显著增敏作用。

3. 稀土荧光探针分析技术 稀土离子可以与多种有机化合物形成配合物，用合适的激发光激发该稀土有机配合物，配合物中的配体分子可以吸收激发光，然后通过分子内能量转移的方式将吸收的能量传递给稀土离子，从而发射稀土离子的特征荧光。因为稀土离子荧光探针具有斯托克斯位移大、荧光寿命长、发光强度大、选择性好、荧光稳定以及受外界影响小等优点，人们有可能对一些本来不发射荧光，或者量子产率很低的物质进行荧光测试，所以稀土离子荧光探针法正逐渐成为一种非常重要的定量检测手段。例如，在pH＝8.1的条件下，Eu^{3+}与依诺沙星能形成配合物，配合物内发生分子间能量转移，Eu^{3+}发射特征荧光，加入阴离子表面活性剂十二烷基硫酸钠后，体系的荧光强度增强，其最大激发和发射波长分别为273nm、615nm，依诺沙星的检出限可达1.0×10^{-7}mol/L。加替沙星－铕－十二烷基苯磺酸钠的三元体系也能发射强的荧光，在pH＝7.5的条件下，选择$\lambda_{ex}=277$nm，$\lambda_{em}=439$nm测定，加替沙星的检出限可达1.0×10^{-9}mol/L。

4. 时间分辨荧光分析技术 时间分辨荧光分析是利用不同物质的荧光寿命不同，在激发和检测之间延缓时间的不同，以实现选择性检测。时间分辨荧光分析采用脉冲激光作为光源。激光照射试样后所发射的荧光是一混合光，它包括待测组分的荧光、其他组分或杂质的荧光和仪器的噪声。如果选择合适的延缓时间，可测定被测组分的荧光而不受其他组分、杂质的荧光及噪声等的干扰；可对光谱重叠、但荧光寿命不同的组分进行分别测定。时间分辨荧光免疫分析法正是将时间分辨荧光法应用于免疫分析而发展起来的。

5. 荧光探针技术 荧光探针是将研究对象的信息转化为荧光信号的一种工具。荧光探针主要由识别基团、荧光基团和连接臂三部分组成，三者关系紧密，构成一个整体。当将荧光探针浸入目标物质中时，识别基团和目标物质特异性结合，将结合信息通过连接臂传输给荧光基团，并输出相应的荧光信号，其信号可能是荧光强度的增大、减弱或其他的荧光信号。根据识别目标物质前后荧光信号的差异，进而实现对目标物质的分析测定。荧光探针技术即采用荧光探针实现对目标物质的定量分析。荧光探针技术具有灵敏度高、特异性强的特点，在药物分析、金属离子和生物大分子的含量测定、生命活性物质的检测和生物体成像等方面具有重要作用。

答案解析

目标检测

一、选择题

1. 一种物质能否发射荧光主要取决于

A. 分子结构　　B. 激发光的波长

C. 溶液的温度　　D. 溶剂的极性

2. 为使荧光强度和荧光物质溶液的浓度成正比，必须使

A. 激发光足够强　　B. 吸光系数足够大

C. 试液浓度足够稀　　D. 荧光效率足够高

3. 荧光物质的分子中一般都含有

A. 离子键　　B. 共轭双键

C. 氢键　　D. 金属键

4. 荧光物质的荧光光谱形状取决于

A. 基态各振动能级的分布

B. 第一电子激发态各振动能级的分布

C. 激发三重态的电子能级分布

D. 转动能级的分布

5. 对分子荧光强度进行测量时，要在与入射光成直角的方向上检测，其原因是

A. 荧光是向各个方向发射的

B. 只有在与入射光方向成直角的方向上才有荧光

C. 消除光源透过光的影响

D. 克服散射光的影响

6. 下列各种物质中荧光强度最强的是

A. 芴　　B. 萘　　C. 联苯　　D. 苯

7. 用荧光分析法测定硫酸奎宁时，当激发光波长为320nm时，Raman光波长为360nm；当激发光波长为350nm时，Raman光波长为400nm。若硫酸奎宁的最大发射波长为448nm，则进行荧光测定时应选择的激发波长和发射波长分别为

A. $\lambda_{激发}=320nm$，$\lambda_{发射}=360nm$

B. $\lambda_{激发}=320nm$，$\lambda_{发射}=400nm$

C. $\lambda_{激发}=320nm$，$\lambda_{发射}=448nm$

D. $\lambda_{激发}=350nm$，$\lambda_{发射}=448nm$

二、简答题

1. 荧光是如何产生的？

2. 简述荧光分光光度计与紫外-可见分光光度计的区别。

3. 何谓荧光效率？具有哪些分子结构的物质有较高的荧光效率？

4. 影响荧光强度的外部因素有哪些？

三、计算题

用荧光法测定复方炔诺酮片中炔雌醇的含量。1.75g/ml炔雌醇的乙醇标准溶液，在激发波长285nm

和发射波长 307nm 处测得荧光强度为 65。取复方炔诺酮片 10 片，研细溶于无水乙醇中，稀释至 100.0ml，滤过，取滤液 5.0ml 稀释至 10.0ml，在同样条件下测定荧光强度，若合格复方炔诺酮片每片含炔雌醇应为 31.5～38.5μg，则试液的荧光强度应在什么范围内？

书网融合……

本章小结

微课

题库

第五章　原子吸收分光光度法

学习目标

知识目标

1. 掌握　原子吸收分光光度法的基本原理；谱线轮廓及影响谱线变宽的因素；测量中干扰因素及其抑制方法；分析条件的选择。

2. 熟悉　原子吸收分光光度计的主要部件和作用；定量分析的基本方法以及分析方法的评价。

3. 了解　原子吸收分光光度法的特点和适用范围；电感耦合等离子体质谱法的基本原理和仪器组成。

能力目标　通过本章的学习，能够熟练使用原子吸收分光光度法实验技术进行简单化学成分的分析，并根据样品的理化性质建立相应的定量测定方法。

原子吸收分光光度法（atomic absorption spectrophotometry，AAS）简称原子吸收法，有时也称为原子吸收光谱法（atomic absorption spectrometry），是基于待测元素的基态原子蒸气对特定波长光的吸收现象进行金属元素定量分析的方法。

早在19世纪初期，人们就认识到，太阳光谱中的某些暗线是由气态原子吸收一定波长的光而产生的。但直到20世纪50年代，由于澳大利亚科学家 A. Walsh 的决定性贡献，利用原子吸收现象进行微量金属元素测量的仪器分析法才得以实现。原子吸收分光光度法具有灵敏度高、检测限低、选择性好、分析速度快、准确度高等优点，且设备简单、操作方便，近半个多世纪以来，一直是金属元素定量分析的重要手段之一。

PPT

第一节　基本原理 微课1

一、原子吸收线的产生

原子具有多种能量状态。通常情况下，原子的外层电子处于基态。当受到外界能量激发时，外层电子可跃迁至较高能级而处于激发态。如果这种激发的能量来自电磁辐射，则产生原子吸收谱线。

受外界能量激发后，原子外层电子可能跃迁到不同的能级。其中，电子从基态跃迁至第一激发态（即能量最低的激发态）所产生的吸收谱线称为共振吸收线（resonance line，简称共振线）。各种元素的原子结构不同，电子从基态跃迁至第一激发态所吸收的能量也不同，其共振线的波长亦各不相同且各有其特征性，故共振线又称为元素的特征谱线。大多数情况下，电子从基态至第一激发态的跃迁最容易发生。因此，对于大多数元素来说，其共振线是所有谱线中最灵敏的谱线。例如，Mg 的共振线波长为285. 2nm。有些元素产生双共振线。例如，当钠原子的价电子从基态向第一激发态 $3p$ 轨道跃迁时，可产生两种跃迁形式，因此钠原子最强的共振线为双线（常称为钠 D 线），即波长分别为589. 6nm 的 D_1 线和589.0nm的D_2线。原子吸收分光光度法就是通过测量处于基态的原子蒸气对其共振线的吸收强度进行定量分析。

二、原子的各能级分布

原子吸收分光光度法的定量分析是以待测元素的原子蒸气中基态原子和共振线吸收之间的关系为基础的。待测元素由分子状态解离成原子的过程称为原子化，在此过程中，大部分待测元素形成基态原子，但也必然会有一部分形成激发态原子。为此，有必要考察原子蒸气中基态原子数与待测元素原子总数之间的关系。

在一定的原子化温度T下，处于热力学平衡状态时，物质的激发态与基态原子数之比服从波尔兹曼（Boltzmann）分布定律。

$$\frac{N_i}{N_0}=\frac{g_i}{g_0}\exp\left(-\frac{E_i-E_0}{KT}\right) \tag{5-1}$$

式中，T为热力学温度；K为波尔兹曼常数；N_i、N_0分别为激发态和基态原子数；g_i、g_0分别为激发态和基态统计权重；E_i、E_0分别为激发态和基态原子能量。

原子被电磁辐射激发时所吸收的能量等于激发态与基态能级之间的能量差，即$\Delta E=E_i-E_0=h\nu=hc/\lambda$。故上式又可写为：

$$\frac{N_i}{N_0}=\frac{g_i}{g_0}\exp\left(-\frac{h\nu}{KT}\right) \tag{5-2}$$

式中，h为普朗克常数，ν为吸收电磁辐射的频率。

根据式（5-2），可以得到几种常见元素在不同温度下，基态与第一激发态原子的分布情况，如表5-1所示。

表5-1　几种常见元素在不同温度下的基态与第一激发态原子分布情况

元素	共振线(nm)	激发能(eV)	g_i/g_0	N_i/N_0		
				T=2000K	T=2500K	T=3000K
Na	589.0	2.104	2	0.99×10^{-3}	1.14×10^{-4}	5.83×10^{-4}
Ca	422.7	2.932	3	1.22×10^{-7}	3.67×10^{-6}	3.55×10^{-5}
Cu	324.8	3.817	2	4.82×10^{-10}	4.04×10^{-8}	6.65×10^{-7}
Pb	283.3	4.375	3	2.83×10^{-11}	4.55×10^{-9}	1.34×10^{-7}
Zn	213.9	5.796	3	6.22×10^{-15}	6.22×10^{-12}	5.50×10^{-10}

由式（5-2）和表5-1可以看出，在原子化的过程中，产生激发态原子的比例取决于激发能和原子化温度。原子化温度愈高，N_i/N_0愈大，即处于激发态的原子数目愈多。随温度T升高，N_i/N_0呈指数级增大。另一方面，原子化温度相同的情况下，激发能愈低，共振线波长愈长，N_i/N_0愈大。也就是说，共振线波长较长的元素，其原子处于激发态的比例较大。通常条件下，原子化温度低于3000K，大多数元素的共振线波长小于600nm。因此，N_i/N_0一般都很小（$<1\%$），即激发态原子数远小于基态原子数，可以认为基态原子数N_0近似等于待测元素的原子总数。

三、原子吸收线的宽度

原子吸收谱线并非严格的几何线，而是具有一定宽度的，其宽度通常用谱线轮廓来描述，即谱线吸

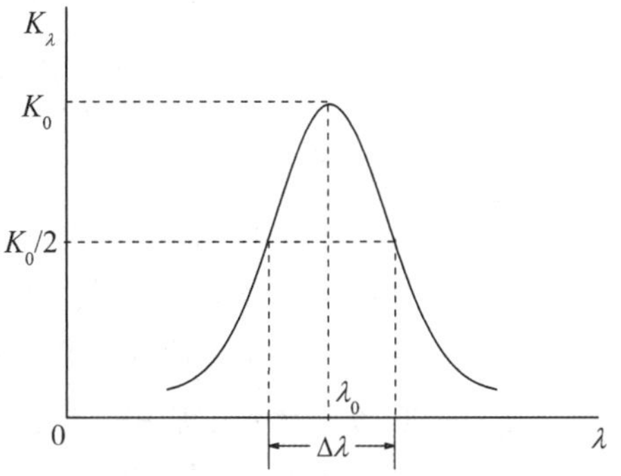

收强度对波长或频率变化的分布图（图 5－1）。

吸收谱线的轮廓以中心波长 λ_0 和半宽度 $\Delta\lambda$ 表征。中心波长是谱线吸收强度最大处所对应的波长；半宽度是吸收强度为峰值一半处所对应的波长范围。原子吸收谱线的半宽度通常在 10^{-3} ～10^{-2}nm 范围。

图 5－1　原子吸收线的谱线轮廓

谱线具有一定宽度的主要原因包括以下几个方面。

（一）自然宽度

无外界条件影响时，谱线的固有宽度称为自然宽度（natural width），以 $\Delta\nu_N$ 表示。它与激发态原子的平均寿命有关。激发态原子的平均寿命愈短，谱线的自然宽度愈宽。对于大多数元素而言，自然宽度在 10^{-5}nm 数量级，可以忽略不计。

（二）多普勒变宽

多普勒变宽（Doppler broadening）是原子的无规则热运动引起的，也称为热变宽，以 $\Delta\nu_D$ 表示。如果原子向着检测器做热运动，检测器所检测到的该原子吸收光的波长较静止时的短，波长紫移；反之，则检测到的波长较静止时的长，波长红移。气相中各原子无序运动的总体结果引起谱线变宽。

多普勒变宽决定于：

$$\Delta\nu_D = 7.16 \times 10^{-7} \cdot \nu_0\sqrt{\frac{T}{M}} \tag{5-3}$$

式中，T 为绝对温度；M 为吸光原子的相对原子质量；ν_0 为谱线的中心频率。

由式（5－3）可见，多普勒变宽的程度随温度的升高而增大。$\Delta\nu_D$ 一般在 10^{-3} ～10^{-2}nm，是谱线变宽的主要因素之一。

（三）压力变宽

在一定蒸气压力下，原子之间的相互碰撞导致激发态原子平均寿命缩短，由此引起的谱线变宽称为压力变宽。根据产生碰撞的原因不同，压力变宽又可以分为两种：①由同种原子碰撞而引起的谱线变宽，称为赫鲁兹马克变宽（Holtsmark broadening），又称为共振变宽，以 $\Delta\nu_R$ 表示；②由待测元素的原子与蒸气中其他原子或分子等碰撞而引起的谱线变宽，称为劳伦茨变宽（Lorentz broadening），以 $\Delta\nu_L$ 表示。

赫鲁兹马克变宽随着待测元素的原子蒸气浓度升高而增大。在通常的试验条件下，可以忽略不计。而劳伦茨变宽则通常比赫鲁兹马克变宽要严重得多，$\Delta\nu_L$ 通常在 10^{-3} ～10^{-2}nm，且随气相中气体压力的增大和温度的升高而增大，并与气相介质的组成有关，也是谱线变宽的主要因素之一。

（四）其他变宽

还有一些其他因素导致谱线变宽，主要来自于外界电场和磁场的影响，如斯塔克变宽（Stark broadening）、塞曼变宽（Zeeman broadening）等。斯塔克变宽是由外界电场或带电粒子作用引起的谱线变宽。塞曼变宽是由外界磁场作用引起的谱线变宽。二者均属于场致变宽，其影响一般也可忽略。

在通常的原子吸收光谱测量条件下，谱线宽度主要由多普勒变宽（$\Delta\nu_D$）和劳伦茨变宽（$\Delta\nu_L$）引起。采用火焰原子化器时，以 $\Delta\nu_L$ 为主；采用非火焰原子化器时，则以 $\Delta\nu_D$ 为主。谱线变宽往往导致原子吸收光谱测量的灵敏度下降。

四、原子吸收光谱的测量

（一）测量方法

原子对特定波长光的吸收，与分子对紫外-可见光的吸收一样，也符合朗伯-比尔定律。我们已经知道，当单色光的纯度较低时，易产生对朗伯-比尔定律的偏离。在紫外-可见分光光度法中，吸收峰呈现较宽的带状光谱，采用连续光源经分光而得的单色光作为入射光，一般可以满足定量分析的要求。但是，在原子吸收分光光度法中，谱线宽度极窄，上述入射光源不能满足单色光的要求，常导致对朗伯-比尔定律的严重偏离，而且测量的灵敏度也极低。为此，原子吸收光谱的测量，要求采用单色性更好的锐线光源作为入射光。

原子受到热能或电能的激发跃迁至激发态时，处于激发态的原子不稳定，会自发地跃迁回基态。在此过程中，常以电磁辐射的形式释放能量。此时，原子辐射出的共振线恰好与同种原子的吸收谱线波长完全一致。通过控制温度（减小多普勒变宽）和压力（减小压力变宽），可以得到比吸收谱线宽度窄得多的共振线，从而成为原子吸收光谱测量中适用的光源。原子吸收分光光度法测量中常用的空心阴极灯就是根据这种原理制作而成的。

（二）定量分析的依据

原子吸收分光光度法的定量分析主要以吸收值与浓度的关系为基本依据。其中，吸收值又可分为积分吸收和峰值吸收。

1. 积分吸收 原子蒸气对光的吸收服从朗伯-比尔定律。当一束强度为 I_0 的平行单色光，通过厚度为 l 的原子蒸气时，透射光的强度减弱为 I，I 与 I_0 存在如下关系：

$$I = I_0 \exp(-K_\lambda l) \tag{5-4}$$

式中，K_λ 为基态原子对波长为 λ 的光的吸收系数。

据此，可得吸光度 A 的关系式：

$$A = -\lg \frac{I}{I_0} = 0.434 K_\lambda l \tag{5-5}$$

原子吸收线的谱线轮廓是处于基态的同种原子在吸收其共振辐射过程中，受多普勒变宽、压力变宽等多种因素影响而形成的，吸收曲线上的各点实际上均与同一能级跃迁相联系。因此，在一定条件下，基态原子数 N_0 是与谱线轮廓所包围的面积成正比的。从理论上，可以得到如下关系式：

$$\int K_\lambda \mathrm{d}\lambda = \frac{\pi e^2}{mc} f N_0 \tag{5-6}$$

式中，e 为电子电荷；m 为电子质量；c 为光速；f 为振子强度，代表每个原子中能够吸收特定波长光的电子数；N_0 为单位体积内基态原子数；等式左边是对吸收系数的积分，称为积分吸收系数，简称积分吸收。

根据式（5-6），积分吸收与吸收辐射的基态原子数成正比，这是原子吸收光谱定量分析的理论基础。但由于原子吸收谱线的宽度很窄，吸收系数的准确测量是一般光谱仪所难以达到的。

2. 峰值吸收 吸收线中心波长处的吸收系数称为峰值吸收系数，简称峰值吸收，以 K_0 表示。在原子化温度和原子蒸气中的原子浓度不太高且变化不大的条件下，峰值吸收 K_0 与待测元素的基态原子浓度存在线性关系。只要使用锐线光源，常规仪器即可准确测量峰值吸收。因此，可以用峰值吸收代替积分吸收来进行定量分析的测量。此时，存在如下关系式：

$$A = KNl \tag{5-7}$$

式中，K 为比例系数。

在实际测量条件下，原子蒸气中的原子总数 N 与试样溶液中待测元素的浓度 c 之间保持某种稳定的比例关系，即 $N=\gamma c$（γ 为比例系数）。实际测量过程中，K、γ、l 均为常量，可用系数 K' 代替，从而得到原子吸收分光光度法定量分析中的基本关系式：

$$A = K'c \tag{5-8}$$

即吸光度与试样溶液中待测元素的浓度成正比。

第二节　原子吸收分光光度计

一、主要部件组成

原子吸收分光光度计主要由锐线光源、原子化器、单色器、检测系统及信号显示系统等部件组成（图 5-2）。

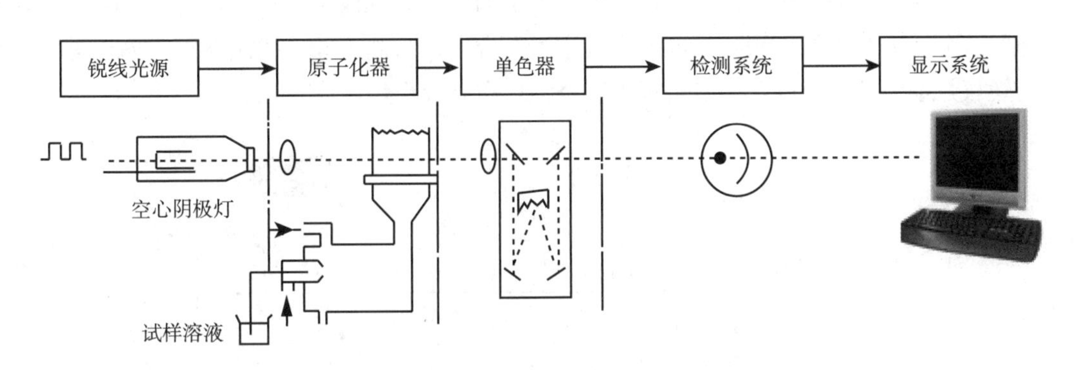

图 5-2　原子吸收分光光度计的基本结构示意图

（一）锐线光源

原子吸收分光光度计的光源要求发射谱线的半宽度远小于吸收线，称为锐线光源。目前，一般采用空心阴极灯（hollow cathode lamp），其结构如图 5-3 所示，由一个用钨丝制成的棒状阳极和一个用待测元素材料作为内衬的空心圆筒形阴极组成。用玻璃罩封住两个电极，罩内充有 0.1～0.7kPa 压力的稀有气体。玻璃罩的前端嵌有石英窗，作为发射谱线的出口。

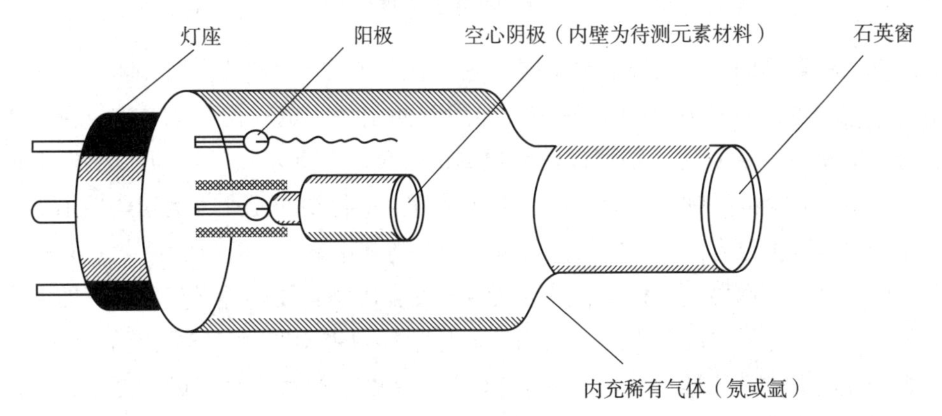

图 5-3　空心阴极灯的结构

空心阴极灯属于气体辉光放电灯，接通电源后，阴极产生热电子发射，发射的电子在电场作用下从阴极内壁流向阳极，飞行途中与内充的稀有气体原子碰撞，发生能量交换而使稀有气体原子电离成正离子。正离子在电场作用下向阴极内壁猛烈轰击，使阴极表面的金属原子溅射出来，溅射出的金属原子再与电子、稀有气体原子、离子等微观粒子撞碰而被激发，激发态原子返回基态的过程中，发射出相应元素（阴极内壁材料和内充稀有气体）的特征谱线。

（二）原子化器

原子化是将试样溶液蒸发并使待测元素解离为气态的基态原子的过程。实现原子化的方法主要有两大类：火焰原子化法和非火焰原子化法。火焰原子化器是实现火焰原子化法的常用装置。非火焰原子化法的实现有多种不同形式，包括石墨炉原子化器、化学原子化器、激光原子化器等，其中以石墨炉原子化器最为常用。

1. 火焰原子化器 将试样溶液转化成极细小的雾滴，然后送入火焰，火焰的能量将试样溶液蒸发并使待测元素的化合物解离成气态的基态原子。

火焰原子化器的结构比较简单（图5-4），主要包括雾化器、混合室和燃烧器三个部分。助燃气以较高的流速通过雾化器的喷嘴，在毛细管出口处产生一定的负压。试样溶液在该负压作用下被吸入雾化器，并被高速气流分散成细小的雾滴。生成的雾滴进入混合室，与撞击球、扰流器等碰撞，进一步粉碎细化，同时与燃气及助燃气充分混合，最后进入燃烧器，在高温火焰中原子化。

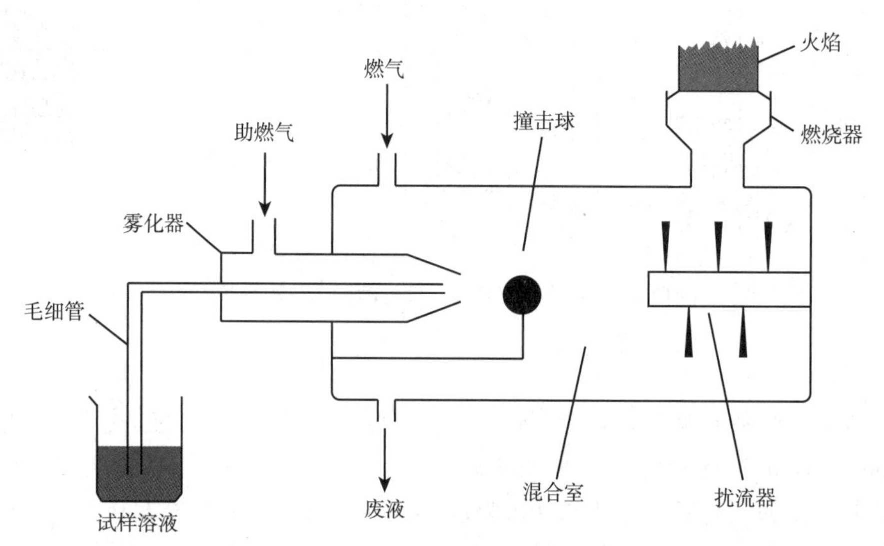

图5-4 火焰原子化器的结构示意图

燃气、助燃气的种类不同，火焰温度也不同，适用于测定不同种类的金属元素。其中，应用最广泛的是乙炔-空气火焰，温度可达到2600K左右，能用于测定钾、钠、钙、镁、铁、铜、锌、钴、镍等30余种金属元素。乙炔-氧化亚氮火焰可以达到更高的温度（3200K），不仅可以测定上述元素，还可用于测定铝、钒、铍、硼、硅及镧系元素等易于形成难解离氧化物的元素，但安全性不如乙炔-空气火焰。此外，常用的火焰种类还有丙烷-空气、氢气-空气等。

火焰温度不仅与燃气、助燃气的种类有关，还与其混合比例有关。燃气与助燃气的混合比例称为燃助比。燃助比不同，火焰达到的温度不同，火焰中的化学环境也不同，适合测定的元素种类也有差别。当燃助比接近燃烧反应的化学计量关系时，称为化学计量火焰。这种火焰因燃烧充分，可达到的温度最高，并且燃烧稳定，火焰背景（即火焰气体对共振线的吸收）低，可用于大多数元素的测定。当燃助比大于化学计量时，称为富燃火焰，表现为外观发亮。这种火焰燃烧得不完全，温度低于化学计量火焰，且含有较多的还原性物质，适合用于测定易生成难解离氧化物的元素（如铬元素）。当燃助比小于化学计量时，称为贫燃火焰，外观呈略带橙黄的浅蓝色。这种火焰燃烧充分，且有较强的氧化性，但过量的助燃气会带走较多热量，故温度亦低于化学计量火焰，适合用于测定易解离、易电离且不易生成难解离氧化物的元素。

火焰原子化器造价低廉且易于操作，测定的精密度好，干扰也较少，故应用普遍。但由于被吸入雾化器的试样溶液中，有很大一部分形成较大的雾滴而集结于混合室内壁，从混合室下方的废液口排出，实际能够形成细小雾滴而进入燃烧器火焰的不足10%，故其原子化效率不高，灵敏度的提高受到一定限制。

2. 石墨炉原子化器 利用电流快速加热石墨容器（即石墨炉），产生高温，使置于容器内的小体积试样瞬间蒸发并解离为基态原子。

石墨炉原子化器的结构示意图如图5－5所示，其主体为一个长20～60mm、外径6～9mm、内径4～8mm的石墨管，管中央开一小孔，用于进样。石墨管的外周和内部均通有惰性气体（氩气），以保护石墨管免于在高温下被氧化甚至烧毁。外电源加于石墨管两端，电流通过石墨管时，可在1～2秒内达到3000℃的高温。石墨炉的夹套中有冷却水通入，一次测定之后，可通过冷却水循环使石墨管温度快速降至室温，为下一次进样做好准备。

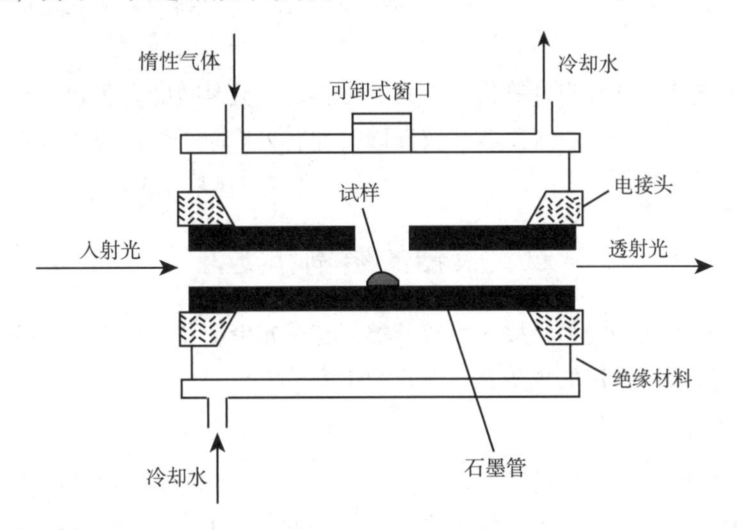

图5－5 石墨炉原子化器的剖面结构示意图

石墨炉原子化过程可大致分为干燥、灰化（分解）、高温原子化及高温净化四个阶段。测定前，先用自动机械加样装置吸取20～100μl试样溶液，从进样孔加入石墨管中。干燥温度一般在110℃左右，使试样溶液中的溶剂挥发除去；灰化温度根据待测元素及其化合物的性质进行选择，一般在1800～3000℃，时间5～10秒，用于除去样品中易挥发的基体和有机物；原子化的阶段一般仅持续1～2秒，温度迅速上升至2000℃以上，待测元素在高温下形成原子蒸气。在原子化过程中，应停止保护气（氩气）通过。以延长基态的气态原子在石墨管中的停留时间，以提高分析的灵敏度。高温净化的阶段，继续升温至2700～3500℃，持续3～5秒，用于除去残留在石墨管中的耐高温物质，消除记忆效应。

石墨炉原子化法，试样用量很小，但几乎全部得到利用，原子化效率很高，因此，灵敏度高是其最大特点，一般比火焰原子化法高2～3个数量级，是目前测定金属元素灵敏度最高的常规分析方法之一。此外，由于石墨炉原子化法的原子化过程在充有惰性气体的强还原性石墨介质中进行，更有利于难溶氧化物的分解。不过，石墨炉原子化器的设备比较复杂，价格较昂贵。此外，因取样量小而影响取样均匀性，故精密度稍差，而且易受共存元素的干扰。

>>> 知识链接

石墨炉原子化器石墨管的类型

目前普遍使用的石墨管有三种：高密度石墨管、热解涂层石墨管和平台石墨管。高密度石墨管采用高纯石墨制作，适合于原子化温度较低（≤2000℃），易于形成挥发性氧化物元素，如Li、Na、K、Rb、Cs、Ag、Au、Be、Mg、Zn、Cd等元素的测定。热解涂层石墨管是在石墨管表面涂覆一层热解石墨，抑制了碳化物的形成，主要针对于易形成碳化物元素的测定，尤其是Ni、Cu、Ca、Ti、Sr等几种元素，比用普通高密度石墨管的灵敏度提高10～30倍。平台石墨管是将样品溶液注射到平台上，通过石墨管的热辐射加热，可以防止试液在干燥时渗入石墨管，提高分析灵敏度和稳定性。此外还有横向加热石墨管及长寿命石墨管等。

（三）单色器

单色器是原子吸收分光光度计的分光系统，其基本结构与紫外－可见分光光度计的相似，主要由色散元件、准直镜和狭缝等组成。

（四）检测系统

原子吸收分光光度计的检测系统主要由检测器、放大器、对数转换器等组成。检测器常用光电倍增管。

现代原子吸收分光光度计均配有计算机工作站，可实现试验参数的设置和自动控制，并可完成数据的采集和统计处理，直接给出分析结果。有些仪器同时配有火焰原子化系统与石墨炉原子化系统，可实现两种原子化方式的自动切换。

二、仪器的结构和类型

原子吸收分光光度计有多种类型。按光束数分类，有单光束型和双光束型；按波道数分类，有单道型、双道型和多道型。其中，常用的主要有以下几种类型。

（一）单道单光束型

图5－2所示的原子吸收分光光度计即为单道单光束型。此类仪器结构简单，便于维护。由于辐射损失少，故灵敏度较高，一般分析要求是能够满足的。但当光源和检测器不稳定时，易引起基线漂移。因此，进行测量前需充分预热，且测量过程中需经常进行零点校正。

（二）单道双光束型

单道双光束型原子吸收分光光度计的基本结构如图5－6所示。其工作原理为，切光器将光源发射出的元素共振线分成强度相等的两束，其中一束通过原子化器，为检测光束（S束）；另一束通过参比池，为参比光束（R束）。同时，用切光器让两束光交替进入单色器和检测器，最终的输出信号是检测到的两光束的吸光度之差。由于两束光来自同一光源，又经同一检测器进行检测，因此，光源的漂移和检测器的波动能够得到补偿，提高了测量的稳定性。但原子化器不稳定和背景吸收产生的影响仍不能消除。

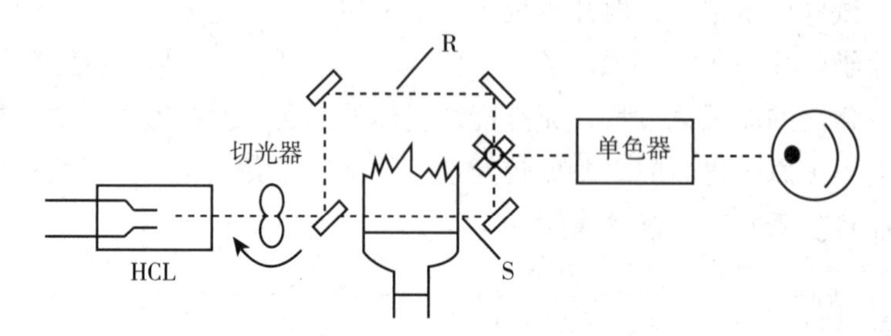

图5－6 单道双光束型原子吸收分光光度计

第三节　原子吸收光谱的测定 微课2

PPT

一、干扰及其抑制

与紫外－可见分光光度法等其他分析方法相比较，原子吸收分光光度法可能受到的干扰较少，但也并非完全没有干扰。根据干扰的性质和产生的原因，可将其分为四类：电离干扰、物理干扰、化学干扰和光谱干扰。

（一）电离干扰

电离干扰（ionization interference）是指待测元素在原子化温度较高的情况下，部分原子电离成离子，使基态原子数目减少，导致吸光度下降、测定结果偏低的现象。

碱金属、碱土金属的电离能较低，当原子化温度较高时，易发生电离干扰。除了降低原子化温度之外，消除电离干扰还常用消电离剂。所谓消电离剂，即含有其他更易电离元素的试剂。向试样溶液和标准溶液中同时加入一定量的消电离剂，测定时，由于消电离剂的电离释放出一定量的电子，使待测元素的电离得到抑制，从而消除电离干扰。

常用的消电离剂有 CsCl、KCl、NaCl 等。

（二）物理干扰

物理干扰（physical interference）是试样在引入、蒸发、热解和原子化的过程中，由于其密度、黏度、表面张力等物理性质的变化，引起原子吸收强度变化而产生的干扰。例如，在火焰原子化法中，当分析的试样比较黏稠时，常因黏度较大而影响试样溶液吸入原子化器的速度，从而导致吸光度偏低。

物理干扰是非选择性的干扰，对试样中各元素的影响基本相同。通常，物理干扰可以通过稀释试样、配制与待测试样组成相近的标准溶液或采用标准加入法等措施来加以消除。

（三）化学干扰

化学干扰（chemical interference）是原子吸收分光光度法中的常见干扰，是由于试样中的待测元素与某些共存组分发生化学反应，生成难解离的稳定化合物，致使基态原子数减少而形成的干扰。例如，测试试样中的 Ca 元素时，如果试样中有磷酸盐存在，则往往生成难熔化合物 $Ca_3(PO_4)_2$，难以在乙炔－空气火焰中原子化，从而导致测定结果偏低。

引起化学干扰的原因较多，消除化学干扰需根据具体情况选择适当的方法。常用的消除化学干扰的方法如下。

1. 选择合适的原子化条件　提高原子化温度，可使难解离的化合物分解，消除化学干扰。例如，测定 Ca 元素时，如果改用氧化亚氮－乙炔火焰，则磷酸盐的干扰即可被消除。此外，选择富燃火焰，利用强还原性气体亦可有效抑制此类干扰。

2. 加入释放剂　释放剂能与干扰物质生成更稳定的化合物，从而将待测元素释放出来。例如，La^{3+}、Sr^{2+} 能与磷酸根生成更稳定的难熔物，故可通过向试样溶液中加入硝酸镧或硝酸锶等释放剂来消除磷酸根对 Ca 元素测定的化学干扰。

3. 加入保护剂　保护剂通过与待测元素或干扰元素形成稳定的配合物来消除化学干扰。保护剂通常是有机配位体，常用的有 EDTA、8－羟基喹啉等。例如，EDTA 可作为 Ca 元素的保护剂，与 Ca^{2+} 形成螯合物，使其不再与磷酸根作用，从而消除磷酸根的干扰。

4. 加入饱和剂　所谓饱和剂，是指足够过量的干扰元素。通过加入足够过量的干扰元素，可使干扰达到饱和而趋于稳定。例如，用氧化亚氮－乙炔火焰测定 Ti 元素时，试样中共存的 Al 元素可形成严重的化学干扰。但当 Al 的浓度达到 200mg/L 以上时，其对于 Ti 的干扰趋于稳定。故可在标准溶液和试样溶液中均加入 200mg/L 以上的铝盐以达到消除干扰的目的。

5. 加入基体改进剂 石墨炉原子化法中，有时需要向试样中加入某种化学试剂（即基体改进剂），以改变基体或待测元素的挥发性或热稳定性，促使基体元素在干燥和灰化阶段挥发，从而消除其干扰。例如，测定 NaCl 基体中的痕量铜、锰、铁等元素时，加入 NH_4NO_3 作为基体改进剂，使 NaCl 基体转变为易挥发的 NH_4Cl、$NaNO_3$，可消除 NaCl 基体的干扰。

6. 化学分离法 在以上方法都无法消除化学干扰的情况下，可采用沉淀法、萃取法或离子交换法等化学分离的方法。

（四）光谱干扰

光谱干扰（spectral interference）是与光谱发射和吸收有关的干扰，包括分析谱线干扰和背景干扰。

分析谱线干扰有两种情况。

（1）所选光谱通带内存在非吸收线而引起的干扰。非吸收线主要包括待测元素的其他谱线、空心阴极灯内充惰性气体或阴极材料中的杂质发射的谱线。此类干扰可通过减小狭缝宽度、更换内充惰性气体种类或采用高纯度阴极材料等措施加以消除或抑制。

（2）试样中共存元素的吸收线与待测元素的分析线接近而引起的干扰。当共存元素的吸收线波长与待测元素的共振线波长之差小于 0.01nm 时，谱线之间相互重叠，可引起此类干扰，导致测量结果偏高。可以通过选择其他共振线作为分析线加以消除，有时也可采用化学分离的方法。

背景干扰是由背景吸收（background absorption）所引起的干扰。背景吸收的产生有两种情况：①原子化过程中生成的某些分子或原子团，其带状吸收光谱覆盖了待测元素的共振线；②大量基体成分在原子化过程中进入原子化器，形成固体微粒，对光产生散射作用。

气态碱金属卤化物、碱土金属氧化物和部分硫酸盐、磷酸盐对紫外－可见光的吸收常形成背景干扰。HNO_3 和 HCl 在波长小于 250nm 处吸收很小，故原子吸收分光光度法常用 HNO_3 或 HCl 配制溶液。

现在的原子吸收分光光度计大多配有背景校正装置。常用的背景校正法有邻近非共振线背景校正法、连续光源背景校正法和塞曼（Zeeman）效应背景校正法等。

邻近非共振线背景校正法是基于：共振线的吸收是待测元素的基态原子吸收和背景吸收之和，而非共振线不产生原子吸收，其吸收仅包含背景吸收，故二者之差即为待测元素的原子对共振线的吸收。非共振线的波长和强度应与共振线接近，可以来自待测元素本身，也可以来自其他元素。如果共振线附近没有可利用的非共振线，则不能使用此法。

连续光源背景校正法（图 5－7），利用切光器使来自空心阴极灯的共振线与来自连续光源的入射光交替通过原子化器。当共振线通过原子化器时，可测得待测元素原子吸收与背景吸收的总和；当连续光谱通过原子化器时，待测元素的共振吸收相对于连续光谱的总强度而言可以忽略不计，故仅测得背景吸收。两者相减，即可扣除背景吸收。紫外光区的背景校正常用氘灯作为连续光源，可用于校正波长范围在 350nm 以下、吸光度小于 1 的背景吸收。

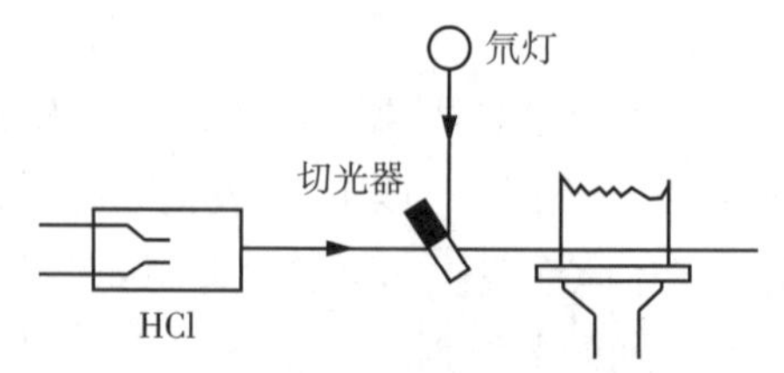

图 5－7 连续光源背景校正法示意图

塞曼效应是指在外磁场的作用下，谱线发生分裂的现象。塞曼效应背景校正法，利用强磁场将吸收线分裂成偏振方向不同的谱线。平行于磁场的偏振光通过原子化器时，能被待测元素的原子所吸收，为测量光；而背景吸收则与偏振方向无关，由此得到参比光，从而实现背景校正。塞曼效应背景校正法可用于校正 190～900nm 波长范围、吸光度高达1.5～2.0 的背景吸收，且校正的准确度高。

二、试验条件的选择

（一）样品制备

取样要有代表性，取样量需根据试样中待测元素的含量、所采用的分析方法以及所要求的测量精度来确定。试样应充分干燥、粉碎并混合均匀。制备好的试样应保存于干燥器中，避免污染。

1. 标准溶液的制备 标准溶液的组成要尽可能地与试样溶液的组成接近。溶液中的总盐量对雾粒的形成、蒸发速度等均有影响，如果试样中的总盐量大于 0.1%，配制标准溶液时也应加入等量的同种盐类，以保证标准溶液的组成与试样溶液的相近。

2. 待测试样的处理 测定前，待测试样通常需要经过必要的预处理。浓度过高的液体试样须用适当的溶剂进行稀释。无机试样用水稀释即可；有机试样常用甲基异丁酮或石油醚进行稀释，从而接近水的黏度。如果试样中待测元素的浓度过低，则须经富集以提高浓度。对于基体干扰较大的试样，必要时可采取分离处理。

无机固体试样，须经适当的溶剂溶解，将待测元素完全地转入溶液中。水不溶物可用盐酸、硝酸和高氯酸等矿酸溶解，有时也用磷酸和硫酸的混合酸。少量氢氟酸与其他酸混合使用有助于试样成为溶液状态。不易分解的试样，也可采取熔融法，但要防止无机离子污染。共存物质中二氧化硅含量高的试样必须使用熔融法。

有机固体试样，通常先用干法或湿法破坏有机物，再用适当的溶剂溶解。如果待测元素易挥发（如 Pd、Cd、Hg、As、Sb、Se 等），则不宜采用干法灰化。

如果采用石墨炉原子化法等非火焰原子化法，则固体试样可以直接进样。

（二）分析线

一般以待测元素的共振线作为分析线。但有时为了避免相邻光谱线的干扰，可选次灵敏线作为分析线。此外，有些元素的共振线稳定性较差，也不宜作为分析线，而应选用稳定性较好的次灵敏线作为分析线，如 Pb 的共振线为 217.0nm，但一般以 283.3nm 作为分析线。

（三）狭缝宽度

狭缝宽度决定了从狭缝射出光的谱带范围，称为光谱通带（band - pass）。原子吸收分光光度法中，谱线重叠干扰的概率相对较小，通常可使用较宽的狭缝，以提高信噪比。如果有其他非吸收谱线进入光谱通带，则测得的吸光度会减小。合适的狭缝宽度应为不引起吸光度减小的最大狭缝宽度。

一般地，碱金属、碱土金属元素的谱线较简单，没有相邻谱线干扰，可选择较大的狭缝宽度；而过渡元素或稀土金属元素，则宜选择较小的狭缝宽度。

（四）空心阴极灯的工作电流

空心阴极灯的灯电流愈大，发射谱线的强度愈高，检测器检测到的信噪比愈高。但是，随着灯电流增大，灯内的温度也升高，发射谱线的宽度增大，导致工作曲线的线性范围变窄，同时灯的寿命也缩短。所以，一般宜选用能维持稳定发光强度的较小工作电流。商品空心阴极灯一般都标有可使用的电流范围，通常选择最大电流的 1/2～2/3 作为工作电流。工作前一般应预热 10～30 分钟。

（五）原子化条件

原子化条件对于测定的灵敏度、稳定性和抗干扰能力具有关键作用。

火焰原子化法中，主要的可优化条件包括火焰类型、燃助比、燃烧器高度等。火焰类型和燃助比的选择见本章第二节。基态原子在火焰中的分布是不均匀的，故调节燃烧器的高度，使测量光束从火焰中原子蒸气浓度最高的区域通过，可以获得较高的灵敏度。

石墨炉原子化法中，主要需优化的原子化条件是升温程序中各阶段的温度和时间。干燥阶段宜选择稍低于溶剂沸点的温度；灰化阶段应在不致发生损失的前提下尽可能使用较高的温度；原子化阶段应选用能达到最大吸收信号的最低温度，原子化时间则以保证完全原子化为准；净化阶段的温度应高于原子化温度。

（六）其他试验条件

光电倍增管的负高压是根据空心阴极灯的谱线强度和光谱带宽来确定的，一般宜选择最大工作电压的1/3～2/3。通过增加电压来提高灵敏度，常导致信噪比降低，测量稳定性不佳。

对于石墨炉原子化法来说，进样体积也是需要优化的条件之一。通常选择进样体积为50～200μl。

三、定量分析方法

（一）标准曲线法

标准曲线法是原子吸收分光光度法中最常用的定量分析方法。配制与试样溶液组成相近的一系列不同浓度的标准溶液，并选择合适的空白溶液为参考，在最佳分析条件下分别测量其吸光度，将测得的吸光度 A 对浓度作标准曲线或进行线性回归；再在相同的试验条件下测量试样溶液的吸光度，由标准曲线或回归方程求得试样中待测元素的浓度。

该法适用于基体比较简单的试样。对于基体比较复杂的试样，常因标准溶液与试样溶液的基体不匹配而影响定量分析的准确度。

（二）标准加入法

当试样的基体比较复杂，难以找到合适的空白基体用于配制标准溶液时，可采用标准加入法（standard addition method）。

标准加入法的操作过程如图5－8所示：取若干份（如4份）体积相同的试样溶液（稀释定容后的浓度为 c_x），依次按比例准确加入体积分别为0、V、$2V$、$3V$……的含待测组分一定浓度的标准溶液，用稀释液（例如蒸馏水）稀释定容。定容后所得各溶液浓度依次为：c_x，c_x+c_0，c_x+2c_0，c_x+3c_0……，摇匀后测定。以吸光度 A 对浓度 c 作图（图5－9），通过外推法得到吸光度 A 为0所对应的横坐标读数的绝对值即为浓度 c_x。

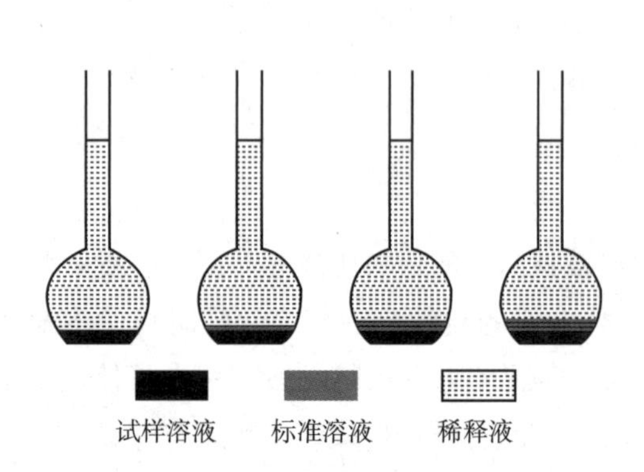

图5－8 标准加入法的操作方法示意图

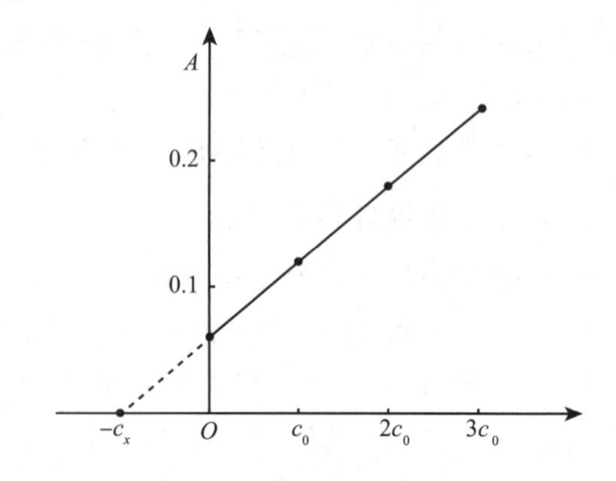

图5－9 标准加入法的待测试样浓度求算方法

使用标准加入法时，有以下几点需要注意：①待测元素的浓度应在通过原点的标准曲线的线性范围内；②最少采用4个点（包括不加标准溶液的试样溶液）来作外推曲线，并尽可能使 $c_x \approx c_0$，以减小测量误差；③应进行试剂空白的扣除；④标准加入法只能消除基体干扰，不能消除背景吸收的干扰。

（三）内标法

在双道或多道型原子吸收分光光度计上，内标法也是常用的一种定量分析方法。该法可消除基体组成、燃气与助燃气流量、火焰状态、表面张力等因素的变动所造成的误差，其操作方法是：在标准溶液和试样溶液中，分别加入一定量的试样中不存在的某种元素作为内标（internal standard）。所选内标元素通常应与待测元素在原子化过程中具有相近的特性。测定时，可同时测得待测元素和内标元素的吸光度 A 和 A_0，以二者的比值（A/A_0）对待测元素的浓度（c）绘制标准曲线，根据标准曲线求得试样中待测元素的浓度。

四、分析方法与仪器性能的评价

（一）灵敏度

仪器分析法中，灵敏度（sensitivity，S）通常用工作曲线的斜率来表示，即当待测元素的浓度或含量改变一个单位时吸光度的变化量：

$$S = \mathrm{d}A/\mathrm{d}c \tag{5-9}$$

灵敏度可有两种表示形式。①相对灵敏度：以浓度单位表示的灵敏度。②绝对灵敏度：以质量单位表示的灵敏度。对于火焰原子吸收分光光度计而言，试样以溶液形式进样，采用相对灵敏度比较方便；而石墨炉原子吸收分光光度计，吸光度主要取决于待测元素的绝对量，故采用绝对灵敏度更方便。

在原子吸收分光光度法中，人们还常用特征浓度（characteristic concentration）或特征质量（characteristic mass）来表示灵敏度。特征浓度一般用于表示火焰原子吸收法的灵敏度，指的是能产生1%吸收（吸光度 $A=0.0044$，透光率 $T=99\%$）时所对应的待测元素浓度。特征浓度愈低，方法的灵敏度愈高。用一个浓度（c_x）接近标准曲线线性范围下限的标准溶液测得吸光度 A_x，则可求得特征浓度 c_0 为：

$$c_0 = \frac{0.0044c_x}{A_x} \tag{5-10}$$

特征质量一般用于表示石墨炉原子吸收法的灵敏度，指的是能产生1%吸收时所对应的待测元素的质量。若待测元素质量为 m_x 的试样测得吸光度为 A_x，则该元素的特征质量 m_0 为：

$$m_0 = \frac{0.0044m_x}{A_x} \tag{5-11}$$

（二）检测限

检测限（detection limit，D）表示能测得某种元素的最低浓度或最小质量的能力，通常以元素能产生相当于3倍噪声标准偏差的原子吸收信号所对应的浓度或质量来度量。

$$c_\mathrm{L} = \frac{c_x \times 3\sigma}{\bar{A}} \tag{5-12}$$

$$m_\mathrm{L} = \frac{m_x \times 3\sigma}{\bar{A}} \tag{5-13}$$

式中，c_L 和 m_L 分别为相对检测限（以浓度表示）和绝对检测限（以质量表示）；σ 为噪声的标准偏差，可以通过空白溶液连续10次或10次以上进样测量而得；$\bar{A}$ 为浓度 c_x 或质量 m_x 的试样多次测量所得的平均吸光度。

方法的检测限不仅取决于方法的灵敏度，同时与仪器的噪声水平有关，综合反映了分析方法检测低浓度或低含量试样的能力。

第四节 电感耦合等离子体质谱法简介

电感耦合等离子体质谱法（inductively coupled plasma mass spectrometry，ICP－MS）是20世纪80年代发展起来的一种新型的元素定性定量分析的方法。ICP－MS测定无机元素的灵敏度比火焰原子吸收分光光度法高得多，甚至大多数元素的灵敏度也超过了石墨炉原子吸收分光光度法，是目前灵敏度最高的无机元素分析方法之一，可以测定目前已知的几乎所有元素。此外，该法还可用于同位素比值的准确测量。

一、基本原理

等离子体是一种电离的气体，其中含有自由电子、离子、中性原子和中性分子等。从整体上看，正负电荷是相等的，故呈电中性。ICP－MS利用电感耦合等离子炬提供的能量，将引入的试样在去溶剂、蒸发、解离并原子化后，形成等离子放电，在此过程中，元素的原子通过热电离而形成单原子离子。

$$A \xrightarrow{-e} A^{\dot{+}}$$

带有电荷的离子在电场的作用下进入质量分析器，分离后测定出离子的质量电荷比（简称质荷比，记作m/z），亦可选择性地测定某一定质荷比的离子的数量（具体原理请参见第九章）。对于单电荷（$z=1$）的离子而言，质荷比即为对应元素的相对原子质量。因此，根据测得的离子的质荷比即可确定试样中待测元素的种类，进行定性分析；由于测得的离子数量与试样中待测元素的含量成正比，故又可进行定量分析。

二、仪器组成

电感耦合等离子体质谱仪主要由试样引入系统、电感耦合等离子体离子源、质量分析器和检测器等部分组成，其他支持系统包括冷却系统、气体控制系统、计算机控制及数据处理系统等（图5－10）。

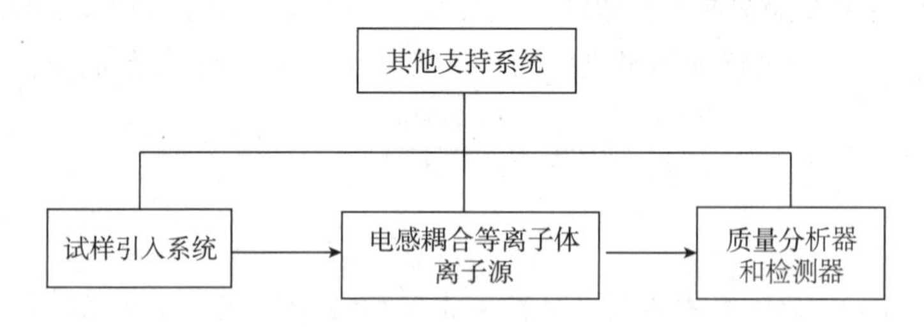

图5－10 电感耦合等离子体质谱仪的仪器组成示意图

（一）试样引入系统

试样溶液经气动雾化为气溶胶后，由载气携带送入等离子炬中离子化。所用载气一般为氩气，气体纯度应大于99.99%，可由高压钢瓶或液态气体储存罐提供，经适当减压装置以一定流速进入等离子炬管。

（二）电感耦合等离子体离子源

电感耦合等离子体离子源一般由高频发生器、感应线圈和等离子炬管（石英炬管）等组成，其基本结构如图 5－11 所示。石英炬管是一个由石英制成的三层同心管，冷却气从外层管的下部由切线方向通入，辅助气从中层管通入，内层管引导试样溶液的气溶胶进入等离子体。冷却气和辅助气均为氩气。石英炬管上端套有空心铜管环绕的高频耦合线圈。离子源形成等离子放电所需要的能量就是由高频电流通过电感耦合的方式提供的。

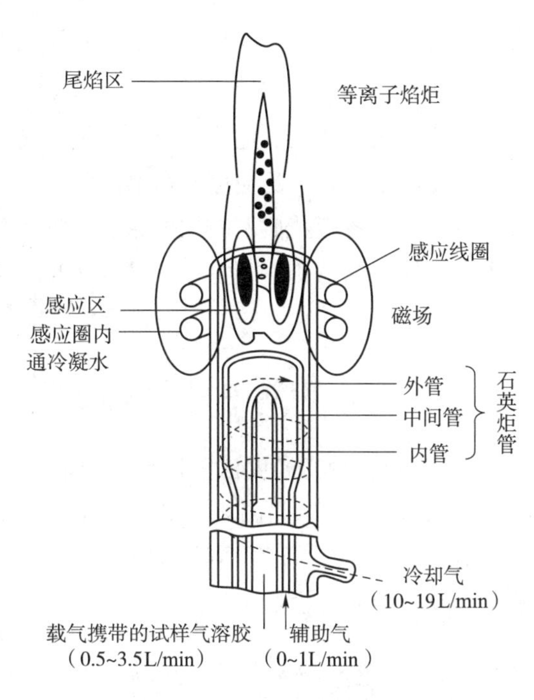

图 5－11　电感耦合等离子体离子源结构示意图

当有高频电流通过耦合线圈时，在线圈附近产生高频感应磁场。用高压火花放电使氩气电离，产生电子和离子，这些电子和离子被称为载流子。载流子在高频磁场作用下加速运动，与炬管内的氩气原子碰撞，可产生更多的载流子（即电子和离子）。当产生足够多的载流子时，气体具有一定的导电率，从而在炬管中高频耦合线圈包围的区域内产生中空闭合环形的高频涡电流，强大的电流产生高热，形成核心区域温度高达 10000K 的高温等离子炬。等离子炬形成后，载气携带试样气溶胶经由石英炬管的内管导入，从等离子炬的下部进入，通过等离子炬的中央通道，被加热至 6000～8000K，完成蒸发、解离、原子化和电离的过程。

（三）质量分析器和检测器

在等离子炬中形成的待测元素的离子，经由采样锥和离子传输系统进入高真空状态下的质量分析器。质量分析器可将各种不同元素的离子按其质荷比进行分离。常用的质量分析器为四极杆质量分析器，也有些仪器采用高分辨率的磁分析器或飞行时间分析器。

经质量分析器分离后的离子到达检测器，可获得待测试样中各元素的质谱数据，用于试样中待测元素的定性、定量分析。

三、分析方法

ICP－MS 的定性分析是以质谱图中各待测元素的质荷比为依据来进行的。

ICP－MS 的定量分析，除了常用的标准曲线法、内标法等之外，还常用同位素稀释法。该法在测定前，向试样中加入已知量的添加同位素的标准溶液，添加同位素一般为待测元素的所有同位素中天然丰度较低的某种稳定同位素或寿命较长的放射性同位素。通过测定该同位素与另一同位素的信号强度比来进行精密的定量分析。另一同位素称为参比同位素，一般选用待测元素的最高丰度同位素。由于待测元素的同位素，在化学、物理性质上与待测元素本身最为接近，许多由化学、物理性质的差异所引起的误差或干扰被消除，故分析的精密度和准确度均较高。

PPT

第五节 应用与示例

随着技术的发展和进步，原子吸收分光光度法、电感耦合等离子体质谱法等金属和非金属元素的仪器分析法在药物分析中占据越来越重要的地位，广泛应用于药物制剂、中药材中杂质金属离子的限度检查，重金属及有害元素的检测等。近年来，各版药典不断加大原子吸收分光光度法在无机离子含量测定和检查方面的应用，而电感耦合等离子体质谱法则在《中国药典》（2020 年版）中用于中药品种中铅、镉、砷、汞、铜含量的测定。

一、明胶空心胶囊中铬含量的测定

《中国药典》（2020 年版）采用原子吸收分光光度法测定明胶空心胶囊中铬的含量。照明胶空心胶囊“检查”项下铬含量测定法，制备铬单元素对照品溶液和供试品溶液，并同法制备试剂空白溶液，作为空白校正。取供试品溶液与对照品溶液，以石墨炉为原子化器，照原子吸收分光光度法，在 357.9nm 波长处测定，计算明胶空心胶囊中铬的含量。

二、铅、镉、砷、汞、铜测定法

《中国药典》（2020 年版）中，甘草、金银花等多个中药品种均要求检查铅、镉、砷、汞、铜等重金属及有害元素，电感耦合等离子体质谱法被采用为测定方法之一。

用 10% 硝酸溶液逐级稀释铅、砷、镉、汞、铜单元素标准溶液，制成系列浓度的铅、砷、镉、汞、铜标准品溶液。用锗、铟、铋单元素标准溶液配制内标溶液。供试品经微波消解后，用水稀释制成供试品溶液，同时配制空白溶液。测定时选取的同位素为 ^{63}Cu、^{75}As、^{114}Cd、^{202}Hg 和 ^{208}Pb，其中 ^{63}Cu、^{75}As 以 ^{72}Ge 作为内标，^{114}Cd 以 ^{115}In 作为内标，^{202}Hg、^{208}Pb 以 ^{209}Bi 作为内标。依次测定各个浓度的标准品溶液（浓度依次递增），以测量值为纵坐标，浓度为横坐标，绘制标准曲线。再测定供试品溶液，从标准曲线上计算得相应的浓度，扣除相应的空白溶液的浓度，计算各元素的含量。

答案解析

一、名词解释

共振吸收线；多普勒变宽；火焰原子化器；检测限；化学干扰。

二、选择题

1. 原子吸收分光光度计中光源的作用是
   A. 提供试样蒸发和激发所需的能量
   B. 发射连续光谱
   C. 发射具有足够强度的散射光
   D. 发射待测元素的特征谱线

2. 用原子吸收分光光度法测定试样中铅元素含量时，以0.1mg/ml的铅标准溶液测得吸光度为0.24，测定20次的标准偏差为0.012，则其检测限为

A. 1μg/ml B. 5μg/ml C. 10μg/ml D. 15μg/ml

3. 在原子吸收分光光度法的定量分析中，用峰值吸收代替积分吸收的基本条件之一是

A. 光源发射谱线的半宽度与吸收谱线的半宽度相当

B. 光源发射谱线的半宽度比吸收谱线的半宽度小得多

C. 吸收谱线的半宽度比光源发射谱线的半宽度小得多

D. 单色器有足够高的分别率

4. 影响原子吸收线宽度的最主要因素是

A. 自然宽度 B. 赫鲁兹马克变宽

C. 斯塔克变宽 D. 多普勒变宽

5. 在原子吸收分析中，如怀疑存在化学干扰，如采取下列一些补救措施，指出不适当的措施是

A. 改变光谱通带 B. 加入保护剂

C. 提高火焰温度 D. 加入释放剂

6. 在原子吸收光谱法分析中，能使吸光度值增加而产生正误差的干扰因素是

A. 物理干扰 B. 背景干扰

C. 电离干扰 D. 化学干扰

7. 石墨炉原子化器的升温程序是

A. 灰化、干燥、原子化和净化

B. 干燥、灰化、净化和原子化

C. 干燥、灰化、原子化和净化

D. 灰化、干燥、净化和原子化

8. 原子吸收分光光度法中，当吸收线附近无干扰线存在时，下列说法正确的是

A. 应放宽狭缝，以减少光谱通带

B. 应放宽狭缝，以增加光谱通带

C. 应调窄狭缝，以减少光谱通带

D. 应调窄狭缝，以增加光谱通带

9. 在原子吸收分光光度法分析中，若组分较复杂且被测组分含量较低时，为了简便准确地进行分析，最好选择

A. 工作曲线法 B. 内标法

C. 标准加入法 D. 间接测定法

10. 电感耦合等离子体质谱法中，试样完成蒸发、解离、原子化和电离过程的部位是

A. 等离子体表面 B. 等离子体中央通道

C. 等离子体上部 D. 等离子体的涡流中

三、简答题

1. 为什么原子吸收分光光度计需要锐线光源？

2. 在原子吸收分光光度法中为什么选择共振线作分析线？

3. 试从原理和仪器装置两方面比较原子吸收分光光度法与紫外-可见分光光度法的异同点。

4. 试比较火焰原子化法和石墨炉原子化法。

5. 原子吸收分光光度法存在的主要干扰因素有哪些？试述其产生的原因及抑制的方法。

6. 电感耦合等离子体质谱法中，等离子炬是如何产生的？试样是如何导入等离子炬中的？

四、计算题

用标准加入法测定血浆中锂的含量，取4份0.500ml血浆试样，分别加入浓度为200mg/ml的LiCl标准溶液0.0μl、10.0μl、20.0μl、30.0μl，稀释至5.00ml，并用Li 670.8nm分析线测得吸光度依次为0.115、0.238、0.358、0.481。计算血浆中锂的含量。

书网融合……

思政导航

本章小结

微课1

微课2

题库

第六章　红外分光光度法

微课1

学习目标

知识目标

1. 掌握　红外光谱产生的条件；吸收峰位置和分子振动能级基频跃迁的关系、振动频率和化学键力常数、折合质量的关系；影响吸收峰位置、峰数和峰强的因素；主要有机化合物的吸收光谱特征。

2. 熟悉　红外吸收光谱法的定性方法以及简单有机化合物的红外光谱解析。

3. 了解　红外光谱仪的构造和红外制样技术。

能力目标　通过本章学习，具备根据红外光谱解析简单化合物结构的能力。

红外分光光度法（infrared spectrophotometry，IR）是以连续波长的红外光作为辐射源照射样品，记录样品吸收曲线的一种分析方法，又称红外吸收光谱法或红外光谱法。

红外光波是介于可见光与微波之间的电磁波，它的波长范围0.80～1000μm，可分为近红外区，中红外区和远红外区。近红外区的波长范围是0.80～2.5μm（12500～4000cm^{-1}），中红外区的波长范围是2.5～25μm（4000～400cm^{-1}），远红外区的波长范围是25～1000μm（400～10cm^{-1}）。相应地有近红外光谱（NIR）、中红外光谱（MIR）和远红外光谱（FIR），通常的红外光谱研究的是中红外区，它是有机化合物红外吸收最重要的区域，也是本章所要讨论的区域。

红外光谱具有信息丰富、适用对象广泛（气态、液态、固态的样品都可进行测试）、样品用量少、仪器价格低廉、测试和维护费用低等优点，特别是对于特征基团的判别快速而简便，故红外光谱至今仍在有机化合物结构鉴定中广泛应用。近年来，红外光谱的定量分析应用也有不少报道，尤其是近红外区、远红外区的研究，如近红外区用于含有C、N、O等原子相连基团化合物的定量，远红外区用于无机化合物研究等。

PPT

第一节　基本原理

分子的红外光谱通常是由分子中各基团和化学键的振动能级及转动能级的跃迁所引起的，故又叫振-转光谱，也是一种分子吸收光谱。当样品受到频率连续变化的红外光照射时，分子吸收了某些频率的辐射，并由其振动或转动运动引起偶极矩的净变化，产生分子振动和转动能级由基态到激发态的跃迁，使相应吸收区域的透射光强度减弱。记录红外光的百分透光率与波数或波长关系的曲线，就得到红外光谱。

分子发生振动能级跃迁需要吸收一定的能量，这种能量对应于光波的红外区域，而且只有满足下列条件时跃迁才会发生。

$$E_{光子} = h\nu_{光} = \Delta E_{v} = h\nu_{振} = hc\bar{\nu} \tag{6-1}$$

即只有当红外光能量（$E_{光子}$）与分子的振动能级差（$\Delta E_{\bar{v}}$）相等时，才会发生分子的振动能级跃迁，从而产生红外光谱。式（6-1）中，$\bar{\nu}$为波数（cm^{-1}），它的概念为每1cm长度中波的数目，即波

长的倒数 $\bar{\nu}=1/\lambda$，现代红外光谱多用波数表示横坐标。

一、振动能级和振动光谱

为了便于理解红外光谱的基本原理，首先以简单的双原子分子（A－B）为例，说明分子振动的基本原理。

（一）谐振子与势能曲线

双原子分子的化学键振动可以近似看成是连接在一根弹簧两端的两个小球的伸缩振动，即把 A－B 型分子间的化学键看作忽略质量的弹簧，把两个原子当作各自在其平衡位置附近作伸缩振动的小球（或质点），振动模型如图 6－1 所示。

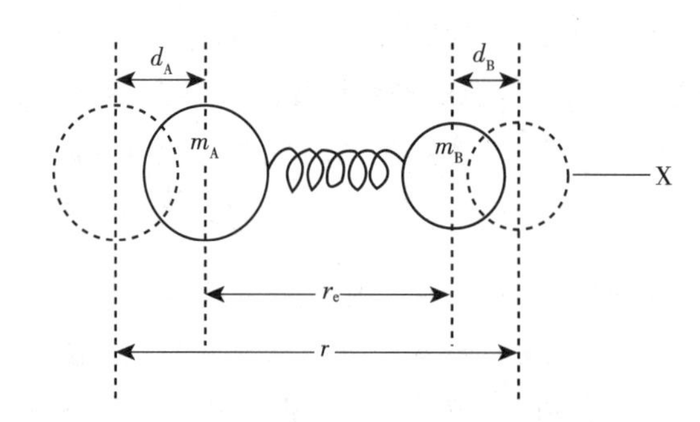

图 6－1 成键双原子间的振动模型

r_e 为平衡位置时核间距；r 为瞬时核间距

根据 Hooke（胡克）定律，这种谐振子恢复力（F）的大小与小球（或质点）离开平衡位置的位移成正比，方向则与位移的方向相反。故：

$$F=-K(d_A+d_B) \tag{6-2}$$

式（6－2）中，K 为键的力常数，也叫弹性系数。键的力常数 K 表示键的刚性，代表键发生振动的难易程度，K 与键的键级（band order）和键长直接相关。部分化学键的力常数见表 6－1。

表 6－1 部分化学键的伸缩力常数（N/cm）

键	分子	K	键	分子	K
H—F	HF	9.7	H—C	$CH_2{=}CH_2$	5.1
H—Cl	HCl	4.8	H—C	$CH{\equiv}CH$	5.9
H—Br	HBr	4.1	C—Cl	CH_3Cl	3.4
H—I	HI	3.2	C—C		4.5～5.6
H—O	H_2O	7.8	C═C		9.5～9.9
H—O	游离	7.12	C≡C		15～17
H—S	H_2S	4.3	C—O		5.0～5.8
H—N	NH_3	6.5	C═O		12～13
H—C	CH_3X	4.7～5.0	C≡N		16～18

真实分子并非严格遵循谐振子规律，分子的化学键虽然具有一定弹性，但并不严格服从 Hooke 定律，只有当分子中原子间振动的振幅非常小时，其振动才可以近似地看成谐振子振动。因此实际双原子分子的势能曲线不是抛物线，而要做些修正，最常用的是 Morse 修正。双原子分子的实际势能经 Morse

修正后，表现为如图6-2所示的实线部分（化学键）。由图可知，振动能（势能）是原子间距离的函数，振动时振幅加大，则振动能也相应增加，振动量子数增大，而势能曲线的能级间隔则越来越小，振幅超过一定值，化学键断裂，分子离解，能级消失势能曲线趋近于一条水平线，这时的 E_{max} 等于解离能。由于通常的红外光谱主要讨论从基态跃迁到第一激发态（$V_0 \rightarrow V_1$），以及从基态直接跃迁到第二激发态（$V_0 \rightarrow V_2$）引起的吸收，此时，分子振动与谐振动模型相近，因此，可以用谐振子的运动规律近似地讨论化学键的振动。

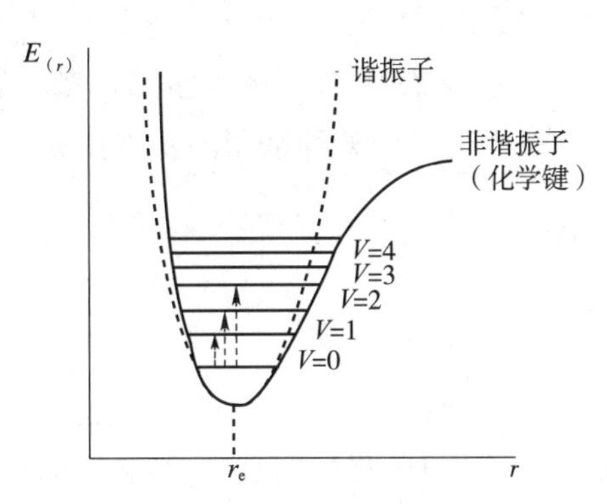

图6-2 双原子分子的势能曲线

γ_e 为平衡位置时核间距

（二）振动能与振动频率

根据量子力学，振动能为：

$$E_{振} = (V+1/2)h\nu \tag{6-3}$$

式中，ν 为分子振动频率；V 为振动量子数（0，1，2，3，…，n）。

当辐射能的能量等于分子的两个振动能级能量之差时，分子便吸收该红外辐射能，使振动能级发生跃迁，由基态跃迁至激发态。

把由化学键连接的两个原子近似看成谐振子，由 Hooke 定律可以推导出双原子分子或基团的伸缩振动波数 $\bar{\nu}$（cm^{-1}）、化学键力常数 K（N/cm）与两原子的相对原子质量（m_A、m_B）之间的关系为：

$$\bar{\nu} = \frac{1}{\lambda} = \frac{\nu}{c} = \frac{1}{2\pi c}\sqrt{\frac{K}{\mu}} \tag{6-4}$$

$$\mu = \frac{m_A \cdot m_B}{m_A + m_B} \tag{6-5}$$

式（6-4）中，K 为化学键的力常数；c 为光速；ν 为振动频率；$\bar{\nu}$ 为波数；μ 为原子的折合质量。

用原子 A、B 的折合原子量 μ' 代替 μ，因为 $\mu = \mu'/6.023\times10^{23}$，则式（6-4）可简化为：

$$\bar{\nu} = 1302\sqrt{\frac{K}{\mu'}} \tag{6-6}$$

该式表明双原子分子的振动频率（波数）随着化学键力常数的增大而增加，同时也随着原子折合质量的增加而降低。

根据式（6-6）可计算出某些基团基本振动频率。

例6-1 计算 C≡C 键的伸缩振动频率。

解：从表6-1中查得 C≡C 的 $K=15\sim17$，令其为 16N/cm，代入式（6-6）中得：

$$\bar{\nu} = 1302\times\sqrt{\frac{16\times2}{12}} \approx 2126\ (cm^{-1})$$

以上计算结果与红外检测 C≡C 伸缩振动频率在 $2400\sim2100cm^{-1}$ 基本一致。

二、吸收峰的类型

化合物的红外光谱有很多吸收峰，根据吸收峰的频率与基本振动频率的关系，可将其分为基频峰与泛频峰；根据吸收峰的特点、作用和相互关系可分为特征峰和相关峰。

（一）基频峰

分子的振动能级是量子化的，振动能级差的大小与分子的结构密切相关。如图 6-2 所示，当分子吸收一定频率的红外辐射后，从振动能级基态（V_0）跃迁至第一激发态（V_1）时，产生的吸收峰叫基频峰（fundamental band）。基频峰频率为分子中某种基团的基本振动频率。基频峰的强度一般较大，是红外光谱上最重要的一类吸收峰。

（二）泛频峰

当分子吸收某一频率的红外光后，振动能级从基态（V_0）跃迁至第二激发态（V_2）、第三激发态（V_3）等所产生的吸收峰，分别称为二倍频峰、三倍频峰等。实际上，倍频峰（overtone band）的振动频率总是比基频峰频率的整数倍略低一点。倍频峰的强度比基频峰弱得多，而且三倍频以上的峰因强度极弱而难于直接测出。

红外光谱中还会产生合频峰或差频峰，它们分别对应两个或多个基频之和或之差。合频峰、差频峰又叫组频峰，其强度也很弱，一般不易辨认。倍频峰、合频峰和差频峰统称为泛频峰，泛频峰都是弱峰，且多数出现在近红外区，但它们的存在增加了红外光谱鉴别分子结构的特征性。

（三）特征峰与相关峰

凡是能鉴定官能团的存在，又容易辨认的吸收峰称为特征峰。如正十一腈的红外光谱图中 $2247cm^{-1}$ 的吸收峰可作为鉴定—C≡N 基团是否存在的特征峰。一个基团除了有特征峰外，还有很多其他振动形式的吸收峰，习惯上把这些相互依存又相互佐证的吸收峰叫相关峰。

例如，羧基（—COOH）的红外吸收峰：ν_{O-H} 在 $3400 \sim 2400cm^{-1}$ 区间有很宽的吸收峰，$\nu_{C=O}$ 在 $1710cm^{-1}$ 附近有强、宽吸收峰，ν_{C-O} 在 $1260cm^{-1}$ 附近有中等强度吸收峰，δ_{O-H}（面外弯曲）在 $930cm^{-1}$ 附近有弱宽峰。这一组特征峰是因羧基的存在而存在的，故为相关峰。

在确定有机化合物中是否存在某种官能团时，当然首先应当注意有无特征峰，但是相关峰的存在常常是一个有力的辅证。

三、振动类型与振动自由度

分子中的化学键都能发生振动，各键的振动频率与化学键的性质及原子的质量有关，对于不同的分子，振动的类型不同，而基本振动形式的数目与组成分子的原子数目和空间构型有关。

（一）振动类型

双原子分子仅有一种振动类型，而多原子分子则有多种振动类型，可分为两大类。

1. 伸缩振动（stretching vibration） 以 ν 表示。是沿着键的方向的振动，只改变键长，不改变键角。又可分为对称伸缩（ν_s）和不对称伸缩（ν_{as}）两种。

2. 弯曲振动（bending vibration） 也叫变角振动，以 δ 表示。为垂直化学键方向的振动，只改变键角而不影响键长。可分为面内弯曲振动（β）和面外弯曲振动（γ）两种形式。而面内弯曲振动又分为剪式振动（δ_s）和面内摇摆振动（ρ）；面外弯曲振动又分为面外摇摆振动（ω）和扭曲振动（τ）。以亚甲基（—CH_2）为例，各种振动类型如图 6-3 所示。当化学键的数目为 3 个或 3 个以上时，弯曲振动亦有对称和不对称之分，例如，$—CH_3$的三个碳氢键，同时向中心或同时向外的振动称为δ_s（CH_3）；$—CH_3$的三个碳氢键，其中一个向内而同时其他两个向外的不对称振动称为δ_{as}（CH_3）。

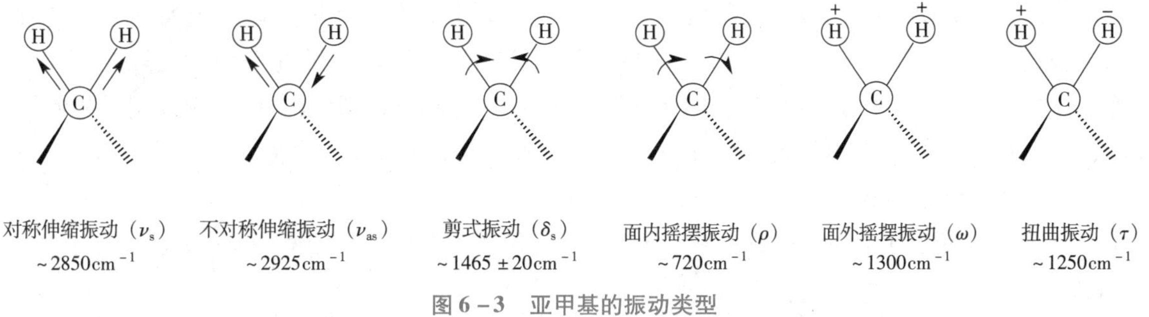

图6-3 亚甲基的振动类型

"→"：表示纸面上的振动；"+、-"：表示垂直于纸面的振动

以上六种振动，以对称伸缩振动、不对称伸缩振动、剪式振动和面外摇摆出现较多。按能量高低顺序排列，通常是：

$$\text{高频} \xleftarrow{\nu_{as} > \nu_s > \delta_s > \omega} \text{低频}$$

（二）振动自由度

研究多原子分子时，常把其复杂振动分解为许多简单的基本振动（简正振动），基本振动的数目称为振动自由度（vibrational degree of freedom）。因为标定一个原子在空间的位置，需要有x、y、z三个坐标，故一个原子有3个自由度。在含有N个原子的分子中，每一个原子都有3个自由度，所以分子自由度的总数应是$3N$个自由度。分子作为一个整体，其运动状态又可分为平动、转动和振动三类，故：

分子自由度数（$3N$）=平动自由度+振动自由度+转动自由度

则　　振动自由度=分子自由度（$3N$）-（平动自由度+转动自由度）

非线性分子振动自由度$=3N-(3+3)=3N-6$

线性分子振动自由度$=3N-(3+2)=3N-5$

这是因为线性分子只有2个转动自由度，因其沿分子轴转动时空间位置不发生变化，故不产生自由度。又如，线型分子CO_2分子有4（$3N-5$）个振动自由度；非线型分子H_2O有3（$3N-6$）个振动自由度；苯分子有30（$3N-6$）个振动自由度。通常分子振动自由度数目越大，则在红外吸收光谱中出现的峰数也就越多。

四、特征区与指纹区

（一）特征区

有机化合物分子中一些主要官能团的特征吸收多发生在红外区域4000~1250cm^{-1}（2.5~8.0μm）。该区域吸收峰比较容易辨认，故通常把该区域叫特征谱带区。

（二）指纹区

红外光谱上1250~400cm^{-1}（8.0~25μm）的低频区，通常称为指纹区。在此区域中各种官能团的特征频率不具有鲜明的特征性。出现的峰主要是C—X（X═C,N,O）单键的伸缩振动及各种弯曲振动。由于这些单键的键强差别不大，原子质量又相似，所以峰带特别密集，就像人的指纹，故称指纹区。分子结构上的微小变化都会引起指纹区光谱的明显改变，因此在确定有机化合物时用途也很大。

五、吸收峰的峰数

理论上，每个振动自由度（基本振动数）在红外光谱区均产生一个吸收峰。但实际上，峰数往往少于基本振动数目。这是因为：①当振动过程中分子不发生瞬间偶极矩变化时，不引起红外吸收（称为红外非活性振动）；②频率完全相同的振动彼此发生简并；③强宽峰通常覆盖与它频率相近的弱而窄的吸收峰；④吸收峰有时落在中红外区域以外；⑤吸收强度太弱，以致无法测定。

例 6－2　水分子基本振动形式及 IR 光谱。

水分子属于非线性分子，振动自由度 $=3\times3-6=3$。分别为 $\nu_{s(O-H)}3652cm^{-1}$；$\nu_{as(O-H)}3756cm^{-1}$；$\delta_{s(O-H)}1595cm^{-1}$。

例 6－3　CO_2分子的基本振动形式及 IR 光谱。

CO_2为线性分子，其振动自由度为 4，具体振动形式及其红外光谱如图 6－4 所示。

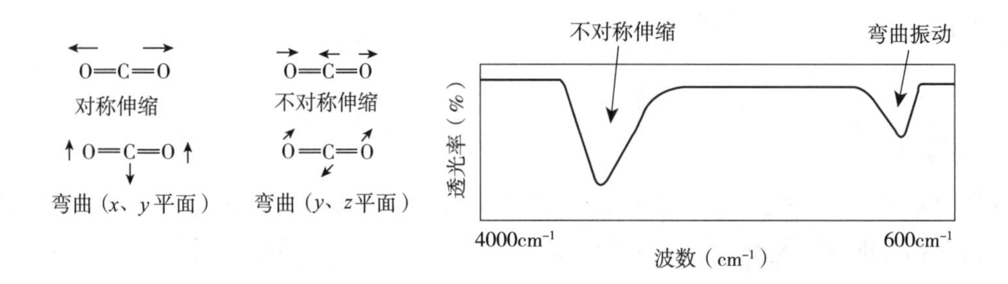

图 6－4　CO_2分子的振动形式及红外光谱图

CO_2分子理论上应有四种基本振动形式，但实际上只在 $667cm^{-1}$ 和 $2349cm^{-1}$ 处出现两个基频吸收峰，如图 6－4 所示。这是因为其中对称伸缩振动不引起偶极矩的改变，是红外非活性的振动，因此无吸收峰；而面内弯曲振动（$\beta_{C=O}667cm^{-1}$）和面外弯曲振动（$\gamma_{C=O}667cm^{-1}$）又因频率完全相同，峰带发生简并。

六、吸收峰的强度

红外吸收峰的强度通常是指各峰的相对强度，主要取决于振动时分子偶极矩变化的大小。只有偶极矩发生变化的振动形式，才能吸收与其振动具有相同频率的红外线能量，产生相应的吸收峰。而且瞬间偶极矩变化越大，吸收峰越强。而偶极矩与分子结构的对称性有关，分子的对称性越高，振动中分子偶极矩变化越小，谱带强度也就越弱。因而一般说来，极性较强的基团（如 C═O、C—X 等）振动，吸收强度较大；极性弱的基团（如 C═C、C—C、N═N 等）振动，吸收较弱。

红外光谱的绝对峰强可以用摩尔吸光系数 ε 表示，通常，$\varepsilon>100$ 时，表示峰很强，用 vs 表示；$\varepsilon=20\sim100$ 时，为强峰，用 s 表示；$\varepsilon=10\sim20$ 时，为中强峰，用 m 表示；$\varepsilon=1\sim10$时，为弱峰，用 w 表示；$\varepsilon<1$ 时，为极弱峰，用 vw 表示。红外光谱用于定性分析时所指的峰强一般是指相对强度。峰的强度和性状表示方式：s（强）、m（中）、w（弱）、b（宽峰）、sh（肩峰）。

第二节　影响谱带位置的因素

PPT

分子内各基团的振动不是孤立的，会受到邻近基团以及整个分子其他部分的影响（即分子内部的结构因素）。有时还会因测定条件以及样品的物理状态等不同而改变。所以，同一个基团的特征吸收并不总固定在一个频率上，而是在一定频率范围内波动。影响峰位变化的因素主要有以下几个方面。

一、内部因素

（一）电子效应

1. 诱导效应（inductive effect，简称 I 效应）　由于分子中的电负性取代基的静电诱导作用，使键的极性变化，改变了键的力常数，进而改变了化学键或官能团的特征吸收频率，这种现象叫诱导效应。以羰基为例，当一强吸电子基团和羰基邻接时，它就要和 C═O 氧原子争夺电子，降低羰基的极性，增强其双键性，力常数 K 增加，因而 $\bar{\nu}$ 就越大。故 $\nu_{C=O}$吸收峰将移向高波数区，如：

化合物	R—CO—R	R—CO—H	R—CO—Cl	R—CO—F	F—CO—F
$\nu_{C=O}(cm^{-1})$	1715	1730	1800	1920	1928

2. 共轭效应（conjugative effect，简称 +C 效应）　由于分子中形成 $\pi-\pi$ 共轭或$p-\pi$共轭而引起的某些键的振动频率和强度改变的现象叫共轭效应。共轭效应引起电子密度平均化，使 C═O 的双键性降低，力常数 K 减小，故吸收峰移向低波数区。对$\pi-\pi$共轭体系而言，共轭效应比较简单，两个 C═C 的共轭（如共轭多烯）或 C═C 和 C═O 的共轭（如 α,β－不饱和羰基化合物），其结果都是双键的振动频率向低波数区位移。但在 $p-\pi$ 共轭体系中，诱导效应与共轭效应常同时存在，谱带位移方向取决于哪一种作用占主导地位，使 π 键伸缩振动频率可能减小或增大。例如，下列化合物的 $\nu_{C=O}$变化。

化合物	R—CO—R	R—CO—NH_2	R—CO—Cl	R—CO—O—R
$\nu_{C=O}$（cm^{-1}）	1710～1725	1650～1690	约 1800	约 1735

对酰胺来说，共轭效应的影响超过了诱导效应，使羰基的双键性减弱，吸收频率降低，而对于酰氯来说，诱导效应的影响超过了共轭效应，故使 $\nu_{C=O}$吸收频率升高。

（二）空间效应

空间效应包括空间位阻、环张力等。

1. 空间位阻　指同一分子中各基团间在空间的位阻作用。共轭作用对空间位阻最为敏感，空间位阻使共轭体系的共平面性受到影响或破坏，吸收频率向高波数方向移动。

	（A）	（B）	（C）
$\nu_{C=O}(cm^{-1})$	1663	1686	1693

上述化合物（C）的空间障碍比较大，使环上双键与 C═O 的共轭受到限制，故（C）中 C═O 的双键性强于（A）和（B），吸收峰出现在高波数区。

2. 环张力（键角张力作用）　当形成环状分子时，必须改变原来正常的键角而产生键的弯曲，于是就存在抵抗弯曲的张力，随着环的缩小，键角减小，键的弯曲程度随之增大，环的张力也逐渐增加，这环内双键被减弱，$\nu_{C=C}$频率降低，$\nu_{=C-H}$频率升高；而使得环外双键、环上羰基被加强，$\nu_{C=C}$和 $\nu_{C=O}$的频率升高。例如：

化合物	环己烯	环戊烯	环丁烯	环丙烯		环己酮	环戊酮	环丁酮
$\nu_{C=C}$ （cm^{-1}）	1646	1611	1566	1541	$\nu_{C=O}$ （cm^{-1}）	1716	1745	1775
$\nu_{=C-H}$ （cm^{-1}）	3017	3045	3060	3076				

	亚甲基环己烷 CH_2	亚甲基环戊烷 CH_2	亚甲基环丁烷 CH_2	亚甲基环丙烷 CH_2
$\nu_{C=C}$（cm^{-1}）	1650	1657	1678	1781

（三）氢键效应

氢键的形成，往往对谱带位置和强度都有极明显的影响。通常可使伸缩频率向低波数位移，谱带变宽变强。

1. 分子内氢键（与浓度无关） 分子内氢键的形成可使伸缩振动谱带大幅度地向低波数方向移动。例如羟基和羰基形成分子内氢键，$\nu_{C=O}$及ν_{OH}都向低波数区移动。

	形成分子内氢键	未形成分子内氢键
$\nu_{C=O}$ （cm^{-1}）	1622（缔合）、1675（游离）	1676（游离）、1673（游离）
ν_{OH} （cm^{-1}）	2843（缔合）	3615~3605（游离）

2. 分子间氢键（与浓度有关） 醇与酚的羟基，在极稀的溶液中呈游离状态，在3650~3600cm^{-1}出现吸收峰；随着浓度增加，分子间形成氢键，故ν_{OH}向低波数方向移动至3515cm^{-1}（二聚体）及3350cm^{-1}（多聚体）。不同浓度乙醇的四氯化碳溶液的红外光谱如图6-5所示。

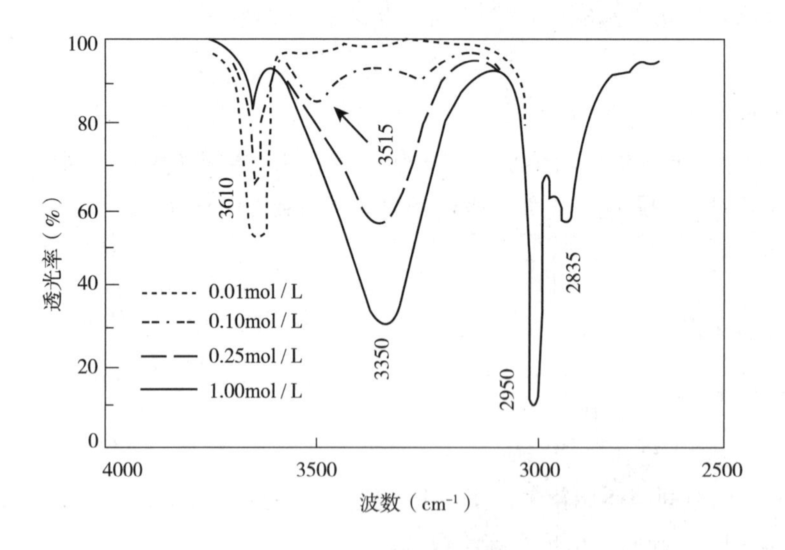

图6-5 不同浓度乙醇的四氯化碳溶液的红外光谱图

（四）互变异构

分子发生互变异构，吸收峰也将发生位移。例如，乙酰乙酸乙酯有酮式和烯醇式的互变异构，产生不同的吸收峰。

$$\underset{\text{(A) 酮式}}{H_3C-\overset{O}{\overset{\|}{C}}-CH_2-\overset{O}{\overset{\|}{C}}-OC_2H_5} \rightleftharpoons \underset{\text{(B) 烯醇式}}{H_3C-\overset{OH}{\overset{|}{C}}=CH-\overset{O}{\overset{\|}{C}}-OC_2H_5}$$

$\nu_{C=O}$（cm^{-1}）　1738，1717　　　　$\nu_{C=O}$　1650

　　　　　　　　　　　　　　　　　　ν_{OH}　3000

（五）振动耦合效应和 Fermi（费米）共振

当两个频率相同或相近的基团在分子中靠得很近或共用一个原子时，其相应的特征吸收峰常发生裂分，形成两个峰，这种现象叫振动耦合。

例如，丙二烯的两个双键的振动耦合，产生了 $1960cm^{-1}$ 和 $1070cm^{-1}$ 处的裂分吸收峰。

当某一振动的倍频或组频位于另一强的基频峰附近时，由于相互间强烈的振动耦合作用，使原来很弱的泛频峰强化（或出现裂分双峰），这种特殊的振动耦合称为 Fermi 共振。例如，醛基的 ν_{C-H} 基频与 δ_{C-H} 倍频接近，产生 Fermi 共振，在 $2820cm^{-1}$、$2720cm^{-1}$ 左右产生两个中等强度的吸收峰，这是鉴定醛的特征吸收峰。

二、外部因素

通常，同一种物质的分子在不同的物理状态下进行测试、溶剂极性不同、溶液浓度和温度的改变、红外光谱仪类型的差异等外部条件都可能使溶质的红外光谱发生变化。在解析红外光谱时，也必须考虑这些外部因素对峰位的影响。

PPT

第三节　红外光谱与分子结构的关系

绝大多数有机化合物的基频峰出现在 $4000 \sim 400cm^{-1}$ 波数区域。在研究了大量相关化合物红外光谱的基础上，总结出了各种特征基团的特征吸收频率。

一、红外光谱的九个重要区段

化合物的红外吸收光谱是分子结构的客观反映，谱图中的吸收峰都对应着分子中化学键或基团的各种振动形式。为便于解析红外光谱，可将整个中红外区域进一步细分为九个重要区段（表 6-2）。

表 6-2　红外光谱的九个重要区段

区段	波数（cm^{-1}）	波长（μm）	键的振动类型
1	3750 ~ 3000	2.7 ~ 3.3	ν_{OH}，ν_{NH}
2	3300 ~ 3000	3.0 ~ 3.3	ν_{CH}（≡C—H，=C—H，Ar—H）
3	3000 ~ 2700	3.3 ~ 3.7	ν_{CH}（—CH_3，—CH_2，—CH，—CHO）
4	2400 ~ 2100	4.2 ~ 4.9	$\nu_{C\equiv N}$，$\nu_{C\equiv C}$，$\nu_{C=C-C=C}$
5	1900 ~ 1650	5.3 ~ 6.1	$\nu_{C=O}$（醛、酮、羧酸、酰胺、酯、酸酐、酰氯等）
6	1680 ~ 1500	6.0 ~ 6.7	$\nu_{C=C}$（脂肪族和芳香族），$\nu_{C=N}$
7	1475 ~ 1300	6.8 ~ 7.7	δ_{CH}（各种面内弯曲振动）
8	1300 ~ 1000	7.7 ~ 10.0	ν_{C-O}（酚、醇、醚、酯、羧酸）
9	1000 ~ 650	10.0 ~ 15.4	$\gamma_{=C-H,\ Ar-H}$（不饱和碳-氢键面外弯曲振动）

根据表 6-2，可以推测化合物的红外光谱吸收特征；或根据化合物的红外光谱特征，初步推测化

合物可能存在的官能团，并进一步判断化合物的结构。

二、有机化合物的典型光谱

通过了解各类有机化合物的红外光谱特征，以便识别红外光谱与分子结构的关系。

（一）烷烃类

烷烃类红外光谱中，有价值的特征峰是 ν_{C-H}3000～2850cm^{-1}（s）和 δ_{C-H}1470～1375cm^{-1}。饱和化合物的碳氢的伸缩振动均在3000cm^{-1}以下区域，不饱和化合物的碳氢伸缩振动均在3000cm^{-1}以上区域，由此可以区分饱和及不饱和化合物。

1. ν_{C-H}

CH_3 ν_{as}（2960±15）cm^{-1}（s）；ν_s（2870±15）cm^{-1}（s）

CH_2 ν_{as}（2926±10）cm^{-1}（s）；ν_s（2852±10）cm^{-1}（s）

CH ν（2890±10）cm^{-1}（w）；一般被 CH_3 和 CH_2 的 ν_{CH} 所掩盖，不易检出。

2. δ_{C-H}

CH_3 δ_{as}（1450±20）cm^{-1}（m）；δ_s（1375±10）cm^{-1}（s）

CH_2 δ_{as}（1465±10）cm^{-1}（m）

（1）当两个或三个 CH_3 在同一碳原子上时，由于同碳位的两个同相位和反相位的面内弯曲振动耦合使 δ_s（1375±10）cm^{-1} 吸收带裂分为双峰。异丙基—CH(CH_3)$_2$ 的 δ_s 吸收峰大约位于1385cm^{-1}和1370cm^{-1}处，其强度几乎相等，或分叉为主带和肩带（图6-6）。叔丁基—C(CH_3)$_3$振动耦合使对称弯曲振动裂分为位于1395cm^{-1}和1365cm^{-1}处两条谱带，低频吸收带的强度比高频吸收带强一倍。

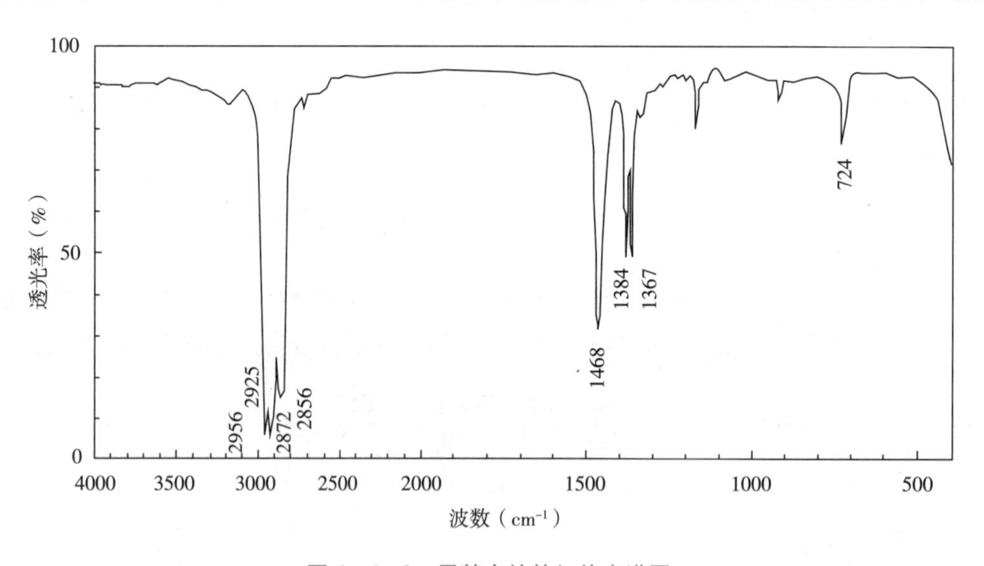

图6-6 2-甲基辛烷的红外光谱图

（2）CH_2 的面内摇摆振动频率（ρ_{CH}）随邻 CH_2 数目而变化。在—(CH_2)$_n$—中 $n\geqslant4$ 时，ρ_{CH} 峰出现在（722±10）cm^{-1}（m）处。随着相连 CH_2 个数的减少，峰位有规律地向高频移动。据此可判断分子中—CH_2链的长短。

（3）环烷烃中，CH_2 的伸缩振动频率，随着环张力的增加，sp^2 杂化程度增加，ν_{C-H} 向高频位移，如环丙烷中的 $\nu_{as(CH)}$ 出现在3050cm^{-1}，强度减弱。

（二）烯烃类

烯烃类化合物，红外光谱特征是 $\nu_{C=C}$1695 ~ 1540cm^{-1}（w），$\nu_{=C-H}$3095 ~ 3000cm^{-1}（m），$\gamma_{=C-H}$ 1010 ~ 667cm^{-1}（s）。

1. $\nu_{=C-H}$ 凡是未全部取代的双键在3000cm^{-1}以上区域应有该伸缩振动吸收峰。结合碳碳双键特征峰可确定其是否为烯烃类。

2. $\nu_{C=C}$ 烯烃的 $\nu_{C=C}$大多在1650cm^{-1}附近，一般强度较弱。$\nu_{C=C}$的强度和取代情况有关，乙烯或具有对称中心的反式烯烃和四取代烯烃的 $\nu_{C=C}$峰消失；共轭双键或C═C与C═O、C≡N 、芳环等共轭时，$\nu_{C=C}$频率降低10 ~ 30cm^{-1}。

3. $\gamma_{=C-H}$ 烯烃的 $\gamma_{=C-H}$受其他基团的影响较小，峰较强，具有高度特征性，可用于烯烃的定性，确定烯类化合物的取代类型（图6－7）。如乙烯基的 $\gamma_{=C-H}$于（990 ± 5）cm^{-1}和（910 ± 5）cm^{-1}出现双峰；反式单烯双取代的 $\gamma_{=C-H}$出现在（965 ± 10）cm^{-1}，顺式单烯双取代的 $\gamma_{=C-H}$出现在（690 ± 10）cm^{-1}。

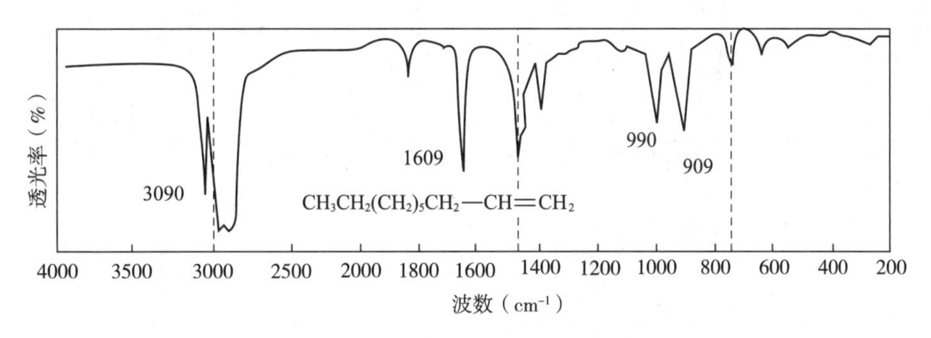

图6－7 1－癸烯的红外光谱图

（三）炔烃类

炔烃类主要有三种类型的振动：$\nu_{C\equiv C}$2270 ~ 2100cm^{-1}（尖锐），$\nu_{\equiv C-H}$3300cm^{-1}（s，尖锐），$\gamma_{\equiv C-H}$ 645 ~ 615cm^{-1}（强，宽吸收），如图6－8所示。

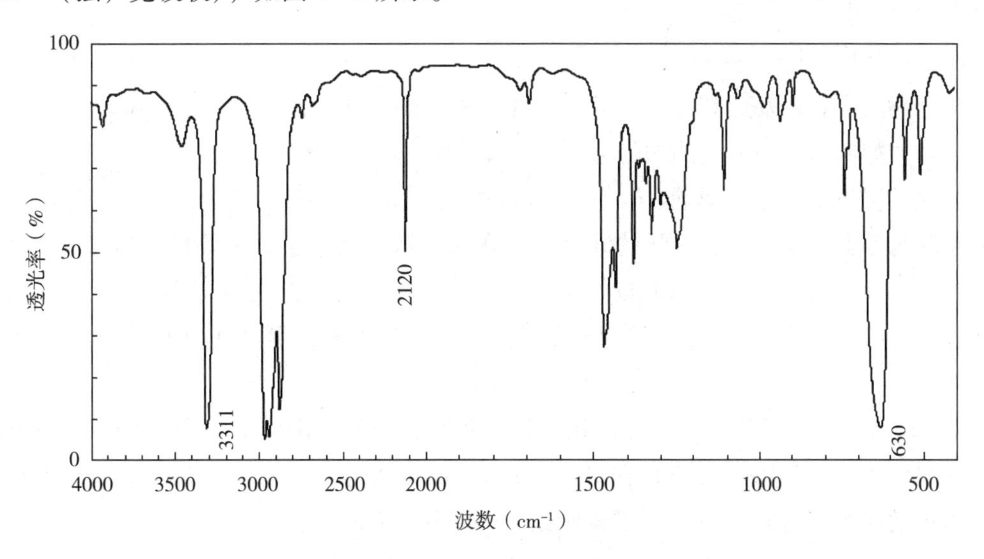

图6－8 1－己炔的红外光谱图

（四）芳烃类

1. 芳氢伸缩振动（$\nu_{=C-H}$） 大多出现在3070 ~ 3030cm^{-1}，峰形尖锐，常和苯环骨架振动（$\nu_{C=C}$）

的合频峰在一起，形成整个吸收带。

2. 苯环骨架振动（$\nu_{C=C}$） 1650～1430cm^{-1}区域出现两个到四个强度不等而尖锐的峰。

3. 芳氢面内弯曲振动（$\beta_{=C-H}$） 1250～1000cm^{-1}出现强度较弱的吸收峰。

4. 芳氢面外弯曲振动（$\gamma_{=C-H}$） 常在910～665cm^{-1}处出现吸收峰，用于芳环的取代位置和数目的鉴定。单取代的$\gamma_{=C-H}$出现在690cm^{-1}和750cm^{-1}；邻二取代的$\gamma_{=C-H}$出现在750cm^{-1}；间二取代的$\gamma_{=C-H}$有三个峰出现在690cm^{-1}、780cm^{-1}、880cm^{-1}；对二取代的$\gamma_{=C-H}$是单峰，出现在860～800cm^{-1}，如图6－9所示。

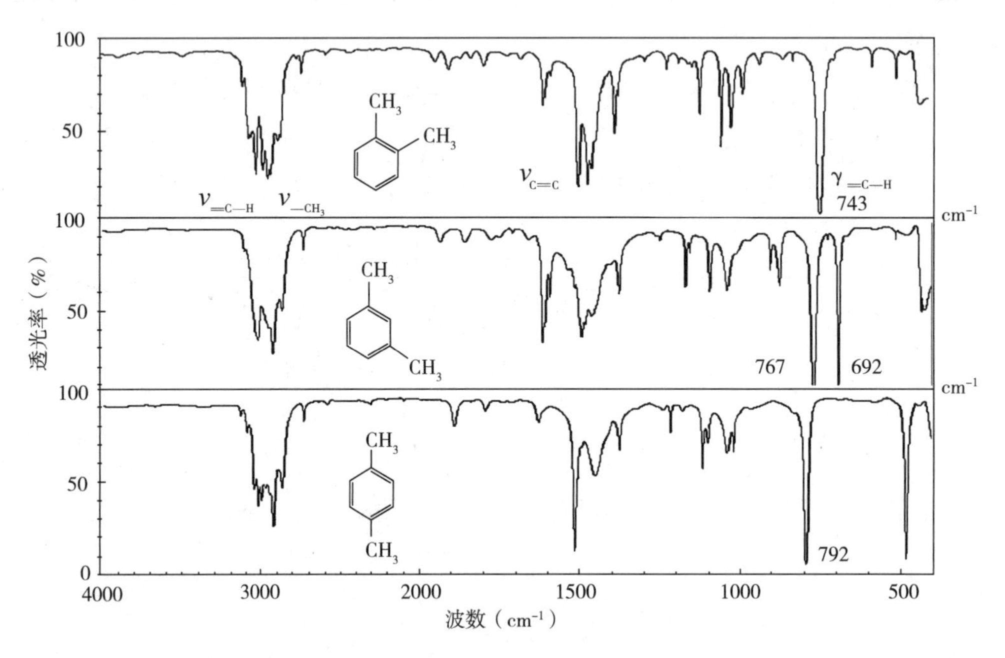

图6－9 邻、间及对位二甲苯的红外光谱图

5. 取代苯的泛频峰 来源于$\gamma_{=C-H}$910～665cm^{-1}的倍频峰和合频峰，峰强较弱，常与$\gamma_{=C-H}$峰联用来鉴别芳环的取代基的数目与位置。

（五）醇、酚及羧酸类

这三类化合物均含有羟基。对比正辛醇、丙酸、苯酚的红外光谱图（图6－10），发现它们具有某些相同的特征峰，如ν_{O-H}和ν_{C-O}。此外，羧酸有$\nu_{C=O}$，酚具有苯环特征吸收峰。

1. ν_{O-H} 在气态或非极性稀溶液中，游离的醇或酚ν_{O-H}位于3650～3590cm^{-1}，强度不定但峰形尖锐。羧酸的羟基与醇类不同，具有很强的结合力，在通常测定条件下，都要形成氢键缔合，在3300～2500cm^{-1}形成一独特的宽峰。在液态或极性溶液中，该类化合物均产生氢键缔合，形成二聚体或多聚体，导致向低波数方向移动。通常二聚体的ν_{O-H}比游离羟基频率低120cm^{-1}，多聚体的ν_{O-H}约低30cm^{-1}。

2. ν_{C-O}及δ_{O-H} ν_{C-O}峰较强，是羟基化合物的第二特征峰。醇的ν_{C-O}为1250～1000cm^{-1}；酚的ν_{C-O}为1335～1165cm^{-1}；羧酸ν_{C-O}出现在1266～1205cm^{-1}。δ_{O-H}较弱，且峰位与ν_{C-O}耦合接近，因此，常把此区段出现的双峰视为ν_{C-O}与δ_{O-H}耦合所致，不细分它们的归属。

3. $\nu_{C=O}$ 是此三类化合物中羧酸独有的重要特征吸收峰，峰位为1740～1650cm^{-1}的高强吸收峰，干扰较少。可据此区别羧酸与醇和酚。

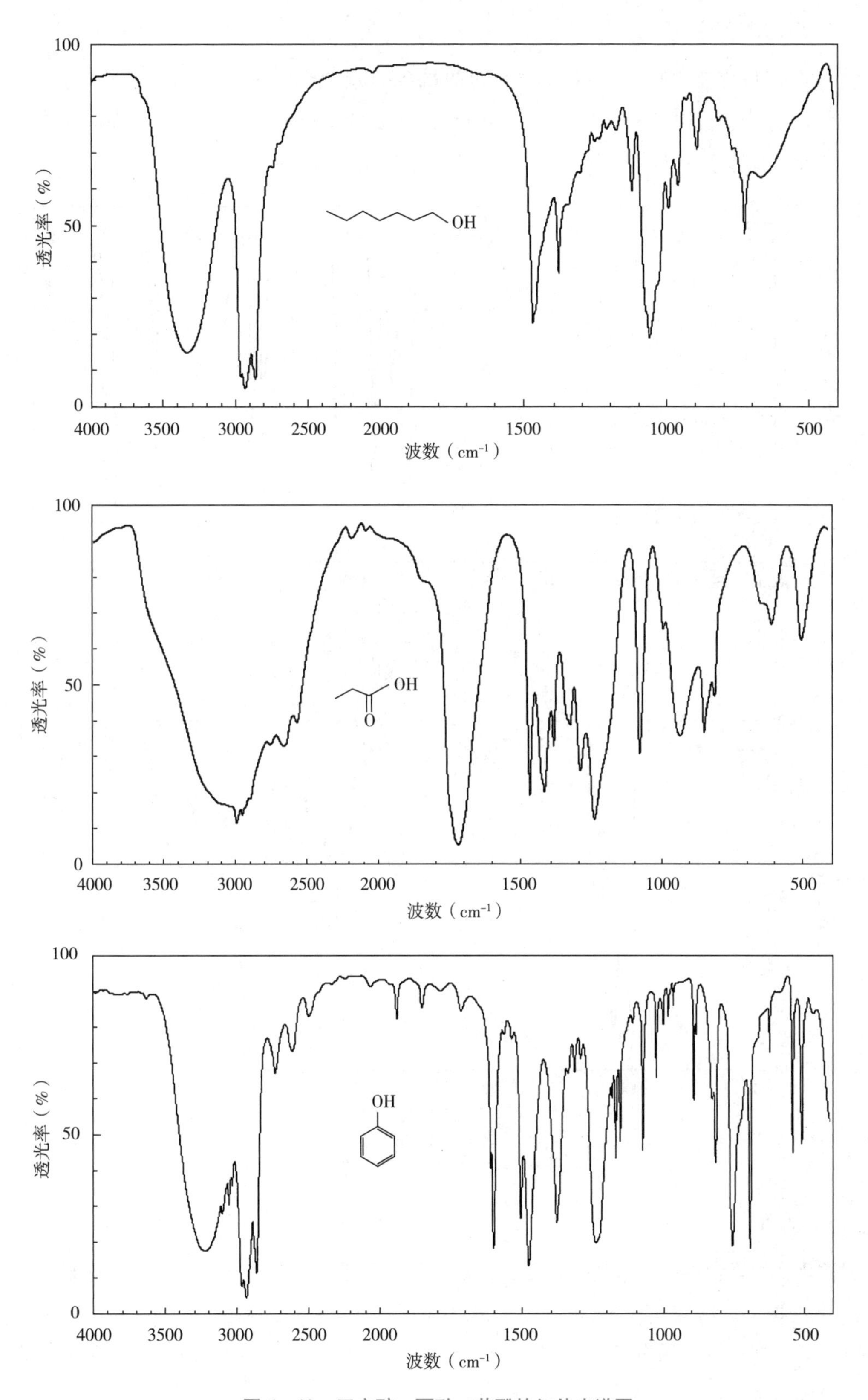

图 6－10　正辛醇、丙酸、苯酚的红外光谱图

（六）醚类

醚类化合物最主要的吸收峰主要是 1300～1000cm^{-1} 的 ν_{C-O}。由于醇、酚和酯类化合物在这个区间也存在 ν_{C-O}，因此只有在否定了羟基和羰基存在的前提下，才能肯定 1300～1000cm^{-1} 的 ν_{C-O} 是来自醚

类化合物。

苯基醚和乙烯基醚在 1300 ~ 1000cm^{-1}区间两端各呈现一个强峰，它们分别是 $\nu_{as(C-O-C)}$ 1275 ~ 1200cm^{-1}（s），$\nu_{s(C-O-C)}$ 1075 ~ 1020cm^{-1}，如图 6 - 11 为苯甲醚的红外光谱图。而脂肪醚在该区间的右方呈现一个峰：$\nu_{as(C-O-C)}$ 1150 ~ 1050cm^{-1}，如图 6 - 12 为乙醚的红外光谱图。

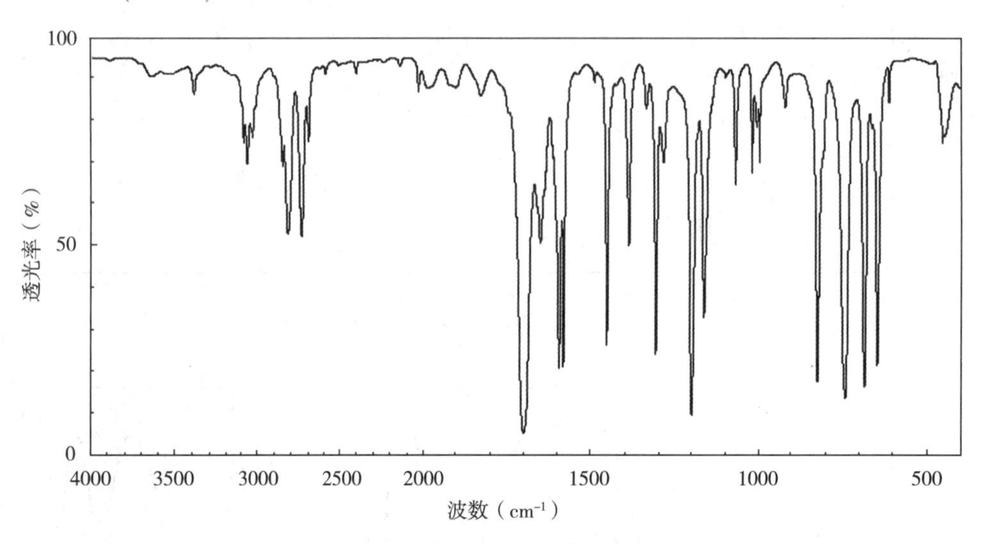

图 6 - 11　苯甲醚的红外光谱图

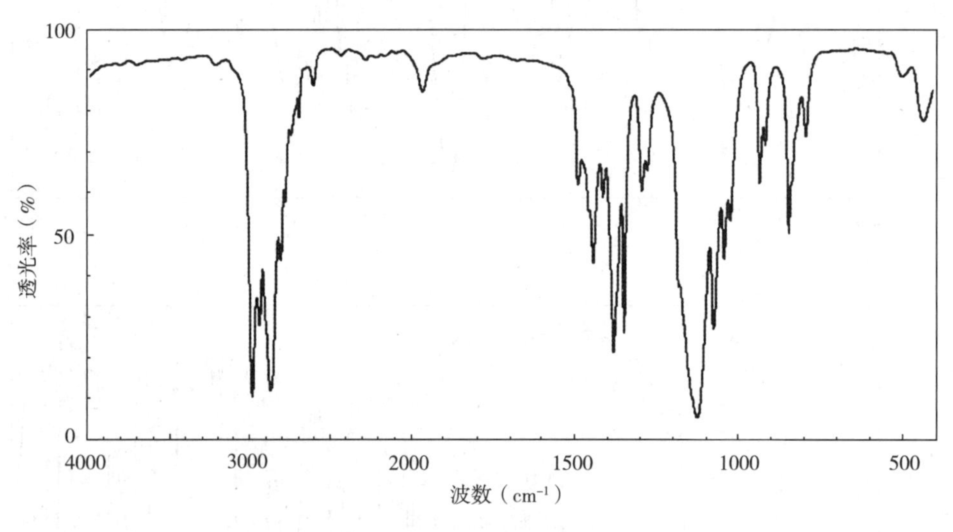

图 6 - 12　乙醚的红外光谱图

（七）醛和酮类

醛、酮类化合物均含羰基。羰基峰强度大，易识别，且很少与其他峰重叠。$\nu_{C=O}$受羰基相连的基团影响，峰位变化较大。饱和脂肪醛为 1755 ~ 1695cm^{-1}，α,β - 不饱和醛为 1705 ~ 1680cm^{-1}，芳醛为 1725 ~ 1665cm^{-1}。饱和链状酮为 1725 ~ 1705cm^{-1}，α,β - 不饱和酮为 1685 ~ 1665cm^{-1}，而芳酮为1700 ~ 1680cm^{-1}。

醛类化合物的红外光谱除 $\nu_{C=O}$外，在 2900 ~ 2700cm^{-1}区域出现 Fermi 共振峰（ν_{C-H}），一般这两个峰在 2820cm^{-1}和 2740 ~ 2720cm^{-1}出现，后者较尖，强度中等。与其他 C—H 伸缩振动互不干扰，很易识别，是鉴别醛基最有用的吸收峰，由此区别酮类化合物（图 6 - 13、图 6 - 14）。

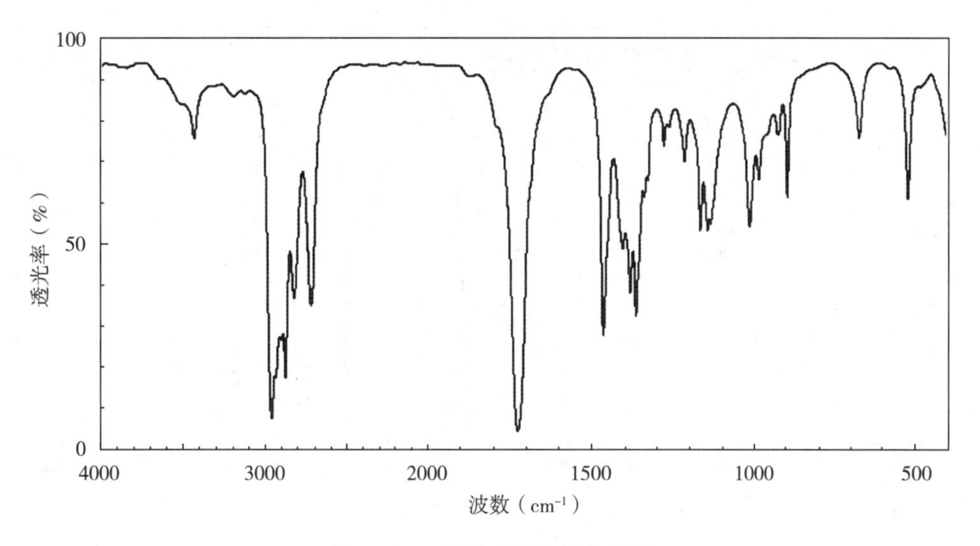

图 6-13　异戊醛的红外光谱图

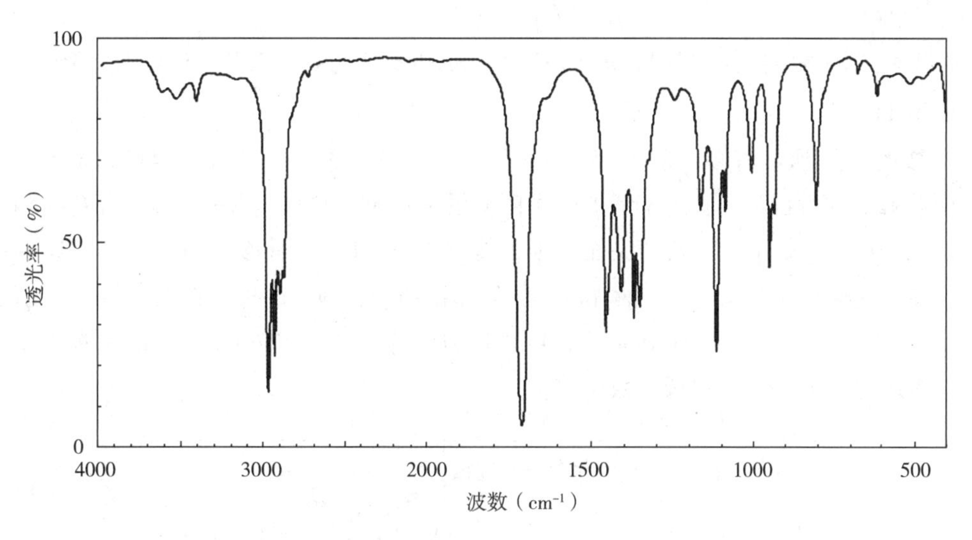

图 6-14　3-戊酮的红外光谱图

（八）酯和内酯类

酯类主要特征峰有$\nu_{C=O}$1750～1735cm^{-1}（s），$\nu_{as(C-O-C)}$1330～1150cm^{-1}，$\nu_{s(C-O-C)}$1240～1030cm^{-1}。

1. $\nu_{C=O}$　$\nu_{C=O}$吸收峰是酯类化合物的第一特征峰，一般为谱图中最强峰。通常酯的$\nu_{C=O}$吸收峰（1740cm^{-1}）比酮的吸收峰（1720cm^{-1}）高，因为酯分子中的氧原子吸电子诱导效应大于共轭效应，从而使振动频率向高波数移动。

内酯的$\nu_{C=O}$吸收峰位置与环的张力大小密切相关。六元环无张力，同正常开链酯，$\nu_{C=O}$在1740cm^{-1}。环变小，张力增加，键的力常数加大，$\nu_{C=O}$吸收峰向高波数移动。如丙内酯的$\nu_{C=O}$吸收峰值比开链酯或六元环酯峰增加85cm^{-1}。

2. ν_{C-O-C}　酯的$\nu_{as(C-O-C)}$强度大，峰较宽，是鉴别酯的第二特征峰（图 6-15）。$\nu_{as(C-O-C)}$1330～1150cm^{-1}，$\nu_{s(C-O-C)}$1240～1030cm^{-1}，内酯的$\nu_{s(C-O-C)}$强度一般都较大。

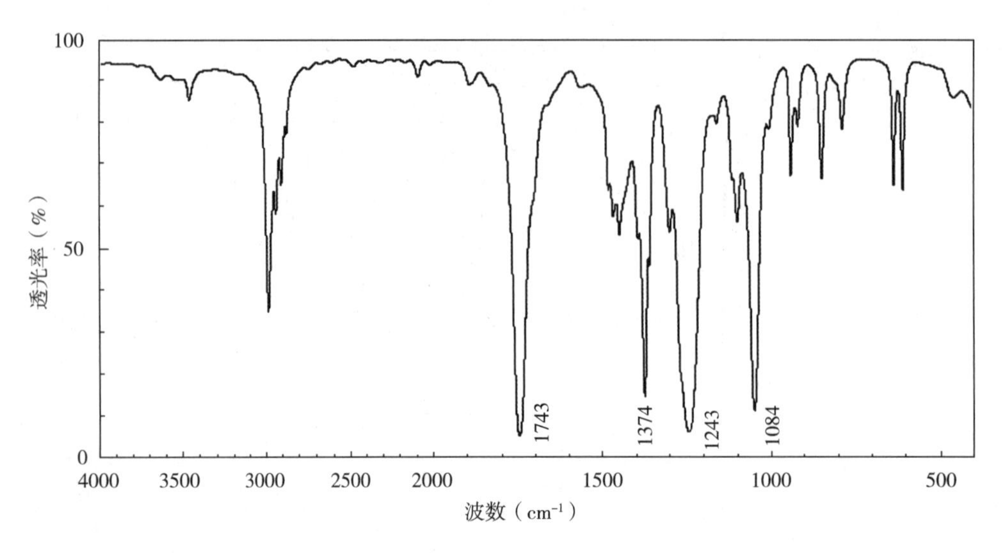

图6-15 乙酸乙酯的红外光谱图

（九）胺及酰胺类

胺及酰胺类化合物的共同特征峰：ν_{N-H}3500～3100cm^{-1}（s），δ_{N-H}1650～1550cm^{-1}（m 或 s），ν_{C-N}1430～1020cm^{-1}。

1. ν_{N-H} 胺的ν_{N-H}吸收峰多出现在3500～3300cm^{-1}区域。伯、仲和叔胺因氮原子上氢原子的数目不同，ν_{N-H}吸收峰的数目也不同，若不考虑分子间氢键的影响，伯胺（R—NH_2）有对称和不对称两种N—H伸缩方式，在此区域ν_{N-H}有两个尖而中强的峰（图6-16）。仲胺只有一种N—H伸缩方式，故仅有一个吸收峰；而叔胺氮上无质子，故无N—H伸缩振动吸收峰。同理，在3500cm^{-1}附近，伯酰胺为双峰，$\nu_{as(N-H)}$3350cm^{-1}及$\nu_{s(N-H)}$3180cm^{-1}；仲酰胺为单峰，ν_{N-H}3270cm^{-1}；叔酰胺无ν_{N-H}峰。伯、仲酰胺受缔合作用的影响，ν_{N-H}向低波数位移。

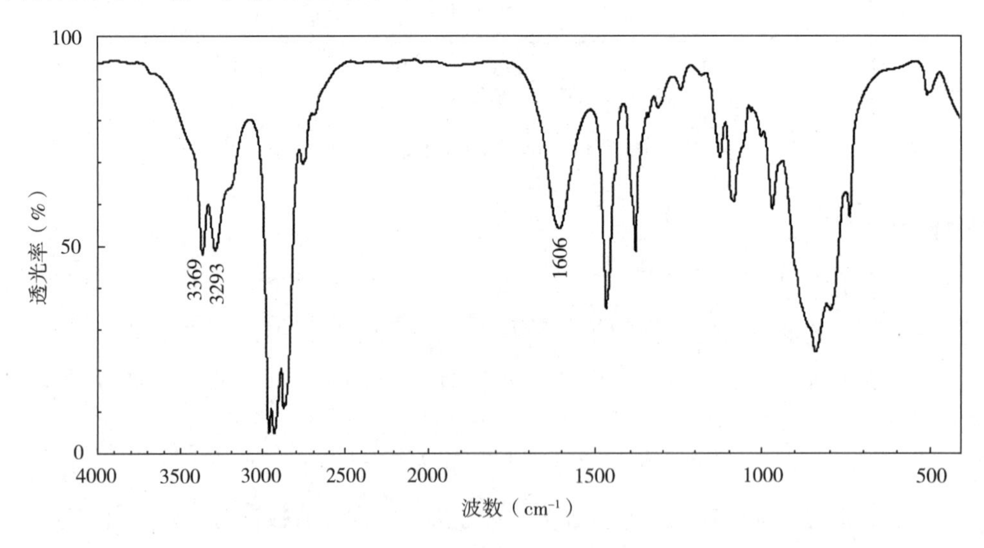

图6-16 正丁胺的红外光谱图

2. δ_{N-H} 伯胺的δ_{N-H}吸收峰较强，出现在1650～1570cm^{-1}；仲胺峰强较弱，出现在1500cm^{-1}。伯、仲酰胺分子中δ_{N-H}吸收峰吸收强度是仅次于羰基的第二强吸收峰，特征性较强。

3. ν_{C-N} 脂肪胺的ν_{C-N}吸收峰在1235～1065cm^{-1}区域，峰较弱，不易辨别。芳香胺的ν_{C-N}吸收峰在1360～1250cm^{-1}区域，其强度比脂肪胺大，较易辨认。酰胺的ν_{C-N}吸收峰很多，一般只做基团识别的旁证。

4. $\nu_{C=O}$ $\nu_{C=O}$吸收峰是酰胺的主要特征峰，多出现在1690～1620cm^{-1}区域（图6-17）。伯、仲酰

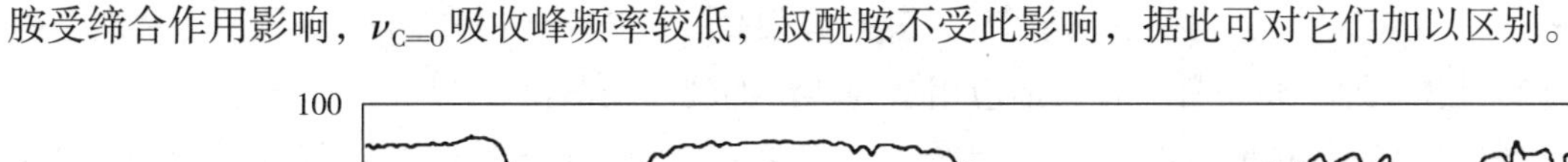

胺受缔合作用影响，$\nu_{C=O}$吸收峰频率较低，叔酰胺不受此影响，据此可对它们加以区别。

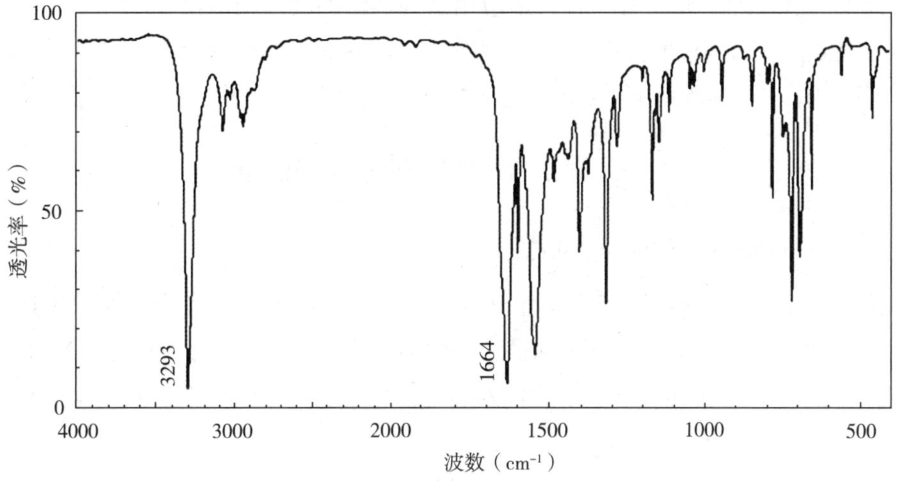

图 6－17　N－甲基邻甲苯酰胺的红外光谱图

（十）硝基化合物

硝基化合物的特征峰是硝基的不对称伸缩振动和对称伸缩振动。前者峰强度大且宽，后者峰较弱。脂肪族硝基化合物 $\nu_{as(NO_2)}$ 多在 1565～1540cm^{-1}及 $\nu_{s(NO_2)}$ 1385～1340cm^{-1}，容易辨认。芳香族硝基化合物的 $\nu_{as(NO_2)}$ 和 $\nu_{s(NO_2)}$ 均为强峰，分别出现在1550～1510cm^{-1}和 1365～1335cm^{-1}区域。由于硝基的存在，使苯环的 $\nu_{=C-H}$及 $\nu_{C=C}$明显减弱（图 6－18）。

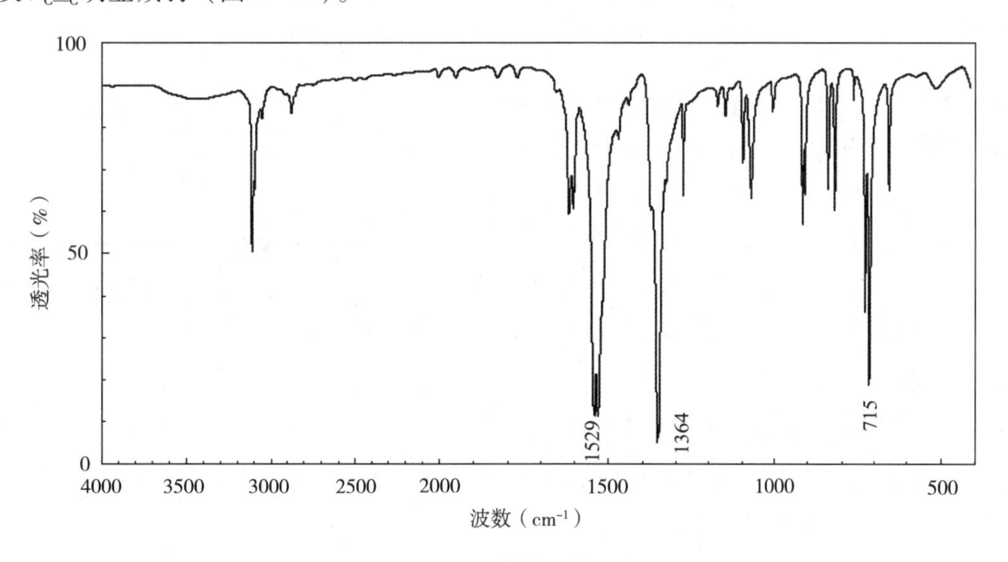

图 6－18　1，3－二硝基苯的红外光谱图

第四节　红外分光光度计及制样

PPT

红外分光光度计的发展大体经历了三个阶段，其主要区别表现在单色器。第一代仪器为棱镜红外光谱仪，色散元件为岩盐棱镜，易吸潮损坏，且分辨率低，已淘汰。第二代仪器为 20 世纪 60 年代后研制的光栅型红外光谱仪，其分辨能力超过棱镜红外光谱仪，而且能量较高，价格便宜，对环境要求不高，在 20 世纪 80 年代以前取代棱镜红外光谱仪成为我国应用较多的红外光谱仪，但扫描速度慢，灵敏度较低。到 20 世纪 70 年代后出现了基于干涉调频分光的傅里叶变换红外光谱仪（Fourier transform infrared spectrophotometer，FT－IR），为第三代红外光谱仪，其具有很高的分辨率，极快的扫描速度（一次全程扫描时间在1秒内），体积小，重量轻，是目前应用最为广泛的红外光谱仪。

红外光谱分光光度计可分为色散型和干涉型两大类，前者习惯称为红外分光光度计，后者称为傅里叶变换红外光谱仪。当前国内许多实验室主要采用的为干涉型红外光谱仪，因此主要介绍傅里叶变换红外光谱仪。

一、傅里叶变换红外光谱仪简介

（一）傅里叶变换红外光谱仪的工作原理

傅里叶变换红外光谱仪，是20世纪70年代出现的一种新型非色散型红外光谱仪。其工作原理与色散型红外光谱仪的工作原理有很大不同，最主要的差别是单色器的差别，FT－IR常用单色器为Michelson（迈克尔逊）干涉仪，它由光源、Michelson干涉仪、检测器和计算机组成，工作原理示意图如图6－19所示。

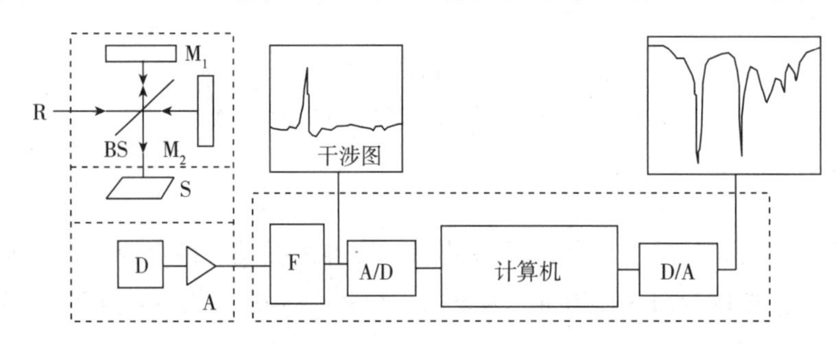

R：红外光源；M_1：定镜；M_2：动镜；BS：光束分裂器；S：样品；D：检测器；A：放大器；F：滤光器；A/D：模数转换器；D/A：数模转换器

图6－19 傅里叶变换红外光谱仪工作原理示意图

由图6－19可知，傅里叶变换红外光谱仪的核心部分为干涉仪和计算机系统，光源发出的红外辐射，经Michelson干涉仪，转变为干涉光，再让干涉光照射样品，得到带有样品信息的干涉光到达检测器，得到含样品信息的干涉图。再经计算机系统解出干涉图函数的傅里叶余弦变换，最后将干涉图还原为通常解析所见的红外光谱图。

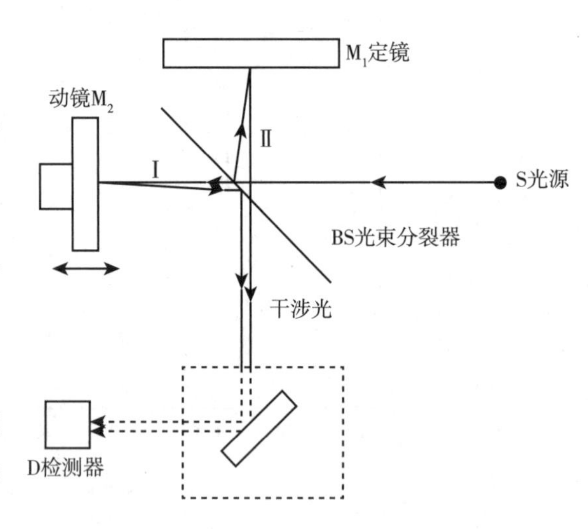

图6－20 Michelson干涉仪光学示意图

（二）傅里叶变换红外光谱仪的主要部件

1. 光源 傅里叶变换红外光谱仪所使用的红外光源与色散型红外光谱仪所采用的光源相同，一般常用Nernst灯和硅碳棒两种。

2. 单色器 傅里叶变换红外光谱仪的单色器为Michelson干涉仪。Michelson干涉仪由固定镜（M_1）、动镜（M_2）及光束分裂器（BS）组成（图6－20）。M_2沿图示方向移动，故称动镜。在M_1与M_2间放置呈45°的半透膜光束分裂器。由光源发出的光，经准直镜后其平行光射到分束器上，分束器可使50%的入射光透过，其余50%的光反射，被分裂为透过光Ⅰ与反射光Ⅱ，Ⅰ与Ⅱ两束光分别被动镜与固定镜反射而形成相干光。因动镜M_2的位置是可变的，因此，可改变两光束的光程差，当动镜M_2以匀速向光束分裂器BS移动时，可连续改变Ⅰ与Ⅱ两光束的光程差即可得到干涉图。

3. 检测器 由于FT－IR具有极快的扫描速度，全程扫描在1秒内，一般检测器的响应时间不能满足要求。目前多采用热电型和光电导型检测器。常见傅里叶变换红外光谱仪检测器多采用热电型硫酸三苷肽单晶（TGS）或光电导型如汞镉碲（MCT）检测器，这些检测器的响应时间约为1微秒。

4. 计算机系统　傅里叶变换红外光谱仪的核心部分为干涉仪和计算机系统。计算机系统主要是傅里叶余弦变换计算，将带有样品光谱信息的干涉图，转换成以波数为横坐标的普通红外光谱图。

（三）傅里叶变换红外分光光度法的优点

1. 扫描速度快　一般在1秒钟时间内便可对全谱进行快速扫描，比色散型仪器提高数百倍，使得色谱-红外光谱联用成为现实。已有GC-FTIR、HPLC-FTIR等联用仪器投入使用。

2. 分辨率高　色散型仪器（如光栅型红外分光光度计）的分辨率1000cm^{-1}处为0.2cm^{-1}，傅里叶变换红外光谱仪的分辨率取决于干涉图形，波数准确度一般可以达0.1～0.005cm^{-1}，大大提高了仪器的性能。

3. 灵敏度高　由于干涉型仪器的输出能量大，可分析10^{-9}～10^{-12}g超微量样品。

4. 精密度高　波数精密度可准确测量到0.01cm^{-1}。

5. 测定光谱范围宽　测定光谱范围可达10～10^4cm^{-1}。

二、样品的制备

（一）对样品的要求

（1）样品应干燥无水，若含水，则对羟基峰有干扰，样品更不能是水溶液。

（2）样品的纯度一般需大于98%，以便与纯化合物光谱图比较。

（二）制样方法

气、液及固态样品均可测定其红外光谱，但以固态样品最为方便。

1. 固体样品　固体样品的制备有压片法、石蜡糊法及薄膜法三种，其中压片法应用最广。

（1）压片法　是固体样品测定使用最多的样品制备方法，KBr是压片法中最常用的固体分散介质。要求KBr为光谱纯（或分析纯以上精制）、粒度约200目左右。将样品1～2mg、纯的干燥KBr粉末约200mg置于玛瑙乳钵中研细均匀，装入压片模具制备KBr样片。样品和KBr都应经干燥处理，而且整个操作应在红外灯下进行，以防止压片过程吸潮。

（2）石蜡糊法（浆糊法）　将干燥处理后的试样研细，与其折射率接近的液体介质（如液体石蜡或全氟代烃）混合，调成糊状，再将糊状样品夹在两个氧化物盐片之间压制成一薄片，即可进行测定。

（3）薄膜法　对于熔点较低且熔融后不分解的物质，通常用熔融法制成薄片。将少许样品放在一盐片上，加热熔融后，压制成膜；而对于高分子化合物，可先将试样溶解在低沸点的易挥发溶剂中，再将其滴在盐片上，待溶剂挥发后成膜即可进行测定。

2. 液体样品

（1）液体池法　对于液体样品和一些可以找到恰当溶剂的固体样品，直接采用液体池法。将样品装入具有岩盐窗片的液体池中，即可测定样品的红外吸收光谱。沸点较低、挥发性较大的试样，可注入封闭液体池中，液层厚度一般为0.01～1mm。常用溶剂有CCl_4、CS_2及环已烷等。

（2）夹片法或涂片法　对于挥发性不大的液体样品可采用夹片法。先压制两个空白KBr薄片，然后将液体样品滴在其中一个KBr片上，再盖上另一KBr片后夹紧后放入光路中即可测定其红外吸收光谱。而对于黏度大的液体样品可采用涂片法，将液体样品涂在一KBr片上进行测定。KBr空白片在天气干燥时可用合适的溶剂洗净干燥后保存再使用几次。

3. 气体样品　气体样品和沸点较低的液体样品用气体池测定，将气体样品直接充入已预先抽真空的气体池中进行测定。

第五节　应用与示例

红外光谱的应用可概括为定性分析、定量分析和结构分析。定量分析应用较少，且多用近红外光谱进行定量分析，此处不做陈述。

一、定性分析

（一）鉴定是否为某已知成分

1. 与标准物质对照　在相同的测定条件下图谱完全相同则为同一化合物（光学异构体或同系物除外）。

2. 与标准图谱进行核对　如 Sadtler 标准光谱等，图谱完全相同为同一化合物（光学异构体或同系物除外）。但要注意所用的仪器是否相同，测绘条件（如检品的物理状态、浓度及使用的溶剂）是否相同，这些条件都会影响红外光谱的测定结果。

（二）检验反应是否进行，某些基团是否引入或消去

对于比较简单的化学反应，基团的引入或消去可根据红外图谱中该基团相应特征峰的存在或消失加以判断。

（三）化合物分子的几何构型与立体构象的研究

如化合物 $CH_3HC=CHCH_3$ 具有顺式和反式两种构型，这两种化合物的红外光谱 $1000 \sim 650cm^{-1}$ 区域内有显著不同，顺式 $\gamma_{=CH}690cm^{-1}$ 出现吸收峰（s），反式 $\gamma_{=CH}970cm^{-1}$ 出现吸收峰（vs）。

（四）未知物的结构测定

在了解了样品的来源、纯度（>98%）、灰分及物理化学常数的前提下，利用红外光谱进行化合物的结构解析。根据典型基团的红外特征吸收，识别未知化合物谱图上特征吸收峰的起源，鉴别基团，并结合其他性质推断其结构。对于复杂的化合物，需进行综合光谱解析（包括元素分析、UV、IR、NMR 及 MS 等），单靠红外吸收光谱一般不易解决问题。

>>> 知识链接

红外指纹图谱与辅助技术的联用。每种中药具有各自的特征红外光谱，拥有类似人类指纹的特征性识别信息，可以此鉴别中药材和中成药，从整体化学成分角度对其进行质量评价，可与显微技术结合用于判别中药材主要成分的空间分布，可以有效提取中药材中的多种信息，达到快速、无损、整体分析的目的；与化学计量学结合鉴别中药材的产地、真伪品，进行定量分析等，为真伪品的精准识别及其质量控制与评价提供统计学的理论依据，提高质量控制的科学性、完整性和系统性。

近红外光谱在药品生产过程控制中的应用，主要包括对药物的原料质量进行分析，对反应过程进行在线检测，粉末的混合、干燥、制粒、包衣、结晶、压片等过程的控制及反应终点判断；制剂过程中的参数测定，该方法具有预处理简单、分析速度快、非破坏性及适合于在线分析等优点，在药物的在线检测方面显示了巨大的优势。

二、谱图解析

（一）谱图解析程序

每个化合物都有其特定的红外光谱，其谱图能提供化合物分子中的基团、化合物类别、结构异构等

信息，是有机化合物结构鉴定的有力工具。但红外光谱解析前应知道以下信息。

1. 样品的来源和性质　了解样品的来源和背景，测定熔点和沸点，进行元素分析结合相对分子量推测化合物的分子式，计算化合物的不饱和度 Ω，提供化合物一定的结构信息。

在光谱解析中，常利用分子式计算化合物的不饱和度，从而估计分子结构中是否含有双键、叁键及芳环等不饱和基团，并验证光谱解析结果的合理性。

不饱和度（Ω）是表示有机分子结构中碳原子的饱和程度，指分子结构距离达到饱和时所缺少的一价元素的“对数”，即每缺两个一价元素原子时，不饱和度为一个单位（$\Omega=1$）。

若分子中只含有一、二、三、四价元素（C、H、O、N 等），不饱和度（Ω）按经验公式计算：

$$\Omega = n_4 - \frac{n_1 - n_3}{2} + 1 \qquad (6-7)$$

式（6-7）中，n_4、n_3、n_1分别为分子中所含的四价、三价和一价元素原子的数目，二价原子如 S、O 等不参加计算。此式不适于含五价、六价元素的分子，如含—NO_2的化合物。

例 6-4　计算对乙氧基苯乙酰胺（$C_{10}H_{13}O_2N$）的不饱和度。

解：$\Omega=10-(13-1)/2+1=10-6+1=5$

苯环相当于正己烷缺四对氢（三个双键，一个六元环），苯环 4 个不饱和度，一个羰基 1 个不饱和度，因此对乙氧基苯乙酰胺的不饱和度 $\Omega=5$。

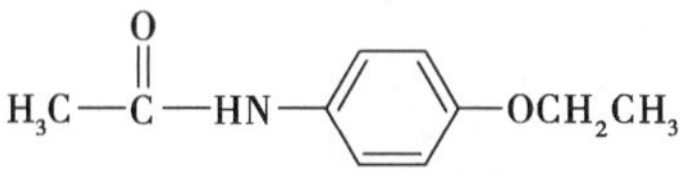

$H_3C—C(=O)—HN—C_6H_4—OCH_2CH_3$

例 6-5　计算 α-紫罗兰酮（$C_{13}H_{20}O$）的不饱和度。

解：$\Omega=n_4-(n_1-n_3)/2+1=13-20/2+1=4$（一个环加两个碳碳双键和一个羰基）

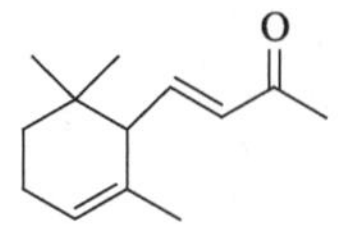

经过验证，不饱和度 Ω 的规律如下：$\Omega=0$，表示分子是饱和的，为链状饱和脂肪族化合物；$\Omega=1$，表示分子结构中有一个双键或脂肪环；$\Omega=2$，表示分子结构中有一个三键或两个双键或两个环或一个双键和一个环；若 $\Omega\geq 4$，则可能含苯环。

2. 确定某种基团的存在　首先根据特征区（4000～1250cm^{-1}）的吸收峰所处的位置、强度、形状初步判断化合物可能含有的基团，如以 3000cm^{-1}为界可以判断是否含有—OH、—NH_2，是饱和化合物还是不饱和化合物；在 2400～2100cm^{-1}可以判断是否含有三键，在 1900～1650cm^{-1}可以判断是否含有羰基，在 1680～1450cm^{-1}可以判断是否含有苯环、双键。一般谱图特征区中与基团对应的特征峰不出现，则可以判断化合物中该基团不存在，但要注意有些振动形式可能表现为红外非活性振动（如对称的炔烃碳碳三键），也不产生吸收峰。

3. 确定取代情况及连接方式　因邻近基团或原子的性质及基团的连接方式对基团的特征吸收频率有一定影响，会使吸收峰发生位移，因此可以进一步根据吸收峰的位移效应考虑邻近基团或原子的性质，确定连接方式，同时根据指纹区（1250～400cm^{-1}）的吸收情况，进一步确定化合物如烯烃和芳香化合物的取代特征，从而推断化合物的化学结构。

4. 与标准图谱对照　因红外光谱是非常复杂的，一般化合物的结构很难仅凭红外光谱一种谱图来确定其化学结构。因此经常要与已知标准样品的标准谱图对照，但要特别注意与指纹区的吸收核对，只有在特征区与指纹区的吸收均完全一致的情况下才可判断化合物结构与标准谱图代表的化合物为同一化合物。对于复杂结构的样品，还要结合其他分析手段（如核磁、质谱、X 射线衍射谱）最终得到化合物准确的结构。

（二）红外光谱的解析方法

常用四先、四后、相关法。遵循先特征区，后指纹区；先最强峰，后次强峰；先粗查（查红外光谱的九个区段），后细找（主要基团的红外特征吸收频率）；先否定，后肯定的次序及由一组相关峰确认一个官能团的存在，因为峰的不存在否定官能团的存在，比峰的存在而肯定官能团的存在更具说服力。最后与已知化合物红外光谱或标准红外谱图对比，确定未知化合物的结构。

（三）红外光谱的解析实例

例 6-6　某化合物的分子式为 $C_{10}H_{12}O$，测得其红外吸收光谱如图 6-21 所示，试推导其化学结构。

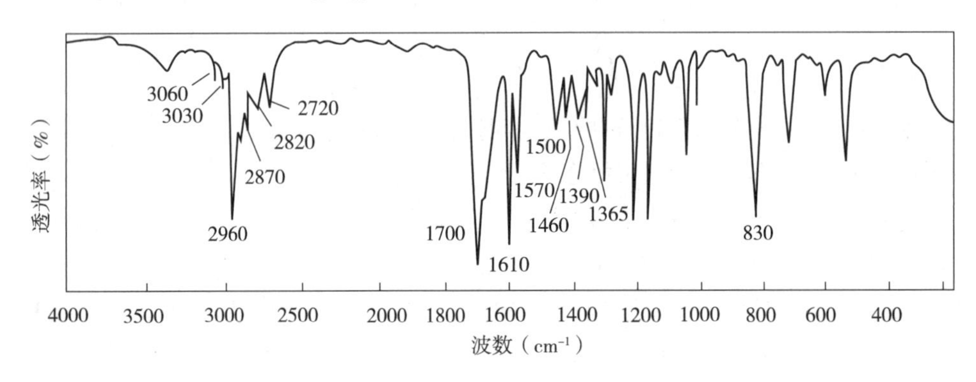

图 6-21　$C_{10}H_{12}O$ 的红外光谱图

解：不饱和度的计算

$\Omega=10-12/2+1=5$，不饱和度为 5，分子中可能有 1 个双键加 1 个苯环。

分子在 3700 ~ 3200 cm^{-1} 区域无吸收峰，表明无羟基存在；1700 cm^{-1} 有吸收，应含有羰基，且在 2820 cm^{-1} 和 2720 cm^{-1} 产生醛基的特征双峰，表明分子中有醛基的存在。

3060 cm^{-1} 表明有不饱和碳氢伸缩振动，1610 cm^{-1}、1570 cm^{-1} 和 1500 cm^{-1} 处的吸收表明有苯环的存在，而 830 cm^{-1} 处的吸收则表明苯环为对二取代结构。

1460 cm^{-1} 为碳氢的弯曲振动，1390 cm^{-1} 和 1365 cm^{-1} 的双峰，且裂距在 30 cm^{-1} 以内，表明结构中有偕二甲基即异丙基的存在。由上所述，化合物结构为对异丙基苯甲醛：

$(H_3C)_2CH$—⟨苯环⟩—CHO

验证：不饱和度正确。峰归属：3060 cm^{-1} Ar—H 碳氢伸缩振动峰；1610 cm^{-1}、1570 cm^{-1} 和 1500 cm^{-1} 苯环骨架振动峰；1700 cm^{-1}、2820 cm^{-1} 和 2720 cm^{-1}，醛基吸收峰；甲基面内不对称和对称变形振动峰，1465 cm^{-1}、1390 cm^{-1} 和 1365 cm^{-1}；对二取代芳香烃的面外弯曲振动吸收峰 830 cm^{-1}，与 Sadtler 纯化合物标准红外光谱图一致。

目标检测

答案解析

一、名词解释

红外活性振动；伸缩振动；弯曲振动；特征峰；诱导效应；费米共振。

二、单选题

1. 下列化合物中羰基的伸缩振动频率最大的是

   A. R_1COR_2　　B. RCOCl　　C. RCOF　　D. RCOBr

2. 已知某个化合物在紫外区 270nm 有一弱吸收带，同时在红外光谱中有 $2820cm^{-1}$、$2720cm^{-1}$、$1725cm^{-1}$的特征吸收峰，则该化合物可能是

A. 酯　　B. 羧酸　　C. 酮　　D. 醛

三、多选题

1. 下述哪些化合物的分子运动能产生红外吸收光谱

A. CH_3—CCl_3 的 C—C 伸缩运动　　B. 水分子的对称性伸缩运动

C. SO_2 的对称性伸缩运动　　D. CH_3—CH_3 的 C—C 伸缩运动

2. 采用红外光谱法判断某一不饱和烃化合物是否为芳香烃，主要的谱带范围为

A. $1000\sim650cm^{-1}$　　B. $1670\sim1500cm^{-1}$　　C. $1950\sim1650cm^{-1}$　　D. $3100\sim3000cm^{-1}$

四、简答题

1. 红外光谱中实际吸收峰数目往往少于振动自由度的原因是什么？

2. 试解释化合物（A）的 $\nu_{C=O}$频率大于（B）的原因。

（A）$\nu_{C=O}$ $1690cm^{-1}$　　（B）$\nu_{C=O}$ $1660cm^{-1}$

五、图谱解析

某化合物 $C_9H_{10}O$，其 IR 光谱主要吸收峰位为 3080、3040、2980、2920、1690（s）、1600、1580、1500、1370、1230、750、$690cm^{-1}$，试推断分子结构。

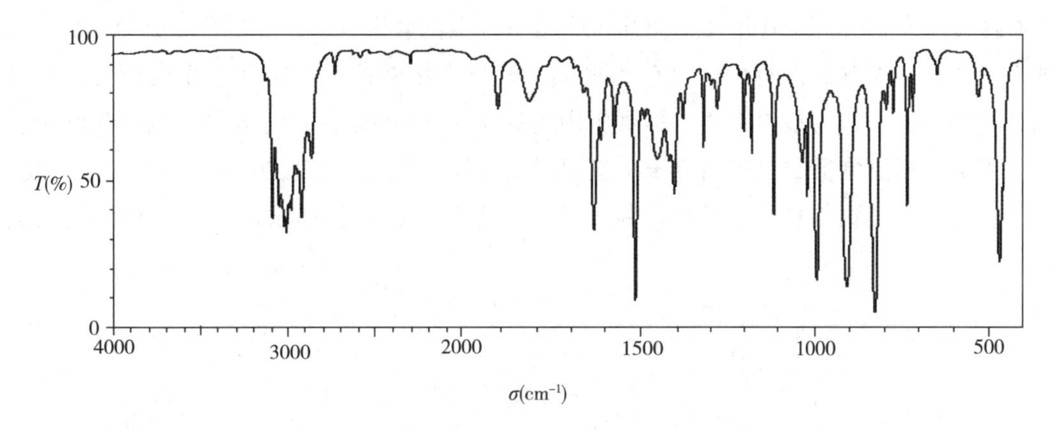

书网融合……

思政导航

本章小结

微课

题库

第七章　核磁共振氢谱

学习目标

知识目标

1. 掌握　核磁共振氢谱法的原理；化学位移的定义及其影响因素；信号峰包含的化学信息；化学位移与分子结构的关系；一级图谱的解析。

2. 熟悉　耦合及耦合常数；化学等价和磁等价；横向弛豫和纵向弛豫等概念。

3. 了解　氢谱解析的辅助手段；核磁共振波谱仪的结构组成及使用注意事项。

能力目标　通过本章学习，具备利用核磁共振氢谱对化合物进行初步结构分析的能力。

在强外磁场中，用波长0.1～10m射频区域的电磁波照射样品分子，引起分子中原子核的自旋能级跃迁，使原子核从低能态跃迁到高能态，吸收一定频率的射频，产生核磁共振（nuclear magnetic resonance，NMR）现象，记录的谱图称为核磁共振波谱。目前应用较多的是核磁共振氢谱（$^{1}H-NMR$）和核磁共振碳谱（$^{13}C-NMR$）。

核磁共振技术在20世纪50年代中期开始应用于有机化学领域，并不断发展成为有机物结构分析最有用的工具之一，尤其是推断天然存在的复杂有机化合物结构。相比其他光谱而言，核磁共振谱提供的信息更加丰富，作用最为重要。本章所讲述的$^{1}H-NMR$提供的结构参数包括化学位移、氢原子数目、峰裂分及耦合常数，可推断分子中氢原子的类型、数目、连接方式、周围化学环境及构型、构象等分子骨架外围结构信息，还可以运用双照射、重氢交换、位移试剂等技术得到更精细的结构信息。

知识链接

核磁共振成像技术

核磁共振成像是一种较新的医学成像技术，它采用静磁场和射频磁场使人体组织成像，能将人体组织中有关分子化学结构的信息反映出来，通过计算机重建成分图像（化学结构像），将同样密度的不同组织和同一组织的不同化学结构通过影像显示表征出来，便于区分脑中灰质与白质，对组织坏死、恶性疾患和退化性疾病的早期诊断、其软组织的对比度也更为精确。

其成像原理是在主磁场（静磁场）下，向磁矩施加拉莫频率的能量能使磁矩发生共振，同时加一个射频磁场，当其作用方向与主磁场垂直，可使磁化向量偏离静止位置做螺旋运动，产生横向磁化向量，形成感生电压。射频磁场撤除后，受静磁场作用，形成自由感应衰减信号。信号的初始幅度与横向磁化成正比，而横向磁化与特定组织中受激励的核子数目成正比，于是在磁共振图像中可辨别氢原子密度的差异。磁共振像数值反映的横向磁化不但与质子数量有关，还与“横向弛豫时间”有关，纵向弛豫时间则与磁矩回到低能态有关。

第一节　基本原理

PPT

一、原子核的磁性

原子核有自旋运动，在量子力学中用自旋量子数 I 描述原子核的运动状态。而自旋量子数 I 的值由原子质量和原子序数决定，即与核中的质子数和中子数有关。

自旋量子数 $I=0$ 的原子核为非磁性核，不产生核磁共振信号；$I\neq0$ 的原子核为磁性核。$I=1/2$ 的原子核，核电荷均匀球形分布，它们的核磁共振谱线窄，宜于检测，是目前核磁共振研究的主要对象，如 ^{1}H、^{13}C、^{19}F、^{31}P。I 为 1 或大于 1 的原子核，核电荷分布不均匀（这种不对称性可用电四极矩表示），导致核磁共振信号复杂、谱线加宽，不利于检测（表 7 - 1）。

表 7 - 1　核自旋量子数 I 与不同的原子质量和原子序数的组合

	原子质量	原子序数	原子核例子
零	偶数	偶数	$^{12}_{6}C_{(0)}$，$^{16}_{8}O_{(0)}$，$^{34}_{16}S_{(0)}$
整数	偶数	奇数	$^{2}_{1}H_{(1)}$，$^{14}_{7}N_{(1)}$，$^{10}_{5}B_{(3)}$
半整数	奇数	奇数	$^{1}_{1}H_{(\frac{1}{2})}$，$^{3}_{1}H_{(\frac{1}{2})}$，$^{15}_{7}N_{(\frac{1}{2})}$，$^{19}_{9}F_{(\frac{1}{2})}$，$^{31}_{15}P_{(\frac{1}{2})}$
半整数	奇数	偶数	$^{13}_{6}C_{(\frac{1}{2})}$，$^{17}_{8}O_{(\frac{5}{2})}$，$^{29}_{14}Si_{(\frac{1}{2})}$

二、自旋角动量和核磁矩

自旋的原子核（图 7 - 1）具有一定的自旋角动量（P，spin angular momentum）。自旋角动量是量子化的，其大小可用公式（7 - 1）表示。

$$P=\frac{h}{2\pi}\sqrt{I\ (I+1)} \tag{7-1}$$

式中，h 为 Planck（普朗克）常数（6.626×10^{-34} J · s）；I 为自旋量子数。

任何带电体的旋转都会感应产生磁场，自旋核产生的磁场强弱特性用核磁矩（μ，magnetic dipole momentum）表示。核磁矩为矢量，其大小与自旋角动量 P 成正比。

$$\mu=\gamma P=\gamma\frac{h}{2\pi}\sqrt{I\ (I+1)} \tag{7-2}$$

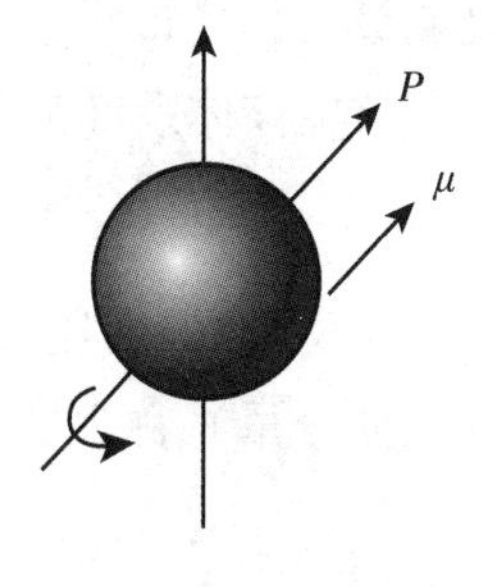

图 7 - 1　自旋角动量和核磁矩

γ 为磁旋比（magnetogyric ratio），是与自旋核性质有关的常数。

不同的自旋核，γ 值不同，它决定核在核磁共振试验中检测的灵敏度，值越大检测灵敏度越高。

自旋角动量 P 是一个矢量，不仅有大小，而且有方向。若 z 轴定义为外磁场的方向，自旋角动量在直角坐标系 z 轴上的分量 P_z 由式（7 - 3）决定：

$$P_z=\frac{h}{2\pi}\times m \tag{7-3}$$

m 是原子的磁量子数，磁量子数 m 的值取决于自旋量子数 I，可取 I、$I-1$、$I-2$、$\cdots-I$，共 $2I+1$ 个不连续的值。

和自旋角动量一样，核磁矩也是空间方向量子化的，它在 z 轴上的分量也是只能取一些不连续的值。

$$\mu_z = \gamma P_z = \gamma \frac{h}{2\pi} \times m \tag{7-4}$$

^{1}H和^{13}C核的$I=1/2$，其自旋角动量和核磁矩在外磁场中只有两种取向（$m=\pm1/2$）：$m=+1/2$，自旋角动量和核磁矩与外磁场方向相同，称为α自旋态（低能态）；$m=-1/2$，自旋角动量和核磁矩与外磁场方向相反，称为β自旋态（高能态），如图7-2所示。

自旋核围绕外磁场B_0方向（z轴方向）进动（图7-2）的旋进角频率（ω_0，Larmor频率）或线频率（υ_0）与外磁场（B_0）成正比。

$$\omega_0 = |\gamma|\ B_0;\ \upsilon_0 = |\gamma/2\pi|\ B_0 \tag{7-5}$$

在外磁场中，核磁矩与外磁场相互作用产生能级分裂。自旋核在外磁场中的能级（E）与外磁场强度（B_0）成正比，能级分裂由磁量子数（m）所决定。

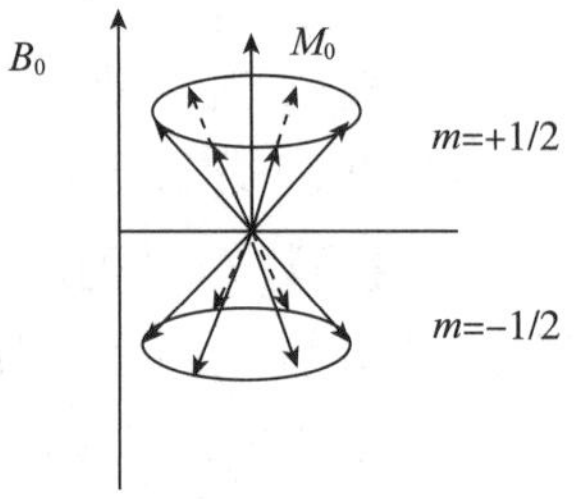

图7-2　自旋核在外磁场中的进动

$$E = -\mu_Z B_0 = -m\gamma \frac{h}{2\pi} B_0 \tag{7-6}$$

对于$I=1/2$的原子核，由于只有两种取向，高低能态的能量差为：

$$\Delta E = E_\beta - E_\alpha = \gamma \frac{h}{2\pi} B_0 \tag{7-7}$$

由此可见ΔE与外磁场强度B_0及自旋核的磁旋比（γ）成正比。图7-3为$I=1/2$的核在外磁场中的能级分裂示意图。

三、磁化矢量和弛豫

在热平衡状态下，自旋核体系在外磁场作用下分布在不同的能级，即一部分处于低能级，一部分处于高能级，其分布遵守Boltzmann（波尔兹曼）分布，低能态核数量稍高于高能态核。

各自旋核体系（N为体系中核的数目）的核磁矩的矢量和称为磁化矢量，用M表示。

$$M = \sum_{i=1}^{N} \mu_i \tag{7-8}$$

磁化矢量（M）在z轴上的投影称为纵向磁化矢量，用M_z表示，磁化矢量（M）在xy平面上的投影（横向分量）称为横向磁化矢量，用M_{xy}表示（图7-4）。

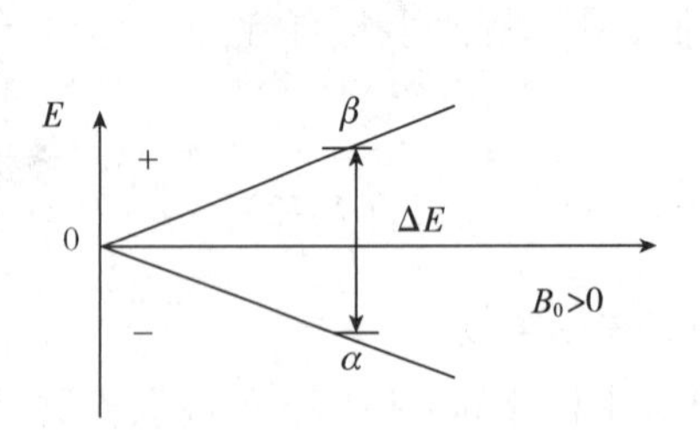

图7-3　$I=1/2$核在外磁场中的能级分裂及能级差

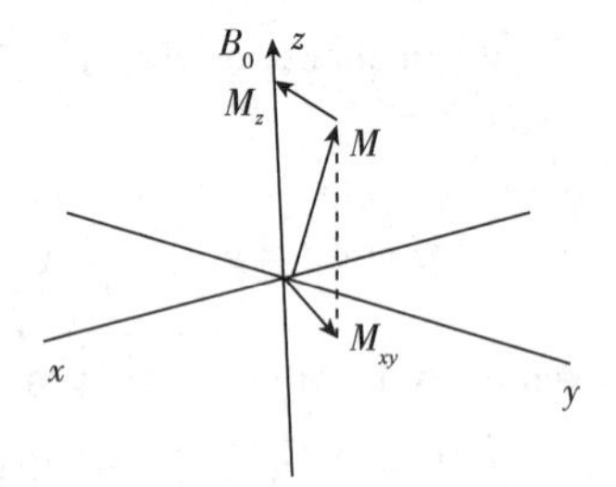

图7-4　B_0中自旋核体系的磁化矢量M及其分量

对于$I=1/2$的^{1}H和^{13}C核，在外磁场中，处于热平衡状态下，磁化矢量的横向分量为零，即$M_{xy}=0$。磁化矢量的纵向分量，即$M_z=M_0$，是由低能态自旋态（$m=+1/2$）和高能态自旋态（$m=-1/2$）两部分核磁矩的矢量和。平衡态时，由于低能态核数量稍高于高能态核，故M_z与B_0同方向。

在射频磁场（B_1）的作用下，原子核自旋核体系的平衡状态被破坏，高低能态分布趋向新的平衡，射频磁场强制自旋核体系以相同的相位进动，而向xy平面倾倒。磁化矢量M在xy平面上有旋转分量

M_{xy}，纵向分量小于平衡值 M_0。当射频磁场结束后，自旋核的非平衡状态将恢复平衡。弛豫过程就是磁化矢量（M）恢复平衡状态（$M_{xy}=0$ 和 $M_z=M_0$）的过程。

M 在 z 轴方向的分量 M_z 逐渐增大到 M_0 的过程称为纵向弛豫，又称为自旋－晶格弛豫。它反映了自旋核体系和其周围环境中（分子结构内及周围溶剂）存在的其他各类磁性核之间的能量交换。高能态的核通过将其能量传递给周围其他的磁性核而回到低能态。相对于固体，液体物质的纵向弛豫时间短，信号峰会强些。

M 在 xy 平面上的分量逐渐消失（$M_{xy}\to 0$）的过程称为横向弛豫，又称为自旋－自旋弛豫。是由自旋核体系中相邻的磁性核之间的自旋态交换而实现的，自旋核体系中高低能态核的分布数没有改变，体系总能量未改变，但是进动相位则因自旋态交换而围绕外磁场方向逐渐均匀分散。相对于纵向弛豫，横向弛豫时间很短。固体的横向弛豫时间更短，液体的横向弛豫时间长些，峰宽窄些。

弛豫时间能影响谱峰的峰宽，为了得到分辨率较高的峰，弛豫时间不宜过短，所以有机光谱结构分析 NMR 谱测定时，样品应制成溶液。

四、核磁共振条件

对样品管中自旋核体系，用垂直于强外磁场的射频电磁波（B_1，ν）照射时，如果射频电磁波能量（$h\nu$）与核的相邻自旋核能级间的能量差（ΔE）相等：

$$h\nu=\Delta E=E_\beta-E_\alpha=\gamma\frac{h}{2\pi}B_0;\ \ \nu=\frac{\gamma}{2\pi}B_0 \tag{7-9}$$

即，射频电磁波的频率与核的自旋频率相同时，自旋核体系吸收射频电磁能量产生磁能级跃迁，高低能级分布发生改变。式（7－9）为 NMR 方程，即核磁共振条件。

第二节　化学位移

PPT

一、化学位移的产生

根据核磁共振条件式（7－9），所有氢核的共振频率相同，应得到单一的质子峰。但试验发现，化合物中处于不同环境的氢核，所吸收的电磁波频率有微小的差别。这是因为氢核并非“裸露的”核，其核外均有电子包围，而核外电子在与外加磁场垂直的平面上绕核旋转的同时，将产生一个与外加磁场相对抗的感生磁场。结果对于氢核来说，等于增加了一个免受外加磁场影响的防御措施，这种作用称为电子的屏蔽效应（shielding effect）。而分子中处于不同化学环境（价键的类型、诱导、共轭等效应不同）的同种磁性核，由于其外围电子云分布的不同，因而受到不同程度的屏蔽效应（σ 不同，但 $\sigma<1$），使不同化学环境的同种磁性核的共振条件略有差异，即产生化学位移。

$$\nu=\frac{\gamma}{2\pi}B_0\ (1-\sigma) \tag{7-10}$$

σ 为屏蔽常数，它的大小与被周围电子云屏蔽的程度成正比。屏蔽效应可分为抗磁性屏蔽和顺磁性屏蔽；抗磁性屏蔽表示核外电子云环流产生与外加磁场相反的对抗性磁场，使磁性原子核实际感受到的外磁场强度稍有下降，化学位移出现在低频。顺磁性屏蔽使磁性原子核实际感受到的外磁场强度稍有增加，化学位移出现在高频。s 轨道电子是球形对称的，只产生抗磁性屏蔽，p 或 d 轨道电子才可能产生顺磁性屏蔽。

二、化学位移标准物质和化学位移的表示

由于核磁共振谱峰的共振频率绝对值（ν_0）不易被精确、稳定、重现地测定，所以核磁共振谱峰的位置均以标准物质的共振峰为参比，用相对数值表示化学位移（$\Delta\nu$, δ）。通常最常采用的参比物质是四甲基硅烷（TMS）。它具有以下优点。

（1）硅的电负性（1.9）比碳的电负性（2.5）小，TMS 上的氢和碳核外电子云密度相对较高，产生较大的屏蔽效应，其位置出现于高磁场处。

（2）在化学上是惰性的，磁性上各向同性，易于挥发，能溶于多种有机溶剂。

（3）氢和碳分别具有相同的化学环境，它的核磁信号为单峰。

在 NMR 图谱中将 TMS 的峰放置在谱图右端，并规定其化学位移值为 0。

化学位移有以下两种表示方式。

（1）共振频率差（$\Delta\nu$，Hz）

$$\Delta\nu = \nu_{样品} - \nu_{标准} = |\gamma/2\pi| B_0 \ (\sigma_{标准} - \sigma_{样品}) \tag{7-11}$$

共振频率差（$\Delta\nu$，Hz）与外磁场强度 B_0 成正比。同一样品的同一磁性核用不同 MHz 仪器测得的共振频率差不同。如假定一个峰在 300MHz 仪器上对应频率为 1200Hz，如果换作 600MHz 的仪器，指定的峰将会是 2400Hz。

（2）化学位移值（δ 值）

$$\delta = \frac{\nu_{样品} - \nu_{标准}}{\nu_{标准}} \times 10^6 = \frac{\Delta\nu}{\nu_0} \times 10^6 = \frac{\sigma_{标准} - \sigma_{样品}}{1 - \sigma_{标准}} \times 10^6 \approx (\sigma_{标准} - \sigma_{样品}) \times 10^6 \tag{7-12}$$

δ 值只取决于测定核与标准物质参比核间的屏蔽常数差，即反映原子核所处的化学环境，而与外磁场强度无关。如在 300MHz 仪器上的化学位移为（1200Hz/300MHz）$\times 10^6 = 4$，在 600MHz 的仪器上化学位移为（2400Hz/600MHz）$\times 10^6 = 4$。

三、影响化学位移的因素

影响质子核外电子云分布的因素是影响其化学位移的主要因素，主要有电性效应、磁各向异性效应、氢键效应、溶剂效应等。

（一）电性效应

电性效应即诱导效应和共轭效应的总称。质子外围电子云密度的大小与取代基的诱导效应和共轭效应密切相关。

1. 诱导效应 电负性大的取代基吸电子作用较强，能使邻近质子的电子云密度减少，即屏蔽效应减小，使化学位移向低场移动。例如卤代甲烷质子的化学位移不同，是由于各种卤素的电负性不同所引起（表 7-2）。

表 7-2 甲烷质子的化学位移与电负性

CH_3X	CH_3F	CH_3Cl	CH_3Br	CH_3I	CH_4
X 的电负性	4.0	3.1	2.8	2.5	2.1
δ	4.26	3.05	2.68	2.16	0.23

2. 共轭效应 共轭取代基可使与之共轭结构中的价电子分布发生改变，从而引起质子的化学位移变化。如醛基（—CHO）与苯环间呈吸电子共轭效应，使苯环上总的电子云密度减少，苯环上各质子 δ 值都大于未取代苯上质子的 δ 值。

δ7.26
H

CHO
H δ7.85
H δ7.45
H δ7.54

（二）磁各向异性效应

具有π电子的基团，如三键、芳环、双键等在外磁场中，π电子环流产生感应磁场，使与该基团邻近的某些位置的质子处于该基团的屏蔽区，其化学位移向高场移动；而使另一些位置的质子处于该基团的去屏蔽区，化学位移值向低场移动，这种现象称为磁各向异性效应。C—C单键也有磁各向异性，但比π电子引起的磁各向异性效应要小得多。

1. 苯环的磁各向异性效应　芳环π电子是离域电子，在外磁场中，苯环的π键电子环流与苯环平行，所以电子环流引起的感应磁场与苯环平面垂直。苯环的外周区域为顺磁性去屏蔽区（－），而苯环的内侧上下方区域为抗磁性的屏蔽区（＋）（图7－5）。

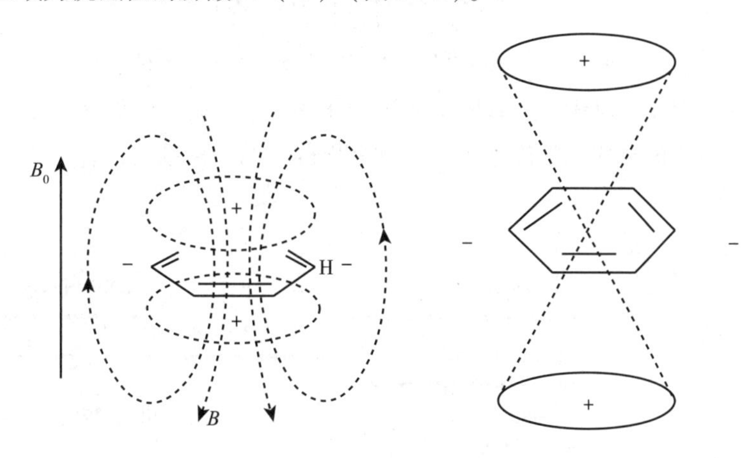

图7－5　苯环的磁各向异性效应

2. 双键的磁各向异性效应　双键电子环流对其邻近的质子也会产生磁各向异性效应（图7－6）。在双键所在平面的上下方圆锥区为抗磁性的屏蔽区，这些区域质子化学位移出现在高场，而在双键所在平面环绕双键的区域，受顺磁性磁场的影响，相应质子在较低的磁场发生共振。

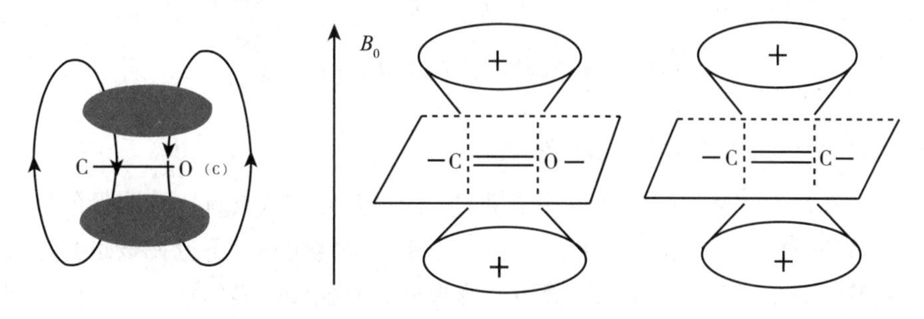

图7－6　双键的磁各向异性效应

3. 炔键的磁各向异性效应　炔键的电子环流在键轴方向附近产生抗磁性屏蔽区域，化学位移向高场方向移动（图7－7），虽然碳原子 *sp* 轨道的诱导效应减少了炔质子附近电子云密度，但是由于炔键

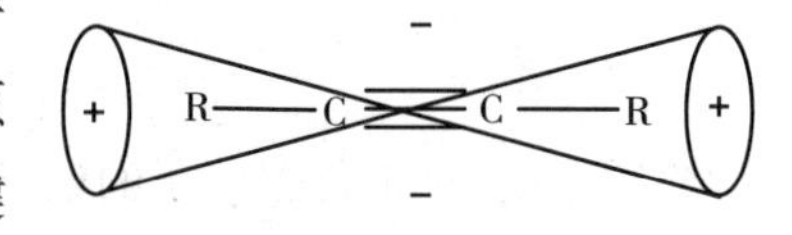

图7－7　炔键的磁各向异性效应

的磁各向异性效应使炔质子受到很高的屏蔽效应。因而炔质子的化学位移比烯质子的 δ 值还小。

（三）氢键效应

化学位移受氢键的影响较大。连接在杂原子（如 O、N、S）上的质子容易形成氢键，氢键状态对形成氢键质子化学位移的影响称为氢键效应。活泼氢形成氢键后，所受的屏蔽效应变小，化学位移值移向低场，且形成氢键程度越大，氢键质子的化学位移越大。分子间氢键形成的程度与试样浓度、温度以及溶剂的种类有关。分子内氢键的特点是不随非极性溶剂的稀释而改变其缔合程度，据此可与分子间氢键相区别。

（四）溶剂效应

由于溶剂不同而使化学位移发生改变的现象称为溶剂效应。溶剂效应是通过溶剂的磁化率、极性、氢键以及屏蔽效应而实现的。不同溶剂对化合物的相互作用也不同，因而同一化合物由于采用不同的溶剂，其化学位移可能也不完全相同，有时相差很大。故在报道化合物的 NMR 数据时，需要报道使用的溶剂，若是混合溶剂，一般还需说明各溶剂的比例。

四、不同类型质子的化学位移

质子的化学位移是由于电性效应、磁各向异性效应、氢键效应等多种效应引起的，而这些效应又与质子相连接的基团有关。因此，氢谱中各基团上质子的化学位移都有一定的区域范围，并与分子结构特征相关。根据核磁共振中共振峰的化学位移，可以推断出分子的结构基团，各类化合物化学位移范围如图 7－8 所示。

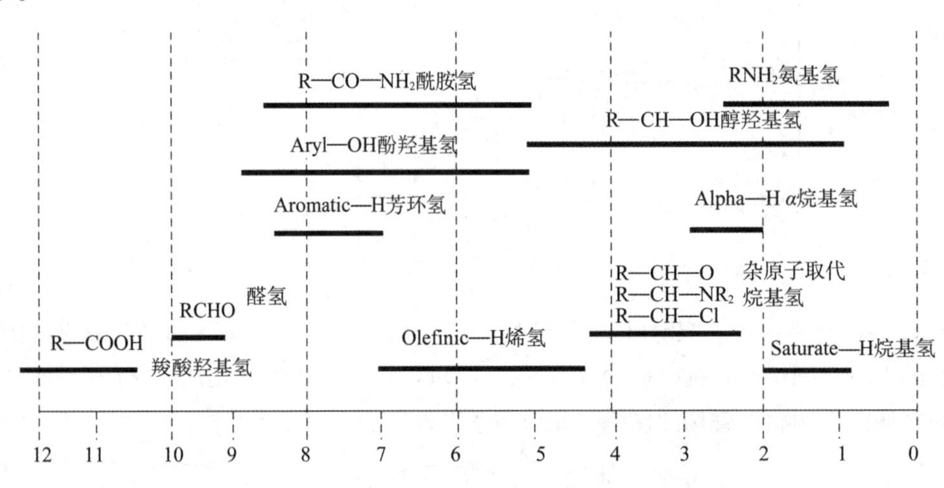

图 7－8　不同类型质子的典型化学位移范围

（一）甲基、亚甲基和次甲基的化学位移

在化合物中，甲基是经常碰到的。核磁共振氢谱中的甲基峰一般具有比较明显的特征。因此，各种类型的甲基化学位移的研究显得很重要。亚甲基和次甲基也经常碰到，不过在核磁共振氢谱中，由于各种因素的影响，一般亚甲基峰和次甲基峰不像甲基峰那样具有比较明显的特征，往往呈现出很复杂的峰形，有时甚至和别的峰相互重叠，不易辨认。表 7－3 是各种类型的甲基、亚甲基和次甲基化学位移的简单总结。

（二）烯质子

烯质子受 sp^2 杂化碳原子的诱导和中等程度的双键的磁各向异性效应作用，化学位移较大，取代烯质子的化学位移范围在 4.5～8.0（表 7－4）。

表 7－3　甲基、亚甲基和次甲基质子的化学位移

甲基质子		亚甲基质子		次甲基质子	
质子	化学位移	质子	化学位移	质子	化学位移
CH_3—C	0.9	—C—CH_2—C	1.3	—C—CH—C	1.5
		—C—CH_2—C（环式）	1.5	C—CH—C（桥头）	2.2
CH_3—C—C—C＝C	1.1	—C—CH_2—C—C＝C	1.7		
CH_3—C—O	1.4	—C—CH_2—C—O	1.9	C—CH—C—O	2.0
CH_3—Ar	2.3	—C—CH_2—Ar	2.7	—CH—Ar	3.0
CH_3—CO—R	2.2	—C—CH_2—CO—R	2.4	—CH—CO—R	2.7
CH_3—CO—Ar	2.6				
CH_3—CO—O—R	2.0	—C—CH_2—CO—O—R	2.2		
CH_3—CO—N—R	2.0				
CH_3—O—R	3.3	—C—CH_2—O—R	3.4	C—CH—O—R	3.7
		—C—CH_2—OH	3.6	C—CH—O—H	3.9
CH_3—OAr	3.8	—C—CH_2—OAr	4.3		
CH_3—O—CO—R	3.7	—C—CH_2—O—CO—R	4.1	C—CH—O—CO—R	4.8
CH_3—N	2.3	—C—CH_2—N	2.5	C—CH—N	2.8
CH_3—C＝C—CO	2.0	—C—CH_2—C＝C—CO	2.4		
CH_3—C＝C	1.6	—C—CH_2—C＝C	2.3		
CH_3—CO—O—Ar	2.4				

表 7－4　烯烃质子的化学位移

结构类型	不共轭体系	共轭体系
末端双键	4.5～5.1	4.9
一般开链双键	5.05～5.55	5.8～6.4
环内双键	5.30～5.90	5.4～5.9
末端迭烯（R—CH＝C＝CH_2）	4.4	
一般迭烯（R—CH＝C＝CH＝R′）	4.8	

（三）炔质子

由于三键的磁各向异性效应使三键的化学位移介于烷质子和烯质子化学位移之间。典型炔质子的化学位移范围为 1.8～2.9（表 7－5）。

表 7－5　炔质子的化学位移

结构类型	化学位移值	结构类型	化学位移值
R—C≡CH	1.73～1.88	R_2C(OH)—C≡CH	2.20～2.27
Ar—C≡CH	2.71～3.37	RO—C≡CH	～1.3
R—C＝C—C≡CH	2.60～3.10	—C≡C—C≡CH	1.75～2.27
*X—CO—C≡CH	2.13～2.27	*X—CH_2—C≡CH	2.0～2.4

注：*X＝卤素、S、N、O 等。

（四）芳香质子

芳环的磁各向异性效应使芳环质子的共振峰比烯质子出现在更低的磁场处（δ6.5～8.0）。苯环未被取代时，环上六个氢所处化学环境相同，在 δ7.27 处出现单峰；取代使苯环质子化学位移发生改变，

相应的经验计算公式见相关参考书。

(五) 活泼氢

与氧、氮、硫等杂原子相连的氢称为活泼氢，如—OH、—COOH、NH_2等，由于氢原子之间能发生交换而显示平均化的质子共振峰，活泼 H 的化学位移值受溶剂影响很大。各活泼质子的化学位移值出现范围如表 7－6 所示。

表 7－6　常见活泼氢化学位移值

化合物	特征基团	δ	备注
硫醇	R—SH	0.9～2.5	
芳硫醇	Ar—SH	3.0～4.0	
胺	R—NH—R′	0.5～5.0	稍宽峰
酰胺	R—CONH—R′	5.0～8.0	宽峰
醇	R—OH	0.5～5.5	
酚	Ar—OH	4.0～9.0	稍宽峰
羟肟	═N—OH	7.4～10.2	宽峰
羧酸（二聚体）	R—COOH	10～13	稍宽峰
酚（分子内氢键）	Ar—OH	10.5～16	稍宽峰

第三节　峰面积与氢核数目

PPT

一、峰面积

氢谱中的峰面积可以用积分曲线高度表示。核磁共振波谱仪一般都配有自动积分仪，可以对各吸收峰的峰面积进行自动积分，得到的数值用阶梯式积分曲线高度表示出来。由于积分信号不像峰高那样容易受其他条件影响，因此可以通过它来估计各类氢核的相对数目，有助于定量分析。积分曲线由共振信号的起点开始，从左到右也即从低场到高场画至终点。积分曲线的总高度和吸收峰的总峰面积相当，与分子式中氢核总数成正比，每组峰的积分的高度与引起该吸收峰的氢核数目成正比。因为分子的对称性，各阶梯的积分高度只能定量地说明每组氢核数目的相对比例，并不能代表分子式中氢核的绝对数目。

现在的核磁共振波谱仪大多在谱图的横坐标上直接给出各组峰的相对氢核数目。

二、氢核数目

各组峰对应的氢核的分布通常符合整数比。假如化合物中所含的总氢数已知，则根据积分曲线的高度或横坐标上各组峰的相对氢核比例就可以确定谱图中各峰所对应的氢核的数目；假如化合物中所含的总氢数未知，则找到容易判断氢核数目的信号峰（如甲基氢、烃基氢、芳氢等），根据每组氢核数目的相对比例，可以判断化合物中其他各种含氢官能团的氢核的数目。

例 7－1　邻苯二甲酸二乙酯的$^{1}H-NMR$谱图如图 7－9 所示，则各吸收峰对应的氢核数目是多少？

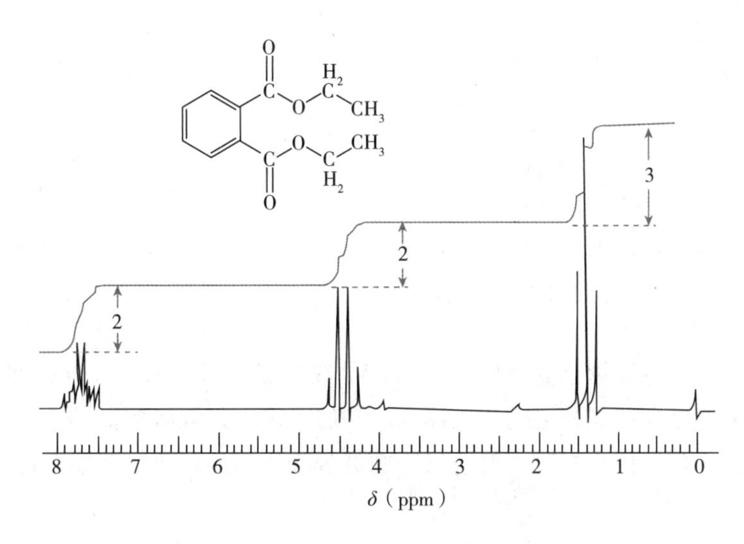

图7-9 邻苯二甲酸二乙酯的^{1}H-NMR谱

图中一共有三组峰，吸收峰的积分曲线总高度=2+2+3=7，因为该化合物氢核总数是14，则每单位高度对应2H，所以δ1.4对应6H，δ4.4对应4H，δ7.7对应4H，分别代表了2个甲基、2个亚甲基和双取代苯环上的氢核数，与邻苯二甲酸二乙酯的结构相符。

第四节 自旋耦合与自旋系统

PPT

一、自旋-自旋耦合

化学位移仅考虑了磁核的电子环境，即核外电子云对核产生的屏蔽作用，但忽略了同一分子中磁核间的相互作用。这种磁核间的相互作用很小，对化学位移没有影响，而对谱峰的形状有着重要影响。这种磁核之间的相互干扰称为自旋-自旋耦合（spin-spin coupling），由自旋耦合产生的多重谱峰现象称为自旋裂分。如自旋核A，其邻近如果没有其他自旋核存在，则A核在核磁共振谱图中出现一个吸收峰，峰的位置，即共振频率由$\nu=\gamma/2\pi B_0(1-\sigma)$决定。如果A核邻近有另一个自旋核X存在，则X核自旋产生的小磁场ΔB会干扰A核。如果X核的自旋量子数$I=1/2$，在外磁场B_0中X核有两种不同取向$m=+1/2$与$m=-1/2$，它们分别产生两个强度相同（ΔB）、方向相反的小磁场，其中一个与外磁场方向B_0相同，另一个与B_0相反。这时候A核受到的磁场强度为$[B_0(1-\sigma)+\Delta B]$或$[B_0(1-\sigma)-\Delta B]$，因此A核的共振频率为$\nu_1=\gamma/2\pi[B_0(1-\sigma)+\Delta B]$或$\nu_2=\gamma/2\pi[B_0(1-\sigma)-\Delta B]$。也就是说A核的位置两侧出现吸收峰$\nu_1$和$\nu_2$，即A核受到邻近自旋量子数$I=1/2$的X核干扰后，其吸收峰被裂分为左右对称的两重峰，如图7-10所示。

（一）耦合常数

磁性核之间因为自旋耦合产生裂分，裂分的小峰之间的距离称为耦合常数（图7-11），可用$^{n}J_{A-B}$表示，单位为Hz。$^{n}J_{A-B}$中n代表耦合核相隔的键数，A、B代表相互耦合的核。它是核磁共振图谱所给出的三个重要参数之一。耦合常数起源于自旋核之间的相互干扰，是通过成键电子传递的，因此耦合常数的大小与外加磁场的大小无关，而决定于相偶合的质子间的结构关系，如质子之间键的数目、电子云的分布（单键、双键、取代基的电负性、立体化学等）。总之，J的大小与化合物分子结构有着密切的关系，所以，可以根据J的大小判断有机化合物的分子结构。

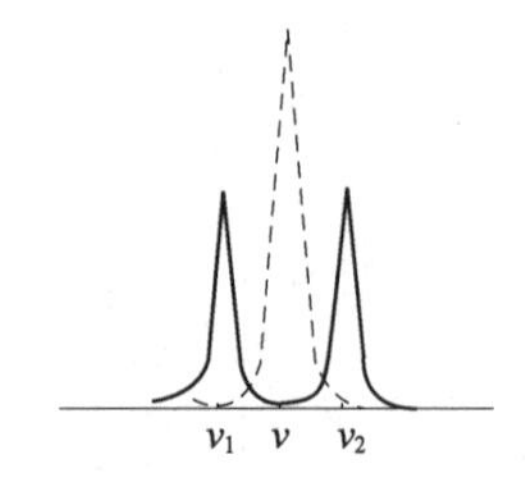

图 7－10　相邻自旋核 X 对 A 核的影响

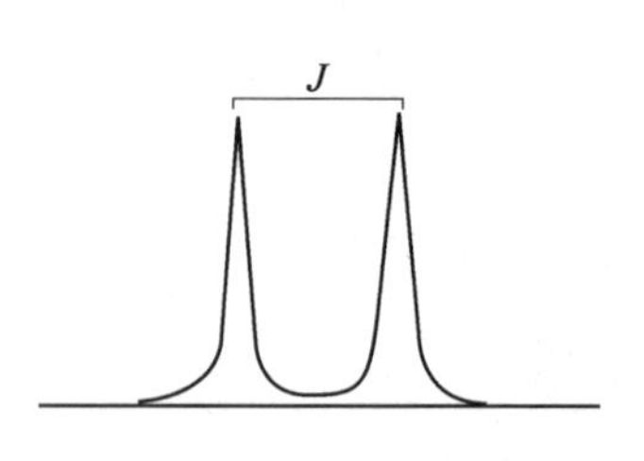

图 7－11　耦合常数

另外，应当注意，二组相互耦合的氢核，其耦合常数必然相等，因此在分析 NMR 谱时，可以根据耦合常数相同与否，来判断哪些氢核之间相互耦合。一般说来，相隔偶数根键的耦合常数为负值，相隔奇数根键的耦合常数为正值，但分析时一般地只考虑裂分峰之间的距离，即耦合常数的绝对值，所以这里只讲授 $|J|$。

（二）耦合类型

根据相互耦合的氢核之间间隔的键数，耦合可分为偕耦（geminal coupling）、邻耦（vicinal coupling）及远程耦合（long range coupling）。

1. 偕耦　也称同碳耦合，是指同一碳原子上两个质子之间的耦合。耦合作用通过两个键传递，可用 ^2J 或 J_{gem} 表示。

2. 邻耦　是指相邻碳上两个质子的耦合，耦合作用经过三个键，用 ^3J 或 J_{vic} 表示。

3. 远程耦合　是指相隔四个或四个以上键的质子之间的耦合，用 J_{long} 表示，值一般很小，其绝对值在 0～3Hz 范围。远程耦合在饱和化合物中常可忽略不计，但是多元环中如果两氢核因“W”构型而被固定，^4J 能够被观测到。在不饱和体系（烯、炔、芳香化合物）中，由于 π 键传递耦合的能力较强，远程耦合比较容易观察到。在杂环及张力环（小环或桥环）体系中也可观察到远程耦合。

（三）化学结构与耦合常数关系

1. 直链烷烃

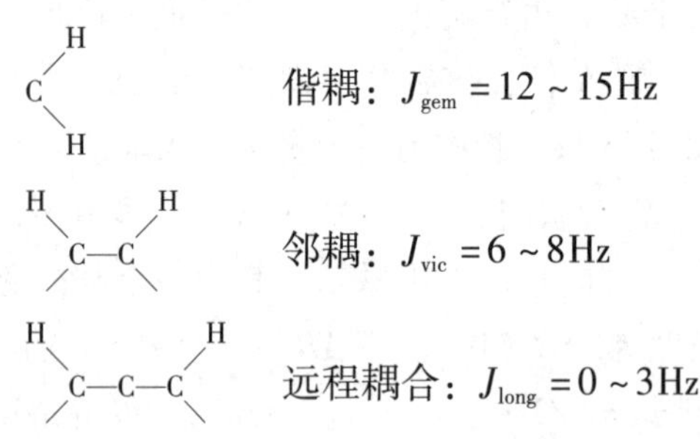

从直链烷烃的 J 值中，可以看出，距离越近的，即间隔键数越少的质子，耦合作用越大，J 越大。因此在解析结构时，可以利用 J 的大小来判断相互耦合的二个氢核间的位置。如乙醇的 J = 6Hz，说明是邻位耦合，所以 CH_3 与 CH_2 一定连在一起。

2. 烯烃

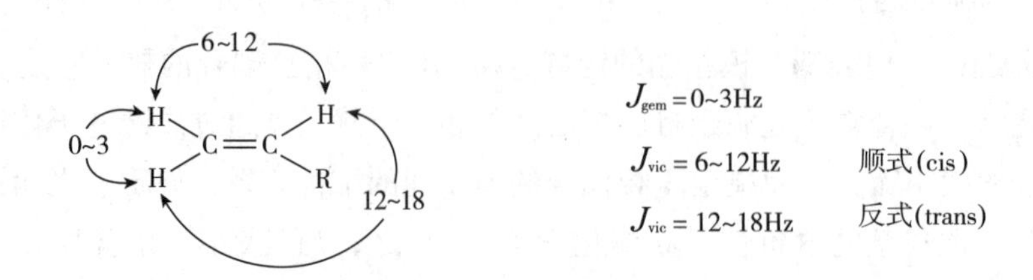

3. 炔烃

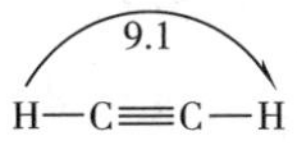

H—C≡C—H（9.1） $J_{vic}=9.1Hz$

4. 苯环

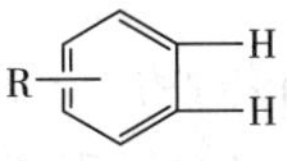

$J_o=6\sim10Hz$ $J_m=1\sim4Hz$ $J_p=0\sim2Hz$

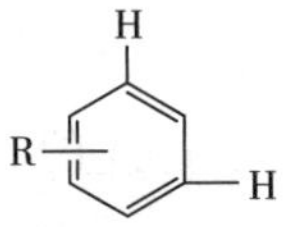

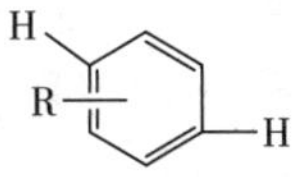

5. 环己烷型

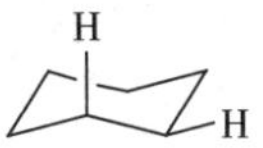

$J_{ae}=2\sim6Hz$ $J_{ee}=2\sim5Hz$ $J_{aa}=8\sim13Hz$

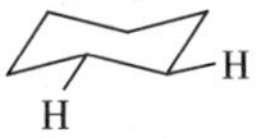

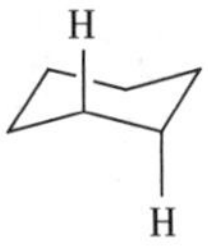

环己烷在实际测定时，H质子只出现一个峰，表现不出分裂峰现象，这是因为椅式环己烷的a键和e键能够快速转换之故，如果把环己烷固定，可以出现共振峰分裂的现象。

6. 杂环化合物 杂环化合物的耦合常数见表7-7。

表7-7 杂环化合物的耦合常数

		X	$J_{2\sim3}$	$J_{2\sim4}$	$J_{2\sim5}$	$J_{3\sim4}$
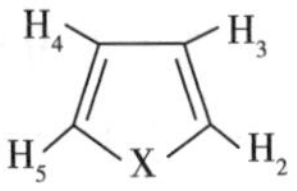 五元杂环（H_2、H_3、H_4、H_5，X）	呋喃	O	2.0	0.9	1.5	3.5
	吡咯	N	2.7	1.5	2.1	3.7
	噻吩	S	4.7	1.0	2.9	3.4

	$J_{2\sim3}$	$J_{3\sim4}$	$J_{2\sim4}$	$J_{2\sim5}$	$J_{2\sim6}$	$J_{3\sim5}$
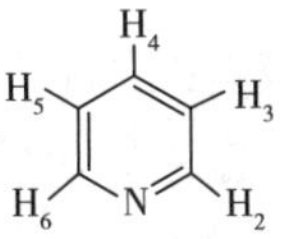 吡啶（H_2～H_6，N）	5～6	7～9	1～3	0.7～1.1	0.2～0.5	1.4～1.9

（四）影响耦合常数的因素

1. 核间距（耦合核间隔的化学键数目）的影响 磁性核之间的耦合作用是通过核间化学键的电子传递的，所以一般来说，相互耦合核间距离越远，相隔化学键数目越多，核之间的耦合逐渐减弱，耦合常数的绝对值越小。在饱和链烃中，这一规律十分明显。随着相隔化学键数目的增多，耦合常数的绝对值逐渐减小，即 $|^2J|>|^3J|>|^4J|$。

2. 键长（l）、键角（α）和两面夹角（ϕ）的影响 耦合常数的大小除了取决于耦合核之间的距离，还与分子的结构密切相关。由于邻耦在氢核磁共振中遇到的最多，以下主要讨论键长（l）、键角（α）和两面夹角（ϕ）对^3J的影响，键长（l）、键角（α）和两面夹角（ϕ）如图7-12所示。

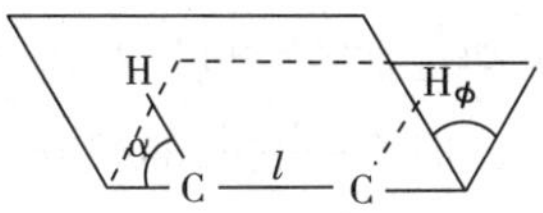

图7-12 键长（l）、键角（α）和两面角（ϕ）

（1）^3J与H—C键角（α）有关，键角越大，^3J越小。

（2）^3J与C—C键的键长（l）有关，键长越长，^3J越小。

（3）^3J 的大小还决定于邻碳上两氢核所处平面的夹角（ϕ）大小，它们之间有如下关系：

$$^3J=4.22-0.5\cos\phi+4.5\cos2\phi \quad (7-13)$$

上式是著名的 Karplus 关系式。由此可知，当 $\phi=180°$时，^3J 最大；当 $\phi=0°$时，^3J 为另一极大值但稍小于 180°时的^3J；当 $\phi=90°$时，^3J 最小。这在判断分子的立体化学结构上具有重要的意义。

例如，对于“H—C ═C—H”型的邻碳耦合，反式结构中两个 C—H 键平行，$\phi=180°$，顺式结构中 $\phi=0°$，因此$^3J_{H-H}$（反式）> $^3J_{H-H}$（顺式）。

3. 电子云密度的影响 耦合作用是靠价电子传递的，耦合核间的电子云密度越大，氢传递耦合的能力就越强，J 值越大。多重键比单键传递耦合的能力强，所以存在远程耦合。在 H—C—CH—X 结构中，取代基的电负性越强，C—H 单键的电子云密度越低，$^3J_{H-H}$越小。例如卤素原子的电负性为 Cl > Br > I，因此单取代乙烷的$^3J_{H-H}$依次增大。

	H_3C-CH_2-Cl	H_3C-CH_2-Br	H_3C-CH_2-I
$^3J_{H-H}$	7.23Hz	7.33Hz	7.45Hz

二、核的等价性与自旋耦合系统

在同一分子结构中，同时有几个相互耦合的核存在时，就构成自旋耦合系统。自旋耦合系统的类型与分子中各磁性核的等价特性有关。

（一）化学等价

化学等价又称化学位移等价（chemical equivalence）。如果分子中有两个相同的原子或基团处于相同的化学环境时，称它们是化学等价。化学等价的核具有相同的化学位移值。

1. 对称性导致的化学等价 化学等价核可以通过对称操作判断。分子中两个核具有二重轴对称性（即分子绕轴旋转 180°后与原图形完全重合），则无论在任何环境下都为化学等价。若分子只有对称面，而无二重轴，则在对称面两侧的两个核是对映异位的，在非手性环境中，它们为化学等价；但在手性环境中为化学不等价（一般溶解样品的氘代试剂均为非手性试剂，故分子只要有对称面，在 NMR 谱图中表现出来为化学等价）。

2. 单键的快速旋转导致的化学等价 两个或两个以上质子在单键快速旋转过程中位置可对应互换时，则为化学等价。例如，乙醇 CH_3CH_2OH 中的 CH_3上的三个质子由于单键的快速旋转为化学等价，同样乙醇中的 CH_2的两个质子也是化学等价的。但与手性碳相连的 CH_2上的两个质子，无论 C—C 单键旋转有多快，其化学环境总是不同的，这两个质子是化学不等价的。

3. 环的快速翻转导致的化学等价 环已烷在常温下可快速翻转，直立氢和平伏氢可对应互换，两者是化学等价的。但当温度降低到 -89℃ 以下时，环已烷不能快速翻转，直立氢和平伏氢化学不等价，$\delta H_a < \delta H_e$。

（二）磁等价

分子中某组氢核不仅化学位移相同（即化学等价），且对组外任一磁性核的耦合相等，只表现出一种耦合常数，则这组氢核称为磁等价（magnetic equivalence）核，又称为磁全同核。磁等价核之间有耦合，但不引起峰的裂分。

乙醇分子中甲基的三个质子是化学等价的，亚甲基的两个质子也是化学等价的。同时，甲基的三个质子与亚甲基每个质子的耦合常数都相等，所以三个质子是磁等价的，同样的理由，亚甲基的两个质子也是磁等价的。

1,1 - 二氟乙烯分子中两质子和两氟核分别化学等价；但由于双键使得两质子与两氟核间的耦合作用不同，故两质子为磁不等价，同理两氟核也为磁不等价。

（三）耦合作用的一般规则

一组等价的核如果与另外 n 个磁等价的核相邻时，这一组合的谱峰将被裂分为 $2nI+1$ 个峰，I 为自旋量子数。对于 ^{1}H 以及 ^{13}C、^{19}F 等核种来说，$I=1/2$，裂分峰数目等于 $n+1$ 个，因此通常称为“$n+1$ 规则”。

如果某组核既与一组 n 个磁等价的 H 核耦合，又与另一组 m 个磁等价的 H 核耦合，且两种耦合常数不同，则裂分峰数目为 $(n+1)(m+1)$。

耦合产生的多重峰相对强度可用二项式 $(a+b)^n$ 展开的系数表示，n 为磁等价核的个数。即相邻有一个耦合核时（$n=1$），形成强度相同的二重峰；相邻有两个磁等价的核时（$n=2$），因耦合作用形成三重峰强度为 1∶2∶1；相邻有三个磁等价核时（$n=3$），形成四重峰强度为 1∶3∶3∶1 等。

以碘乙烷 CH_3CH_2I 的 $^{1}H-NMR$ 图谱为例讨论氢核共振吸收峰的裂分规律。

（1）甲基质子 H_a 三重峰的来源　与 H_a 邻近的亚甲基上有两个质子 H_b，每个都有两种不同的自旋状态，因此自旋状态可以有 4 种组合（2^2）。当两个 H_b 的自旋取向是↑↑结合，起到去屏蔽作用，使甲基质子 H_a 的化学位移移向低场；当两个 H_b 的自旋取向是↑↓或↓↑结合，自旋作用相互抵消，对 H_a 没有影响，信号仍处在原来的位置；当两个 H_b 的自旋取向是↓↓结合，起到屏蔽作用，使甲基质子 H_a 的化学位移移向高场。由于四种结合方式的概率相等，因此甲基质子 H_a 的共振吸收峰呈现强度比为 1∶2∶1 的三重峰。由此可知，邻碳上两个相同的质子，使得受影响的质子的共振吸收裂分为三重峰，如图 7－13 所示。

（2）亚甲基 H_b 四重峰的来源　与 H_b 邻近的甲基上有三个质子 H_a，因此自旋状态可以有 8 种组合（2^3）。当三个 H_a 的自旋取向是↑↑↑结合，亚甲基质子 H_b 的化学位移移向低场；当三个 H_a 的自旋取向是↑↑↓、↑↓↑或↑↑↓结合，相当于受一个↑作用，H_b 的化学位移移向较低场；当三个 H_a 的自旋取向是↑↓↓、↓↑↓或↓↓↑结合，相当于受一个↓作用，H_b 的化学位移移向较高场；当三个 H_a 的自旋取向是↓↓↓结合，H_b 的化学位移移向高场。由于八种结合方式的概率相等，因此亚甲基质子 H_b 的共振吸收峰呈现强度比为 1∶3∶3∶1 的四重峰。由此可知，亚甲基质子受邻碳上三个相同的质子的影响，其共振吸收裂分为四重峰，如图 7－13 所示。

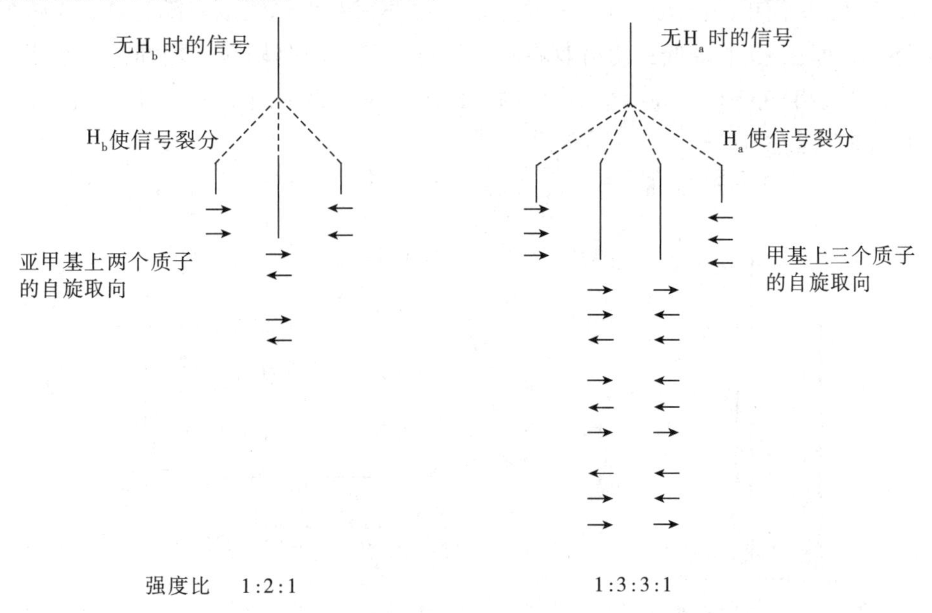

图 7－13　碘乙烷自旋耦合裂分图解

（四）自旋耦合系统

1. 自旋耦合系统的分类和标记 分子中相互耦合的核组成一个自旋耦合系统，系统内的核相互耦合，但不与系统外的核耦合。不同的分子可以由一个或多个自旋耦合系统组成。一组相互耦合的核，通常用A、B、C、…、X、Y、Z等英文字母代表分子中化学位移不同的核。耦合系统分为低级耦合系统和高级耦合系统。

系统中两个（组）相互耦合的氢核化学位移差$\Delta\nu$远大于耦合常数J，一般认为$\Delta\nu/J\geqslant10$时，称为低级耦合系统，用相隔远的字母表示（如AX、AMX等耦合系统）；若系统中两个（组）相互耦合的氢核化学位移差$\Delta\nu$与耦合常数J相差不够大，一般认为$\Delta\nu/J<10$时，称为高级耦合系统，用邻近的字母表示（如AB、ABC等耦合系统）。

若有磁等价核，则在字母的右下方加上阿拉伯数字标记（如AX_2）。化学等价而磁不等价的核，则用同种字母附加右上方撇号标记（如AA′BB′）。

2. 一级谱图 低级耦合系统的^{1}H－NMR谱称为一级谱图，具有以下特征。

（1）裂分峰数目符合耦合裂分的一般规则。裂分峰数目$=2nI+1$，n为相邻的等价磁性核数，I为这种相邻等价磁性核的自旋量子数。对于质子－质子耦合，$I=1/2$，裂分峰数目$=n+1$，即“$(n+1)$规律”。而对于$I=1$的^{2}H来说，裂分峰数为$(2n+1)$。

（2）各裂分峰的强度（峰面积）之比是由其相邻磁性核的自旋排列数目与概率所决定，为$(a+b)^n$展开式的系数比。

（3）从谱图上可直接读出δ和J。δ在多重峰的中心位置，J为多重峰峰间的裂距（计算方法为$J=\Delta\delta\times$仪器频率）。

（4）裂分具有“屋顶效应”。两组发生相互耦合的磁性核产生耦合裂分峰时，对应的两组裂分峰总是构成中间高两边低的“屋顶外形”。图7－14为某化合物相邻两质子的耦合分裂。

3. 高级谱图 高级耦合的^{1}H－NMR谱常被称为高级谱图或二级谱图。这时，耦合裂分峰数目不符合$(n+1)$规律，裂分峰强度比也不符合二项式展开式的各项系数比，同时，裂分峰不以对应质子的化学位移为中心对称。提高测定仪器的外磁场强度，高级耦合系统有可能简化为一级耦合。但是化学等价而磁不等价核的高级耦合系统不会改变。高级耦合质子的化学位移及耦合常数均须经计算而得。

（1）AB系统 是最简单的高级耦合，其共振信号由两组双重峰组成。随着A、B两组质子的化学位移差值不断缩小，即$\Delta\nu/J$的降低，两组双峰不断接近，双峰内侧峰强度增加，外侧峰强度减小；当化学位移差等于零时，中间峰合并为一个单峰，A、B质子成为磁全同质子，AB系统变成A_2系统。AB系统的特征图谱如图7－15所示。

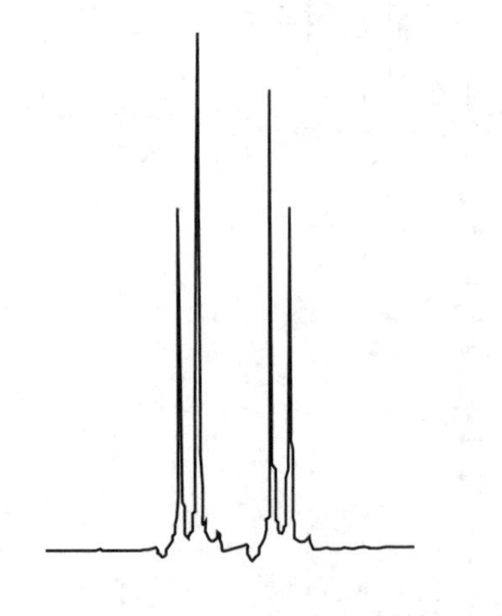

图7－14 某化合物相邻两质子的耦合分裂图

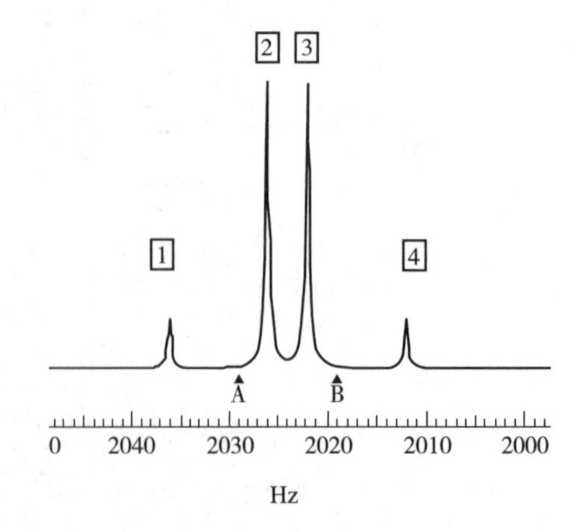

图7－15 AB系统的图谱特征

下列质子组为常见的 AB 系统：

与手性碳原子连接的亚甲基　　$—\dot{C}—CH_2—$

烯氢　　$\underset{H\quad H}{C=C}$　　$\overset{H}{C}=\underset{H}{C}$　　$\overset{\quad H}{C=C}\underset{\quad H}{}$

（2）AB_2系统　AB_2系统共振峰最多可以出现 9 个峰。其中 A 有四个谱峰（1 ~4），靠近 B_2一侧的两峰较强，另一侧的两峰较小，形成倾斜的四重峰。B_2亦有四个谱峰（5 ~8），有时第 5 和第 6 两峰相隔很近，往往合并为一个峰。第 9 个峰为综合峰，其强度甚弱，最强时仅为第 3 峰的 1.5%，通常不易观察。AB_2系统的图谱特征如图 7 –16 所示。

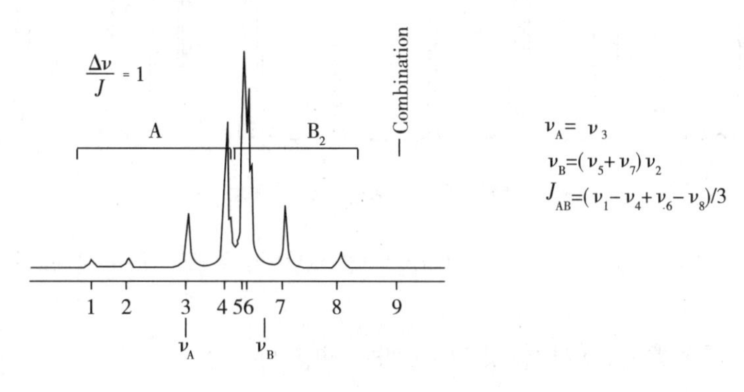

图 7 –16　AB_2系统的图谱特征

（3）ABX 系统　在 AMX 系统中，A 与 M 的化学位移逐渐接近时，就构成 ABX 系统（$\Delta\nu_{AB} < 10J_{AB}$，$\Delta\nu_{AX} >> J_{AX}$，$\Delta\nu_{BX} >> J_{BX}$）。ABX 系统最多可得 14 个谱峰，A、B 部分各为四个谱峰；X 部分为六个谱峰，其中处于最外侧两个为综合峰，强度较小，往往难以测得。因此，ABX 系统谱峰的分裂情况仍与 AMX 系统相似。图 7 –17 为 ABX 系统的图谱特征。

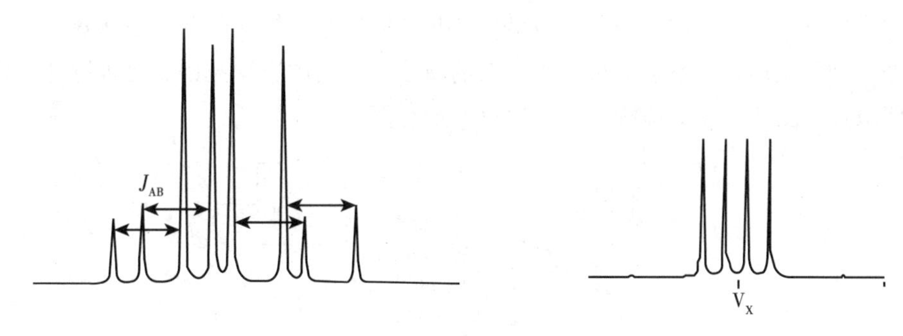

图 7 –17　ABX 系统的图谱特征

（4）AA′BB′系统

（对羟基苯甲酸：COOH、HA、HA′、HB、HB′、OH）　　（邻苯二酚：OH、OH、HA、HA′、HB、HB′）

若分子中二个 A 核和二个 B 核分别是化学等价、磁不等价的核，则构成 AA′BB′系统。AA′BB′系统产生的谱图的特征是对称性强，理论上有 28 条峰，AA′有 14 条峰，BB′有 14 条峰。但是由于谱线重叠或某些峰太弱，实际谱线数目往往远少于28。图7－18为邻二氯苯的氢谱。

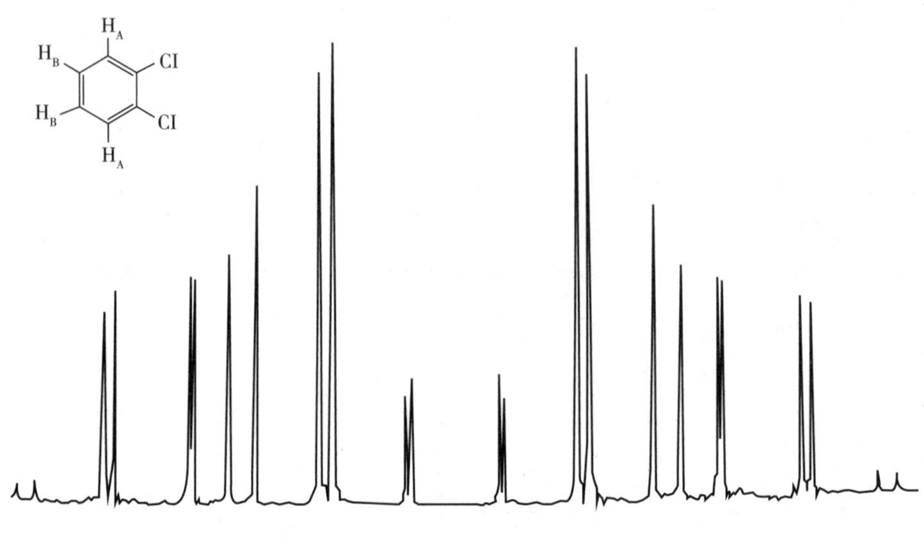

图7－18 邻二氯苯的氢谱（90MHz）

对位双取代苯的AA′BB′系统谱线较少，主峰类似于AB四重峰，每一主峰的两侧又有对称（指与主峰间距离对称）的两个小峰。

高级耦合系统还有很多类型，但均较复杂，这里不再进行论述。

第五节 核磁共振波谱仪及实验方法

PPT

一、核磁共振波谱仪

核磁共振波谱仪可分为连续波核磁共振波谱仪和脉冲傅里叶变换核磁共振波谱仪。由于连续波谱仪效率低，采样慢，难于累加，更不能实现核磁共振的新技术，因此连续波谱仪已被脉冲－傅里叶变换核磁共振波谱仪所取代。图7－19为连续核磁共振仪的示意图。

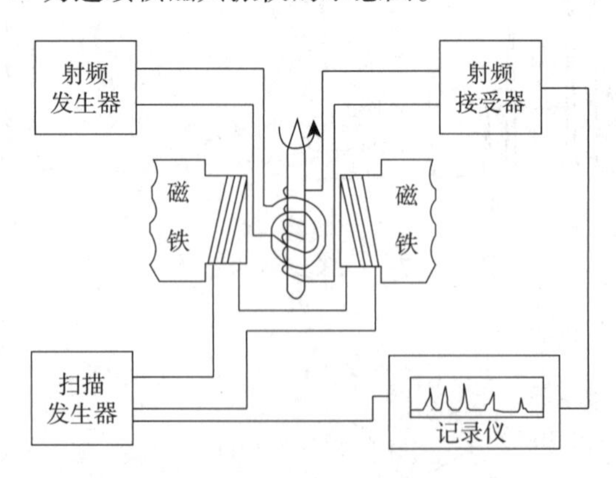

图7－19 核磁共振波谱仪组成示意图

NMR谱仪基本结构包括恒定磁场、射频发射系统、探头、信号接收机、计算机系统等。

（一）恒定磁场

恒定磁场的作用是为核自旋系统提供一个恒定的磁场，使自旋核发生能级分裂。NMR磁体要求磁场强度高、稳定性好、样品空间内磁场分布均匀。

（二）射频发射系统

射频系统为核自旋提供一个产生满足共振跃迁条件的射频源。通常采用石英晶体震荡器作为频率信号源，经过发射机单元的脉冲调制和放大，加到探头射频线圈上。现代波谱仪的射频脉冲需要进行幅度、相位、频率、形状等多种参数的快速调制，多采用数字化系统。

（三）探头

探头安装在磁体室温孔内，用来产生射频磁场和检测核磁共振信号。探头既要最有效地将各通道的射频功率作用于样品，又要能高灵敏地检测 NMR 信号。

（四）信号接收机

前置放大器将探头检测到的极微弱的 NMR 信号进行前级放大后，传送到接收机进行放大和信号处理，再转成数字信号输送至计算机系统进行处理和贮存。

（五）计算机系统

计算机系统用来进行试验操作，对波谱仪各部件进行控制和管理，对 NMR 数字信号进行数字处理，最终得到核磁共振谱图。

二、实验方法

（一）样品测试

将几毫克至十几毫克的待测样品小心装入 5mm 核磁共振样品管中，加入氘代溶剂 0.5ml，盖好样品管盖，振荡使样品完全溶解。选择溶剂的基本原则是：样品易溶解，溶剂峰和样品峰没有重叠，黏度低，并且价格便宜。常有的氘代溶剂有 $CDCl_3$、CD_3SOCD_3、CD_3OD、CD_3COCD_3。一般来说试剂的氘化纯度在 99.5%～99.99%，因此总会出现一些未氘化的残留峰和杂质峰，有时溶剂中的 H_2O 峰会比残留峰更大。将样品管放入核磁共振仪的探头，进行锁场匀场后，测量核磁共振吸收曲线。

（二）其他常用的测试技术

1. 重水交换 分子中的 OH、NH、SH 活泼氢由于在溶液中存在分子间的氢核交换，使得这些活泼氢的化学位移不固定且峰形加宽，识别比较困难，而且有时还干扰其他信号的识别。采用重水交换方法可识别结构中有无活泼氢，即向核磁管里滴加几滴重水，用力振摇，再做谱图会发现活泼氢消失（重水可以过量，但是如果滴加不足会发现谱峰上活泼氢的峰面积只减小但不会完全消失）。注意酰胺和醛氢的活泼氢交换速度较慢，加入重水后要放置或稍微加热后再测定。另外，活泼氢的测试一定要在其他 NMR 谱图都完成后再进行测试。如果所用溶剂为氘代甲醇、重水、三氟乙酸等，由于本身就有重水交换的作用，则不需要再加重水。

2. 核的 Overhauser 效应（NOE） 分子内空间靠近的两个核（空间距离小于 3Å），如增加一额外的射频场照射其中的一个核并使其共振饱和，另一个核的共振峰强度会增加，这种现象称为核的 Overhauser 效应，简称 NOE（nuclear Overhauser effect）。NOE 只与两个核空间距离有关，与相隔的化学键无关，据此可帮助确定分子中某些基团的空间相对位置、立体构型及优势构象，对于研究分子的立体化学结构具有重要的意义。

由于 NOE 效应增加的信号强度一般较小，而直接观察信号微小的增加较为困难，故在实际谱图测试中多采用 NOE 差谱测试技术。将照射后的谱图信号减去照射前的谱图信号，则照射前后没有变化的峰信号将在差谱中全部扣除（不出峰），剩下的信号中，向下出的峰为被照射的氢信号，向上出的峰就是照射后因 NOE 效应强度增加的氢信号。

>>> 知识链接

核磁共振波谱仪“兆数”

核磁共振波谱仪的分辨率多用频率表示（也称“兆数”），是在仪器磁场下激发氢核、碳核所需的电磁波频率。兆数越大，仪器灵敏度和分辨率越高。目前市场上的仪器为 200～1000MHz 不等。

第六节　核磁共振氢谱的解析

PPT

一、核磁共振氢谱解析的一般程序

核磁共振氢谱提供的主要参数有质子的化学位移、耦合的裂分峰数、耦合常数以及各组峰的积分面积等。这些参数与有机化合物的结构有着密切关系。因此核磁共振氢谱是鉴定有机化合物结构的重要工具之一。解析氢谱步骤如下。

1. 首先总体检查谱图　包括谱图是否正常，底线是否平坦，信噪比是否符合要求，TMS 峰是否正常区分杂质峰、溶剂峰等。

2. 计算不饱和度　当不饱和度大于等于 4 时，应考虑到该化合物可能存在一个苯环（或吡啶环）。

3. 确定谱图中各峰组所对应的氢原子数目，对氢原子进行分配　根据积分曲线，找出各峰组之间氢原子数的简单整数比，再根据分子式中氢的数目，对各峰组的氢原子数进行分配。

4. 对每个峰的 δ、J 都进行分析　根据每个峰组氢原子数目及 δ 值，可对该基团进行推断，并估计其相邻基团。

对每个峰组的峰形应仔细地分析。分析时最关键之处为寻找峰组中的等间距。每一种间距相应于一个耦合关系。一般情况下，某一峰组内的间距会在另一峰组中反映出来。通过此途径可判断邻碳氢原子的数目。

当从裂分间距计算 J 值时，应注意谱图是多少兆的仪器作出的，有了仪器的工作频率才能从化学位移之差 $\Delta\delta$（ppm）算出 J。

5. 根据对各峰组化学位移和耦合常数的分析　推出若干结构单元，最后组合为几种可能的结构式。每一种可能的结构式不能和谱图有大的矛盾。

6. 对推出的结构进行指认　每个官能团均应在谱图上找到相应的峰组，峰组的 δ 值及耦合裂分（峰形和 J 值大小）都应该和结构式相符。如存在较大矛盾，则说明所设结构式是不合理的，应予以去除。通过指认所有可能的结构式，进而找出最合理的结构式。必须强调，指认是推断结构的一个必不可少的环节。

如果未知物的结构稍复杂，在推导其结构时就需应用碳谱。在一般情况下，解析碳谱和解析氢谱应结合进行。

二、解析示例

例 7－2　某化合物的分子式为 $C_{10}H_{12}O_2$，^1H-NMR 谱图如图 7－20 所示，试推断该化合物的结构。

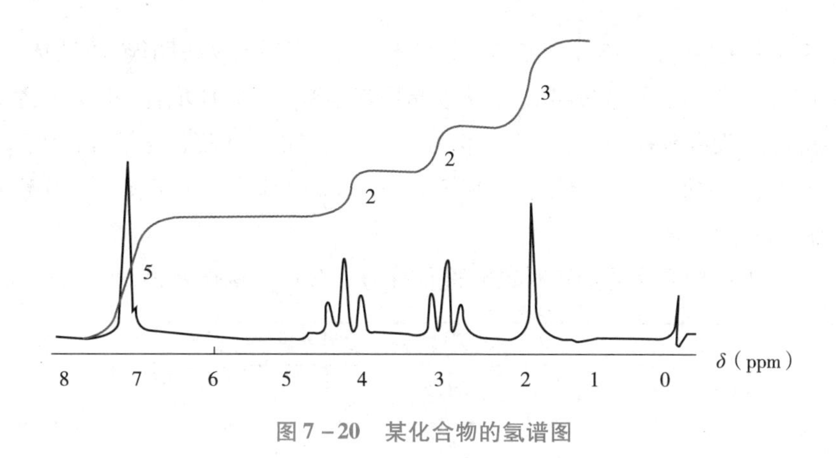

图 7-20　某化合物的氢谱图

解：

（1）不饱和度为 $\Omega=(2\times10+2-12)/2=5$ 提示结构中可能含有苯环和一个双键。

（2）化学位移 3.0 和 4.3 的两组氢信号均为三重峰，且耦合常数相等（可从峰间距大致判断出），说明结构中存在 CH_2—CH_2 耦合，由于 4.3 的化学位移在低场，提示该碳原子与吸电子的氧原子直接连接，即 CH_2—CH_2—O—。

（3）化学位移 2.1 的单峰包括三个氢原子，提示为甲基峰，结构中有氧原子，可能具有 —C(=O)—CH_3 片段。

（4）化学位移 7.3 的 5 个 H 的信号为芳环上的氢，根据峰形可知取代为烷基单取代苯。

（5）连接可能的片段得到化合物的结构为

C_6H_5—CH_2CH_2O—C(=O)—CH_3

例 7-3　某化合物分子是 $C_8H_{16}O_2$，其 ^1H-NMR 谱图如图 7-21 所示，推测其结构。

解：

（1）不饱和度为 $\Omega=(2\times8+2-16)/2=1$。

（2）氢谱有 4 组信号，从高场到低场依次标号为信号 a、b、c、d。根据上图积分高度，信号 a∶b∶c∶d 的峰面积比为 9∶3∶2∶2。而分子中含氢数为 16，则 a∶b∶c∶d 的对应氢数目为 9∶3∶2∶2。

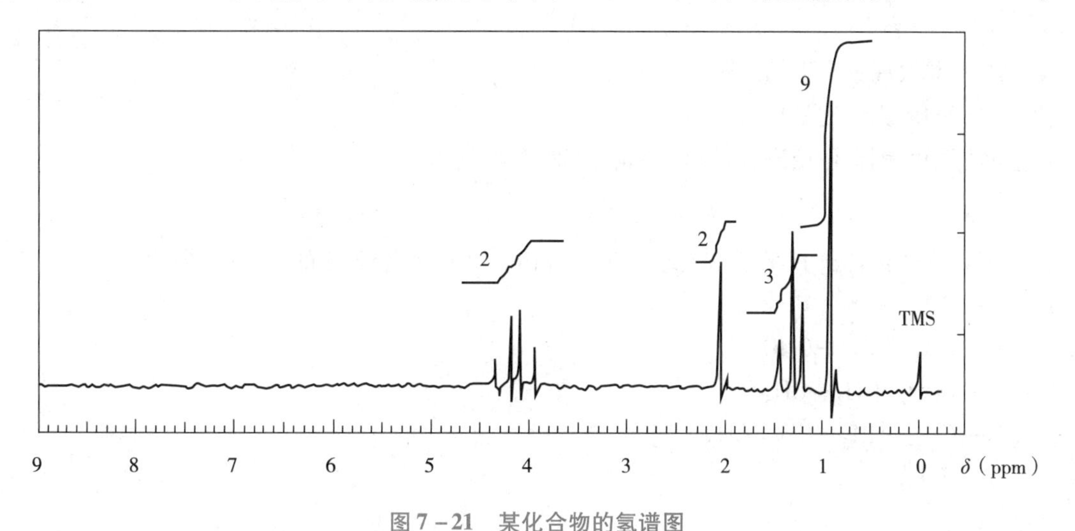

图 7-21　某化合物的氢谱图

（3）信号 a 是 9 个氢的单峰，是 3 个甲基接在季碳上，化学位移 0.9 表明很可能是叔丁基上 3 个等价的甲基；信号 b 为 3 个氢的三重峰，化学位移 1.3，表明是甲基与邻位 2 个 H 耦合；信号 c 为 2 个氢的单峰，化学位移 2.1，表明为邻位上没有 H 耦合的亚甲基；信号 d 为 2 个氢的四重峰，化学位移 4.1，提示是亚甲基与邻位 3 个 H 耦合，且化学位移值大，结合分子式中有氧，提示亚甲基的一端与氧原子相连，另一侧与甲基相连，即有 $CH_3—CH_2—O—$ 的片段。

有时为方便解析，也可用列表的形式对谱峰进行标号、分析。例如将该图谱信息列表如下。

编号	化学位移	H 数	裂分情况	结构片段
a	0.9	9	s	$(CH_3)_3—C$
b	1.3	3	t	$CH_3—CH_2$
c	2.1	2	s	$C—CH_2—C$
d	4.1	2	q	$CH_3—CH_2—O$

将结构片段中的 C、H、O 总数相加，共有 7 个 C、16 个 H、1 个 O，与分子式比较还差 1 个 C、1 个 O。结合不饱和度为 1，应为 C═O，并且应与化学位移 2.1 的信号 C 相连。

（4）将上述片段组成可能的结构：

$$H_3C—H_2C—O—\overset{\overset{\large O}{\|}}{C}—CH_2—\underset{CH_3}{\overset{CH_3}{C}}—CH_3$$

（5）对[1]H－NMR 中的各个信号归属，通过验证确为该结构：

$$\overset{b}{H_3C}—\overset{d}{H_2C}—O—\overset{\overset{\large O}{\|}}{C}—\overset{c}{CH_2}—\underset{CH_3}{\overset{CH_3}{C}}—\overset{a}{CH_3}$$

答案解析

目标检测

一、名词解释

横向弛豫和纵向弛豫；化学等价和磁等价；核磁共振一级图谱和高级图谱。

二、简答题

1. 简述核磁共振现象产生的原理。
2. 化学位移的形成机制是什么？
3. 核磁共振中的耦合作用形成过程及影响因素是什么？

三、波谱解析

1. 比较下列化合物各组 H 的 δ 值大小，说明理由，并写出各组 H 的 δ 值范围。

（1）$CH_3—CH_2—Br$

（2）$CH_3—CH_2—CH_2—CHO$

（3）$CH_3—COO—CH_2—CH_3$

（4）$CH_3—CH_2—CH_2—CH=CH_2$

（5）苯酚（苯环—OH 结构式）

2. 某化合物的分子式为 $C_4H_9NO_2$，其氢谱图如下所示，试推测其结构。

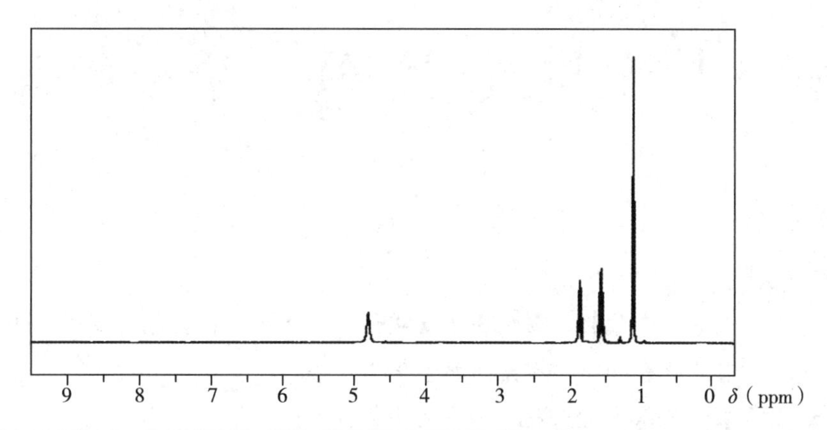

δ (ppm)	峰形	质子数
4. 676	t	2
1. 724	六重	2
1. 414	五重	2
0. 958	t	3

3. 某化合物的分子式为 $C_9H_9ClO_2$，其氢谱图如下所示，试推测其结构。

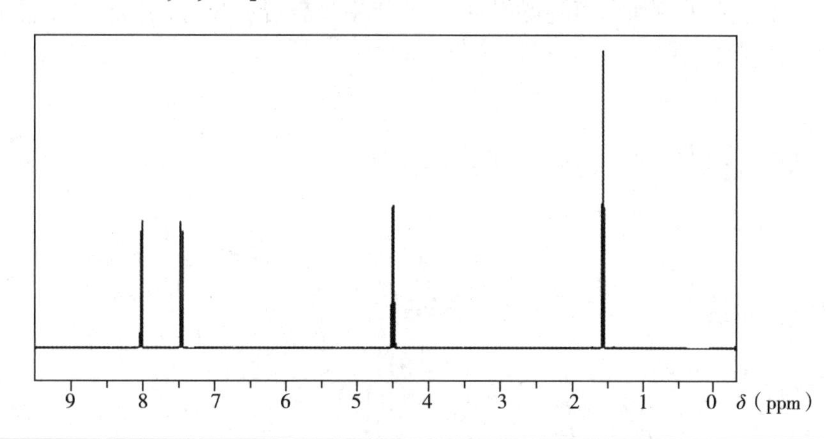

δ (ppm)	峰形	质子数
7. 976	d	2
7. 406	d	2
4. 374	q	2
1. 392	t	3

书网融合……

思政导航

本章小结

微课

题库

第八章　核磁共振碳谱和二维核磁共振谱

学习目标

知识目标

1. 掌握　碳谱化学位移的影响因素及碳谱的解析方法；全氢去耦谱、DEPT 谱的特点。
2. 熟悉　各类化合物^{13}C NMR 的典型化学位移。
3. 了解　碳谱的基本特点及碳谱中的去耦技术；二维核磁共振谱。

能力目标　通过本章的学习，具备独立解析简单化合物碳谱的能力。

^{13}C 核磁共振谱（carbon nuclear magnetic resonance，^{13}C－NMR）简称碳谱，可提供分子的骨架信息，与提供分子骨架外围结构信息的^{1}H－NMR 互相补充。虽然第一张碳谱在 1957 年就已经得到，但是由于碳谱信号强度低，作为常规谱用于结构鉴定尚有困难。随着脉冲傅里叶变换－核磁共振光谱仪（PFT－NMR）的出现和计算机的引入，如今可在数分钟内得到一张分辨率良好的碳谱，碳谱已成为研究有机化合物分子结构不可或缺的工具。

PPT

第一节　碳谱的特点及常见类型

一、碳谱的基本特点

（一）化学位移范围宽

碳谱的化学位移值一般在 0～250，远大于氢谱化学位移范围（0～20），谱峰之间很少重叠。氢谱和碳谱的平均半峰宽均在 1Hz 左右，所以碳谱分辨率比氢谱高 5～10 倍。图 8－1 为柯诺辛碱的碳谱图，尽管结构式较复杂，信号却很少重叠。

（二）灵敏度低

^{13}C 磁旋比约为^{1}H 的 1/4，而核磁共振峰的强度与磁旋比的三次方成正比；又由于在自然界中^{13}C 仅为^{12}C 的 1.1%，所以碳谱总的信号灵敏度约为氢谱的 1/6000。

（三）谱峰强度与碳原子数不成正比

自旋核体系只有处在平衡状态时，NMR 峰的强度才与产生的共振核数目成正比。^{1}H－NMR中，纵向弛豫时间 T_1值较小，通常是在平衡状态下进行观测，故共振峰的强度正比于产生该峰的质子数，可用于定量。而在^{13}C－NMR 中，^{13}C 的 T_1值较大，^{13}C－NMR 通常都是在非平衡状态下进行观测，不同种类的碳原子的 T_1值不同，因此碳核的谱峰强度通常不与碳核数成正比。季碳核 T_1值最大，信号最弱，在碳谱中容易识别。所以，碳核信号强度顺序与纵向弛豫时间（T_1）相反：$CH_2 \geqslant CH \geqslant CH_3 > C$。

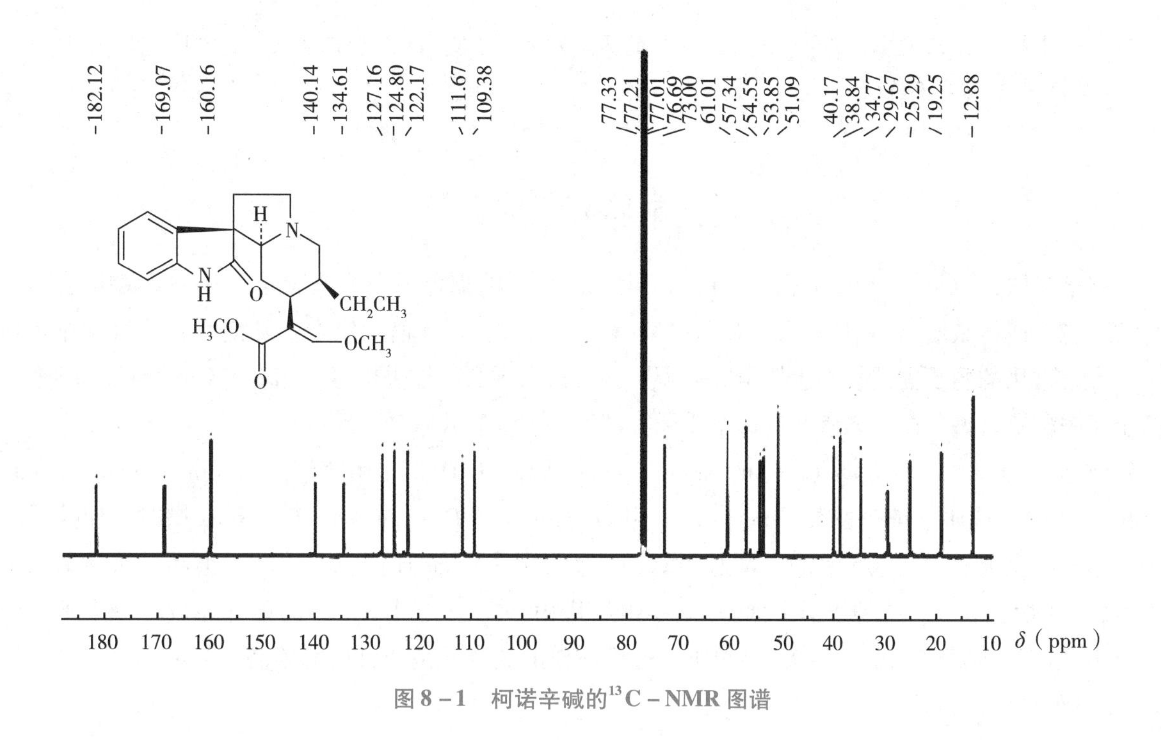

图 8-1　柯诺辛碱的^{13}C-NMR 图谱

（四）弛豫时间长

^{13}C 核的纵向弛豫时间（T_1）明显大于^{1}H 的纵向弛豫时间。^{1}H 核的 T_1在 0.1～1 秒，而^{13}C 核的 T_1在 0.1～100 秒，且与所处的化学环境密切相关。所以，对^{13}C 核的 T_1进行测定分析，可提供碳核在分子内的结构环境信息，帮助决定^{13}C 信号的归属。各种不同类型碳原子的 T_1值顺序为 $CH_2 \leqslant CH \leqslant CH_3 < C$。

（五）耦合常数大

在一般样品中，由于^{13}C 丰度很低，碳谱一般不考虑$^{13}C-^{13}C$ 耦合，而主要考虑$^{13}C-^{1}H$ 耦合，耦合常数为 125～250Hz，所以不去耦的碳谱较为复杂。

知识链接

碳谱的耦合常数

常规碳谱（全氢去耦谱）不提供耦合常数信息（因为宽带去耦）。但在一定条件下，碳谱中仍可获得三种耦合类型的信息。

1. $^{13}C-^{13}C$ 耦合　因为^{13}C 的天然丰度值很低，^{13}C 在同一分子中处于相邻位置的概率很小，所以在天然丰度碳谱中，难以观察到这种耦合，只有在富集的^{13}C 化合物中可以遇到。

2. $^{13}C-^{1}H$ 耦合　碳谱中最重要的是$^{13}C-^{1}H$ 之间的耦合，这种耦合仍符合 $n+1$ 规律。这种耦合根据所通过的键数，可以分成$^{1}J_{CH}$、$^{2}J_{CH}$、$^{3}J_{CH}$。通常一个键的$^{13}C-^{1}H$ 耦合常数（$^{1}J_{CH}$）最大，数值为125～250Hz，分裂的^{13}C 的信号有足够的强度，在碳谱中都可以观测到。但是在氢谱中，由于$^{13}C-^{1}H$ 的耦合所引起的质子信号分裂，只是在强峰的两侧对称出现很弱的卫星峰。

相隔两个键以上 C-H 耦合通常称为远程耦合，其中$^{2}J_{CH}$值的范围是 -5～60Hz，但大多数小于 50Hz，变化规律与$^{1}J_{CH}$一样。$^{2}J_{CH}$和$^{3}J_{CH}$在^{13}C 的耦合谱上都能观察到，但在常规碳谱中和偏共振去耦谱中消失，一般情况下实用价值较小。

3. ^{13}C 与杂原子的耦合　当碳原子与某些杂原子连接时，由于碳原子与杂原子的耦合不受^{1}H 去耦的影响，所以在碳谱上可以看到这种耦合。其中比较重要的是^{19}F、^{31}P、D 等磁核的耦合。^{14}N 由于有四极矩，不表现出耦合，只使^{13}C信号变宽。^{19}F、^{31}P的$I=1/2$，可使^{13}C信号产生$n+1$重峰；D的$I=1$，可使^{13}C信号产生$2n+1$重峰。

二、常见的碳谱类型

在碳谱当中，由于^{13}C天然丰度（1.1%）低，$^{13}C-^{13}C$的耦合裂分概率很低。但由于大量的$^{13}C-^{1}H$耦合的存在，所得碳谱$^{13}C-^{1}H$裂分峰使碳谱变得复杂，所以在碳谱测定中，常使用异核双共振的质子去耦技术，常用的质子去耦技术包括全氢去耦、偏共振去耦和门控去耦等，相应得到的常见的碳谱类型包括全氢去耦谱、偏共振去耦谱、选择性质子去耦谱和DEPT谱等。

1. 全氢去耦谱 全氢去耦（proton complete decoupling，COM）也叫宽带去耦（broad band proton decoupling，BBD）或质子噪声去耦（proton noise decoupling，PND）。在观测$^{13}C-NMR$谱时，使用一高功率的能够覆盖全部质子共振频率的去耦射频磁场，使样品中全部^{1}H同时发生共振饱和，从而消除了全部的$^{13}C-^{1}H$耦合裂分。这种质子去耦的$^{13}C-NMR$谱由一个个分辨率很好的单峰组成，每个不等价的碳都只出现一个共振峰。若无特指的情况下，通常所作的碳谱就是全氢去耦碳谱。图8-2是benzenebutanoic acid的全氢去耦碳谱。

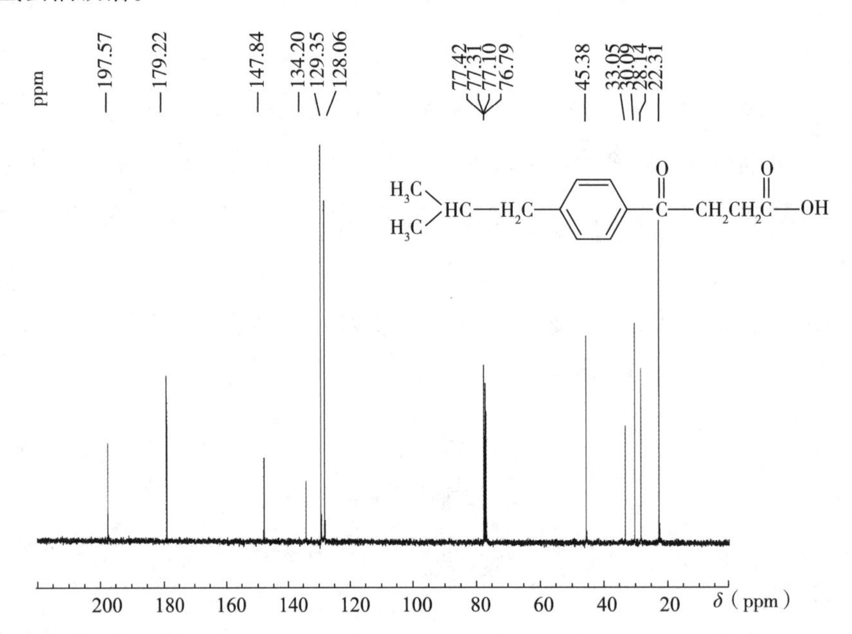

图8-2 benzenebutanoic acid的全氢去耦碳谱（δ77的三个峰为溶剂残留峰）

全氢去耦碳谱的特点：①可直接测得各碳的化学位移δ；②除季碳外，由于NOE效应，其他碳信号强度加强；③分离度好；④消除了$^{13}C-^{1}H$耦合，不能区别伯、仲、叔碳。

全氢去耦虽然大大提高了碳谱的灵敏度，简化了谱图，但是同时损失了碳的类型、耦合情况等有用的结构信息，无法识别伯、仲、叔、季不同类型的碳。

2. 偏共振去耦谱 偏共振去耦（off-resonance decoupling，OFR）是采用一个频率范围很小（0.5~1kHz），略偏离所有^{1}H核的共振频率，使碳原子上的质子在一定程度上去耦。这时$^{13}C-^{1}H$远程耦合消失，仅保留$^{13}C-^{1}H$直接耦合。图8-3是丁香酚20MHz处的全氢去耦谱和80MHz处不同偏置的偏共振去耦谱。

偏共振去耦谱的特点：①保留耦合裂分信息，又不至于使多重峰重叠；②可用来鉴别CH_3(q)、

CH_2(t)、CH(d)、C(s)，多重峰的裂分峰数目与直接相连的质子数有关，符合$n+1$规律。

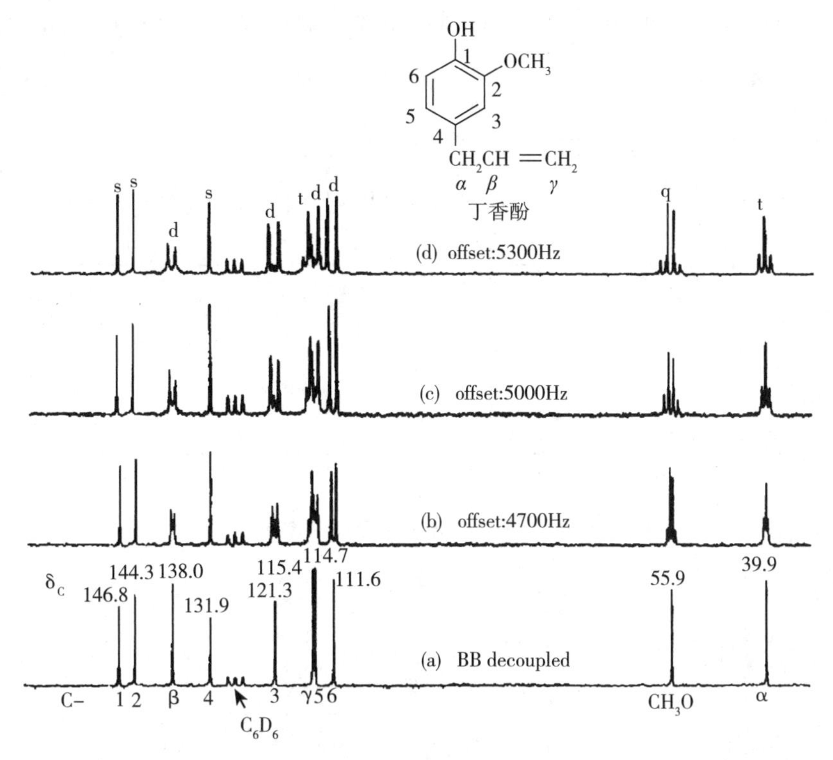

图 8－3　丁香酚的全氢去耦碳谱和80MHz处不同偏置的偏共振去耦谱

a. 全氢去耦碳谱；b～d. 80MHz处不同偏置的偏共振去耦谱

3. 选择性质子去耦谱　选择性质子去耦（selective proton decoupling）是偏共振的特例，主要用于解决复杂分子图谱中碳的信号归属。在已明确氢信号归属的前提下，选用图谱中某一特定质子频率作为照射频率，结果在测得的图谱中与该质子相连的碳变成单峰，并由于NOE效应，峰的强度增加，而该照射频率对其他碳起到偏共振作用，多重峰的耦合缩小为残余耦合。当氢谱和碳谱的归属都没完成时，通过选择性去耦可以找到氢谱中的峰组和碳谱中的峰组之间的对应关系。

4. 门控去耦谱和反门控去耦谱　宽带去耦谱失去了所有的耦合信息，偏共振去耦谱虽然保留了$^{13}C-^{1}H$直接耦合，但失去了远程耦合信息，这两种谱的碳信号强度与对应的碳原子数目不成比例。为了测定真正的耦合常数或定量分析碳数目，可以采用门控去耦和反门控去耦技术。

（1）门控去耦（gated decoupling）　不去耦^{13}C－NMR谱由于耦合裂分以及缺乏NOE增益，信号很弱。应用门控去耦技术，即在^{13}C激发射频脉冲作用间隔时期开启质子去耦器，而在^{13}C激发射频脉冲作用及^{13}C的FID信号采集期间关闭质子去耦器，可测得具有NOE增益的^{13}C－NMR谱。与不去耦^{13}C－NMR谱相比，门控去耦谱的信噪比最大可提高2倍。

（2）反门控去耦（inverse gated decoupling）　分子中各碳的NOE增益及弛豫时间各不相同。因而宽带去耦谱中各碳的谱峰强度与碳核数目不成比例。应用反门控去耦技术，即只在FID信号采集期间开启质子去耦器，可获得以牺牲灵敏度为代价的，没有NOE增益的去耦^{13}C－NMR谱，可用于定量分析。

5. DEPT谱　即称无畸变极化转移技术（distortionless enhancement by polarization transfer，DEPT），通过改变照射^{1}H核的第三脉冲宽度（θ），θ可设置为45°、90°、135°，不同的设置将使CH、CH_2和CH_3基团显示不同的信号强度和符号。季碳原子在DEPT谱中不出峰。θ为45°时，CH、CH_2和CH_3均出正峰，90°时，只有CH出峰，且为正峰；135°时，CH_3、CH显示正峰，CH_2显示负峰。实际应用中仅测

DEPT 90°和 DEPT 135°即可。以 benzenebutanoic acid 为例进行说明，benzenebutanoic acid DEPT 90°和 DEPT 135°如图 8-4 所示。DEPT 90°只有 CH 碳原子出峰；DEPT 135°中 CH、CH_3显正峰，CH_2为负峰。

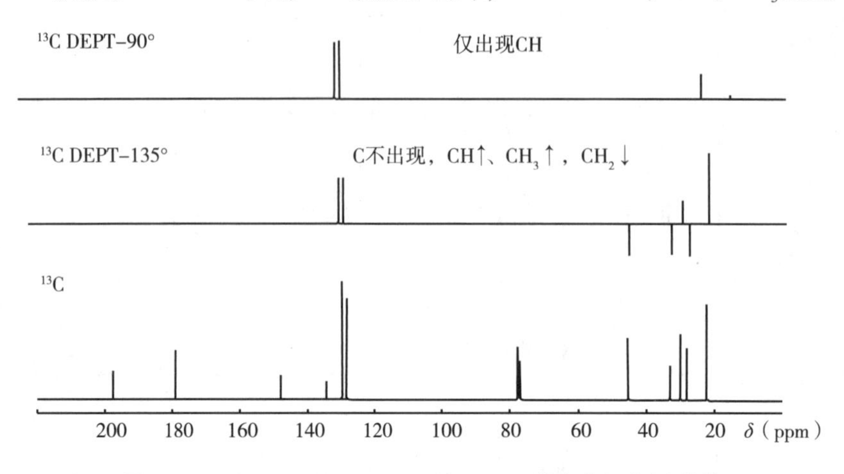

图 8-4 benzenebutanoic acid 的 DEPT 谱和全氢去耦碳谱

第二节 碳谱的化学位移

PPT

一、影响碳谱化学位移的因素

碳谱中化学位移（δ_C）是最重要的参数。它直接反映了所观察核周围的基团，电子的分布情况，即核所受屏蔽作用的大小。碳谱的化学位移对核所受的化学环境是很敏感的，它的范围比氢谱宽得多，一般δ_C在 0~250，对于分子量小于 1000 的化合物，碳谱几乎可以分辨每一种不同化学环境的碳原子，而氢谱有时却严重重叠。

不同化学环境的碳，其化学位移δ_C从高场到低场的顺序与其所连的氢的化学位移δ_H有一定的对应性，但并不完全一致。与氢谱类似，影响碳谱化学位移因素包括杂化类型、电子效应、空间位阻和溶剂效应等。

（一）碳的杂化类型

碳谱的化学位移受杂化影响较大，sp^3杂化碳在最高场，其次为 sp 杂化碳，sp^2杂化碳在最低场。例如：

结构分段	杂化类型	δ_C	δ_H
$CH_3—CH_3$	sp^3	5.7	0.9
CH ≡CH	sp	71.9	1.8
$CH_2═CH_2$	sp^2	123.3	5.2
$CH_2═O$	sp^2	197.0	9.6

可见，不同杂化类型碳核的化学位移大小顺序与其相连质子的化学位移大小顺序平行。

（二）诱导效应

电负性大的取代基使相邻碳的化学位移增加，增加的大小随相隔键数的增多而减小。基团的电负性越强，去屏蔽效应越大。诱导效应对直接相连碳的化学位移影响最大，即 α 效应。不同取代基对 β 碳影响不大，对 γ 碳影响都使其向高场位移，这表明，除了取代基的诱导效应以外，还有其他因素影响碳核的化学位移。例如：

由于碳原子的电负性比氢原子的大，所以，尽管烷基为供电子基团，但在烷烃化合物中，烷基取代越多的碳原子，其 δ_C 反而越向低场位移。例如：

化合物	CH_4	CH_3CH_3	$CH_2(CH_3)_2$	$CH(CH_3)_3$	$C(CH_3)_4$
δ_C	-2.3	6.5　6.5	16.1　16.3	24.6　23.3	27.4　31.4

（三）共轭效应

杂原子基团参与的共轭效应对 π 体系中电子云分布有很大的极化影响，从而显著影响共轭体系中碳核的化学位移。取代苯环中，供电子基团取代能使其邻、对位碳的电子云密度增加，对应碳的化学位移 δ 值减小；而吸电子基团取代则使其邻、对位碳的电子云密度减小，对应碳的化学位移 δ 值增加。间位碳电子云密度所受的影响不大，故间位碳化学位移 δ 值的变化较小。例如：

（四）空间效应

取代基和空间位置很靠近的碳原子上的氢之间存在空间排斥作用，使相关 C—H 键的 σ 电子移向碳原子，从而使碳核所受的屏蔽增加，化学位移值减小，称为空间效应。取代基对其 γ 碳的空间效应，使 γ 碳的共振峰向高场位移常称为 γ 效应（γ - effect）。取代基（X）和 γ 碳之间主要有两种构象。

取代基与 γCH_2 邻位交叉　　取代基与 γCH_2 对位交叉

空间效应使取代基处于邻位交叉位置碳的共振峰向高场位移，而处于反式对位交叉位置碳的共振峰移动很小。

γ 效应在构象固定的六元环状结构中很普遍，当环上的取代基处于 α 键时，将对其 γ 位（3 - 位）产生 γ 效应，特别是 α 位的取代基是直立键时，γ 碳的化学位移值向高场移动约 5ppm。例如：

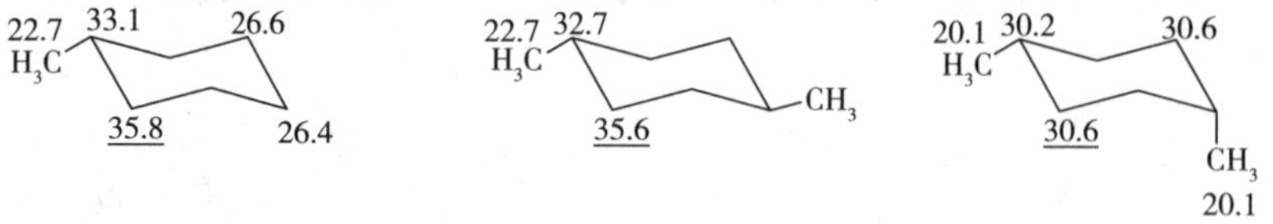

顺式取代烯烃中也常有明显的空间效应，烯碳的化学位移相差 1 ~ 2，与烯碳相连的饱和碳在顺式异构体中比相应的反式异构体向高场位移 3 ~ 5。例如：

（五）重原子效应

电负性取代基对被取代的脂肪碳的屏蔽影响主要为诱导效应。但在电负性重原子碘或溴取代烷中，随着碘或溴取代的增加，碳的化学位移反而显著减小，称为重原子效应。这是由于碘等重原子的核外电子较多，原子半径较大，从而使它们的供电子效应有时要比诱导效应更强烈所致。例如：

	CH_4	CH_3I	CH_2I_2	CHI_3	CI_4
δ_C	-2.3	-21.8	-55.1	-141.0	-292.5
		CH_3Br	CH_2Br_2	$CHBr_3$	CBr_4
δ_C		9.6	21.6	12.3	-28.5

（六）氢键效应

分子内氢键可使羰基碳更强地被极化，而表现出去屏蔽作用。如水杨醛等化合物有较强的分子内氢键，羰基碳 δ 值显著增加。

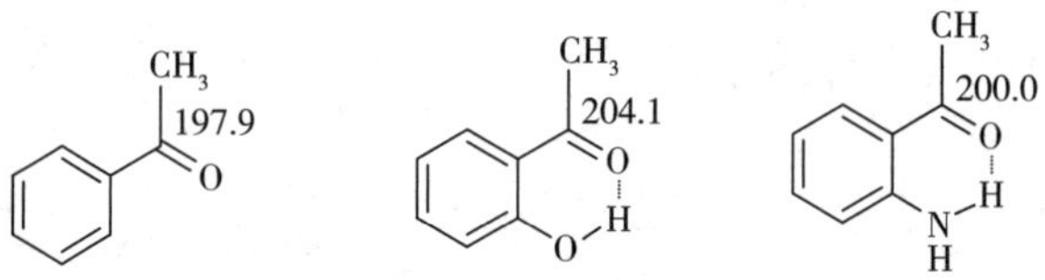

（七）其他影响

1. 溶剂 不同溶剂测试的 ^{13}C - NMR 谱，δ_C 改变几到十几，这通常是样品与极性溶剂通过氢键缔合产生的去屏蔽效应的结果。

2. 温度 温度的改变可使 δ_C 有几个单位的位移，当分子有构型、构象变化或有交换过程时，谱线的数目、分辨率、线型都将随温度变化而产生显著变化。

二、各类 ^{13}C 的化学位移

各类有机基团典型 ^{13}C 化学位移值均有一定的特征范围（忽略极端值），如图 8 - 5 所示，可见大部分烷基碳的化学位移值在 0 ~ 80；烯、炔和芳香碳化学位移值在 80 ~ 160；羰基碳化学位移值在 160 ~ 220。

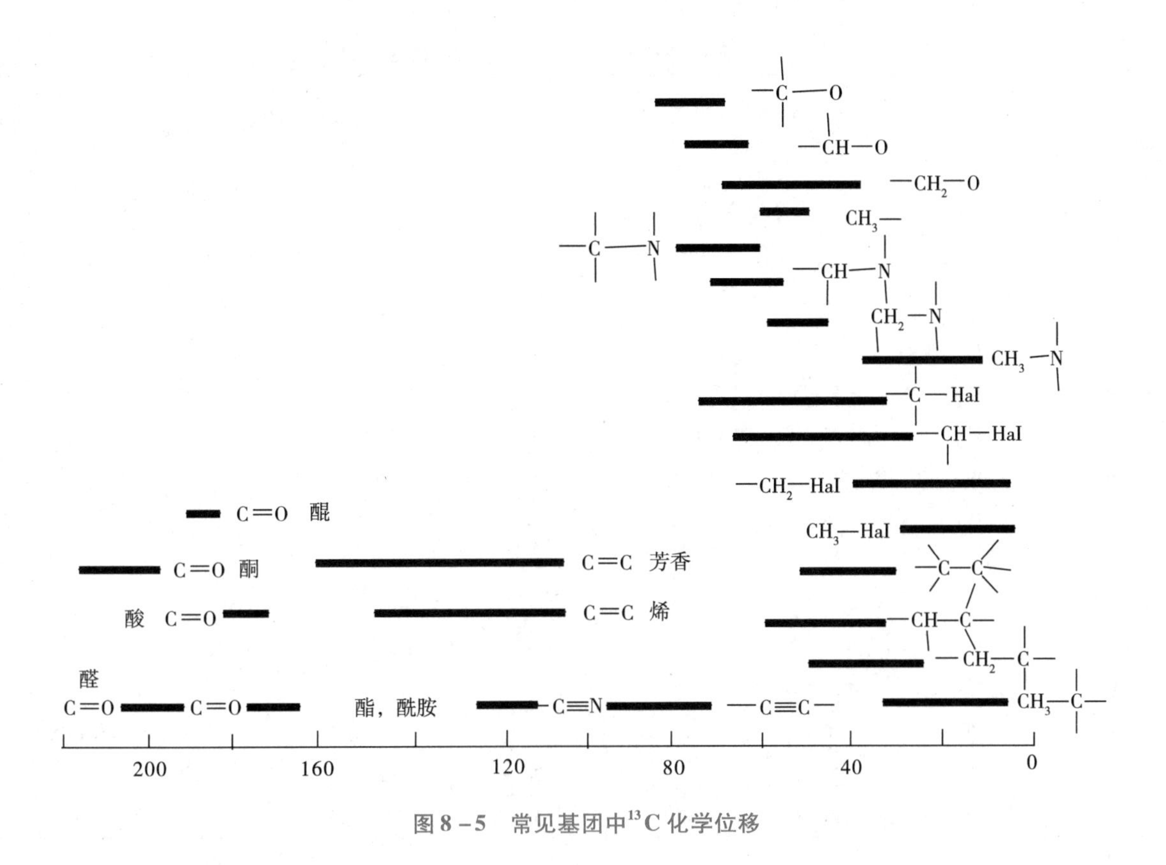

图 8－5　常见基团中^{13}C 化学位移

（一）开链烷烃碳的化学位移

开链烷烃碳（sp^3）的化学位移 δ 值一般小于 50（表 8－1）。

表 8－1　典型烷烃的^{13}C 的化学位移（δ_C）

化合物	C－1	C－2	C－3	C－4	C－5
甲烷	－2.3				
乙烷	6.5				
丙烷	16.1	16.3	16.1		
丁烷	13.1	24.9	24.9	13.1	
戊烷	13.7	22.6	34.6	22.6	13.7
己烷	13.7	22.8	31.9		
庚烷	13.8	22.8	32.2	29.3	
辛烷	13.9	22.9	32.2	29.5	
异丁烷	24.6	23.3			
异戊烷	22.2	31.1	32.0	11.7	
异己烷	22.7	28.0	42.0	20.9	14.3
新戊烷	27.4	31.4			
2,2－二甲基丁烷	28.7	30.2	36.5	8.5	
3－甲基戊烷	11.1	29.1	36.5	18.4（3－CH_3）	
2,3－二甲基丁烷	19.1	33.9			

表 8-2　链烷烃碳的官能团取代位移参数 Z（δ）

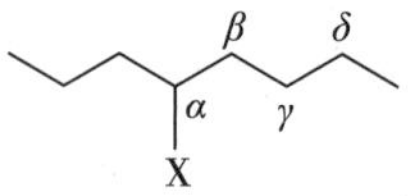

-X	Z(α)		Z(β)		Z(γ)γ	Z(δ)	Z(ε)
	n-	iso	n-	iso			
—Cl	31	32	10	10	-5	-0.5	0
—Br	20	26	10	10	-4	-0.5	0
—OR	57	51	7	5	-5	-0.5	0
—OCOR	52	45	6.5	5	-4	0	0
—OH	49	41	10	8	-6	0	0
—NH_2	28.5	24	11.5	10	-5	0	0
—NO_2	61.5	57	3	4	-4.5	-1	-0.5
—C≡H	4.5	—	5.5	—	-3.5	0.5	0
—CHO	30	—	-0.5	—	-2.5	0	0
—COOR	22.5	17	2.5	2	-3	0	0
—COOH	20	16	2	2	-3	0	0
—Ph	23	17	9	7	-2	0	0
—CH=CH_2	20	15	6	5	-0.5	0	0

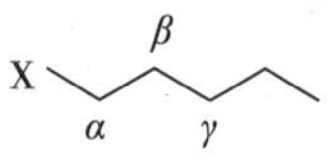

（二）烯烃碳的化学位移

烯烃碳的化学位移较大，δ_C 值一般在 80～160。表 8-3 为典型烯烃碳的化学位移。

表 8-3　典型烯烃碳的化学位移（δ_C）

化合物	C-1	C-2	C-3	C-4	C-5	C-6
丙烯	115.9	133.4	19.4			
丁烯-1	113.5	140.5	27.4	13.4		
戊烯-1	114.5	139.0	36.2	24.4	13.6	
己烯-1	114.2	139.2	33.8	31.5	22.5	14.0
(*E*)-2-戊烯	17.3	123.5	133.2	25.8	13.6	
(*Z*)-2-戊烯	12.0	122.8	132.4	20.3	13.8	
1,3-丁二烯	116.6	137.2				
2-甲基丙烯	111.3	141.8	24.2			
环戊烷	130.8		32.8	23.3		
环戊烯	127.4		25.4	23.0		
1,3-环己二烯	126.1	124.6			22.3	

烯碳的化学位移随烷基取代的增多而增大，末端烯碳的化学位移比连有烷基的烯碳要小 10～20。

$$\delta(=CR_2) > \delta(=CHR) > \delta(=CH_2)$$

（三）炔烃碳的化学位移

炔烃碳的 δ 值一般在 60～95。表 8-4 为典型炔烃碳的化学位移。炔键的各向异性效应使得炔碳受屏蔽比烯碳强而比烷碳弱，所以炔碳的化学位移值大于烷烃而小于烯烃。

表8-4　典型炔烃的^{13}C化学位移（δ_C）

化合物	C-1	C-2	C-3	C-4	C-5	C-6
戊炔-1	68.2	83.6	20.1	22.1	13.1	
己炔-1	68.6	86.3	18.6	31.3	22.4	14.1
己炔-2	2.7	74.7	77.9	20.6	22.6	13.1
己炔-3	15.4	13.0	80.9			
丁烯-1-炔-3	129.2	117.3	82.8	80.0		

（四）芳烃碳的化学位移

芳烃碳（sp^2）的δ值一般在90～170。取代基的诱导、共轭和空间位阻均会影响其化学位移。苯环的C-1受取代基的电负性影响多数移向低场。只有少数屏蔽效应较大的取代基—C≡CH、—CN（各向异性）及—Br、—I（重原子效应）等才使C-1移向高场。给电子基团，特别是一些有孤对电子的基团，即使电负性较大，都能使苯环的邻、对位芳碳向高场移动，如—OH、—OR、—NH_2等。吸电子基团则使邻、对位芳碳向低场移动，如—COOH等。处于取代基间位的芳环碳原子δ值变化较小。

（五）羰基碳的化学位移

羰基碳的化学位移δ值为150～220。各种羰基碳的化学位移δ值的大小顺序为：

酮＞醛＞羧酸＞羧酸衍生物（酰胺、酰氯、酸酐、酯）

酮、醛的羰基碳与其他化合物羰基碳相比在更低场，δ_C值为190～220。醛羰基碳δ值比相应的酮羰基碳小5～10，由于其在偏共振去耦谱中为双峰且有较强的NOE增益，因而很容易识别（表8-5）。

表8-5　各种羰基碳的化学位移δ值

R—	$RCOCH_3$	RCHO	RCOOH	$RCOOCH_3$	RCOCl	$RCON(CH_3)_2$	$(RCO)_2O$
CH_3—	205.2	200.5	177.3	171.0	170.5	170.7	167.3
C_6H_5—	196.9	190.7	173.5	167.0	168.7	170.8	162.8

羧酸及其衍生物中的羰基碳与带有孤电子对的杂原子（—OH、—X、—NH_2等）相连，受到给电子共轭效应（+C效应）作用，羰基碳共振峰向高场位移，δ_C值为150～180。

第三节　核磁共振碳谱解析的一般程序 微课

PPT

一、利用^{13}C-NMR谱进行结构分析的一般步骤

1. 计算　由分子式计算不饱和度。

2. 分子对称性分析　一般在分析碳谱时，首先对每个碳信号谱线进行标号，并得出总的谱线数目。若谱线数目等于分子式中碳原子数目，说明分子无对称性；若谱线数目小于分子式中碳原子的数目，说明分子有一定的对称性。

3. 碳谱大致可分为三个区

（1）脂肪链碳原子区（$\delta<100$）　其中不和杂原子相连的饱和碳原子化学位移小于55。另外，炔碳原子化学位移出现在该区域70～100。

（2）不饱和碳原子区（δ为100～160）（炔碳除外）　烯、芳环等sp^2杂化碳原子在这个区出峰。

（3）羰基区　化学位移大于 190 的信号属于醛和酮类化合物。

化学位移在 160～190 的信号属于酸、酯、酸酐等化合物。

4. 碳原子级数的确定　由偏共振去偶谱或 DEPT 谱确定碳原子级数。由此可计算化合物中与碳原子相连的氢原子数目。

5. 推出结构单元　结合上述几项推出结构单元，并进一步组合成若干可能的结构式。

6. 确定结构式　对碳谱进行指认，通过指认选出最合理的结构式。

二、解析示例

例 8－1　未知物分子式为 $C_8H_{10}O$，碳的质子宽带去偶谱和偏共振去偶谱如图 8－6 所示，试推测其结构。

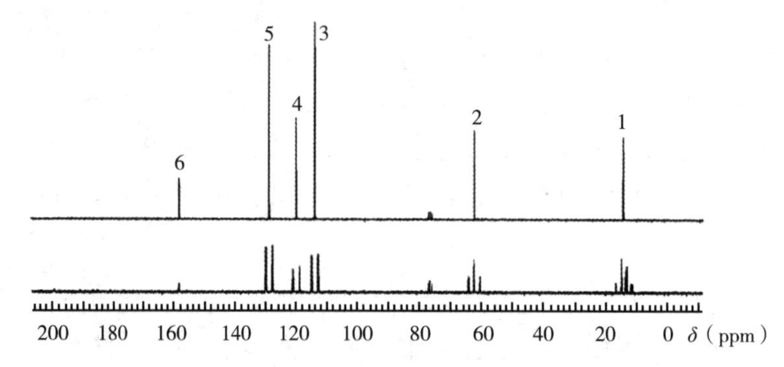

图 8－6　化合物的质子宽带去偶谱和偏共振去偶谱

解析

（1）不饱和度 $\Omega=(2\times8+2-10)/2=4$，可能含有苯环。

（2）^{13}C－NMR 谱中共出现 6 个峰，与分子式中的 8 个 C 原子不相应，表明分子结构中有对称性。

（3）3～6 号峰为 sp^2 杂化碳，从多重峰的组成及 δ_C 值看是单取代苯上的碳，1 号碳为甲基峰，2 号碳为亚甲基峰。

（4）根据测得的结构单元，可推测出分子结构为

O

（5）进行碳谱归属指认，确为该结构式。

例 8－2　某化合物的分子式为 C_6H_{14}，化合物的碳谱如图 8－7 所示，试推测该化合物结构。

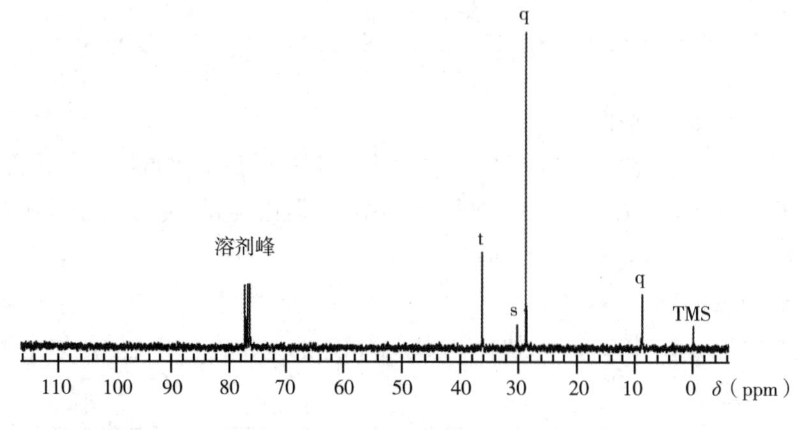

图 8－7　化合物碳谱

解析

（1）由元素组成可算出该化合物的不饱和度为零，即该化合物为链状饱和烃。

（2）碳谱清楚地显示了四条谱线，其谱线数小于分子式中碳原子数目，推测可能有等价的 C 谱线重合；其中化学位移 28 谱线（由该峰的多重性 q 可知为 CH_3）突出的高，这说明谱线为化学位移值相同（即等价）的几个 CH_3 碳信号重合，从谱线高度可以估计该峰对应 3 个化学等价 CH_3 碳原子，结合化学位移应为叔丁基；另还有化学位移 9 的 CH_3，化学位移 30 的季碳，化学位移 36 的 CH_2。从上面的分析可知分子的结构单元为 $(CH_3)_3C$、—CH_2—、—CH_3、季碳。

（3）将以上结构单元的 C、H 数目相加，共 6 个碳、14 个 H，与分子式相符。

（4）由于三个甲基的化学位移等价，所以这三个甲基和季碳原子相连接，另一个甲基只能和—CH_2—连接，—CH_2—的另一端只能和季碳连接，所以化合物的结构式为 $(CH_3)_3C$—CH_2—CH_3。

（5）进行碳谱归属指认，确为该结构式。

PPT

第四节　二维核磁共振谱简介

二维核磁共振光谱（two - dimensional NMR spectroscopy，2D - NMR）是 J. Jeener 于 1971 年首次提出的，4 年后 R. R. Ernst 等人完成首次 2D - NMR 实验并随后建立了 2D - NMR 理论。此后，经 Ernst 和 R. Freeman 等人努力，2D - NMR 实验方法得到了迅速发展，并在很多领域中获得了广泛应用，成为 NMR 中最具价值的研究领域，对有机化合物的结构确定发挥了重要作用。

一、二维核磁共振谱类型

在前述 ^1H - NMR 及 ^{13}C - NMR 谱中，均以横坐标代表频率（ν_H 或 ν_C），纵坐标代表信号强度，这些只使用一种频率表示的图谱，称为一维谱（one dimensional NMR；1D - NMR）。

二维核磁共振谱（2D - NMR）是将化学位移 - 化学位移或化学位移 - 耦合常数对核磁信号作二维展开而成的图谱。它包括 *J* 分解谱（*J* resolved spectroscopy）、化学位移相关谱（chemical shift correlation spectroscopy，COSY 谱）和多量子谱（multiple quantum spectroscopy）等多种新技术，表 8 - 6 中列出了目前常用的二维 NMR 谱及其所能提供的信息。

表 8 - 6　常用二维 NMR 谱

实验名称	F1 参数	F2 参数	相关途径	用途
^1H - ^1H COSY	δ_H，J_{HH}	δ_H，J_{HH}	J_{HH}	确定 H - H 耦合关系，帮助 ^1H 谱归属
全相关谱 TOCSY	δ_H，J_{HH}	δ_H，J_{HH}	$^nJ_{HH}$（$n\geqslant2$）	自旋体系识别，主要用于具有糖、氨基酸残基的化合物和大分子化合物
HMQC	δ_C	δ_H，J_{HH}	$^1J_{CH}$	相交的氢、碳峰表示所对应的氢、碳原子是直接（一键）相连的
HMBC	δ_C	δ_H，J_{HH}	$^nJ_{CH}$（$n\geqslant2$）	相交的氢、碳峰表示所对应的氢碳原子相隔两键、三键或四键
NOESY	δ_H，J_{HH}	δ_H，J_{HH}	NOE	提供空间关系信息，确定分子的立体结构，或提供交换信息
同核 J 谱	J_{HH}	δ_H		测量 δ_H 和 J_{HH}
异核 J 谱	J_{CH}	δ_C		测量 J_{HH} 及确定键连氢的个数

二、常用二维核磁共振谱解析简介

1. $^1H-^1H$ COSY 谱 氢-氢位移相关谱（$^1H-^1H$ COSY 谱）是^1H和^1H核之间的位移相关谱，两轴均为^1H核的化学位移。一般的 COSY 谱是 90°谱。从对角线两侧成对称分布的任一相关峰出发，向两轴做 90°垂线，在轴上相交的两个信号即为互相耦合的两^1H核。

在只有单重耦合存在时，1 个^1H核信号在图上只有 1 个相关峰，但当有多重耦合影响时，则可能不止 1 个。以 benzenebutanoic acid 的$^1H-^1H$ COSY 谱（图 8-8）为例，在其$^1H-^1H$ COSY 谱上 H-e 只有一个相关峰，显示与 H-d 相连；H-f 有 1 个相关峰，显示与 H-g 相连；H-b 有两个相关峰，显示除与 H-c 相连外还与 H-a 相连。如再结合化学位移及耦合常数，可以很容易地确定整个分子的结构。所得结果要比1D-^1H-NMR 直接、可靠得多。在信号重叠严重时，其效果尤为突出。

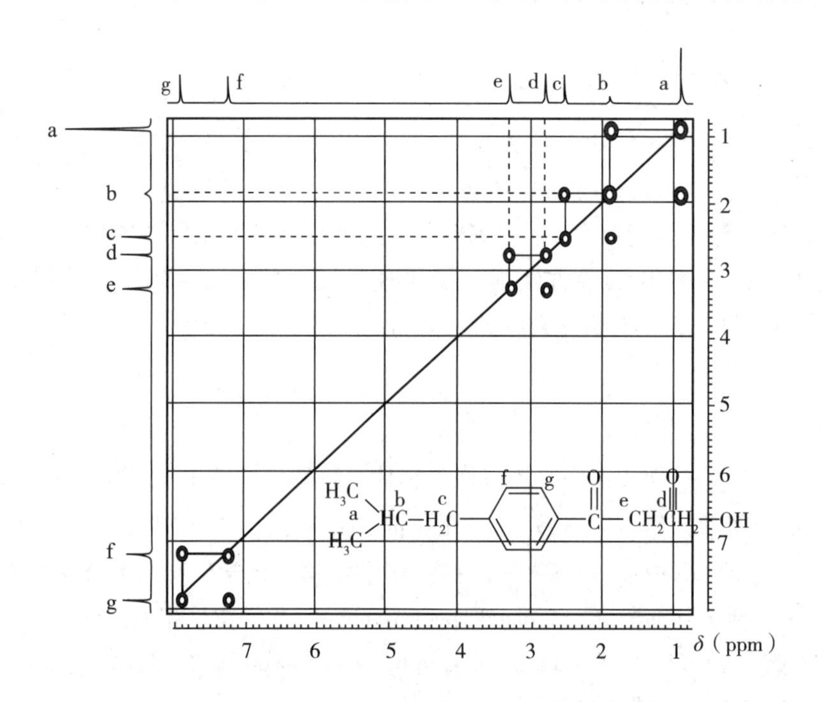

图 8-8 benzenebutanoic acid 的$^1H-^1H$ COSY 谱

2. HSQC 谱 HSQC（^1H detected heteronuclear single-quantum coherence，^1H检出的异核单量子相干）F_2维代表^1H的化学位移，F_1维代表^{13}C的化学位移，图谱中没有对角峰，只给出表示直接成键的 C-H 耦合关系的交叉峰。每个交叉峰代表水平和垂直线上对应化学位移的质子和碳之间的直接连接关系。图 8-9 为 benzenebutanoic acid 的 HSQC 谱，从图谱中我们可以得到和氢直接相连的碳的化学位移，也可以根据碳的化学位移得到与它直接相连的氢的化学位移。

3. HMBC 谱 HMBC（^1H detected heteronuclear multiple-bond coherence，^1H检出的异核远程相关）F_2维代表^1H的化学位移，F_1维代表^{13}C的化学位移，图谱中每个相关峰表示相交的氢、碳峰所对应的氢碳原子是以两键、三键或四键相连的。由于脉冲序列的关系，HMBC 谱中有时也会出现一键耦合的峰，是以一对相隔一百多赫兹的小峰出现在对应氢峰的化学位移两边。图 8-10 为 benzenebutanoic acid 的 HMBC 谱，从图谱中我们可以很容易把从 HSQC 谱中得到的各个片段连接起来。

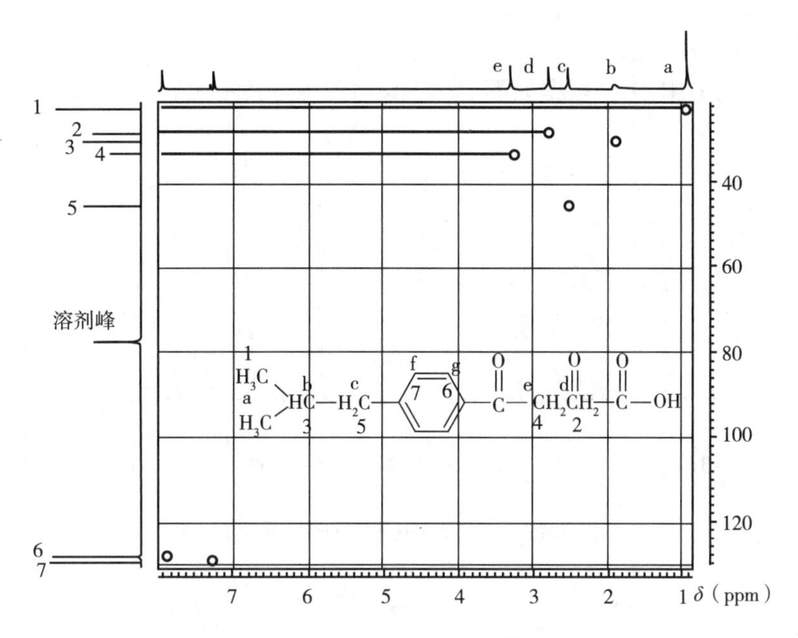

图 8-9　benzenebutanoic acid 的 HSQC 谱

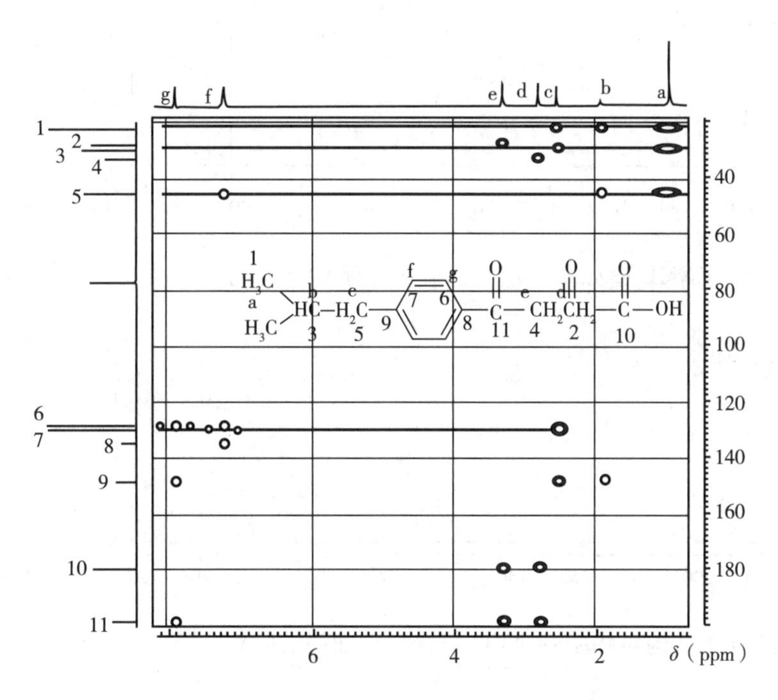

图 8-10　benzenebutanoic acid 的 HMBC 谱

答案解析

一、简答题

1. 核磁共振碳谱的特点有哪些？
2. 影响碳谱化学位移的因素有哪些？

二、波谱解析

1. 某化合物分子式为 $C_4H_8O_2$，根据如下 ^{13}C NMR 谱图确定其结构。

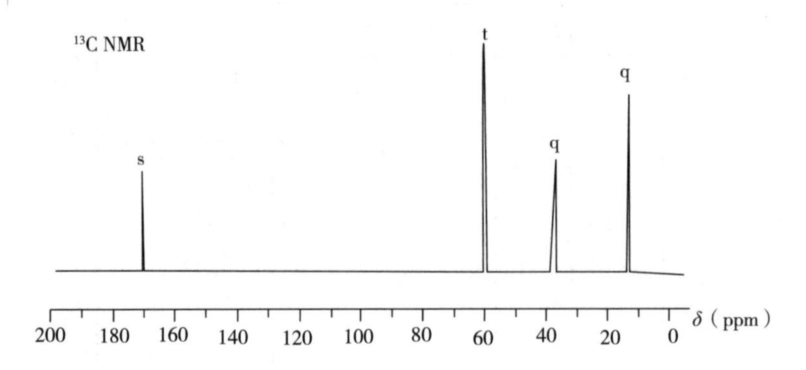

2. 某化合物分子式为 C_3H_6O，根据如下 ^{13}C NMR 谱图确定其结构。

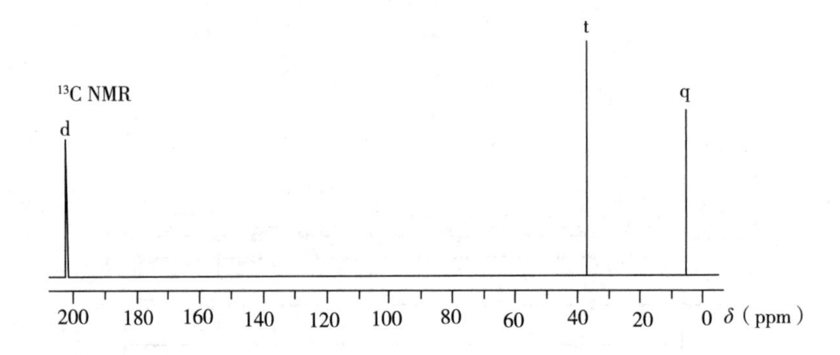

3. 化合物 $C_7H_{14}O$，$_{13}$CNMR 谱如图所示，试确定其结构并说明依据。

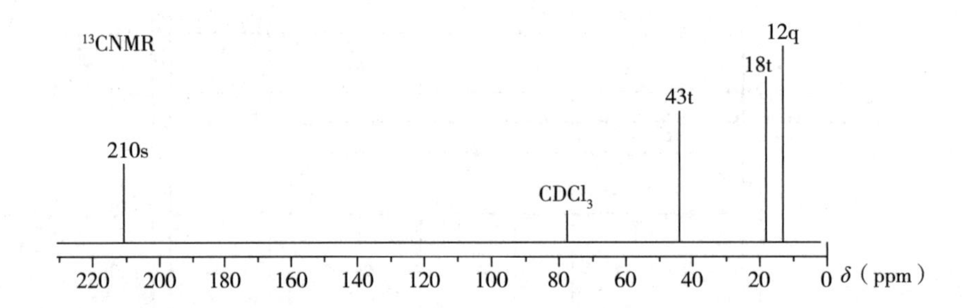

4. 试根据给出的分子结构对图中各个 ^{13}C 信号给出确切的归属。

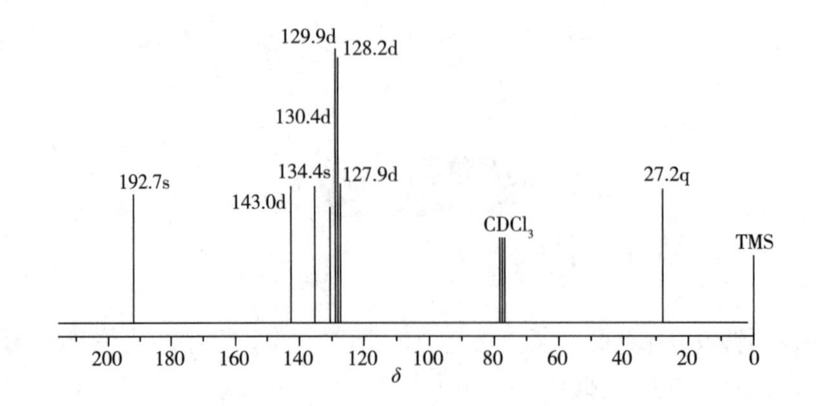

5. 巴豆酸乙酯的质子噪声去偶的^{13}CNMR 谱如图所示，请对各信号峰进行指认归属。

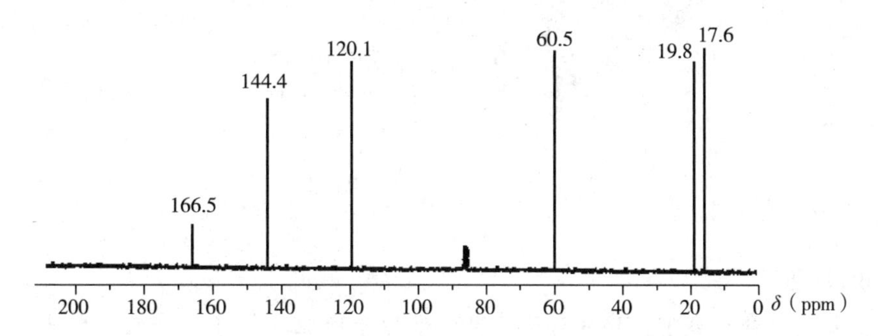

6. 某化合物的分子式为 C_6H_8O，其$_{13}$C－NMR 光谱如图所示，试解析其结构。

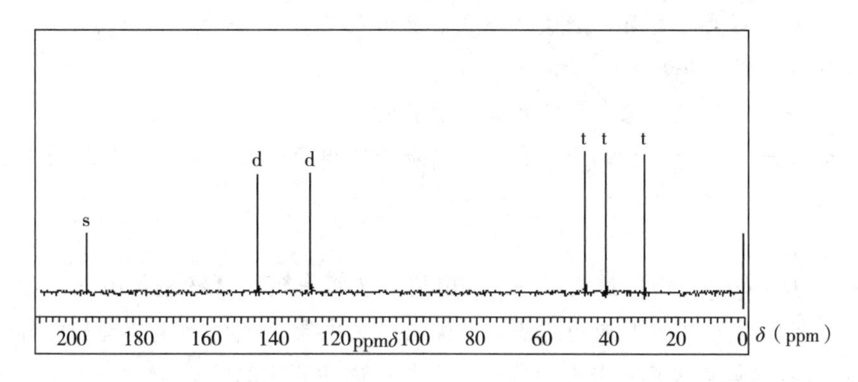

书网融合……

思政导航

本章小结

微课

题库

第九章　质谱法

学习目标

知识目标

1. 掌握　分子离子、碎片离子、同位素离子和亚稳离子的产生、特点和作用；离子的裂解规律。

2. 熟悉　烃类、醇类、醛类、酮类、酸和酯类等化合物的裂解方式与特征；简单有机化合物的质谱解析步骤及结构推导。

3. 了解　质谱仪的基本构造及其工作原理。

能力目标　通过本章的学习，能具有初步运用质谱解析简单化合物的化学结构。

质谱（mass spectrometry，MS）是利用一定的电离方法将有机化合物进行电离、裂解，将产生的各种离子按质荷比（m/z）大小排列形成的图谱。质谱法是利用质谱进行物质结构和成分分析的方法。质谱法具有灵敏度高、图谱信息丰富、分析速度快及可与色谱法联用等特点。

质谱法是近一个世纪发展起来的一种技术，早期的质谱仪主要用于同位素测定、无机元素分析以及电子碰撞过程研究等物理领域。自 1910 年 J. J. Thomson 发明质谱，并在 1912 年制造出第一台简易质谱仪，1919 年英国科学家 Francis William Aston 研制出第一台精密质谱仪，到 20 世纪 20 年代质谱作为一种分析手段被化学家们广泛采用。20 世纪 40 年代开始用于有机物分析。1946 年发明了飞行时间质量分析器，1948 ~ 1953 年出现了四极杆质量分析器，1957 年首次实现了气相色谱和质谱的联用（GC – MS）。20 世纪 80 年代后又出现了一些新的质谱技术，包括基质辅助激光解吸电离源、快原子轰击电离源、大气压化学电离源等新的电离技术和新的质谱仪，使质谱法又取得了长足进展。目前，质谱法已成为有机化学、药物学、生物化学、毒物学、法医学、石油化工等研究领域中的有力工具。

第一节　基本原理与仪器简介

PPT

一、基本原理

质谱分析主要包括三个步骤：①样品分子在离子源中被电离成分子离子，分子离子进一步裂解成碎片离子；②各种离子由于在电场或磁场的运动行为差异按质荷比（m/z）大小排序；③用适宜的检测器检测离子流产生的质谱图，或用质谱表方式表示质谱数据。

二、质谱仪的主要部件

质谱仪主要由高真空系统、样品导入系统、离子源、质量分析器、检测器和数据处理系统等部分构成，其中离子源和质量分析器是质谱仪的核心部件。

（一）高真空系统

质谱仪属于高真空装置，其目的是为了避免离子散射以及离子与残余气体分子碰撞，同时也可降低本底和记忆效应。因此，质谱仪中的进样系统、离子源、质量分析器、检测器等主要部件均需在真空状态下工作。

（二）样品导入系统

样品导入系统的作用是将样品高效引入离子源中并且不能造成质谱仪真空度的降低。现代质谱仪有多种进样系统，一般可分为直接进样系统和色谱联用进样系统。

1. 直接进样系统 适用于单组分、挥发性较低的固体或液体样品。进样时，在直接进样杆的尖端装上少量（微克级）样品，通过真空隔离阀将直接进样杆插入高真空离子源附近，快速加热升温使样品挥发并进入离子源而离子化。

2. 色谱联用进样 色谱法进样也是质谱分析中常用的进样方式之一，利用气相色谱仪或高效液相色谱仪将混合物分离，分离后的组分依次通过色谱仪与质谱仪之间的“接口”进入质谱仪中被检测。

（三）离子源

离子源（ion source）是试样分子的离子化场所，其作用是将进样系统引入的气态样品分子转化为离子，对离子进行加速并聚集成离子束进入质量分析器。离子源是质谱仪的核心部件。目前质谱仪有多种离子源可供选择，如电子轰击源、化学电离源、快原子轰击源、大气压化学电离源、电喷雾电离源等。

1. 电子轰击源（eletron ionization，EI） EI是目前应用最广泛、技术最成熟的一种离子源，由电离室和加速电场组成。电子轰击过程在电离室中进行，汽化后的样品分子进入离子源中，受到炽热灯丝发射的高能电子束的轰击，失去一个电子生成分子离子，新生成的分子离子不稳定，可以进一步裂解形成“碎片”离子，生成包括正离子在内的各种碎片，其中正离子在排斥电极的作用下离开电离室，进入加速区被加速，再进入质量分析器。图9－1为电子轰击离子源的示意图。

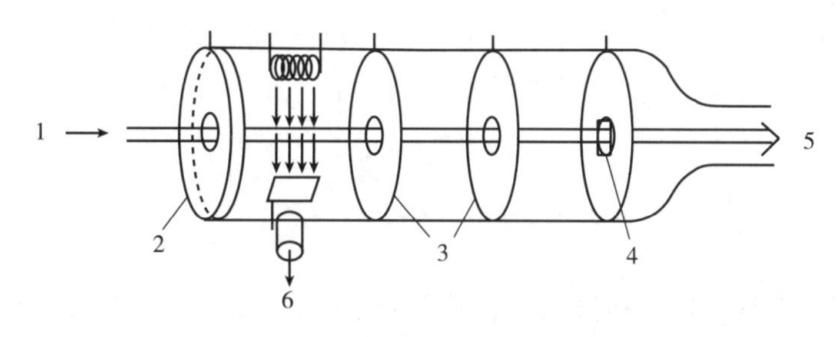

图9－1 电子轰击离子源示意图

1. 样品分子；2. 推斥电极；3. 加速电极；
4. 聚焦狭缝；5. 离子流；6. 真空系统

EI的优点：电子能量通常为70eV，有机化合物的分子经轰击后得到的碎片离子信息比较丰富，有利于结构解析；质谱图重现性好，便于规律总结、图谱比较和利用计算机进行谱库检索。

EI的缺点：不适宜检测热不稳定或挥发性低的样品；由于轰击能量比较高，当样品分子不稳定时，分子离子峰强度较低或难以获得，不利于化合物相对分子质量的确定。

2. 化学电离源（chemical ionization，CI） CI的基本原理是离子－分子反应，化学电离时先在离子源中送入反应气体（如CH_4、N_2、He、NH_3等），反应气体在电子轰击下电离成离子，再和样品分子碰撞发生离子－分子反应，从而实现样品离子化。例如，以甲烷作为反应气体，离子化过程如下。

$$CH_4 + e \rightarrow CH_4^{+}\cdot + 2e$$

$$CH_4^+\cdot \rightarrow CH_3^+ + H\cdot$$

生成的 $CH_4^+\cdot$ 和 CH_3^+ 与体系中大量存在的甲烷气体发生二级离子反应。

$$CH_4^+\cdot + CH_4 \rightarrow {}^{\cdot}CH_3 + CH_5^+$$

$$CH_3^+ + CH_4 \rightarrow C_2H_5^+ + H_2$$

样品分子（M）随即与二级气体离子 CH_5^+、$C_2H_5^+$ 等发生下列反应。

$$CH_5^+ + M \rightarrow [M+H]^+ + CH_4$$

$$CH_5^+ + M \rightarrow [M-H]^+ + CH_4 + H_2$$

$$C_2H_5^+ + M \rightarrow [M-H]^+ + C_2H_6$$

$$C_2H_5^+ + M \rightarrow [M+H]^+ + C_2H_4$$

CI 的优点：化学电离产生的准分子离子过剩的能量较小，进一步发生裂解的可能性较小，容易得到较强的分子离子峰，获得相对分子质量的信息。

CI 的缺点：质谱图中碎片离子峰少，不利于化合物的结构解析。

3. 快原子轰击源（fast atom bombardment ionization，FAB） FAB 的工作原理是惰性气体（氙或氩）经电子轰击后电离并加速，产生快离子，再通过快原子枪产生电荷交换得到快速原子，用此快速原子轰击涂有非挥发性底物（也称基质，常用的有甘油、硫代甘油、3－硝基苄醇和三乙醇胺等高沸点极性溶剂）和有机化合物的靶心，使样品离子化，如图 9－2 所示。

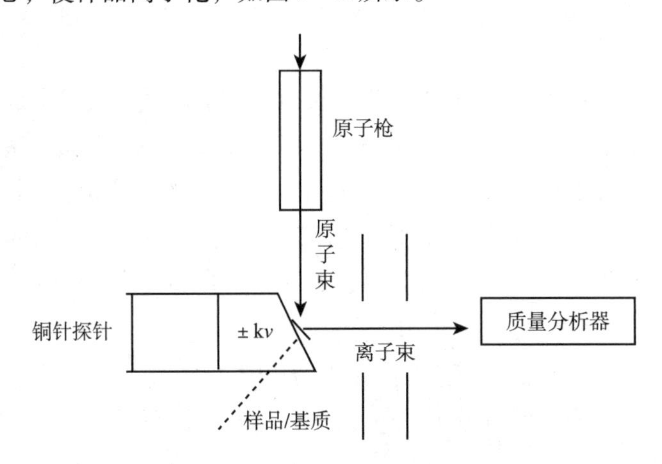

图 9－2 快原子轰击电离源示意图

FAB 的优点：不需要对样品加热和汽化，适用于相对分子质量大、非挥发性和热不稳定的样品；易得到稳定的分子离子峰，获得化合物相对分子质量的信息。

4. 电喷雾电离源（electrospray ionization，ESI） ESI 是近年来新发展起来的一种软电离技术，其工作原理是样品溶液通过雾化器进入雾化室形成带电的微小液滴，在加热辅助气的作用下，喷射出的带电液滴随溶剂的蒸发而逐渐缩小，液滴表面相斥的静电荷密度不断增大，当液滴蒸发到某一程度，电荷间的库仑排斥力大于液滴的表面张力时，液滴表面的库仑斥力使液滴爆炸，形成更小的带电微滴。此过程不断重复，直至小液滴中的溶剂完全蒸发，形成待测物质的离子。

ESI 的优点：相对分子质量检测范围宽，既可检测相对分子质量小于 1000 的化合物，也可检测相对分子质量大于 20000 的生物大分子，通常小分子得到单电荷的准分子离子，生物大分子则得到多种多电荷离子；可进行正离子和负离子模式检测；电离过程在大气压下进行，仪器维护较方便；可与液相色谱联用。

5. 大气压化学电离源（atmospheric pressure chemical ionization，APCI） APCI 是一种常用的软电

离技术，其工作原理是在气体辅助下，溶剂和样品经进样毛细管流出，通过加热管被加热汽化，在加热管端进行电晕放电使气体和溶剂电离，生成反应离子，与化学电离相似，反应离子再与样品进行反应实现样品离子化，生成$[M+H]^+$或$[M-H]^-$准分子离子，进入检测器分析。

APCI 的优点：可进行正离子和负离子两种模式检测；准分子离子检测可增加灵敏度；电离过程在大气压下进行，仪器维护简单；可检测极性较弱的化合物；可与色谱联用。APCI 的缺点是主要产生准分子离子，得到碎片离子很少。

（四）质量分析器

质量分析器（mass analyzer）是质谱仪中将离子源中所产生的不同质荷比 m/z 离子进行分离的装置。质量分析器种类较多，分离原理也不相同，主要类型有单聚焦质量分析器、四级杆质量分析器、飞行时间质量分析器和离子阱质量分析器等。

1. 单聚焦质量分析器（single focusing magnetic sector mass analyzer） 是对离子束实现质量色散和方向聚焦的磁分析器，根据离子在磁场中的运动行为，将不同质量的离子分开。单聚焦质量分析器的结构如图 9－3 所示。

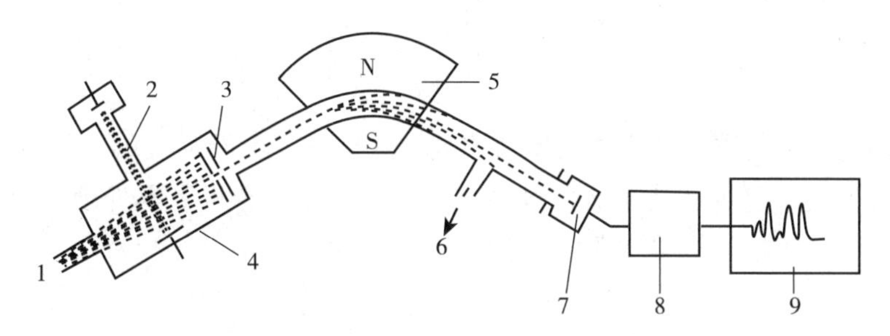

图 9－3　单聚焦质量分析器结构示意图

1. 样品分子；2. 电子束；3. 加速电极与狭缝；4. 离子源；5. 扇形磁场；6. 真空系统；7. 检测器；8. 放大器；9. 记录器

样品分子在离子源中被电离成离子，加速后的离子垂直于磁场方向进入分析器，在洛伦兹力的作用下做圆周运动，离子在磁场中运动的半径 r 由加速电压 V、磁场强度 B 和离子的质荷比 m/z 三者决定，其关系式为：

$$\frac{m}{z}=\frac{B^2r^2}{2V} \tag{9-1}$$

由式（9－1）可知，当仪器的磁场强度和加速电压固定时，离子的轨道半径仅与离子的 m/z 有关。不同 m/z 的离子有不同的运动半径，经过磁场后，由于偏转半径不同而彼此分离。但仪器的质量分析半径一般固定不变，故固定磁场强度 B 而改变加速电压 V（电压扫描），或者固定加速电压 V 而改变磁场强度 B（磁场扫描），都可以使不同 m/z 的离子按一定顺序依次通过狭缝到达检测器。

单聚焦分析器的优点是结构简单、体积小。缺点是分辨率低，仅适用于分辨率要求不高的质谱仪。

2. 四极杆质量分析器（quadrupole mass analyzer） 是由四根互相平行的圆柱形或双曲面电极以及分别施加于 x、y 方向的两组电压组成的电场分析器。其中，一对电极上加的是直流电压 V_{dc}，另一对电极上加的是射频电压 $V_0\cos wt$，即加在两对电极之间的总电压为（$V_{dc}+V_0\cos wt$）。射频电压和直流电压产生振荡电场，当离子进入此电场时，高压高频信号提供了离子在分析器中运动的辅助能量，该能量是选择性的，只有符合一定数学条件的特定质荷比的离子才能够形成稳定的振荡（不被无限制的加速），从而通过四极杆分析器电极的间隙而到达检测器，其他质荷比的离子则与电极杆相撞而被滤去。

四极杆质量分析器具有体积小、重量轻、操作简便、扫描速度快的优点。由于其离子流通量大、灵敏度高，尤其适合于残余气体分析、生产过程控制和反应动力学研究。四极杆质量分析器的主要缺点是分辨率低，并且有质量歧视效应。

3. 飞行时间质量分析器（time－of－flight mass analyzer，TOF） 核心部件是一个离子漂移管。离子源中产生的离子流被引入离子漂移管，离子在加速电压 V 的作用下得到动能。

$$\frac{1}{2}mv^2 = zeV \quad (9-2)$$

离子在长度为 L 的自由空间（漂移区）飞行的时间 t 为：

$$t = \frac{L}{v} \quad (9-3)$$

将式 9－3 代入式 9－2 得：

$$t = L\sqrt{\frac{m}{2zeV}} \quad (9-4)$$

由式 9－4 可知，离子在漂移管中飞行的时间与离子质荷比（m/z）的平方根成正比，即对于能量相同的离子，m/z 越大，到达检测器所用的时间越长；反之，m/z 越小，所用时间越短。根据这一原理，可以把不同 m/z 的离子分开。增加漂移管的长度 L，可以提高分辨率。使用这种分析器的质谱仪称为飞行时间质谱仪。

（五）检测器

由离子源产生的离子经过质量分析器按质荷比分离后，形成不同强度的离子流。离子检测器（ion detector）的作用就是将这些微弱的离子流信号接收并放大，经计算机数据处理系统得到样品的质谱图和数据。现代质谱仪常采用电子倍增管或微通道板检测器。

>>> 知识链接

禾信质谱仪器

自 1919 年英国科学家阿斯顿研制出第一台精密质谱仪，质谱仪迅速成为医药卫生、食品检测、生命科学、化学化工及环境监测等领域不可替代的先进技术。21 世纪之前，我国在高端质谱仪器领域几乎完全依赖进口，成为高科技领域“卡脖子”的重要一环。全国先进工作者和全国劳动模范周振 2004 年毅然放弃国外高薪待遇回国创立广州禾信仪器有限公司，从事质谱仪器的自主研发生产，致力于“做中国人自己的质谱仪器品牌”。多年来，周振带领科研团队先后攻克多项质谱技术难题，先后推出在线单颗粒质谱监测系统、在线 VOCs 及恶臭气体质谱监测系统、在线环境污染源在线溯源质谱监测系统等质谱仪器，实现了质谱仪器的自主研发与生产，并成功将具有完全自主知识产权高端质谱仪器出口到德国、美国、俄罗斯等国家，成为“中国制造”的骄傲，体现了中国科研工作者的献身高精尖仪器研制的大国工匠精神。因此我们应大力发扬爱国主义精神和大国工匠精神，弘扬民族献身精神，加强我国在高精尖领域的自主创新研发投入，推动中国高精尖科研创新的跨越式发展，助力国家在高精尖研发生产领域的自主可控，加快推进中华民族的伟大复兴。

三、质谱仪的主要性能指标

（一）分辨率

分辨率（resolution，R）表示仪器能分离相邻质量 M 和 $M+\Delta M$ 离子的能力，其计算公式为：

$$R = \frac{M}{\Delta M} \quad (9-5)$$

例如，CO 和 N_2 的相对分子质量分别为 27.9949 和 28.0061，若某仪器能够刚好分开它们所形成的离子，则该仪器的分辨率为：

$$R = \frac{M}{\Delta M} = \frac{27.9949}{28.0061 - 27.9949} \approx 2500$$

在实际工作中，一般将 R 在 10000 以下的称为低分辨率仪器，在 10000～30000 的称为中分辨率仪器，在 30000 以上的称为高分辨率仪器。低分辨率仪器只能给出离子的整数位质量数，而高分辨率仪器则可给出离子的精确质量数。

（二）质量准确度

质量准确度（mass accuracy），又称质量精度，是指离子质量数实测值 M 的相对误差，定义式如下。

$$质量精度 = \frac{|M - M_0|}{M_0} \times 10^6 \text{ppm}$$

式中，M_0为待测离子质量数的理论值。

（三）质量范围

质量范围（mass range）指仪器所能测量的离子质量数范围。通常采用原子质量单位（u）进行度量。目前，四极杆质谱仪的质量范围一般为 50～2000u，磁质谱仪的质量范围一般从几十到几千原子质子单位。

（四）灵敏度

灵敏度（sensitivity）是指仪器产生的信号强度与所用样品量之间的关系。有机质谱仪常用绝对灵敏度表示，指在一定分辨率下对于某样品产生具有一定信噪比的分子离子峰所需要的样品量。目前常用硬脂酸甲酯来测定灵敏度。

四、质谱的表示方式

（一）质谱图

通常情况下，质谱仪记录的仅为各正离子的信号，而负离子及中性碎片不受磁场或电场作用，或往相反方向运动，所以在质谱中均不出峰（有负离子或中性丢失扫描模式的质谱仪除外）。不同质荷比的正离子经质量分析器分离后被检测，记录下来的谱图称为质谱图。通常见到的质谱图多为经过处理的棒图（bar graph）形式。如图 9－4 所示，横坐标为各离子的质荷比（以 m/z 表示），纵坐标为各离子的相对丰度（即以质谱图中的最强峰作为基峰，其强度定义为 100%，其他离子峰的强度与最强峰强度的比值）。

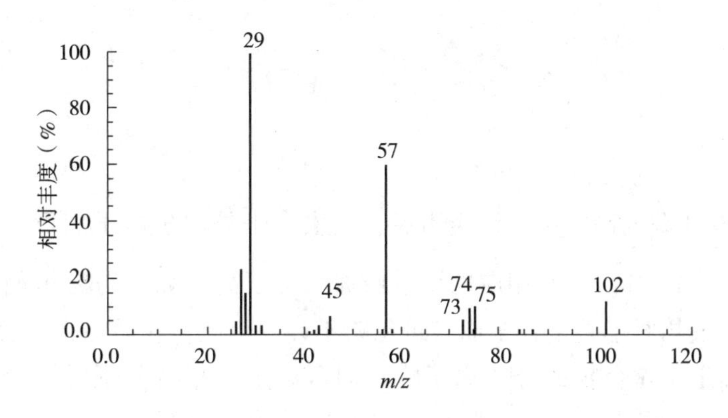

图 9－4　丙酸乙酯的质谱图

（二）质谱表

质谱表是指以列表的形式表示质谱，表中列出各峰的 *m/z* 和对应的相对丰度。表 9－1 为甲苯的质谱表。

表 9－1 甲苯的质谱表

m/z	相对丰度（%）	m/z	相对丰度（%）	m/z	相对丰度（%）	m/z	相对丰度（%）
26	0.50	46	0.90	63	7.40	86	4.50
27	1.70	49	0.60	64	4.30	87	0.40
28	0.20	50	4.10	65	12.10	89	3.90
37	1.00	51	6.40	66	1.40	90	2.10
38	2.40	52	1.50	73	0.10	91	100.00（基峰）
39	10.70	53	0.70	74	0.90	92	4.60
40	1.10	55	0.10	75	4.40	93	5.40
41	1.10	57	4.20	76	0.30	94	0.10
43	0.10	60	0.10	77	0.90		
44	0.10	61	1.40	83	0.10		
45	1.40	62	3.20	85	0.40		

知识链接

生物质谱技术

生物质谱目前已成为有机质谱中最活跃、最富生命力的前沿研究领域之一。生物质谱主要解决两个方面的分析问题：精确测量生物大分子；对生命复杂体系中的微量或痕量小分子生物活性物质进行定性或定量分析。生物质谱已经成为生命科学特别是蛋白质组学鉴定的最核心技术平台和关键支撑技术，使质谱更适合用于分析生物大分子聚合物（如蛋白质、酶、核酸和糖类），开创出质谱分析研究生物大分子的新领域。同时生物质谱在中药研究领域得到广泛应用，为中药大分子药物研究提供了大量结构信息，有力推动了中药现代化及中药药效作用机制等更深层次的研究。

第二节　离子的主要类型

PPT

一、分子离子

（一）分子离子峰

有机化合物分子被 EI 源的高能电子流轰击后，失去一个外层价电子而形成的带正电荷的离子称为分子离子（molecular ion，$M^{\dot{+}}$），其相应的质谱峰称为分子离子峰。与分子相比，分子离子仅少一个电子。由于电子的质量相对于整个分子而言可忽略不计，因此，在质谱中，分子离子的质荷比 *m/z* 即为相对分子质量。确定了化合物的分子离子峰，即可确定其相对分子质量。形成分子离子的过程如下。

$$M + e \longrightarrow M^{\dot{+}} + 2e$$

因为 n 电子的能量高于 π 电子，π 电子的能量高于 σ 电子，因此，有机物分子受到电子轰击失去一个电子变成分子离子时，最容易失去的是n电子，其次分别是π电子和σ电子。表示分子离子时，要尽可能标明正电荷的位置，以便于判断分子裂解过程中化学键的断裂部位，例如：

n电子　　$R_1—\overset{+\bullet}{O}—R_2$　　$R—HC=\overset{+\bullet}{O}$

π电子　　$R_1R_2C\overset{+\bullet}{—}CR_3R_4$

σ电子　　$R_1—CH_2 + \cdot CH_2—R_2$ 或 $R_1—CH_2 \cdot + CH_2—R_2$

如果正电荷的位置不明确，可以用$M^{\rceil +\bullet}$等形式表示，例如：

$C_6H_6^{\rceil +\bullet}$ 或 (苯环内⊕) 或 (苯环 $^{+}$、$\cdot$)　　$R—CH_3^{\rceil +\bullet}$

（二）分子离子峰的相对丰度

分子离子峰的强度与化合物的分子结构有着密切的关系，分子离子峰的强度取决于分子离子的稳定性。分子离子较稳定，相应的分子离子峰就较强；分子离子稳定性较差，易进一步裂解，其分子离子峰的相对丰度就较低。

（1）具有π电子系统的化合物，如芳香族化合物、共轭多烯类化合物等，其分子离子峰的相对丰度就较高。这些化合物受电子轰击时，易失去一个π电子，所形成的正电荷被其共轭体系所分散，从而提高了分子离子的稳定性。

（2）具有环状或多环类结构的化合物，其分子离子峰具有较高的相对丰度，主要是由于环状化合物需要经过两次裂解才能由分子离子分解成碎片离子。

（3）当化合物中存在某些容易失去的基团或者失去某些基团后得到的离子更稳定时，其分子离子峰的相对丰度就较低，如醇类。

（4）当分子中烃基具有高度分支时，其分子离子峰的相对丰度较低。原因在于裂解生成的正离子较稳定，其稳定性大小为叔正离子>仲正离子>伯正离子。分支越多，分子离子峰就越弱。

常见化合物在EI质谱中分子离子峰的强度大致有如下规律：芳香族化合物>共轭多烯>脂环化合物>直链烷烃>酰胺>酮>醛>胺>酯>醚>羧酸>支链烷烃>腈>伯醇>仲醇>叔醇。

二、同位素离子

自然界中，大多数元素都存在同位素。一般将含有同位素的离子称为同位素离子（isotopic ion）。由于含有同位素，在质谱图上会出现比主峰大一到几个质量单位的小峰。这些由于同位素的存在而产生的不同质量的离子峰群，称为同位素峰簇（isotopic cluster）。重同位素峰与丰度最大的轻同位素峰的峰强比符合元素的天然丰度之比。表9-2列出了一些常见元素的同位素丰度比。

表9-2　常见元素的同位素丰度比

同位素	$^{13}C/^{12}C$	$^{2}H/^{1}H$	$^{17}O/^{16}O$	$^{18}O/^{16}O$	$^{33}S/^{32}S$	$^{34}S/^{32}S$	$^{15}N/^{14}N$	$^{37}Cl/^{35}Cl$	$^{81}Br/^{79}Br$
丰度比（%）	1.12	0.015	0.040	0.20	0.80	4.44	0.36	31.98	97.28

质量比分子离子峰大1个质量单位的同位素离子峰用$M+1$表示，大2个质量单位的峰用$M+2$表示。由于自然界中各元素的同位素丰度恒定，因此，同位素离子峰的强度之比可由同位素丰度和原子数目决定。在一般有机物分子的分析中，可以通过同位素峰的统计分布来确定其元素组成。例如，在CH_4的质谱图中，$(M+1)/M\%$为1.1%。而在丁烷中，出现一个^{13}C的概率是甲烷的4倍，则（$M+$

$1)/M\%$ 为 $C_4^1 \times 1.1\% = 0.044$。

^{35}Cl 与 ^{37}Cl 的丰度比约为 3∶1，^{79}Br 与 ^{81}Br 的丰度比约为 1∶1，^{34}S 与 ^{32}S 的丰度比约为 4.4%，因此，含 Cl、Br、S 化合物的 $M+2$ 同位素峰非常明显，可以利用同位素峰强度比推断分子中是否含有 Cl、Br、S 原子以及其数目。例如，一氯甲烷，分子中含有 1 个氯原子，则 $M:(M+2)=100:31.98\approx3:1$；一溴甲烷，分子中含有 1 个溴原子，则 $M:(M+2)=100:97.28\approx1:1$。

若分子中含有多个同位素离子，各同位素峰丰度之比可用二项式 $(a+b)^n$ 展开后的各项之比表示，其中 a 与 b 分别为轻质及重质同位素的丰度，n 为原子数目。例如，二氯甲烷分子中含有 2 个氯原子，即 $n=2$、$a=3$、$b=1$，得：

$$(a+b)^2 = a^2 + 2ab + b^2 = 9 + 6 + 1$$

因此，M、$M+2$、$M+4$ 峰的丰度之比为 9∶6∶1。

三、碎片离子

碎片离子是指在离子源中，由于电子撞击的能量很大，分子离子中某些化学键断裂而形成的离子。有些碎片离子不稳定，还可继续裂解，形成质荷比（m/z）更小的碎片离子。在质谱图上由碎片离子形成的离子峰称为碎片离子峰。

由于化学键断裂的位置不同，同一分子离子可产生不同质荷比（m/z）的碎片离子，其相对丰度与化学键断裂的难易和裂解反应生成的产物的稳定性密切相关。因此，根据碎片离子峰的 m/z 及其相对丰度，可推断化合物的分子结构。

四、亚稳离子

在离子源中生成的 m_1^+ 离子，能进一步裂解生成质荷比更小的 m_2^+ 离子。如果在离子源中没有发生裂解，但在进入检测器前的飞行过程中发生裂解，失去一个中性碎片并生成 m_2^+ 离子。由于部分动能被中性碎片带走，这种 m_2^+ 离子的动能比在离子源中裂解所得 m_2^+ 离子的要小，其进入磁场后偏转的半径也相对较小。因此，尽管两种 m_2^+ 离子的质荷比相同，但在质谱中出现的位置却不同。这种在飞行途中裂解形成的 m_2^+ 离子称为亚稳离子（metastable ion），为了区别起见，用 m^* 表示。若母离子 m_1^+ 的质量为 m_1，子离子 m_2^+ 的质量为 m_2，则亚稳离子的表观质量 m^* 与 m_1、m_2 有如下关系。

$$m^* = \frac{m_2^2}{m_1}$$

亚稳离子峰的特点是：强度很低，仅为 m_1 峰的 1%～3%；峰形很钝，一般可跨 2～5 个质量单位；质荷比往往在峰的中心点，一般都不是整数。

亚稳离子峰的出现可以确定某一裂解过程的存在。但应注意，并不是所有的裂解过程都会产生亚稳离子，没有亚稳离子峰出现，并不能否定该裂解过程的存在。

五、重排离子

分子离子或其他碎片离子可以经过共价键的简单裂解形成碎片离子，也可以通过重排裂解过程形成碎片离子。这种通过重排裂解过程所形成的离子称为重排离子。常见的重排裂解有麦氏重排和逆 RDA 裂解。重排离子的形成一般至少涉及两个键的断裂，既有原化学键的断裂，又有新化学键的生成，并裂解脱去带偶数个电子的中性分子。对于脱去中性分子的重排裂解，含有奇数个电子的母离子重排裂解时，产生的重排离子含有奇数个电子；含有偶数个电子的母离子发生重排裂解时产生的重排离子含有偶数个电子。即重排裂解前后，重排离子与母离子的电子奇偶性及质量奇偶性不发生变化，因此根据质谱中母离子与重排离子的质荷比奇偶性的变化可以判断该裂解是简单开裂还是重排裂解，如丁醛的麦氏重排裂解。

$$\underset{m/z=72}{\text{H}_2\text{C(H)—CH}_2\text{—CH}_2\text{—CH=O}^{+\cdot}} \longrightarrow \text{CH}_2\text{=CH}_2 + \underset{m/z=44}{\text{H}_2\text{C=C(H)—}\overset{+\cdot}{\text{O}}\text{H}}$$

六、多电荷离子

在电离过程中，有些化合物分子可以失去两个电子或者更多的价电子，形成多电荷正离子。多电荷离子一般在质荷比为 m/nz（其中 m 为多电荷离子的相对质量，n 为多电荷离子所带电荷数目，z 为一个电荷）处产生多电荷离子峰，因此多电荷离子的质荷比不一定是整数。

当化合物为具有 π 电子的芳烃类化合物、杂环化合物或高度共轭的不饱和化合物时，电离时能失去2个价电子形成双电荷离子，因此双电荷离子也是这些化合物的质谱特征。对于双电荷离子，当质量数为奇数时，其质荷比为非整数，易于识别；若质量数为偶数，其质荷比为整数，难以识别，但其同位素峰（$M+1$）的质荷比为非整数。

PPT

第三节 离子的裂解 微课

在质谱中，分子离子可以裂解为碎片离子，碎片离子可以进一步裂解为质荷比更小的碎片离子，各种离子的形成和丰度大小均与化合物的结构密切相关，有机分子的裂解存在一定的规律性。因此，研究有机分子的裂解规律对研究质谱信息、推断有机化合物结构具有十分重要的作用。

在裂解过程中，电子转移有两种方式：用鱼钩形符号 ⌒ 表示一个电子的转移，用弯箭头符号 ⌒ 表示一对电子的同向转移；含有偶数个电子的离子用“+”表示，含有奇数个电子的离子用“+·”表示。

一、共价键断裂方式

1. 均裂 化学键开裂后，每个碎片各保留一个电子。

$$\text{X—Y} \longrightarrow \text{X}\cdot + \text{Y}\cdot$$

2. 异裂 化学键开裂后，一对成键电子全保留在某一个碎片上。

$$\text{X—Y} \longrightarrow \text{X}^+ + \text{Y:} \quad 或 \quad \text{X—Y} \longrightarrow \text{X:} + \text{Y}^+$$

3. 半异裂 离子化的 σ 键开裂后，仅存的一个成键电子保留在某一个碎片上。

$$\text{X}+\cdot\,\text{Y} \longrightarrow \text{X}^+ + \text{Y}\cdot \quad 或 \quad \text{X}+\cdot\,\text{Y} \longrightarrow \text{X}\cdot + \text{Y}^+$$

二、离子的裂解类型

有机化合物的裂解一般可分为简单裂解和重排裂解。简单裂解是指一个化学键发生开裂并脱去一个游离基。重排裂解是指通过断裂两个或者两个以上的化学键并且结构进行重新排列，得到的碎片离子是原来分子中并不存在的结构单元。

（一）简单裂解

简单裂解的特征是仅有一个键发生断裂，开裂后形成的子离子与母离子质量的奇偶性正好相反。简单裂解可分为 α 裂解、i 裂解、σ 裂解。

1. α 裂解 是由自由基中心引发的一种简单裂解，其机制是分子在离子源中受到高能电子撞击，生成带自由基的分子离子或者碎片离子，其自由基中心具有强烈的成键倾向，可与邻接原子（α 原子）提供的一个电子形成新的共价键，与此同时，α 原子的另一键断裂。

对于含杂原子的饱和化合物，α 裂解的基本过程为：

$$R—CH_2—\overset{\cdot+}{Y}R' \longrightarrow R\cdot + H_2C{=}\overset{+}{Y}R' \quad Y = N, O, S 等$$

对于含杂原子的不饱和化合物（如酮类化合物），α 裂解的基本过程为：

$$R_1—\underset{\| }{C}(=\overset{\cdot+}{O})—R_2 \longrightarrow \cdot R_1 + C(\equiv\overset{+}{O})—R_2$$

对于含苯环的化合物或者烯烃化合物，α 裂解的基本过程为：

$$R—CH_2—CH^{\cdot}—\overset{+}{C}H_2 \longrightarrow R\cdot + H_2C{=}CH—\overset{+}{C}H_2$$

$$C_6H_5^{\cdot+}—CH_2—R \longrightarrow R\cdot + C_6H_5{=}CH_2^{+}$$

醇、醚、醛、酮、酸、酯、胺及卤素等均可发生 α 裂解。例如，脂肪醇易发生 α 裂解生成 $31 + 14n$ 的碎片离子。

2. i 裂解 也称诱导裂解，是由电荷引发的一种裂解。对于含有杂原子的离子，其所带的电荷也可以引发化学键的断裂，两个电子同时转移至带正电荷的碎片上，正电荷的位置发生改变。诱导裂解主要发生在含有 R—X（X 为 Cl、Br、O、S、N 等）的杂原子的化学键上，与杂原子的电负性有关。诱导裂解难易顺序为：Cl，Br > O，S >> N，C。例如：

$$R—\overset{\cdot+}{X}—R' \xrightarrow{i} R^+ + \cdot XR'$$

$$R—C(=\overset{+\cdot}{X})—R' \xrightarrow{i} R^+ + R'—\dot{C}{=}X$$

i 裂解和 α 裂解在同一母离子的裂解中可以同时发生，具体以哪一种裂解为主，取决于所产生碎片离子的稳定性。

3. σ 裂解 是饱和烃类化合物的裂解方式，分子中 σ 键在电子轰击下失去一个电子，随后裂解生成碎片离子和游离基。饱和烃类化合物中不含杂原子，也不含 π 键，只发生 σ 裂解。对于饱和烃，取代基越多的碳，其 σ 键越容易断裂，取代基越多的碳正离子越稳定。例如 3 - 甲基庚烷的质谱裂解：

$$C_2H_5-\underset{CH_3}{\overset{H}{C}}-C_4H_9\ ^{\urcorner+\cdot}\ \ (m/z\ 114\ (1.2\%))$$

$-\cdot C_4H_9 \longrightarrow C_2H_5\overset{+}{C}HCH_3$　m/z 57 (74.6%)

$-\cdot C_2H_5 \longrightarrow CH_3\overset{+}{C}HC_4H_9$　m/z 85 (47.9%)

$-\cdot CH_3 \longrightarrow C_2H_5\overset{+}{C}HC_4H_9$　m/z 99 (0.5%)

$-\cdot H \longrightarrow C_2H_5\overset{+}{C}(CH_3)C_4H_9$　m/z 113 (0%)

（二）重排裂解

重排裂解（rearrangement cleavage）指通过断裂两个或两个以上的键，分子内原子或基团重新组合，并脱去一个中性分子碎片的裂解。产生重排裂解的主要原因是：重排离子的稳定性更高或可脱去稳定的中性分子。重排的类型有很多，其中比较重要的是麦氏重排（McLafferty 重排）、逆 Diels - Alder 重排（RDA 重排）等。

1. 麦氏重排　当有机化合物含有不饱和基团（如 C ═O、C ═N、C ═S、C ═C），且与不饱和基团相连的 γ 碳上有氢原子时，γ 氢原子通过六元环中间体过渡转移到电离的双键或杂原子上，同时 β 键发生断裂，脱去一个不饱和中性分子。麦氏重排的通式如下。

H, X, A, B, C, D $^{\urcorner+\cdot}$ ⟶ D═C + H–X–A═B $^{\urcorner+\cdot}$

常见的能发生麦氏重排的化合物包括醛、酮、酸、酯及烷基苯、长链烯烃等。例如：

C_2H_5–C(═$\overset{+\cdot}{O}$)–O–CH_2–CH_2–H ⟶ C_2H_5–C(═O)–$\overset{+\cdot}{O}$–H + CH_2═CH_2

C_6H_5–CH_2–CH_2–$CH(CH_3)$–H ⟶ H + CH_2═CH–CH_3

当重排后的离子仍然具有麦氏重排的条件（含不饱和基团且相连的 γ 碳上有氢原子）时，可进一步发生麦氏重排，例如，4 - 辛酮发生麦氏重排，生成 100、86、58 的重排离子，裂解过程如下。

H_3C, H, $\overset{+\cdot}{O}$, H ⟶ HO, CH_2, H (m/z 86) + H_3C–CH═CH_2

⟶ HO–C(CH_3)═CH_2 (m/z 58) + CH_2═CH_2

2. 逆 Diels - Alder 重排（RDA 裂解）　具有环己烯结构类型的化合物发生开环反应，形成一个离子化的丁二烯或其衍生物及一个中性碎片，该裂解称为 RDA 裂解。在生物碱、萜类、甾体、黄酮以及脂环类等化合物的质谱图上，经常可以发现 RDA 重排裂解产生的碎片离子峰，对于中草药化学成分的质谱分析很重要。例如，萜类的 RDA 重排裂解：

三、常见有机化合物裂解规律

各类有机化合物的裂解和其官能团性质密切相关，在质谱中显示出特有的裂解方式和裂解规律。因此，了解各类化合物的质谱裂解特征，对未知化合物的结构解析具有十分重要的作用。

（一）烃类

1. 烷烃　烷烃的质谱有以下特征：①分子离子峰较弱，强度随碳链增长而降低，支链烷烃的分子离子峰强度比直链烷烃更低。②直链烷烃 σ 断裂形成一系列 *m/z* 相差 14 的 C_nH_{2n+1} 碎片离子峰（*m/z* 29、43、57…），且 *m/z* 43 或 *m/z* 57 峰一般为基峰。直链烷烃不易失去甲基，因此 $M-15$ 峰一般不出现。③具有支链的烷烃在分支处最易裂解，形成稳定的碳正离子结构，开裂时优先失去最大烷基（图 9－5）。

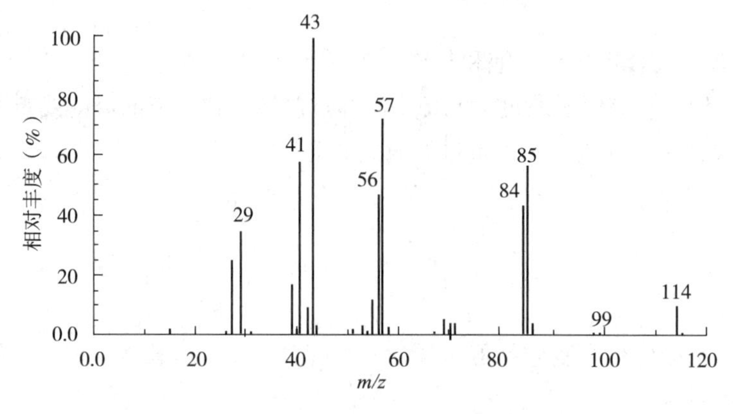

图 9－5　甲基庚烷的质谱图

2. 烯烃　烯烃的质谱有以下特征：①分子离子峰较强，强度随相对分子质量增加而降低。②易发生 β 位上的 α 裂解，电荷留在不饱和的碎片上，形成具有共轭稳定结构的烯丙基碳正离子 *m/z* $41+14n$，$n=0$，1，2……，此碎片离子峰一般为基峰。③如果存在 γ－H，则易发生麦氏重排。④环己烯类易发生 RDA 重排。

$$CH_2\overset{+\cdot}{-}CH-CH_2-CH_3 \longrightarrow \overset{+}{C}H_2-CH=CH_2+\cdot CH_3$$

$$\longrightarrow \quad + \quad CH_2=CH_2$$

3. 芳烃　芳烃的质谱有以下特征。

（1）分子离子稳定，分子离子峰强。这是因为芳环结构能使分子离子稳定。

（2）烷基取代苯易发生 β 位上的 α 裂解，生成 *m/z* 91 的䓬鎓离子（tropylium ion）。该离子峰强，多为基峰，是烷基取代苯的重要特征。

（3）䓬鎓离子可进一步裂解，生成*m/z* 65环戊二烯正离子和 *m/z* 39 环丙烯正离子。

$$\xrightarrow[-R]{\alpha} \quad \longleftrightarrow$$

$$\xrightarrow{扩环} \quad \longleftrightarrow \quad m/z\ 91$$

$$\xrightarrow{-HC\equiv CH} \quad \xrightarrow{-HC\equiv CH}$$

$C_7H_7^+$ *m/z* 91　　$C_5H_5^+$ *m/z* 65　　$C_3H_3^+$ *m/z* 39

（4）烷基取代苯也能在α位发生裂解，生成 m/z 77 的苯基正离子，并进一步裂解生成 m/z 51 环丁二烯正离子和 m/z 39 环丙烯正离子。

$$\text{C}_6\text{H}_5\text{-R}^{+\cdot} \longrightarrow \text{C}_6\text{H}_5^+\ (m/z\ 77) \xrightarrow{-\text{C}_3\text{H}_2} \text{C}_3\text{H}_3^+\ (m/z\ 39)$$

$$\text{C}_6\text{H}_5^+\ (m/z\ 77) \xrightarrow{-\text{CH}\equiv\text{CH}} \text{C}_4\text{H}_3^+\ (m/z\ 51)$$

（5）具有 γ-H 的烷基取代苯，发生麦氏重排，生成 $C_7H_8^{+\cdot}$ m/z 92 的重排离子。

$$[\text{C}_6\text{H}_5\text{-CH}_2\text{-CH}_2\text{-CH(H)-R}]^{+\cdot} \longrightarrow \text{C}_7\text{H}_8^{+\cdot}\ (m/z\ 92) + \text{CH}_2{=}\text{C-R}$$

综上所述，m/z 39、51、65、77、91、92 等离子是芳烃类化合物的特征离子。

（6）具有环己烯结构的芳烃可发生 RDA 裂解。

（二）醇类、酚和醚

1. 醇类 醇类的质谱有以下特征。

（1）分子离子峰很弱且随碳链的增长逐渐减弱以至消失。

（2）易发生脱水，脱水后生成的 $M-18$ 峰常被误认为分子离子峰。

$$[\text{R}-\text{CH}_2-\text{CH}_2(\text{OH})]^{+\cdot} \xrightarrow{1,2\text{脱水}} [\text{R}-\text{CH}{=}\text{CH}_2]^{+\cdot} + \text{H}_2\text{O}$$

$$[\text{R-CH(H)-(CH}_2)_n\text{-CH}_2\text{-OH}]^{+\cdot} \xrightarrow[\text{或1,4脱水}]{1,3\text{脱水}} [\text{R-CH-(CH}_2)_n\text{-CH}_2]^{+\cdot} + \text{H}_2\text{O}$$

（3）易发生α裂解，生成含氧碎片离子峰。对于伯醇，含氧碎片离子峰的 m/z 为 $31+14n$；对于仲醇，则为 $45+14n$；对于叔醇，为 $59+14n$。

$$\text{R}-\text{CH}(\text{R}')-\overset{\cdot+}{\text{O}}\text{H} \xrightarrow{\alpha} \text{CH}(\text{R}'){=}\overset{+}{\text{O}}\text{H} + \cdot\text{R}$$

（4）环醇大多发生复杂裂解。

$$\overset{\cdot+}{\text{O}}\text{H (环己醇)} \longrightarrow \overset{+}{\text{O}}\text{H} \longrightarrow \overset{+}{\text{O}}\text{H} + \cdot$$

2. 酚 酚的质谱有以下特征。

（1）分子离子峰很强，一般为基峰。

（2）苯酚的 $M-1$ 峰不强，而甲苯酚和苄醇因能产生较稳定的䓬鎓离子，故 $M-1$ 峰很强。

$$\text{OH-C}_6\text{H}_4\text{-CH}_3^{+\cdot} \xrightarrow{-\cdot\text{H}} \text{OH-C}_7\text{H}_6^+ \xleftarrow{-\cdot\text{H}} \text{C}_6\text{H}_5\text{CH}_2\text{OH}^{+\cdot}$$

对甲苯酚离子　M–1 m/z 107　苄醇离子

（3）酚类和苄醇类最特征的峰是失去 CO 和 CHO 所形成的 $M-28$ 和 $M-29$ 峰。

$$\text{OH(苯酚)}^{+\cdot} \longleftrightarrow \text{环己二烯酮}^{+\cdot} \xrightarrow{-CO} \text{环戊二烯}^{+\cdot} \xrightarrow{-\cdot H} \text{环戊二烯正离子}$$

M m/z 94　　$M-28$ m/z 66　　$M-29$ m/z 65

3. 醚　醚的质谱有以下特征。

（1）脂肪醚类化合物的分子离子峰较弱，芳香醚的分子离子峰较强。

（2）发生 α 裂解，较大的烷基易脱离，产生的碎片离子进一步发生四元环过渡重排，生成 m/z 31 的含氧碎片离子，如：

$$RCH_2-CH_2\overset{+\cdot}{O}CH_2CH_3 \xrightarrow[-R\dot{C}H_2]{\alpha} H_2C=\overset{+}{O}-CH_2CH_2(H) \xrightarrow{\beta\text{-H 重排}} H_2C=\overset{+}{O}H \quad (m/z\ 31)$$

（3）发生 i 裂解，C—O 键断裂，如：

$$R'-\overset{+\cdot}{O}-R \longrightarrow R'-O\cdot + R^+$$

$$C_6H_5-\overset{+\cdot}{O}-R \longrightarrow C_6H_5-\overset{+}{O} + \cdot R \longrightarrow \text{环戊二烯正离子} + \cdot R$$

（三）醛和酮类

1. 醛　醛的质谱有以下特征。

（1）具有明显的分子离子峰。

（2）易发生 α 裂解，也可发生 i 裂解，产生 $M-29$、$M-1$ 和 m/z 29 的碎片离子峰。

$$R-\overset{\overset{+\cdot}{O}}{\overset{\|}{C}}-H \xrightarrow{-R\cdot} H-C\equiv\overset{+}{O} \quad (m/z\ 29)$$

$$R-\overset{\overset{+\cdot}{O}}{\overset{\|}{C}}-H \xrightarrow{-H\cdot} R-C\equiv\overset{+}{O}\ (M-1) \xrightarrow{-CO} R^+\ (M-29)$$

（3）具有 γ-H 时发生麦氏重排，产生 m/z $44+14n$ 的碎片离子。

$$H-C(=\overset{+\cdot}{O})-CH_2-CH_2-CH_2-H \longrightarrow H-C(-\overset{+\cdot}{O}H)=CH_2 + CH_2=CH_2$$

m/z 44

2. 酮　酮的质谱有以下特征。

（1）具有明显的分子离子峰。

（2）易发生 α 裂解和 i 裂解。

$$R(R')C{=}\overset{+\cdot}{O} \xrightarrow{\alpha} R{-}C{\equiv}\overset{+}{O} + \cdot R' \quad (R' > R)$$

M-R′

$$R(R')C{=}\overset{+\cdot}{O} \xrightarrow{i} R{-}C{\equiv}\dot{O} + R'^{+}$$

(Ar)

（3）含有 γ－H 时发生麦氏重排，产生 m/z 58＋14n 的碎片离子峰。

$$R{-}C(={\overset{+\cdot}{O}})CH_2CH_2CH(H)CH_3 \longrightarrow R{-}C(\overset{+\cdot}{O}H){=}CH_2 + HC(CH_3){=}CH_2$$

m/z 58+14n

（四）羧酸和酯类

羧酸和酯类的质谱有以下特征。

（1）饱和羧酸和酯的分子离子峰一般都较弱，芳酸的分子离子峰较强。

（2）易发生 α 裂解和 i 裂解。

$$R{-}C(={\overset{+\cdot}{O}}){-}OR_1 \xrightarrow{\alpha} \overset{+}{O}{\equiv}C{-}OR_1 + \cdot R$$

$$R{-}C(={\overset{+\cdot}{O}}){-}OR_1 \xrightarrow{\alpha} \overset{+}{O}{\equiv}C{-}R + \cdot OR_1$$

$$R{-}C(={\overset{+\cdot}{O}}){-}OR_1 \xrightarrow{i} \dot{O}{\equiv}C{-}OR_1 + R^{+}$$

（3）含有 γ－H 时发生麦氏重排，羧酸产生 m/z 60＋14n 的碎片离子峰，而酯产生 m/z 74＋14n 的碎片离子峰。

$$HO{-}C(={\overset{+\cdot}{O}}){-}CH_2CH_2CH(H)CH_3 \longrightarrow HO{-}C(\overset{+\cdot}{O}H){=}CH_2 + HC(CH_3){=}CH_2$$

m/z 60

$$H_3CO{-}C(={\overset{+\cdot}{O}}){-}CH_2CH_2CH(H)CH_3 \longrightarrow H_3CO{-}C(\overset{+\cdot}{O}H){=}CH_2 + HC(CH_3){=}CH_2$$

m/z 74

第四节　质谱解析

PPT

质谱中有机化合物的分子离子峰（或准分子离子峰）能提供相对分子质量的信息，碎片离子峰及亚稳离子峰能提供许多结构信息，因而在结构解析鉴定中具有很重要的作用。

一、分子离子峰的确定

在质谱中，分子离子峰的质荷比即为化合物的相对分子质量，确认分子离子峰即确定了相对分子质量。质谱中 m/z 最大的质谱峰是否是分子离子峰通常可根据以下几点来判断。

（1）分子离子必须是一个奇电子离子。

（2）符合氮律。氮律指当化合物不含氮原子或含有偶数个氮原子时，其相对分子质量为偶数；当化合物含奇数个氮原子时，其相对分子质量为奇数。凡不符合氮律的质谱峰都不可能是分子离子峰。其原因在于有机化合物主要由 C、H、O、N、S、Cl、Br、I、F 等元素组成。在这些元素中，只有 N 的相对原子质量为偶数，而化合价却为奇数（3 价或 5 价）。

（3）m/z 最大的离子与其他碎片离子之间的质量差是否合理。质谱中碎片离子峰是由分子离子失去某个基团形成的，如失去 H（$M-1$）、CH_3（$M-15$）、H_2O（$M-18$）。如果质量差为 3～14，则该峰不可能是分子离子峰。这是因为分子离子一般不能直接失去一个亚甲基或者 3 个以上氢原子。

（4）准分子离子峰（M－1 或 M＋1 峰）的判别。某些化合物（如醚、酯、胺等）的质谱中，分子离子峰强度很低甚至不出现，而 $M+1$ 或 M－1 等准分子离子峰的强度却很大。此时，应根据氮律、丢失碎片是否合理加以确认。

二、分子式的确定

在质谱分析中，常用的确定化合物分子式的方法主要有两种，分别为同位素离子丰度比法和高分辨率质谱提供的精确质量数法。

（一）同位素离子丰度比法

在质谱中，可以利用同位素离子峰的丰度比来推测化合物的分子式。对于只含有 C、H、O、N 原子的化合物，由于组成化合物的 H 主要是以 ^{1}H 为主，而 ^{2}H 的天然丰度仅为 0.0145%，所以在一般分辨率的质谱中，^{2}H 对 $M+1$ 的影响可以忽略不计。其同位素峰主要是由 C、O、N 的同位素贡献的。根据大量的经验归纳出，化合物的分子式可按下列经验公式计算。

$$\frac{M+1}{M}\times 100 = 1.1n_{C} + 0.37n_{N}$$

$$\frac{M+2}{M}\times 100 = \frac{(1.1n_{C})^{2}}{200} + 0.2n_{O}$$

根据上述公式可以推断出化合物含 C、N、O 原子的数目，氢原子的数目可以根据相对分子质量减去 C、N、O 的质量来确定，从而确定化合物的分子式。

1963 年，Beynon 根据同位素丰度比与元素组成之间的关系，对只含 C、H、O、N 原子的各种可能分子进行组合排序，并计算了分子离子及碎片离子的 $(M+1)/M\%$ 及 $(M+2)/M\%$ 的数值，编制成数据表，称为 Beynon 表。根据化合物分子离子峰的质量、$(M+1)/M$ 及 $(M+2)/M$ 等数据与 Beynon 表中各数据进行分析即可得该化合物的分子式。

例 9－1　某化合物质谱测得其相对分子质量为 128，其 $M+1$、$M+2$ 峰的相对丰度分别为：

M^{+}	m/z	128,	100
$M+1$	m/z	129,	8.95
$M+2$	m/z	130,	0.54

查 Beynon 表，相对分子质量为 128，$M+1$ 峰相对丰度 9 左右的有以下 5 个化学式：

	$M+1$	$M+2$
$C_7H_2N_3$	8.74	0.34
$C_7H_{16}N_2$	8.58	0.33
C_8H_2NO	9.10	0.57
$C_8H_{16}O$	8.94	0.55
$C_8H_{18}N$	9.31	0.39

依据氮律，$C_7H_2N_3$、C_8H_2NO、$C_8H_{18}N$ 可以排除，$C_7H_{16}N_2$不符合有机化合物的价键规律，只有$C_8H_{16}O$最符合质谱的特征，所以分子式应为 $C_8H_{16}O$。

（二）高分辨率质谱法

高分辨率质谱法可精确测定分子离子的质荷比至小数点后四位，可对有机化合物的相对分子质量进行精密测定，配合其他信息，可以确定化合物的最合理分子式。

例如，测得某化合物的精确相对分子质量为 100.0524，相对分子质量范围应在 100.0524 ± 0.006，查 Beynon 表，可知符合条件的有 4 个化学式：CH_4N_6 100.049741；$C_3H_6N_3O$ 100.051083；$C_5H_8O_2$ 100.052426；$C_4H_7NO_2$ 100.047675。依据氮律，$C_3H_6N_3O$、$C_4H_7NO_2$可以排除，CH_4N_6不符合有机化合物的价键规律，所以分子式应为 $C_5H_8O_2$。

三、质谱解析步骤及示例

（一）质谱解析步骤

（1）确定分子离子峰，确定相对分子质量。

（2）根据分子离子峰和同位素峰的丰度比，确定是否含有 Cl、Br、S 等元素，并用同位素丰度比法或高分辨率质谱法确定分子式。根据分子式，计算化合物的不饱和度，初步判断化合物类型。

（3）分析特征碎片离子和丢失的碎片，尤其是基峰，确定化合物的类别。

（4）若有亚稳离子峰存在，找到相应的 m_1 与 m_2，并推断裂解过程。

（5）解析质谱中主要峰的归属，按各种可能的方式，推断可能的结构，并与标准图谱及其他波谱数据对比进行验证。

（二）质谱解析实例

例 9-2　某羧酸类化合物，分子式为 $C_5H_{10}O_2$，EI-MS 谱图如图 9-6 所示，推导其结构式，并写出质谱中 m/z 45、57、74、85 等离子峰的裂解过程。。

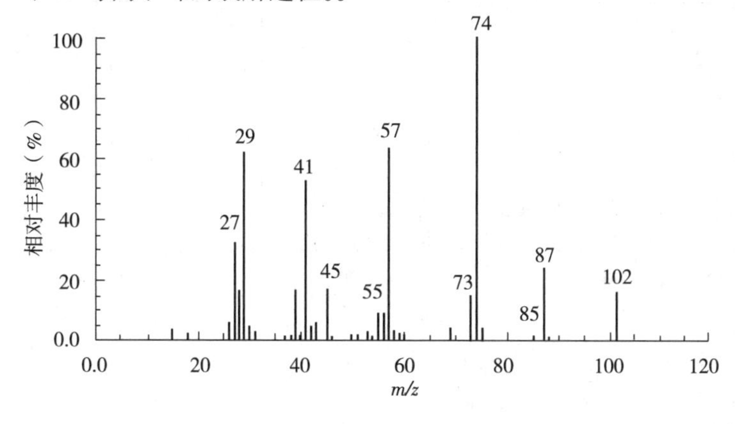

图 9-6　化合物 $C_5H_{10}O_2$的 EI-MS 谱图

解：计算化合物的不饱和度

$$U=\frac{2+2\times5-10}{2}=1$$

其不饱和度为1，化合物可能存在一个双键或一个环，m/z 74为基峰，质量数的奇偶性与分子离子峰的奇偶性相同，符合羧酸麦式重排后的特征（60+14n），是羧酸重排后脱去一中性分子乙烯（M－28），表明结构中具有一个双键。

从图谱上可知，m/z 87的碎片离子峰与分子离子峰102相差15，前者应为M－CH_3峰，丢失了自由基甲基。m/z 57为$C_4H_9^+$，结合质谱中产生m/z 87的碎片离子峰，因此$C_4H_9^+$不可能为正丁基，同时结合麦氏重排脱去乙烯，可知该烷基取代基应该为$CH_3CH_2CH(CH_3)$—；m/z 45的碎片离子为羧基正离子（—$COOH^+$）。

m/z 57和m/z 45为分子离子峰发生i和α裂解后产生的碎片离子峰，因此其结构为3－甲基丁酸。

EI－MS中各主要离子的裂解途径如下。

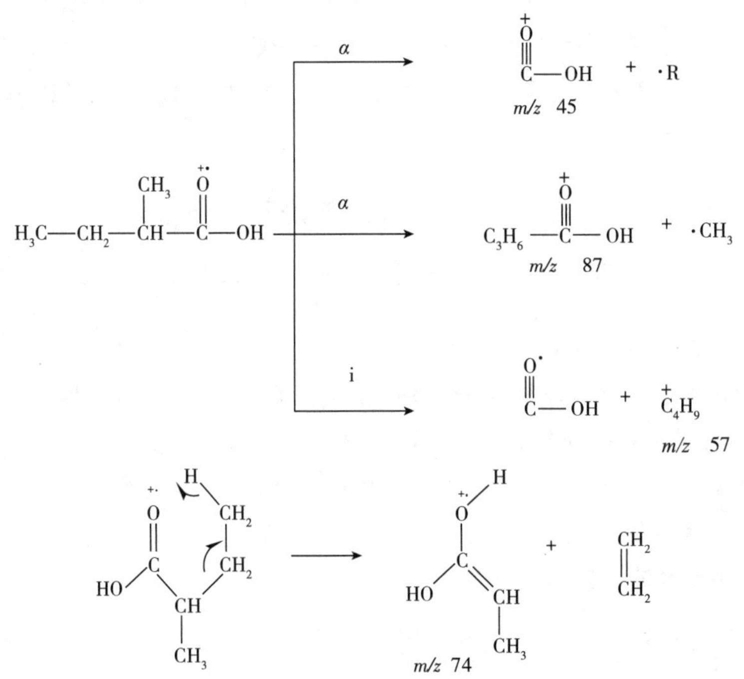

例9－3 已知某化合物分子式为$C_8H_8O_2$，红外光谱显示在3100～3700cm^{-1}无吸收，图9－7为其质谱图，试确定其分子结构。

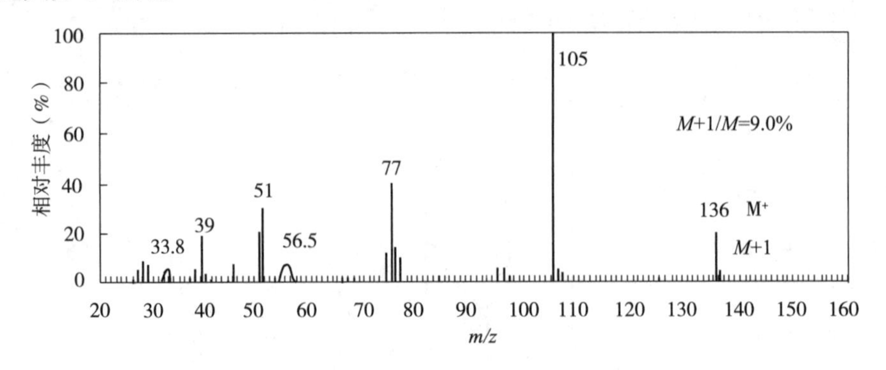

图9－7 化合物$C_8H_8O_2$的质谱图

解：化合物的不饱和度

$$U=\frac{2+2\times8-8}{2}=5$$

不饱和度为5，且质谱图中有 m/z 77、51、39 等碎片离子峰，说明含有苯环；基峰 m/z 为105，说明碎片离子可能是 $C_6H_5CO^+$；m/z 77 峰为［105 - 28］形成，即为分子离子丢失31质量后，再丢失CO；56.5、33.8 的亚稳离子表明开裂过程为：

$$\underset{m/z105}{C_6H_5CO^+} \xrightarrow{-CO} \underset{m/z77}{C_6H_5^+} \xrightarrow{-C_2H_2} \underset{m/z51}{C_4H_3^+}$$

分子离子 m/z 为136，与之相邻碎片离子 m/z 为105，相差31，可知由 m/z 136 分子离子通过简单裂解产生 m/z 105 碎片离子，是通过失去片段 CH_3O—或—CH_2OH 形成。因此化合物结构可能为（Ⅰ）或（Ⅱ）。

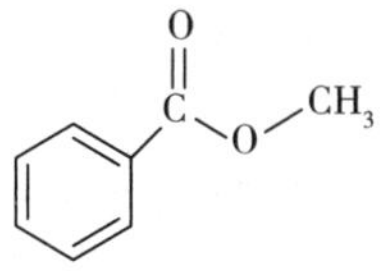

O=C(OCH₃) 苯基　　　O=C(CH₂OH) 苯基

（Ⅰ） 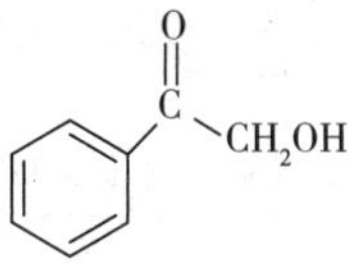　　　（Ⅱ）

由于化合物在红外光谱在 3100 ~ 3700cm^{-1}无吸收，因而 m/z 105 碎片离子只可能是由 m/z 136 分子离子通过简单裂解失去片段 CH_3O^- 形成。由此可以推断该化合物结构为（Ⅰ），即苯甲酸甲酯。

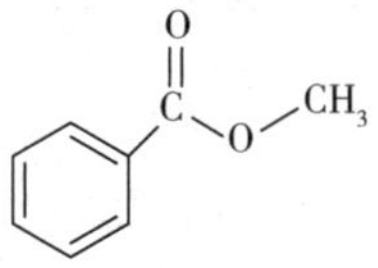

答案解析

目标检测

1. 简述质谱仪的组成及各主要部件的作用。

2. 欲分辨下列各离子对，质谱仪所需的分辨率为多少？

（1）质量数为75.03和75.05的两个离子。

（2）质量数分别为164.0712和164.0950的两个离子。

3. 何谓氮规则（氮律）？如何根据氮律确定质谱中的分子离子峰？

4. 在质谱图中，丁酸甲酯（$M = 102$）在 m/z 71（55%）、m/z 59（25%）、m/z 43（100%）及 m/z 31（43%）处均出现离子峰，试解释各离子峰的成因。

5. 在质谱法中，如何根据同位素峰的丰度比确定化合物的分子式？

6. 试预测化合物 CH_3—CO—C_3H_7 在质谱图上的主要离子峰，写明各离子的裂解过程。

7. 未知化合物的分子式为 $C_8H_{16}O$，EI - MS 质谱图如图 9 - 8 所示，试推导其结构。

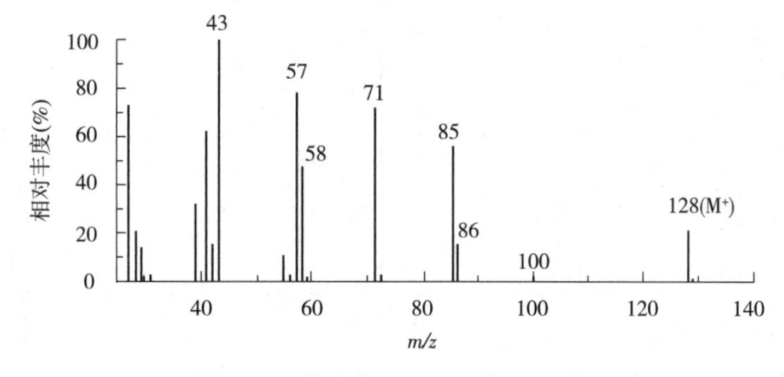

图 9 - 8　化合物 $C_8H_{16}O$ 的 EI - MS

8. 某化合物的分子式为 $C_5H_{10}O$，EI－MS 质谱图如图 9－9 所示，试推导其结构。

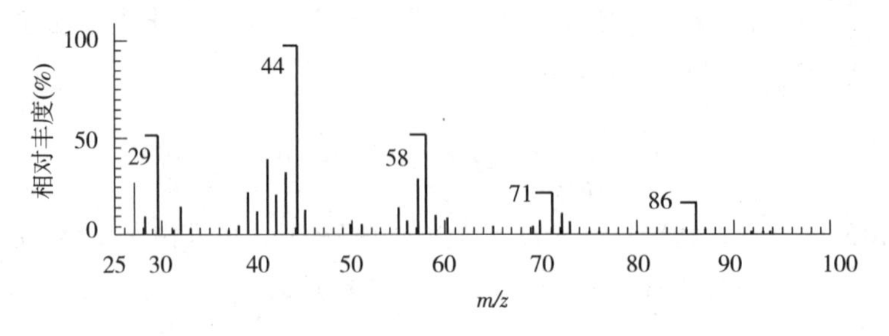

图 9－9 化合物 $C_5H_{10}O$ 的 EI－MS

9. 某化合物 C_7H_8O（M＝108），EI－MS 质谱图如图 9－10 所示，试推导其结构。

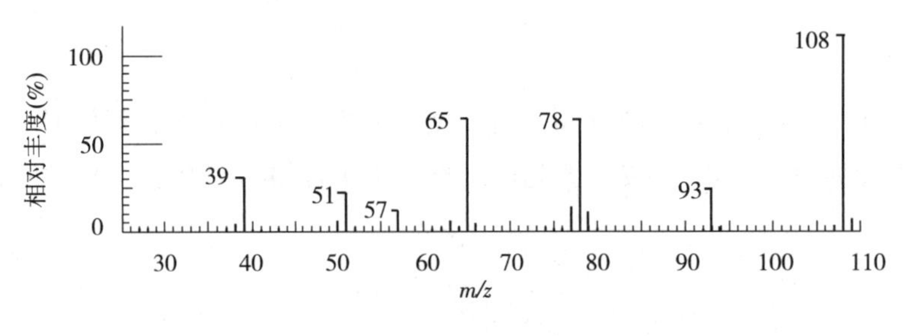

图 9－10 化合物 C_7H_8O 的 EI－MS

10. 已知某化合物的质谱图如图 9－11 所示，试推测其可能的结构式。

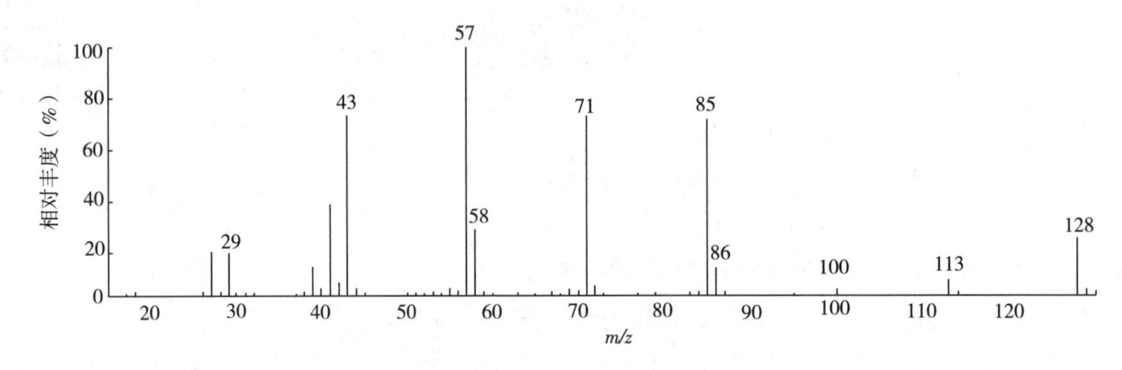

图 9－11 未知化合物的质谱图

11. 已知某未知化合物分子式为 C_4H_8O，其质谱如图 9－12 所示，试确定其分子结构。

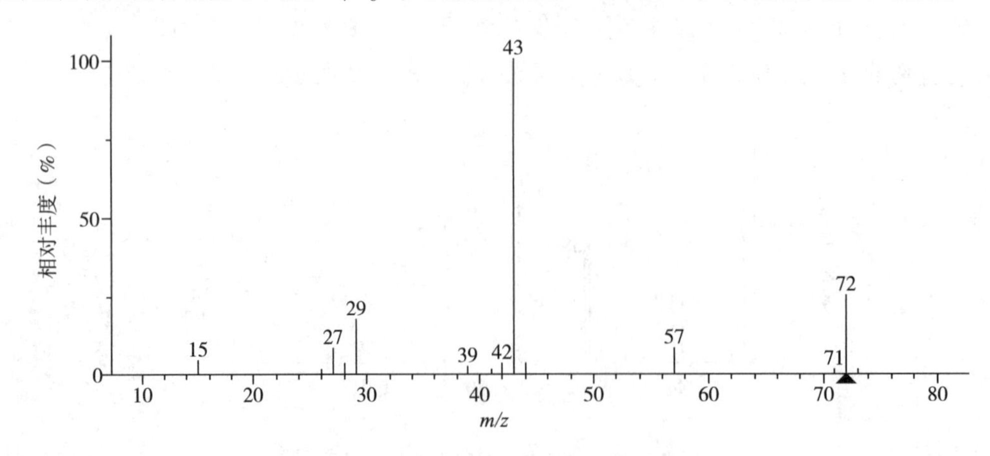

图 9－12 未知化合物 C_4H_8O 的质谱图

12. 已知某化合物的分子式为 $C_9H_{18}O$，IR 光谱显示其在 ~1715cm^{-1} 处有强吸收，在 ~2820cm^{-1} 和 ~2720cm^{-1} 处无吸收，其质谱图如图 9－13 所示，试推断其化学结构。

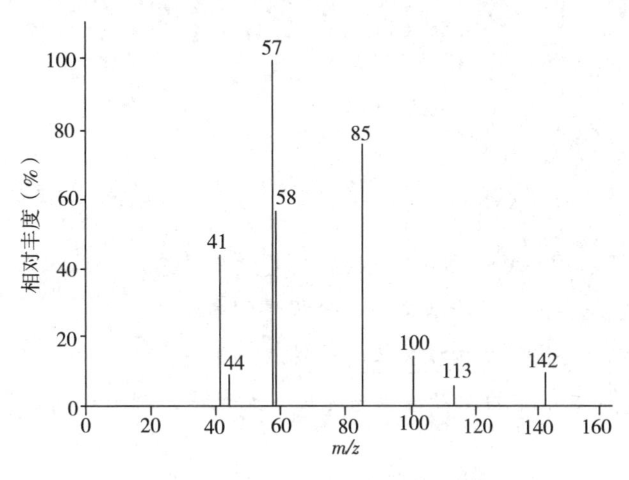

图 9－13　未知化合物 $C_9H_{18}O$ 的质谱图

书网融合……

思政导航

本章小结

微课

题库

第十章　波谱综合解析 微课

学习目标

知识目标

1. 掌握　UV、IR、MS、NMR 提供的物质结构信息。
2. 熟悉　综合解析化合物结构的一般程序和方法。
3. 了解　常用的化学结构相关工具软件及数据库。

能力目标　通过本章的学习，能够运用四大光谱正确解析简单化合物的结构。

运用各种波谱学技术，确定有机化合物结构的过程，称为波谱综合解析。在实际工作中，确定一个复杂有机化合物的结构，首先要了解样品的来源、纯度及理化性质等，然后再对其紫外光谱、红外光谱、核磁共振波谱及质谱所提供的信息进行综合分析。如何对各种谱图和数据进行综合解析并没有统一的格式和要求，往往因所需解决问题的具体特点和复杂程度而异，也和研究者的知识结构、实际经验及思维方式有关。总之，最终确定的有机化合物结构，既要符合逻辑推理过程，又要能与各波谱提供的结构信息相对应。

第一节　综合解析方法

PPT

一、综合解析对分析试样的要求

（一）试样纯度

样品纯度是确定有机化合物准确结构的前提。采集试样谱图一般要求其纯度 >98%。试样纯度的检查可通过晶型的一致性、有无确定的熔点、熔程、沸点、色谱保留值等指标来判断。目前试验中应用最多的是色谱法，若样品纯度较差，可配合使用重结晶或各种色谱方法等手段进行纯化处理。

（二）样品用量

样品用量通常取决于测定仪器的灵敏度和实验目的。进行结构分析时，IR 光谱一般需样品量 1 ~ 2mg；$^{1}H-NMR$ 和 $^{13}C-NMR$ 一般需要几毫克至十几毫克试样；MS 法灵敏度高，可达 10^{-12}g，故样品用量较少，固体样品小于 1mg，液体纯试样可少至几微升即可。

二、综合解析中常用的波谱学方法

不同的波谱方法提供的有机物结构信息各有其侧重点，但又各有其局限性，只有充分利用各种谱图提供的信息，并将必要的物理、化学性质结合起来，彼此补充，相互印证，进行综合解析，才能推断出正确的结构，各种波谱学方法所能提供的信息要点如下。

（一）质谱法（MS）

（1）由分子离子峰、准分子离子峰、同位素离子峰确定相对分子量、分子式。

（2）由分子离子峰相对丰度可判断分子稳定性，并对化合物类型进行大致归属。

（3）根据 $M+2$、$M+4$ 峰的丰度比推断是否含 S、Cl、Br 原子。

（4）由氮律、是否有含氮碎片离子峰群推断是否含氮原子。

（5）由碎片离子峰及失去的碎片推测可能存在的官能团及结构片段。

（二）紫外光谱法（UV）

（1）判断是否存在芳香环及共轭体系。

（2）推测发色团种类。

（三）红外光谱法（IR）

（1）主要提供官能团的信息，特别是含氧、氮官能团和芳香环。

（2）判断化学键的类型（如炔烃、烯烃及其他双键类型等）。

（3）提供芳香环取代情况的相关信息。

（四）核磁共振氢谱法（$^{1}H-NMR$）

（1）根据积分曲线判断分子中质子数目、各类质子个数比。

（2）根据化学位移值判断质子的类型，推测质子可能的化学环境。

（3）根据耦合裂分推测各基团的连接情况。

（4）加入重水判断是否存在活泼氢。

（五）核磁共振碳谱法（$^{13}C-NMR$）

（1）确定分子式中有几种化学环境的碳及各类碳原子可能的数目。

（2）由 OFR、DEPT 谱确定碳的类型。

（3）根据化学位移初步推断碳的杂化类型及羰基可能的存在状态。

（4）比较与碳直接相连的氢原子数和总氢数是否一致，判断活泼氢的存在数目及类型。

（5）仔细分析化学位移，推测出更多基团类型及基团上的取代信息。

第二节　综合解析的一般程序

PPT

一、分子式的确定

>>> 知识链接

同位素峰法计算化合物分子式

根据分子离子的质荷比及其同位素峰的丰度，可以确定化合的分子式。分子离子的同位素峰与分子离子峰的百分相对丰度之比，如 $\frac{M+1}{M}\%$、$\frac{M+2}{M}\%$、…… 符合天然丰度之比。

假设一个分子中含有某元素 n 个原子，a 为轻同位素的丰度，b 为重同位素的丰度，那么峰 M、$M+1$、$M+2$、$M+3$……的相对丰度可以按以下二项式的展开式计算求得：

$$(a+b)^n = C_n^0a^n + C_n^1a^{n-1}b + C_n^2a^{n-2}b^2 + \cdots\cdots + C_n^{n-1}ab^{n-1} + C_n^nb^n$$

$$= a^n + \frac{n!}{1!(n-1)!}a^{n-1}b^1 + \frac{n!}{2!(n-2)!}a^{n-2}b^2 + \cdots\cdots + \frac{n!}{1!(n-1)!}ab^{n-1} + b^n$$

当有机分子中含有 n 个 C、H、O、N、S，在同一分子中分别只出现一个比轻同位素大一个质量单位的重同位素（^{13}C、^{2}H、^{17}O、^{15}N、^{33}S）时，他们对$M+1$峰强度的贡献，可用二项式展开后的第二项分别进行计算，然后再求和。由于^{2}H、^{17}O的天然丰度太小，可忽略不计。故有：

$$\frac{[M+1]}{[M]}\times 100\% = 1.08n_C + 0.37n_N + 0.80n_S$$

当有机分子中含有n个C、H、O、N、S，在同一分子中分别同时出现两个比轻同位素大一个质量单位相同的重同位素（$^{13}C_2$、$^{2}H_2$、$^{17}O_2$、$^{15}N_2$、$^{33}S_2$）时，他们对$M+2$峰强度的贡献，可用二项式展开后的第三项分别进行计算，然后再求和。因为$^{2}H_2$天然丰度太小、有机化合物分子中O、N、S数量少，所以$^{2}H_2$、$^{17}O_2$、$^{15}N_2$、$^{33}S_2$对$M+2$峰强度的贡献小，均忽略不计。

在同一分子中分别只出现一个比轻同位素大两个质量单位的重同位素（^{18}O、^{34}S）时，他们对$M+2$峰强度的贡献，可用二项式展开后的第二项分别进行计算，然后再求和。故有：

$$\frac{[M+2]}{[M]}\times 100\% = 0.006n_C^2 + 0.20n_O + 4.40n_S$$

根据质谱数据中$\frac{M+1}{M}\%$、$\frac{M+2}{M}\%$等峰强度比数值，利用上述公式可对简单的有机化合物分子式进行计算。

（一）元素分析法

元素分析法是采用元素分析仪定量测定分子式中C、H、O、N等元素的含量，计算出各元素的原子比，拟定化学式，最后根据分子量确定分子式。

（二）质谱法

质谱法是确定分子式最常采用的方法，可以通过两种方法来确定。第一是采用高分辨率的质谱仪获得化合物精确的相对分子量，目前傅里叶变换质谱仪、双聚焦质谱仪及飞行时间质谱仪等都能给出化合物的精确分子量。第二是根据同位素离子峰与分子离子峰的相对强度，通过计算或利用Beynon表确定化合物的分子式。

（三）综合分析法

从核磁共振氢谱的积分曲线高度比可以得到氢原子的数目；由红外光谱、质谱及核磁共振谱确定杂原子类型及数目；由核磁共振碳谱得到碳原子数目。碳原子数也可由下式估计出。

$$碳原子数目=\frac{分子量-分子中氢原子质量-其他原子质量}{12}$$

若计算结果为非整数，则说明氢原子或其他杂原子的数目有误（如分子有对称性，氢原子数是原先确定数值的整数倍），同时，分子式中C、H原子数目应满足下式：$0.5n_4 \leq n_1 \leq 2n_4 + n_3 + 4$。可以通过此不等式来检查分子式的合理性。

二、结构式的确定

确定化合物的分子量及分子式后，对紫外、红外、核磁共振及质谱谱图所提供的数据进行初步的归纳整理，找出可能存在的结构单元及各结构单元间的关系，确定分子中这些结构单元的正确连接顺序，结合其他化学分析和理化性质，将简单的结构单元组合成较复杂的结构单元，从而提出一种或数种化合物的可能结构式，步骤如下。

1. 不饱和度的计算 不饱和度表示分子式中存在的双键或环的数目，是解析化合物结构的一个重要参数。不饱和度的计算方法依照第六章公式（6-7）计算。

2. 推断结构单元，确定结构　首先对各种图谱信息进行归属，根据这些数据提示的信息，进行综合分析，确定每个结构单元。然后，对各结构单元按化学键排列出各种可能的连接方式，提出可能结构式。

三、结构的验证

最后要对照各种谱图对推断的结构式加以验证，并做出正确的结论。

>>> 知识链接

光谱数据库的介绍

1. NIST Chemistry WebBook　是美国国家标准与技术研究所（NIST）的标准参考数据库 Standard Reference Data 中的化学部分，该数据库提供了多种检索途径，如分子式、英文名、CA 登录号、作者名、相对分子量、结构等，该站点被认为是网上著名的物性化学数据库。目前，所有资源是免费的。

2. SADTLER　萨特勒（Sadtler）光谱数据库是世界上专业的谱图收藏库，包括多达 221600 张红外谱图、1900 张近红外谱图、3800 张拉曼谱图、664400 张核磁谱图、598400 张质谱谱图以及未数码化的气相色谱谱图与紫外光谱谱图。其中又以红外谱图数据库为全面，Sadtler 红外数据库包括聚合物、纯有机化合物、工业化合物、染料颜料、药物与违禁毒品、纤维与纺织品、香料与香精、食品添加剂、杀虫剂与农品、单体、重要污染物、多醇类和有机硅等。

3. 化合物参考型数据库　是“十一五”中国科学院信息化专项，由中国科学院上海有机化学研究所联合过程工程研究所、长春应用化学研究所共同参与建设的化合物基础数据库，希望借助化学物质登录和常用化合物标识转换，支持基于化学物质的化学数据跨平台集成。化合物参考型数据库由化合物结构登录系统和化合物标识信息数据库两部分组成。化合物登录系统是一个基于算法的数据处理软件，提供化合物系统登录号（SRN）作为化学物质的唯一标识；化合物标识信息数据库保存已登录化合物的 SRN、IUPAC 命名、结构、分子式等基本信息和其他标识信息。

第三节　综合解析示例

例 10-1　根据某化合物的 MS（图 10-1）、IR（图 10-2）、$^{1}H-NMR$（图 10-3）及 $^{13}C-NMR$（图 10-4）谱图，推断此化合物的分子结构。

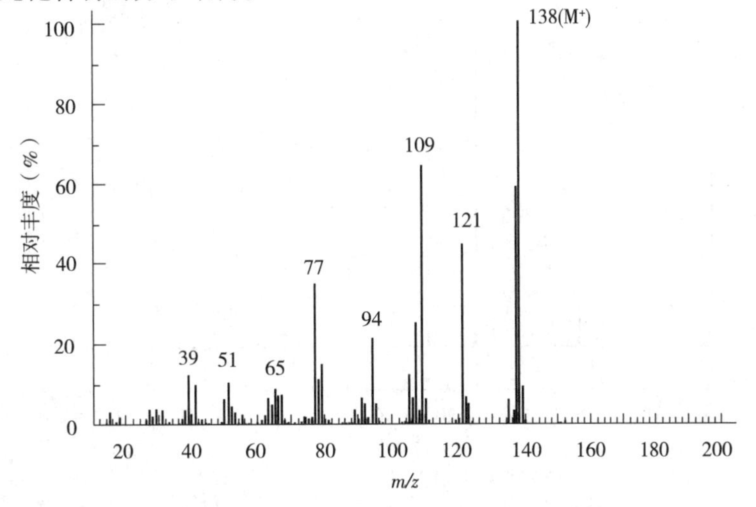

图 10-1　被测化合物的 MS 谱图

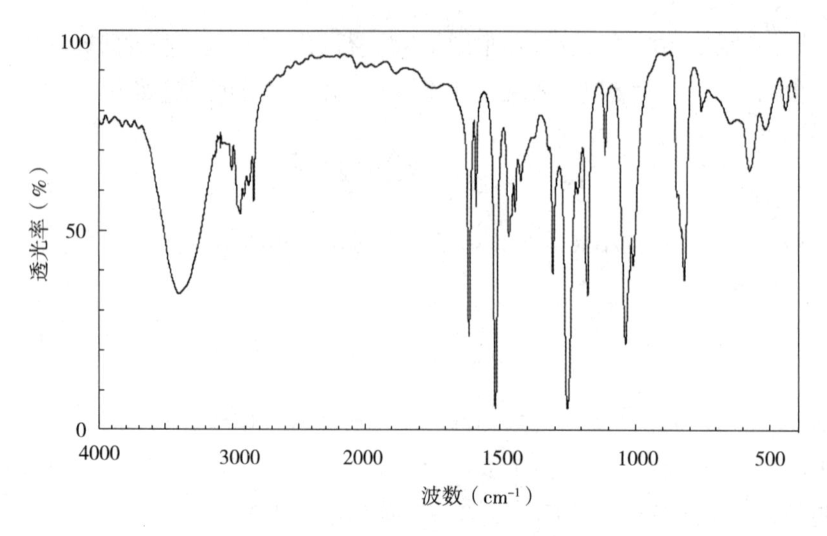

图 10-2 被测化合物的 IR 谱图

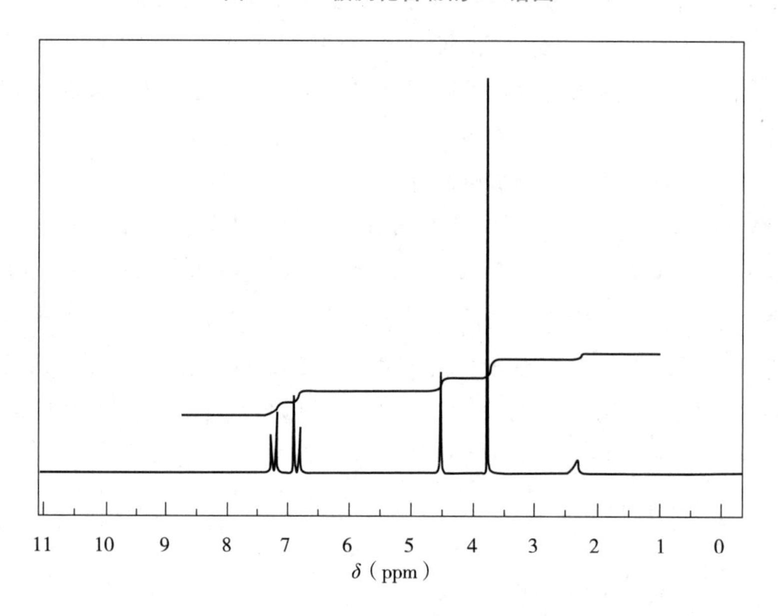

图 10-3 被测化合物的^{1}H-NMR 谱图

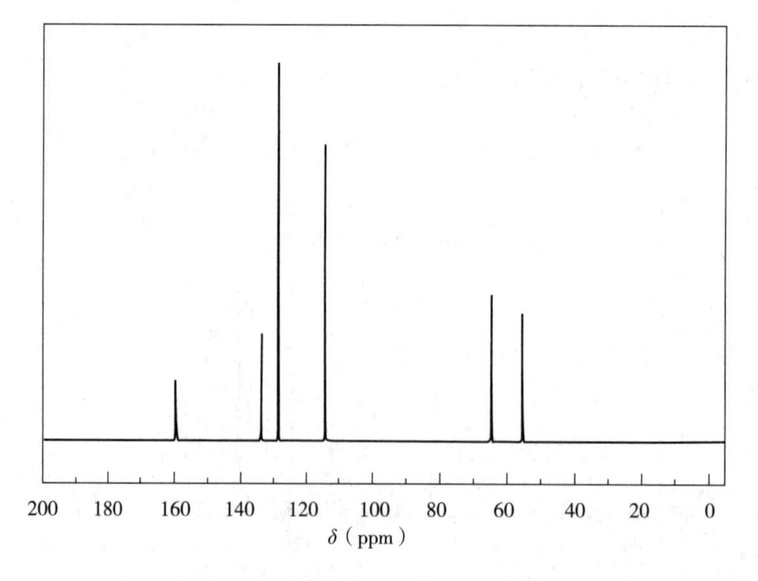

图 10-4 被测化合物的^{13}C-NMR 谱图

解：1. 确定分子量与分子式

MS：分子离子峰在 m/z 138 处，可确定化合物分子量为 138。根据氮律知化合物可能含有偶数个 N 或不含 N 原子。IR：3300～3500cm^{-1}处有一宽峰说明存在羟基（—OH）。^{1}H－NMR：从低场到高场各组峰的积分曲线高度比为 2∶2∶2∶3∶1，由此推断该化合物至少含有 10 个氢原子（H），δ 4.5 处的双质子峰可能对应与氧原子相连的亚甲基上的氢原子（—O—CH_2），δ 3.5 处的叁质子峰可能对应与氧原子相连的甲基上的氢原子（—O—CH_3），结合 IR 谱图 1200～1250cm^{-1}处有一个强峰，证实分子中可能存在醚键（—O—）；所以推断分子中可能存在 2 个氧原子（O）。

由此可推断分子中所含 C 原子数目为：

$$\frac{138-10-16\times 2}{12}=8$$

由以上分析可初步推测化合物的分子式可能为 $C_8H_{10}O_2$。

2. 计算不饱和度　四价原子为 C：$n_4=8$；一价原子为 H：$n_1=10$；三价原子：$n_3=0$

$$\Omega=\frac{2+2\times 8-10}{2}=4$$

由不饱和度知该化合物可能存在苯环的结构。

3. 判断可能的结构单元　^{1}H－NMR 中 δ 7 附近表现为四个质子的复杂双重峰说明分子式中含有苯环，MS 谱图中 m/z＝77、65、51、39 的碎片离子峰也证明分子式中含有苯环，^{13}C－NMR 中化学位移为 110～160ppm 的四组峰说明苯环为对位取代；δ 4.5 左右的双质子峰应为 O—CH_2—，δ 3.5 左右的叁质子峰应为 O—CH_3；红外光谱显示分子式中含有—OH。综合各谱图信息表明存在以下结构单元：CH_3—O—，—CH_2OH，—C₆H₄—以上结构单元组合满足分子式要求，用这些结构单元可以组成下面可能的结构：

HOH_2C—C₆H₄—OCH_3

4. 验证　经验证，此结构符合 MS 图中的主要碎片离子峰的裂解途径，结构式合理。

例 10－2　根据某化合物的 MS（图 10－5）、IR（图 10－6）及^{1}H－NMR（图 10－7）谱图，判断此化合物可能的分子结构。

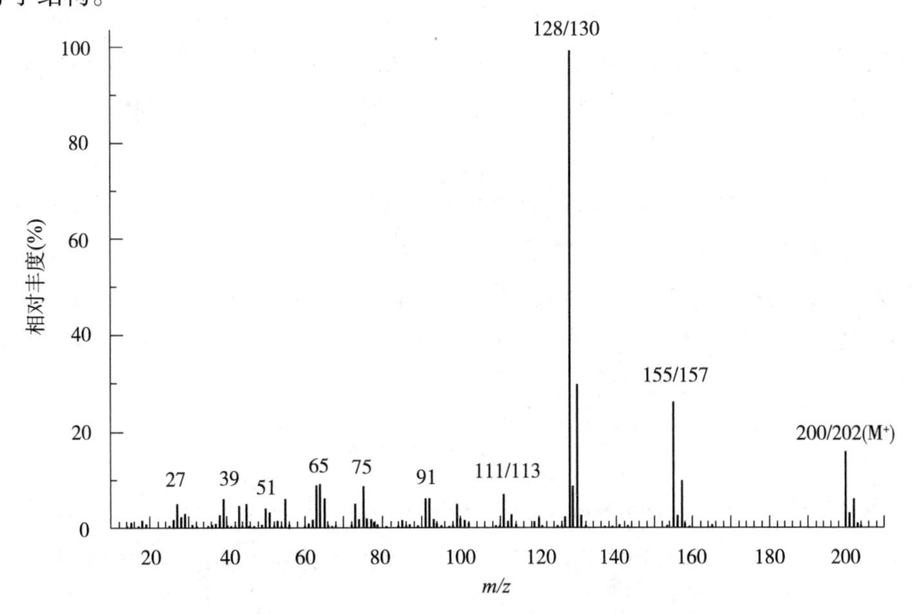

图 10－5　被测化合物的 MS 谱图

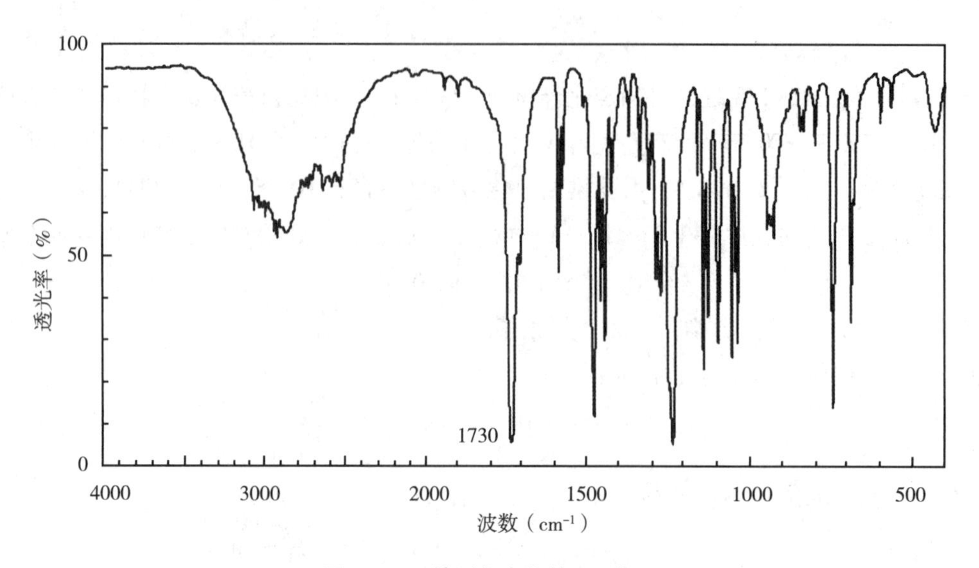

图 10－6 被测化合物的 IR 谱图

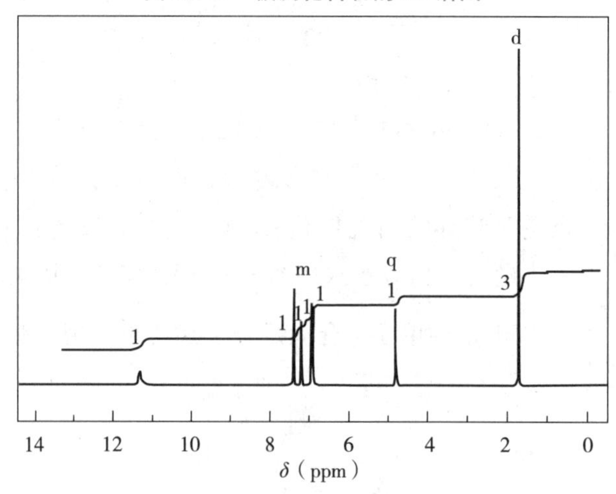

图 10－7 被测化合物的 $^{1}H-NMR$ 谱图

解：1. 确定分子量与分子式

MS：分子离子峰在 m/z 200 处，可确定化合物分子量为 200，M^{+} 峰与 $(M+2)^{+}$ 峰相对丰度近似为 3∶1，因此可以确定分子中含有 1 个氯原子。$^{1}H-NMR$：从低场到高场各组峰的积分曲线高度比为 1∶1∶1∶1∶1∶1∶3，由此推断该化合物至少含有 9 个氢原子（H）。IR：2500～3200 cm^{-1} 处有一宽峰说明存在羟基（—OH），1700 cm^{-1} 处有一个强峰说明存在羰基（$\overset{\displaystyle O}{\overset{\|}{—C—}}$），而 $^{1}H-NMR$ 谱图中在 δ11 附近有一单质子峰应对应羧基（—COOH）中的氢原子，因此可推测分子中含有羧基（—COOH）；$^{1}H-NMR$ 谱图中 δ 4.7 处的单质子峰可能对应与氧原子相连的次甲基上的氢原子（—O—CH），结合 IR 谱图 1200～1250 cm^{-1} 处有一个强峰，证实分子中可能存在醚键（—O—）；所以推断分子中可能存在 3 个氧原子（O）。

由此可推断分子中所含 C 原子数目为：

$$\frac{200-9-16\times3-35}{12}=9$$

由以上分析可初步推测化合物的分子式可能为 $C_9H_9ClO_3$。

2. 计算不饱和度 四价原子为 C：$n_4=9$；一价原子为 H 和 Cl：$n_1=10$；无三价原子：$n_3=0$

$$\Omega=\frac{2\times9+0-10+2}{2}=5$$，由不饱和度知该化合物可能存在苯环的结构。

3. 判断可能存在的结构单元及结构式　前已说明存在—COOH，羰基双键，加上一个苯环，不饱和度为5，与计算值相符。分析[1]H－NMR：δ1.7的二重峰与δ4.7的四重峰组合应为 >CH—CH_3；δ7附近表现为四个质子的复杂多重峰说明苯环为双取代，结合红外光谱，可能为邻位双取代；δ11附近则应为羧基—COOH上的H。综合各谱图信息表明存在以下结构单元：

—Cl，>CH—CH_3，（邻位双取代苯环），—COOH和醚键—O—

这些结构单元组合满足分子式要求。用这些结构单元可以组成下面两种可能的结构。

（A）邻氯苯基—O—CH(CH_3)—COOH　　（B）邻羧基苯基—O—CHCl—CH_3

4. 验证　由MS图谱知：高质量端三个碎片离子 m/z 155、128和111均含有Cl原子，说明Cl原子与苯环直接相连，因为这时Cl上的孤对电子与苯环发生p－π共轭，碎片离子峰比较稳定，Cl不易被丢失，所以未知物的结构应为（A）。此结构可解释MS谱图中的主要碎片离子峰，从而验证了所推断的结构式合理。

例10－3　某化合物的分子式为$C_6H_{12}O$，各波谱数据如图10－8、图10－9和图10－10所示，试推断此化合物的结构。

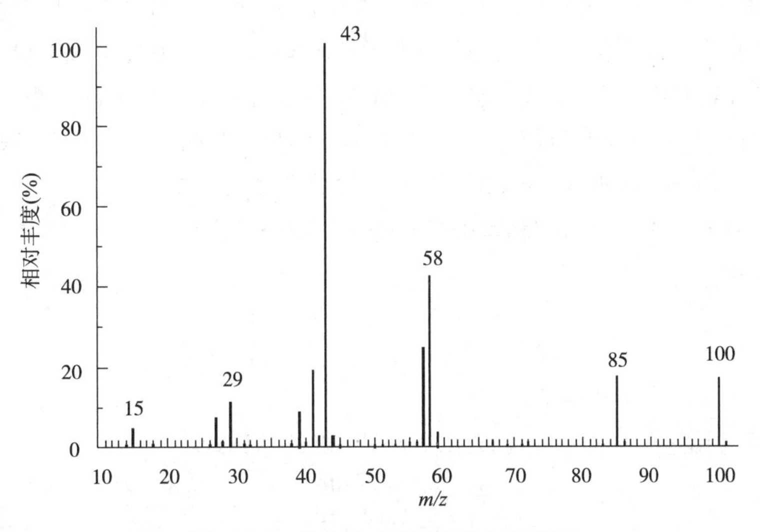

图10－8　化合物$C_6H_{12}O$的MS谱图

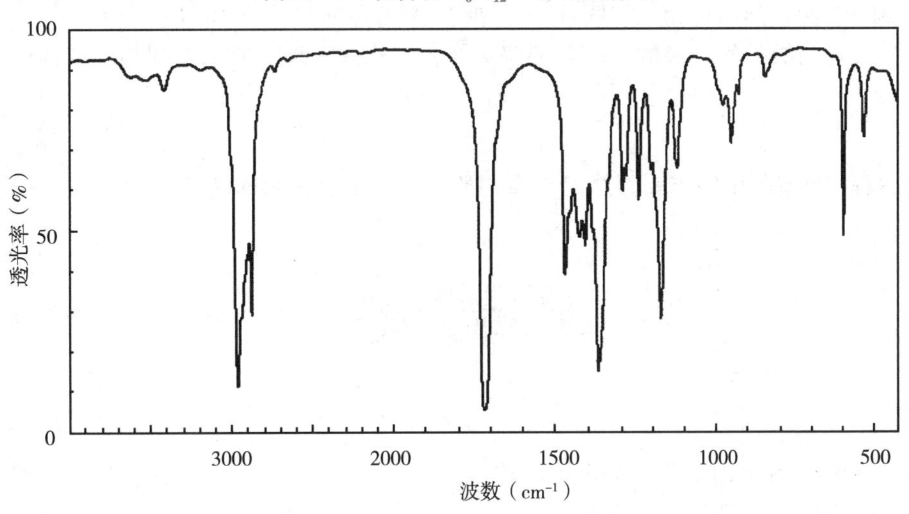

图10－9　化合物$C_6H_{12}O$的IR谱图

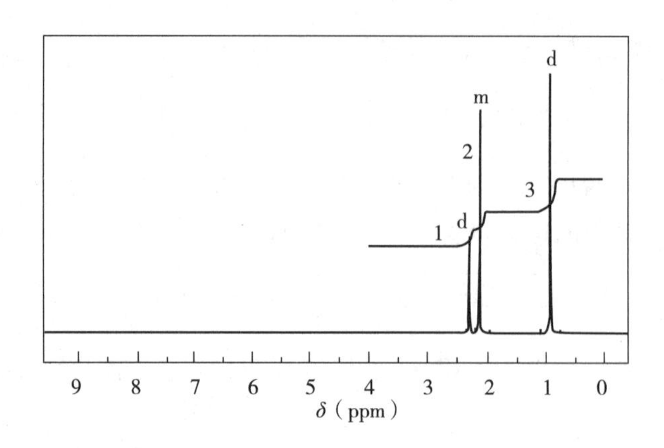

图 10 - 10　化合物 $C_6H_{12}O$ 的 ^1H-NMR 谱图

解：1. 计算不饱和度

由分子式 $C_6H_{12}O$，根据 $\Omega=\dfrac{(2+2n_4+n_3-n_1)}{2}$ 知，不饱和度为 1，故分子式中含有一根双键或一个环状结构，由 IR 知 $1700cm^{-1}$ 处有一个强峰说明存在羰基，不饱和度为 1，与计算值相符。

2. 判断可能存在的结构单元　^1H-NMR：从低场到高场各组峰的积分曲线高度比为 1∶2∶3，由分子式中含有 12 个氢原子知，各组峰对应的质子数分别为 2、4、6，根据化学位移可判断 δ 0.94 处 6 个质子的双重峰应为两个化学位移相同的甲基，且同时与次甲基相连；因为分子式中没有 N 元素，δ2.35 处 2 个质子的一组峰应为亚甲基，且与羰基相连。δ2.10 左右表现为 4 个质子的一组 m（多重峰）峰应为化学环境比较相似的两组质子峰相互重叠产生的，根据化学位移知两组质子可能有两种组合：一个甲基与一个次甲基或两个亚甲基，根据 δ 0.94 处 6 个质子的双重峰知，该组合应为一个甲基与一个次甲基。IR：$1350\sim1400cm^{-1}$ 处有两个峰强近似相等的吸收峰，说明分子式中含有偕二甲基的结构。综合各谱图信息表明存在以下结构单元：

$$—CH_3,\quad —\overset{\overset{O}{\|}}{C}—,\quad —CH_2—,\quad —\overset{\overset{CH_3}{|}}{CH}—CH_3$$

这些结构单元组合满足分子式要求。

3. 可能的结构式　用这些结构单元可以组成下面可能的结构式：

$$CH_3—\overset{\overset{O}{\|}}{C}—CH_2—\overset{\overset{CH_3}{|}}{CH}—CH_3$$

4. 验证　由 MS 知，高质量端三个碎片离子 m/z 85、58 和 43 均是由分子离子经过简单开裂、麦氏重排和简单开裂三种初级裂解生成的，符合裂解规律，结构式合理，所以未知物的结构应为：

$$CH_3—\overset{\overset{O}{\|}}{C}—CH_2—\overset{\overset{CH_3}{|}}{CH}—CH_3$$

此结构可解释 MS 谱图中的主要碎片离子峰，从而验证了所推断的结构式合理。

答案解析

目标检测

一、简答题

1. 波谱综合解析中各类图谱的主要作用是什么？
2. 波谱综合解析的基本步骤是什么？

二、综合解析

1. 某化合物的分子式为 C_4H_6O，MS、IR、^1H-NMR 如下，试推断其可能的结构式。

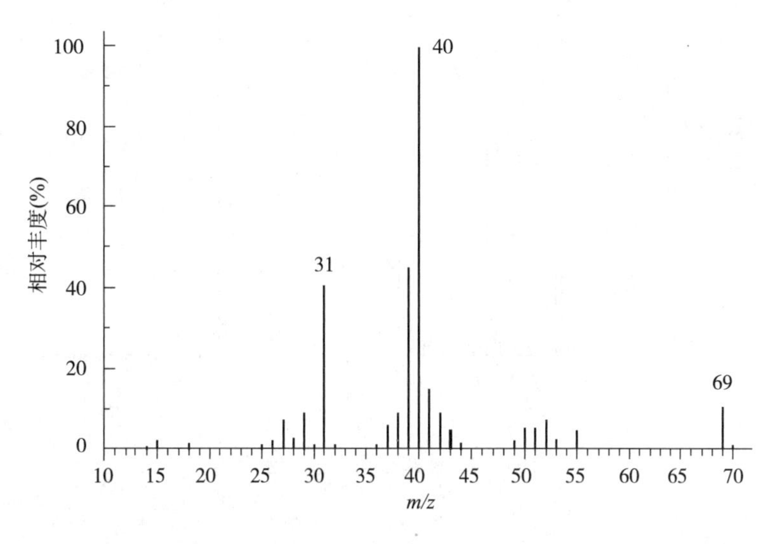

图 10－11　化合物 C_4H_6O 的 MS 谱图

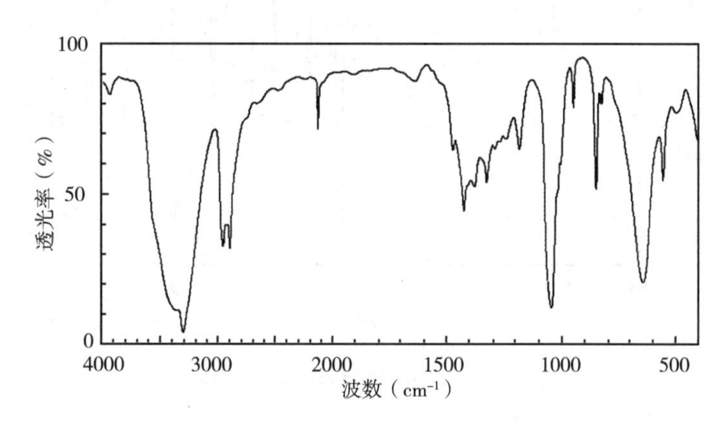

图 10－12　化合物 C_4H_6O 的 IR 谱图

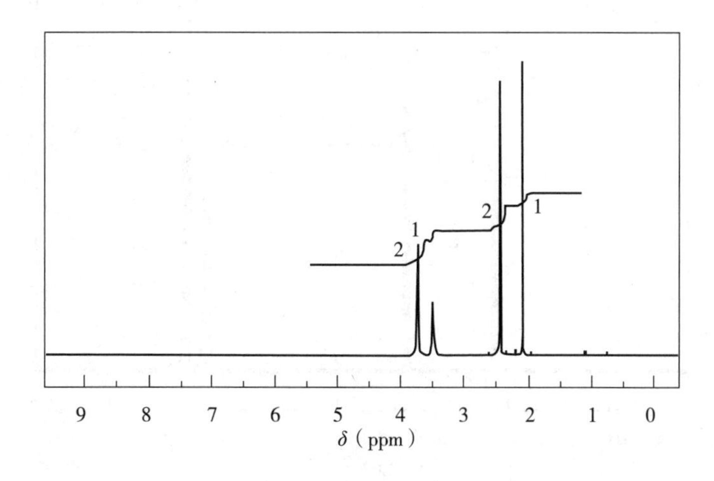

图 10－13　化合物 C_4H_6O 的 ^1H-NMR 谱图

2. 根据某化合物的 MS、IR、^1H-NMR 及 $^{13}C-NMR$ 谱图，判断此化合物可能的结构式。

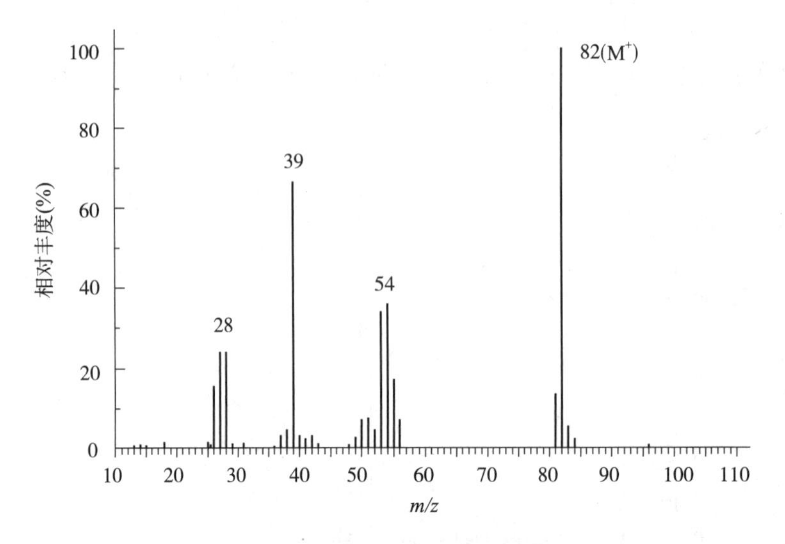

图 10－14 被测化合物的 MS 谱图

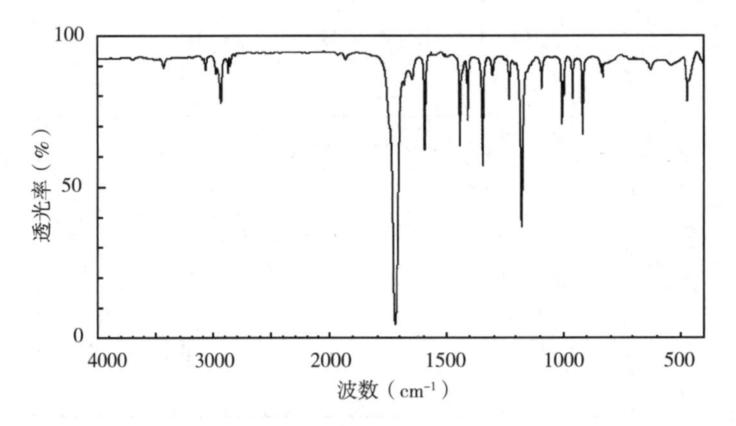

图 10－15 被测化合物的 IR 谱图

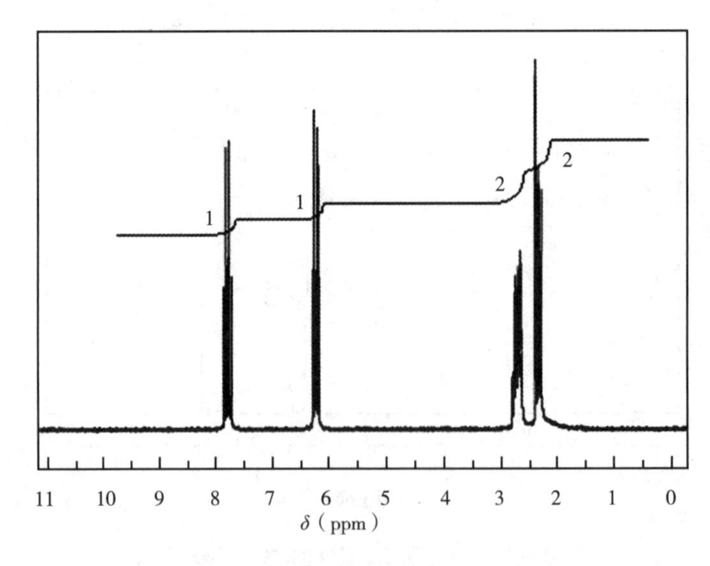

图 10－16 被测化合物的 ^{1}H－NMR 谱图

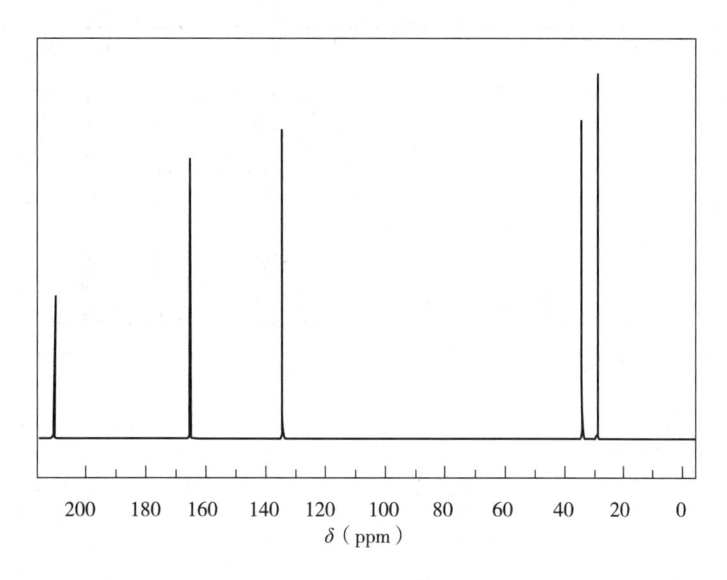

图 10－17 被测化合物的^{13}C－NMR 谱图

3. 试由下列四种图谱推断该化合物的结构。

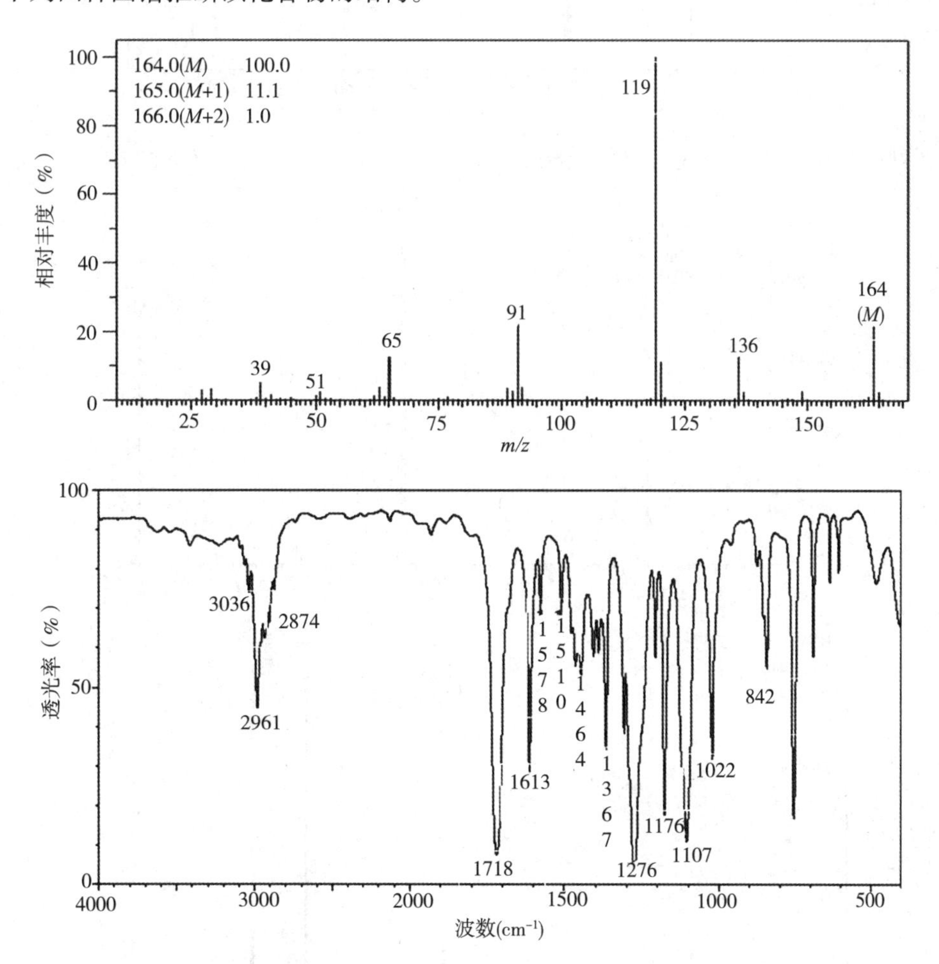

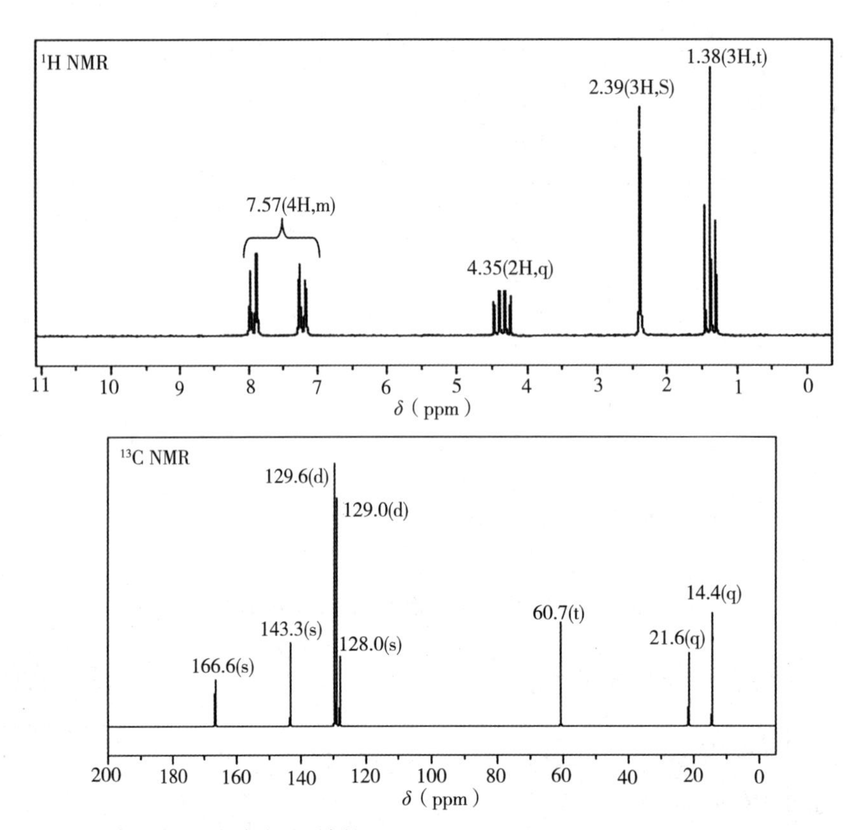

4. 试由下列四种图谱推断该化合物的结构。

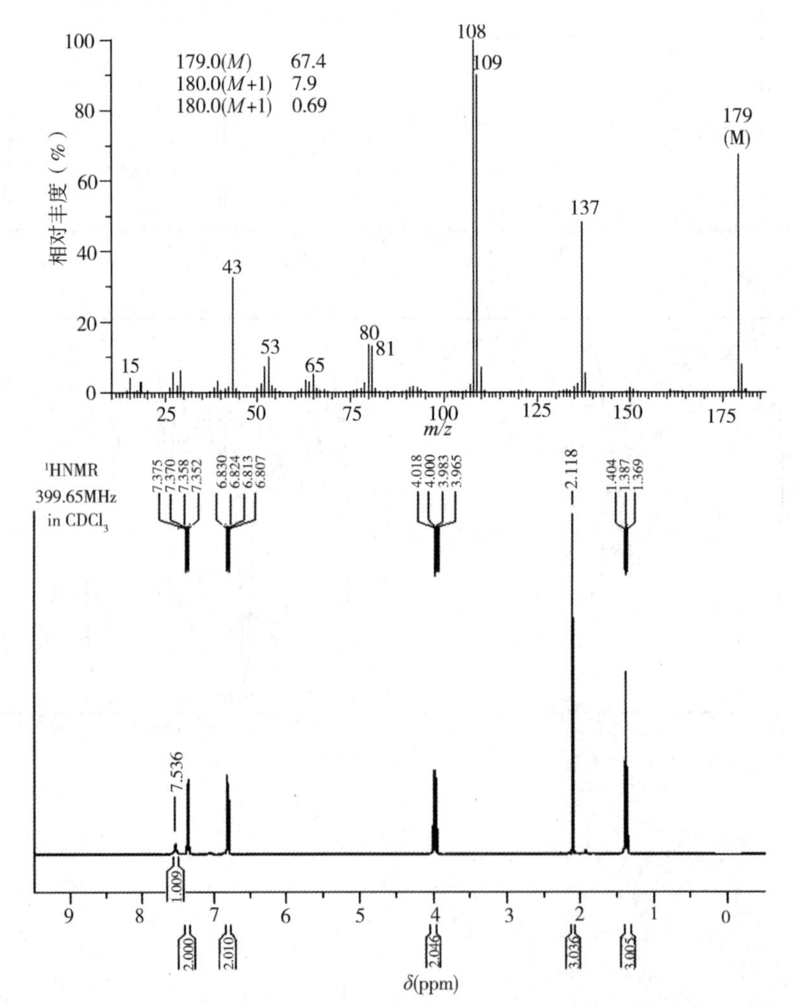

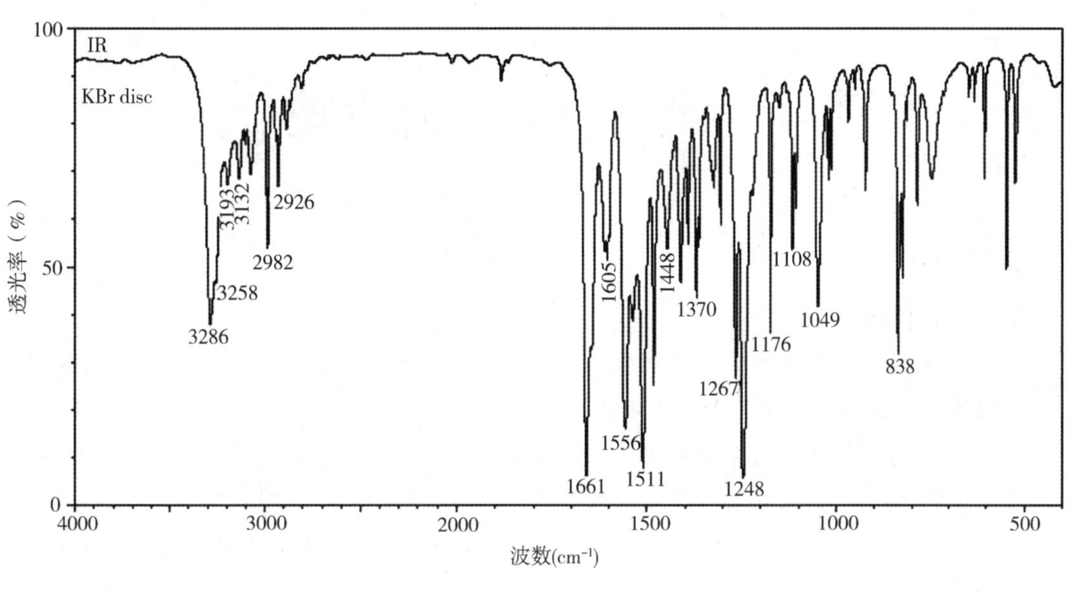

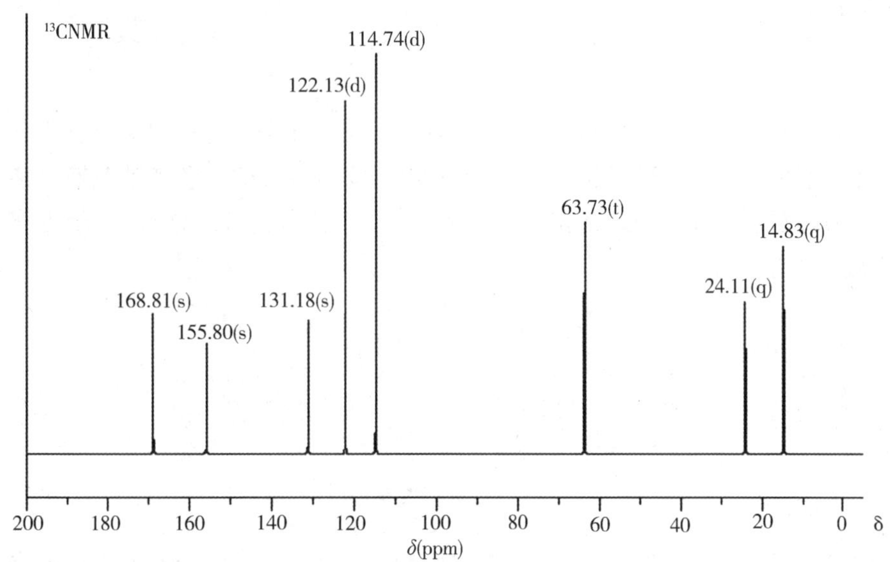

书网融合……

思政导航

本章小结

微课

题库

第十一章　色谱法概论 微课

学习目标

知识目标

1. 掌握　色谱分析的有关概念和各种色谱参数的计算公式；色谱分类及其分离机制；色谱基本理论，即塔板理论和速率理论。

2. 熟悉　色谱分离方程式及提高分离度的方法。

3. 了解　色谱法的发展及其应用概况。

能力目标　通过本章的学习，能够根据药学研究中的分离、分析问题，选择不同类型的色谱方法。

色谱法（chromatography）是一种高效的物理化学分离分析方法。它利用混合物中各组分在互不相溶的两相（固定相和流动相）之间分配的相互作用使混合物得到分离。色谱法具有分离度高、灵敏度高、样品用量少、速度较快、结果准确等优点，特别适宜于分离分析多组分的试样，是各种分离技术中效率较高和应用最广的一种方法。

第一节　概　述

PPT

一、色谱法历史

色谱法起始于20世纪初。1903～1906年，俄国植物学家Tswett在研究植物叶子的色素成分时，将其石油醚提取液倒入填有碳酸钙的直立玻璃柱中，从顶端加入石油醚淋洗，发现柱管自上而下产生不同颜色的色带。他将这一实验现象命名为“色谱”（chromatography）。此法后来逐渐用于无色物质的分离，“色谱”二字虽已失去原来的含义，但仍被人们沿用至今。

1941年，英国科学家Martin和Synge提出了色谱塔板理论，发明了液-液分配色谱法（liquid-liquid partition chromatography，LLC）。1944年Consden等人发展了纸色谱（paper chromatography），1949年Macllean等在氧化铝中加入淀粉黏合剂制作薄层板使薄层色谱法（thin layer chromatography，TLC）得以实际应用。1952年James和Martin首先提出了气相色谱法，成功分离分析了脂肪酸和脂肪胺等混合物，并因此获得了诺贝尔化学奖；1956年Van Deemter等在前人研究的基础上发展了描述色谱过程的速率理论；1957年Golay开创了毛细管柱气相色谱法（capillary column gas chromatography）。20世纪60年代后期，高效液相色谱法（high performance liquid chromatography，HPLC）的创立为难挥发、热不稳定及高分子样品的分析提供了有力手段。20世纪80年代末发展起来的高效毛细管电泳（high performance capillary electrophoresis，HPCE），将毛细管技术、电泳技术及微量检测方法相结合，柱效高，对于生物大分子的分离具有独特优势。近年来出现的毛细管电色谱（capillary electrochromatography，CEC），集聚了毛细管电泳和高效液相色谱法的优点，显现出很大发展空间。进入21世纪以来，GC-MS（气相色谱-质谱联用）、LC-MS（液相色谱-质谱联用）等联用技术广泛地应用于化学、药学等实验室分析工作实践中，色谱法已经发展成为色谱科学。

二、色谱法的相关名词

在 Tswett 的实验中，将填入玻璃柱内静止不动的一相（碳酸钙）称为固定相（stationary phase）；自上而下流动的一相（石油醚）称为流动相（mobile phase）；装有固定相的柱子称为色谱柱（chromatographic column）。流动相连续不断地进入色谱柱，流过固定相，将被分离的物质冲洗出柱的过程，称为洗脱。洗脱过程中，流出色谱柱的溶液即洗脱液。洗脱是色谱分离过程中重要的步骤——选择适宜的流动相、固定相，才能实现样品的分离。

三、色谱法分类

色谱法可按照两相物理状态、分离机制、操作形式、两相极性等多种方法进行分类。

（一）按两相物理状态分类

按照流动相为气体、液体或是超临界流体等进行分类，可分为气相色谱法（GC）、液相色谱法（LC）、超临界流体色谱法（SFC）。结合固定相的状态不同，气相色谱又可分为气-固色谱法（GSC）和气-液色谱法（GLC）；液相色谱法也可分为液-固色谱法（LSC）和液-液色谱法（LLC）。

（二）按分离机制分类

按分离机制可分为分配色谱法、吸附色谱法、离子交换色谱法、分子排阻色谱法、亲和色谱法等。分配色谱法（partition chromatography）是指用液体作固定相，利用组分在固定相中的溶解度不同而达到分离的方法；吸附色谱法（adsorption chromatography）是指利用组分在吸附剂（固定相）上的吸附能力强弱不同而得以分离的方法；离子交换色谱法（ion exchange chromatography）是指利用组分在离子交换剂（固定相）上的亲和力大小不同而达到分离的方法；分子尺寸排阻色谱法（molecular exclusion chromatography）利用大小不同的分子在多孔固定相中的选择性渗透而达到分离的方法；亲和色谱法（affinity chromatography）是利用不同组分与固定相（固定化分子）的高专属性亲和力进行分离的方法。

（三）按操作形式分类

按操作形式可分为柱色谱法（column chromatography）和平面色谱法（plane chromatography）。柱色谱是指将固定相装于柱管内的色谱法，可分为填充柱色谱和毛细管柱色谱；平面色谱是指固定相呈平板状的色谱法，包括纸色谱法（paper chromatography）、薄层色谱法（thin layer chromatography）、薄膜色谱法（thin film chromatography）等。

（四）按两相极性分类

在液液分配色谱中，若流动相的极性小于固定相的极性，称为正相色谱（normal phase chromatography）；若流动相极性大于固定相的极性，则称为反相色谱（reversed phase chromatography）。

>>> 知识链接

亲水相互作用色谱

亲水相互作用色谱（hydrophilic interaction chromatography，HILIC）作为一种分离极性化合物的液相色谱模式，其概念最早由 Alpert 于 1990 年提出。该技术采用极性固定相，有机溶剂-水为流动相，能有效保留反相色谱中保留不完全或不保留的强极性样品，目前已被广泛应用于蛋白质、肽、氨基酸、寡核苷酸、糖和天然产物提取物的分析、分离。中药通常以水煎液形式给药，其中包含着大量在反相液相色谱上不能被保留的强极性组分，如多糖、寡糖、强极性糖苷、强极性生物碱、有机酸等。这些强极性组分有可能是中药活性组分的重要组成部分或者对中药药效具有重要的辅助作用。受到反相液相色谱分离能力的限制，在中药物质科学研究中，这些强极性组分没有得到很好的分离和表征。近年来随着分离机制和分离方法研究的深入，HILIC 在中药分离分析和分离制备中显示出了一定的应用潜力。

第二节　色谱分离过程简介

PPT

色谱法分离分析混合物样品中各组分的过程和原理是：组分在固定相和流动相之间发生的吸附、脱附和溶解等过程，叫作分配过程。色谱分离就是基于不同组分在两相中的分配差异而达到分离效果。

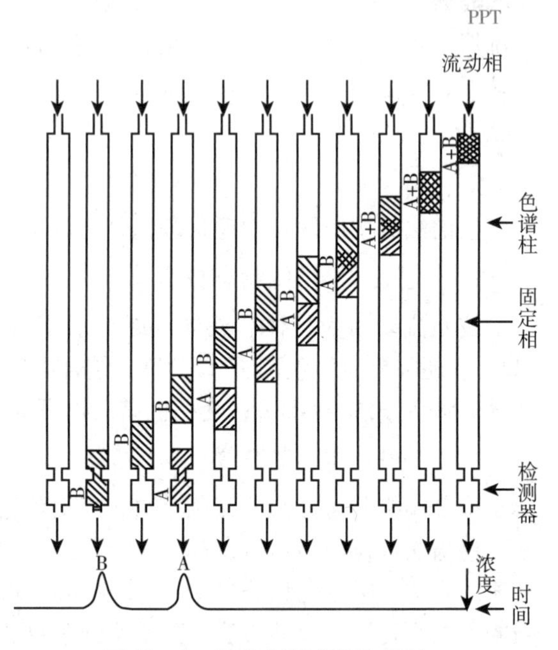

图 11－1　色谱分离过程示意图

同一时刻进入色谱柱中的不同组分，会在固定相和流动相之间达到分配平衡，固定相就会对组分产生滞留（保留）作用；当流动相流过时，组分将在流动相和固定相上又达到分配平衡。随着流动相不断地流过，流动相会携带组分沿着柱子以一定速度向前移动。由于组分在流动相和固定相之间的溶解、吸附、渗透或离子交换等作用的大小不同，即固定相对不同组分的滞留（保留）能力不同，组分在随流动相移动过程中移动速度不等，产生“差速迁移”，从而产生分离，如图 11－1 所示。在固定相上溶解或吸附力大的组分滞留（保留）能力强，迁移速度慢，反之组分迁移速度快。经过一定长度的色谱柱后，彼此分离开来，按不同时间顺序先后流出色谱柱。差速迁移是色谱分离过程的前提。

第三节　色谱分析中的重要参数

PPT

一、色谱流出曲线

以柱后流出液中组分在检测器上产生的响应信号（以电压或电流等单位表示）对时间或流动相流出体积作图，即为色谱流出曲线，如图 11－2 所示，由于它记录了各组分流出色谱柱的情况，所以叫色谱流出曲线，也叫色谱图。流出曲线中突起部分称为色谱峰，理想的色谱峰是一条对称的高斯（Gaussian）分布曲线。

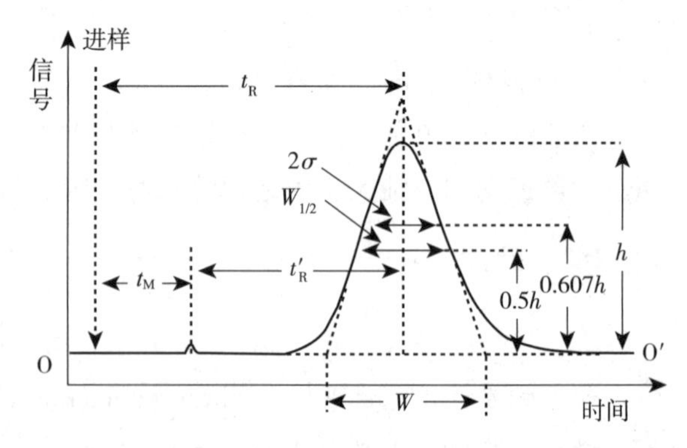

图 11－2　色谱流出曲线

（一）基线

在正常操作条件下，仅有纯流动相进入检测器时的流出曲线称为基线（base line），即图中的 OO′。稳定的基线应该是一条水平线。若基线下斜或上斜，称为漂移（drift），基线的短周期上下波动，称为噪声（noise）。

（二）峰高（h）

从峰的顶点到基线的垂直距离为峰高。可以用记录纸上的峰高（cm）、电信号的大小（mV 或 mA）

等表示，峰高与组分的含量有关。

（三）色谱峰区域宽度

区域宽度是色谱流出曲线中很重要的参数，它的大小与组分在柱内的谱带宽度有关，反映色谱柱或所选色谱条件的好坏。区域宽度有三种表示方法。

1. 半（高）峰宽（peak width at half height，$W_{1/2}$） 在峰高一半处的色谱峰的宽度，单位可用时间或距离表示。

2. 峰（底）宽（peak width，W） 在色谱峰两边的拐点处作切线于基线相交，两交点间的距离叫峰（底）宽，又称基线宽度。

3. 标准偏差（σ） 当色谱峰呈高斯分布时，曲线两侧拐点之间距离的一半，即 0.607 倍峰高处峰宽的一半。

三者的关系是：

$$W = 4\sigma = 1.699 \cdot W_{1/2} \qquad (11-1)$$

$$W_{1/2} = 2\sigma\sqrt{2\ln 2} = 2.355\sigma \qquad (11-2)$$

（四）峰面积（A）

色谱曲线与基线间所包围的面积，用 A 表示，是色谱定量的依据。色谱峰的面积一般由积分仪或色谱工作站根据设定的参数自动求得，也可以采用以下的方法手工计算。

对于对称色谱峰：

$$A = 1.065 \cdot h \cdot W_{1/2} \qquad (11-3)$$

对于非对称色谱峰：

$$A = 1.065 \cdot h \cdot \frac{W_{0.15} + W_{0.85}}{2} \qquad (11-4)$$

（五）拖尾因子（T）

拖尾因子（tailing factor）是用来衡量色谱峰对称性的参数，也叫对称因子（symmetry factor）。拖尾因子的计算公式为：

$$T = \frac{W_{0.05}}{2d_1} = \frac{d_1 + d_2}{2d_1} \qquad (11-5)$$

式中，$W_{0.05}$为 0.05 倍峰高处的峰宽；d_1为峰极大值到峰前沿之间的距离，如图 11-3 所示。《中国药典》（2020 年版）规定 T 值在 0.95～1.05 的色谱峰为对称峰，小于 0.95 的为前延峰，大于 1.05 的为拖尾峰。

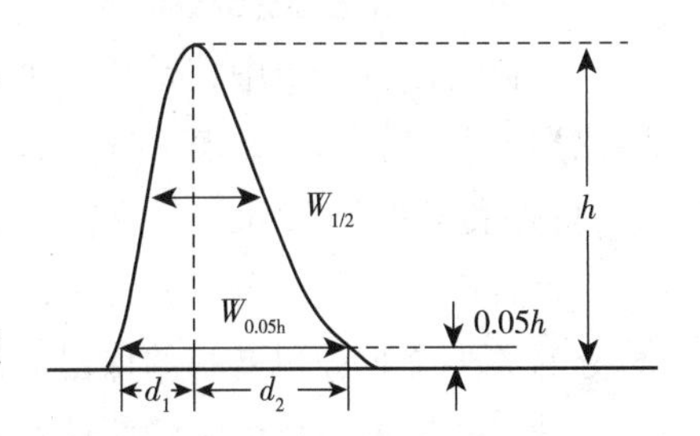

图 11-3　拖尾因子计算示意图

（六）保留值

保留值（retention value）是样品各组分在色谱体系或色谱柱中保留行为的量度，它反映固定相对组分（液相色谱中还包括流动相）保留作用的大小，常用组分出峰的时间或用将组分带出色谱柱所需流动相的体积来表示。具体的保留参数有以下几种。

1. 保留时间（retention time，t_R） 即组分从进样开始到色谱峰最高点出现时的时间，即图 11-2 中的 t_R段，以 s 或 min 为单位表示。保留时间是组分在色谱柱中保留的总时间，包含了组分随流动相通过柱子所需的时间和组分在固定相中滞留的时间。保留时间是色谱法定性的基本依据，但保留时间常受到流动相流速、温度等因素的影响。

2. 死时间（dead time，t_M） 不被固定相保留的组分（非滞留组分）通过色谱系统所需的时间，即流动相通过色谱系统所需时间（t_M），图 11-2 中的 t_M段，以 s 或 min 为单位表示。非滞留组分的迁移速度与流动相流动速度一致。

3. 调整保留时间（adjusted retention time，t'_R） 保留时间减去死时间即为调整保留时间，即图11-2中的t'_R段，以s或min为单位表示。调整保留时间是组分在固定相中滞留的总时间。

$$t'_R = t_R - t_M \tag{11-6}$$

4. 保留体积（retention volume，V_R） 组分从进样开始到色谱峰最高点出现时柱后流出的流出液体积。当流动相流速恒定时可用保留时间乘流动相的流速求得，以ml为单位表示。F_C为柱后出口处流动相的体积流速，以ml/min为单位。

$$V_R = t_R \times F_C \tag{11-7}$$

5. 死体积（dead volume，V_M或V_0） 一般指柱内死体积，是色谱柱中不被固定相占据的空间，即柱内流动相所占据的体积，等于死时间乘以流动相的流速。

$$V_M = t_M \times F_C \tag{11-8}$$

6. 调整保留体积（adjusted retention volume，V'_R） 保留体积减去死体积即为调整保留体积。

$$V'_R = V_R - V_M = t'_R \times F_C \tag{11-9}$$

7. 相对保留值（relative retention，$\alpha_{2,1}$或$\gamma_{i,s}$） 是指在相同操作条件下，组分i与参比组分s的调整保留值之比。

$$\alpha_{2,1} = \frac{t'_{R_2}}{t'_{R_1}} = \frac{V'_{R_2}}{V'_{R_1}} \text{或} \gamma_{i,s} = \frac{t'_{R_i}}{t'_{R_s}} = \frac{V'_{R_i}}{V'_{R_s}} \tag{11-10}$$

相对保留值只与柱温、固定相性质、流动相性质和组分性质有关，而与柱径、柱长、填充情况及流动相流速无关。

两相邻组分的相对保留值$\alpha_{2,1}$常用作色谱系统分离选择性好坏的指标，此时规定$t'_{R_2} > t'_{R_1}$，即总以保留值大的除以保留值小的；两组分的t'_R之差越大，$\alpha_{2,1}$值越大，分离得越开，即选择性好；α等于1时，两组分完全重叠无法分离。

在色谱定性分析中，常选一个化合物作标准，试样中各组分与标准化合物的相对保留值作为色谱定性依据，此时，组分s表示选定的标准物质，组分i表示任意组分，其相对保留值一般表示为$\gamma_{i,s}$。故$\alpha_{2,1}$总是大于等于1，而$\gamma_{i,s}$可以大于1或小于1。

综合以上内容，可以看出色谱流出曲线包含有以下信息：根据色谱峰的个数，可以判断试样中所含组分的最少个数；色谱峰的保留值是对组分进行定性分析的依据；色谱峰的峰面积或峰高是对组分进行定量分析的依据；色谱峰的区域宽度是对色谱柱分离效能的评价指标；色谱峰间距是评价色谱条件选择是否合适的重要依据。

二、色谱分析中的一些重要参数

（一）分配系数（K）

分配系数（partition coefficient）又称分配平衡常数，是指在一定的温度和压力下，组分在两相间达到分配平衡时，组分在固定相中的浓度c_S与在流动相中的浓度c_M之比，分配系数用K来表示。

$$K = \frac{c_S}{c_M} \tag{11-11}$$

分配系数是每一个组分的特征值，它与固定相、流动相、组分的性质和温度有关，与两相体积、柱管的特性、流动相流速以及所使用的仪器无关。组分的分配系数K越大，组分在固定相中分配的多，保留能力强，迁移速度慢，保留时间长。若组分的$K=0$则意味着其不被固定相保留（非滞留组分），将最先流出，其保留时间为死时间。不同组分的分配系数不相等是实现色谱分离的先决条件，如果两组分的K值相等，则迁移速度相同，无法分离；如果两组分的K值不相等，则分配系数相差越大，越容易实现分离。

（二）分配比（k）

分配比，又称保留因子（retention factor）或容量因子（capacity factor）。它是指在一定温度和压力下，组分在两相间达到分配平衡时，分配在固定相中的质量 m_S 和流动相中的质量 m_M 之比，分配比用 k 表示。

$$k=\frac{m_S}{m_M} \tag{11-12}$$

k 值越大，说明组分在固定相中的量越多，相当于柱的容量大。它是衡量色谱柱对被分离组分保留能力的重要参数。分配比不仅决定于组分及固定相和流动相的热力学性质，且与两相体积有关。

（三）分配比与分配系数的关系

分配系数只决定于组分和两相的性质及温度，与两相体积无关，而分配比还与两相体积有关。二者的关系式：

$$k=\frac{m_S}{m_M}=\frac{c_S}{c_M}\cdot\frac{V_S}{V_M}=\frac{K}{\beta} \tag{11-13}$$

式中，c_S、V_S为组分在固定相中的浓度和体积；c_M、V_M为组分在流动相中的浓度和体积。β 称为相比，它是柱内流动相体积与固定相体积的比值（$\beta=V_M/V_S$），是反映各种色谱柱柱型特点的一个参数。

（四）分配比与保留时间的关系

组分在两相中的分配比等于组分在固定相中的停留时间与在流动相中的停留时间之比，即：

$$k=\frac{t'_R}{t_M}=\frac{t_R-t_M}{t_M} \tag{11-14}$$

变换整理可得：

$$t_R=t_M(1+k) \tag{11-15}$$

公式（11－15）被称为保留方程，由此可以看出，组分的分配比越大，则保留时间越长。

（五）保留比

1. 保留比定义　组分在柱内移动的快慢可用绝对速度和相对速度表示。组分移动速度的极限值为流动相速度。将组分的移动速度都与流动相速度比较，就得到组分的相对速度，即组分的保留比，亦称阻滞因子。它表示为：

$$R_f=\frac{r}{u} \tag{11-16}$$

r 和 u 分别为组分和流动相的移动速度（cm/s）。若一组分的 R_f 为 1/3，表明该组分的移动速度只有流动相速度的 1/3。

2. 保留比与分配比　组分在长度为 L 的柱内的移动速度可表示为 $r=\frac{L}{t_R}$，而流动相速度为 $u=\frac{L}{t_M}$，则

$$R_f=\frac{t_M}{t_R}=\frac{t_M}{t_M\cdot(1+k)}=\frac{1}{1+k} \tag{11-17}$$

例 11－1　组分 A 在柱内的移动速度只有流动相速度的 1/10，柱内流动相体积为 2.0ml，固定相有效体积为 0.5ml，求流动相流量为 10ml/mim 时，组分 A 停留在固定相的时间和它的分配系数。

解： $R_f=\frac{u_A}{u_M}=\frac{t_M}{t_R}=\frac{1}{10}=\frac{1}{1+k}$　故 $k=9$

可求得　$K=k\cdot\beta=k\cdot\frac{V_M}{V_S}=9\times\frac{2}{0.5}=36$

因此，组分 A 停留在固定相的时间 $t'_R = t_M \cdot k = \frac{V_M}{u_M} \cdot k = \frac{2.0}{10} \times 9 = 1.8$ 分钟

第四节　分配等温线

当组分随着流动相进入色谱柱时，就要在两相间建立分配平衡。在一定温度下，当分配体系达到平衡时，可以用一种曲线来描述组分在两相中的浓度之间的关系，即描述组分的分配系数随组分浓度而变化的规律。这种曲线称为分配等温线。

一、三种分配等温线

典型的分配等温线有以下三种：①线性；②Langmuir 型（凸型）；③反 Langmuir 型（凹型）。这三种等温线、相应的色谱峰以及样品的上样量大小对保留值的影响如图 11－4 所示。

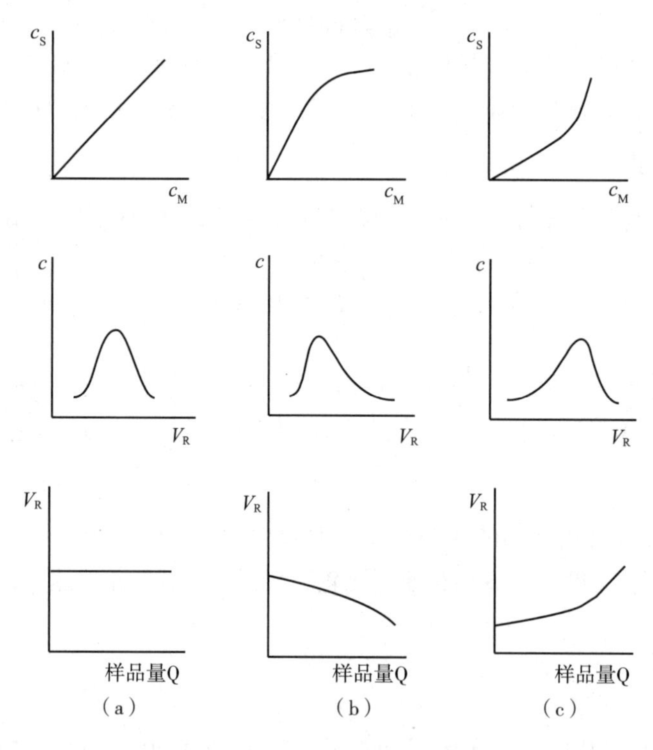

图 11－4　分配等温线对峰型和保留值的影响

（一）线性等温线

对于线性等温线，分配系数与浓度无关，是常数，组分在柱内的浓度分布构型呈高斯分布。虽然组分谱带的前沿、中心及尾部的浓度不等，但由于分配系数是常数，分配比亦是常数，这三部分的组分分子迁移速度相同，因而得到完全对称的色谱峰，是比较理想的状态，如图 11－4（a）所示。实际应用中线性等温线的情况比较少见，当浓度较高时，易偏离线性。

（二）Langmuir 型等温线

这种等温线在实际工作中经常遇到，曲线的斜率随浓度增大而减小，其分配系数随组分浓度的增大而降低。柱内组分谱带中心部分浓度高，分配系数小，分子迁移速度快；相反，前沿和尾部的浓度低，分配系数大，分子迁移速度小。因此，谱带中心部分迁移快，距离前沿近，距离尾部远，结果当谱带离开色谱柱时形成了不对称峰，这种峰具有陡峭的前沿和下降缓慢的拖尾，一般称“拖尾峰”，如图

11－4（b）所示。

（三）反 Langmuir 型等温线

这种等温线的形状及其形成相应色谱峰的形状与机制都与 Langmuir 型相反。其对应的色谱峰有一个缓缓上升的前沿和陡峭的尾部，一般称“前延峰”或“伸舌峰”，如图 11－4（c）所示。它在实际工作中较少见。柱超载也可能造成这种情况。

二、样品上样量对保留值的影响

在线性等温线的情况下，样品量改变对组分的保留值没有影响。对于非线性等温线，组分保留值随样品量增大而改变。以 Langmuir 型等温线为例，随着样品量增大，组分分配在两相中的浓度增大，其分配系数减小，导致保留值减小。对于反 Langmuir 型等温线，恰好相反。

三、减小非线性等温线产生的色谱峰拖尾和前伸

线性等温线给出理想的对称色谱峰，但实际应用中非线性等温线比较常见，色谱峰容易产生拖尾或前伸。由图 11－4 中的（b）和（c）可以看出，非线性等温线也存在线性部分，线性部分所对应的样品量称为线性容量，即当样品上样量较小时处于线性部分，可以得到对称的色谱峰，当上样量超出线性容量后，组分的分配系数就会发生变化，从而导致色谱峰拖尾或前伸，通常称为超载，当色谱峰发生拖尾或前伸时，可适当减小上样量，如果能够改善，说明是上样量过大超载造成的。

在吸附色谱中，吸附剂如果活性太强存在少量强吸附中心时，会使线性容量减小，极易造成拖尾峰，这时可以通过降低吸附剂活性，覆盖少量强吸附中心来增加线性容量，改善峰拖尾现象。

还有一些其他原因，如固定相、流动相不合适、柱外死体积等也会造成色谱峰峰形不好，需要通过其他措施解决。

第五节　色谱法基本理论

PPT

色谱分析中要使样品中的组分达到完全分离，两峰间的距离必须足够远，而两峰间的距离是由组分在两相间的分配系数决定的，即与色谱过程的热力学性质有关。即使两峰间有一定距离，如果每个峰都很宽，以致彼此重叠，还是不能分开。这些峰的宽或窄是由组分在色谱柱中传质和扩散行为决定的，即与色谱过程的动力学性质有关。因此，要从热力学和动力学两方面来研究色谱行为。在研究过程中，逐渐发展形成两种代表性的色谱理论：塔板理论（plate theory）和速率理论（rate theory）。

一、塔板理论

（一）基本假设

Martin 等人提出的塔板理论是色谱的热力学平衡理论，也是一种半经验式的理论。它把色谱柱比作一个精馏塔，沿用精馏塔中塔板的概念来描述组分在两相间的分配行为，将连续的色谱分离过程分割成多次的平衡过程的重复（类似于精馏塔塔板上的平衡过程），同时引入理论塔板数作为衡量柱效率的指标。在精馏塔中组分因挥发性不同而分馏，相当于在色谱柱中组分因分配系数不同而分离。塔板理论基于如下假设。

（1）色谱柱由柱内径一致、填充均匀的若干小段组成，这样一小段称为一个理论塔板。每一小段的高度为 H，称为塔板高度。

（2）每个塔板内溶质分子在两相间可瞬间达到分配平衡。经过多次平衡，即使不同组分的分配系数只有微小差别，仍可获得很好的分离效果。

（3）流动相通过色谱柱不是连续的，而是脉冲式的间歇过程，每次进入和从一个塔板转移到另一个塔板的流动相体积为一个塔板体积。

（4）溶质在各塔板上的分配系数是一常数，与溶质在每个塔板上的量无关，即呈线性等温线。

（5）溶质开始时加在色谱柱零块塔板上（最初一块塔板），且忽略纵向扩散。

（二）溶质分配平衡与迁移过程

假设有组分 A（$k_A=0.5$）、组分 B（$k_B=2$），在塔板数为 5（$n=5$）的色谱柱上进行分离以 r 表示塔板编号，即 $r=0$、1、2、3、…、$n-1$。

首先考虑单一组分 A（$k_A=0.5$）的色谱过程。进样时将单位质量的组分 A 引入第 0 号塔板，由于 $k_A=0.5$，分配平衡后组分 A 在 0 号塔板内的固定相和流动相中的质量之比为 $m_S/m_M=0.333/0.667$。紧接着一个塔板体积的新鲜流动相进入第 0 号塔板，将原 0 号塔板的流动相及其中 m_M（0.667）的组分 A 带入第 1 号塔板，而 0 号塔板固定相中的 m_S（0.333）仍留在第 0 号塔板内，组分 A 在第 0 号塔板和第 1 号塔板两相间分别重新分配并达到平衡。依此类推，进入 10 次流动相后，组分 A 在各塔板内的质量分布见表 11－1 中 A 栏；按同一方法处理，所得组分 B 的质量分布如表 11－1 中 B 栏所示。

表 11－1　两组分 A（$k_A=0.5$）、B（$k_B=2$）在 $n=5$ 的色谱柱内和柱出口的质量分布

N		0		1		2		3		4		出口	
		A	B	A	B	A	B	A	B	A	B	A	B
0	流动相	0.667	0.333	0	0	0	0	0	0	0	0	0	0
	固定相	0.333	0.667	0	0	0	0	0	0	0	0		
1	流动相	0.222	0.222	0.444	0.111	0	0	0	0	0	0	0	0
	固定相	0.111	0.444	0.222	0.222	0	0	0	0	0	0		
2	流动相	0.074	0.148	0.296	0.148	0.296	0.037	0	0	0	0	0	0
	固定相	0.037	0.296	0.148	0.296	0.148	0.074	0	0	0	0		
3	流动相	0.025	0.099	0.148	0.148	0.296	0.074	0.198	0.012	0	0	0	0
	固定相	0.012	0.198	0.074	0.296	0.148	0.148	0.099	0.025	0	0		
4	流动相	0.008	0.066	0.066	0.132	0.198	0.099	0.263	0.033	0.132	0.004	0	0
	固定相	0.004	0.132	0.033	0.263	0.099	0.198	0.132	0.066	0.066	0.008		
5	流动相	0.003	0.044	0.027	0.110	0.110	0.110	0.219	0.055	0.210	0.014	0.132	0.004
	固定相	0.001	0.088	0.014	0.219	0.055	0.219	0.110	0.110	0.110	0.027		
6	流动相	0.001	0.029	0.011	0.088	0.055	0.110	0.146	0.073	0.219	0.027	0.219	0.014
	固定相	0.000	0.059	0.005	0.176	0.027	0.219	0.073	0.146	0.110	0.055		
7	流动相	0.000	0.020	0.004	0.068	0.026	0.102	0.085	0.085	0.171	0.043	0.219	0.027
	固定相	0.000	0.039	0.002	0.137	0.013	0.205	0.043	0.171	0.085	0.085		
8	流动相	0.000	0.013	0.002	0.052	0.011	0.091	0.046	0.091	0.114	0.057	0.171	0.043
	固定相	0.000	0.026	0.001	0.104	0.006	0.182	0.023	0.182	0.057	0.114		
9	流动相	0.000	0.009	0.001	0.039	0.005	0.078	0.023	0.091	0.068	0.068	0.114	0.057
	固定相	0.000	0.017	0.000	0.078	0.002	0.156	0.011	0.182	0.034	0.137		
10	流动相	0.000	0.006	0.000	0.029	0.002	0.065	0.011	0.087	0.038	0.076	0.068	0.068
	固定相	0.000	0.012	0.000	0.058	0.001	0.130	0.005	0.173	0.019	0.152		

由表 11－1 中数据可见，对于 5 个塔板组成的色谱柱，进入 5 个塔板体积的流动相后，组分 A 就开始流出色谱柱，当进入 6～7 个塔板体积的流动相后，柱出口处组分 A 的浓度最大，即组分 A 的保留体积为 6～7 个塔板体积；组分 B 保留体积在 10 个塔板体积之后，即经过 5 个塔板的色谱柱后，由于保留因子的差异两组分开始分离，k 小的组分 A 先出现浓度极大值，先被洗脱出柱，组分 B 后出柱。

进入 N 次流动相后第 r 号塔板中溶质的质量分数 ${}^{N}m_r$，可由下述二项式求得。

$$ {}^{N}m_r = \frac{N!}{r!(N-r)!} \cdot m_S^{N-r} m_M^{r} \tag{11-18} $$

式中，${}^{N}m_r$ 为转移 N 次后第 r 号塔板中溶质的质量分数；N 为分配平衡转移的次数；r 为塔板编号；m_S 为转移前组分在 0 号塔板固定相中的质量；m_M 为转移前组分在 0 号塔板流动相中的质量。

实际色谱柱的塔板数至少为数百，因此，组分的分配系数或容量因子有微小差别，就能获得良好的分离。

（三）色谱流出曲线方程

根据上述假设，可推导出当色谱柱中塔板数很大时，色谱流出曲线趋于正态分布。色谱流出曲线可用正态方程表示。

$$ c = \frac{c_0}{\sigma\sqrt{2\pi}} \cdot e^{-\frac{(t-t_R)^2}{2\sigma^2}} \tag{11-19} $$

式中，c 为时间 t 时组分的浓度；c_0 为进样时的浓度；t_R 为保留时间；σ 为标准偏差。当 $t = t_R$ 时浓度最大，用 c_{max} 表示。

$$ c_{max} = \frac{c_0}{\sigma\sqrt{2\pi}} \tag{11-20} $$

c_{max} 即流出曲线的峰高，也可用 h_{max} 表示，将 h_{max} 和 $W_{1/2} = 2\sigma\sqrt{2\ln 2} = 2.355\sigma$ 代入，可据此计算色谱峰面积 A。

$$ A = 1.065 \times W_{1/2} \times h_{max} \tag{11-21} $$

（四）理论塔板数（n）和理论塔板高度（H）

n 或 H 可作为描述柱效能的指标，n 值越大，H 值越小柱效越高。

理论塔板数的表达式为：

$$ n = \left(\frac{t_R}{\sigma}\right)^2 = 5.54 \cdot \left(\frac{t_R}{W_{1/2}}\right)^2 = 16 \cdot \left(\frac{t_R}{W}\right)^2 \tag{11-22} $$

由上式可知，组分保留时间越长，或峰形愈窄，理论塔板数愈大。

色谱柱的柱效率也可以用理论板高来表示。如果色谱柱的总长度为 L，色谱柱中的理论塔板数为 n，则理论塔板高度 H 为：

$$ H = \frac{L}{n} \tag{11-23} $$

标准偏差与塔板高度、柱长的关系式为：

$$ H = \frac{\sigma^2}{L} \tag{11-24} $$

可以看出，柱长 L 固定时，每次平衡所需的理论塔板高度越小，理论塔板数 n 就越大，柱效就越高。

由于 t'_R 能从本质上反映不同组分与固定相相互作用的差异，故以 t'_R 代替 t_R 计算 n 值和 H 值，称有效塔板数（n_{eff}）和有效塔板高度（H_{eff}），也可以此作为柱效能指标。

$$n_{\text{eff}} = \left(\frac{t'_{\text{R}}}{\sigma}\right)^2 = 5.54 \cdot \left(\frac{t'_{\text{R}}}{W_{1/2}}\right)^2 = 16 \cdot \left(\frac{t'_{\text{R}}}{W}\right)^2 \qquad (11-25)$$

$$H_{\text{eff}} = \frac{L}{n_{\text{eff}}} \qquad (11-26)$$

塔板理论成功地描述了组分在柱内的分配平衡和分离过程，导出流出曲线的数学模型，解释了流出曲线形状和位置，提出了计算和评价柱效的参数。但塔板理论的某些假设与实际色谱分离过程不符，如塔板理论假设组分在塔板内瞬间达到分配平衡，并忽略纵向扩散。事实上，流动相携带组分通过色谱柱时，组分在固定相和流动相之间不可能瞬间达到分配平衡；同时，组分在色谱柱中的纵向扩散会引起谱带展宽，也不能忽略。另外，塔板理论没有考虑各种动力学因素对色谱柱内组分传质过程的影响。因此，塔板理论不能说明影响柱效的主要因素，无法解释色谱峰展宽的各种原因，也不能告诉人们如何提高柱效，而速率理论成功地解决了这一问题。

二、速率理论

（一）速率理论方程式

1956 年，荷兰学者 Van Deemter 等人在总结前人工作的基础上，提出了色谱过程动力学理论——速率理论。该理论吸收了塔板理论中板高的概念，把色谱过程看作一个动态的连续过程，研究了过程中的动力学因素和实际操作条件对峰展宽（柱效）的影响，据此推导出一个把理论板高 H 和流动相流速联系在一起的公式，同时包括了色谱柱中纵向扩散和传质阻力对理论板高 H 影响的定量关系，即速率理论方程式。

$$H = A + \frac{B}{u} + C \cdot u \qquad (11-27)$$

式中，u 为流动相的平均流速；A、B、C 为常数，分别为涡流扩散项系数、纵向扩散项系数、传质阻力项系数。

速率理论方程式不仅适用于气相色谱，也被美国化学家 J. Calvin Giddings 推广应用到液相色谱中。对于不同色谱类型，决定方程各项系数（A、B、C）的色谱参数不完全相同。下面分项叙述各个因素对板高 H 的影响。

1. 涡流扩散项（eddy diffusion，A） 涡流扩散与流动相在柱内的移动方式有关，而与流动相性质无关。当组分随流动相向柱口迁移时，由于柱内填料的几何结构不同，装填的紧密度不同，溶质分子在其间曲折地前进，受到的阻力不同，形成紊乱的涡流，因而使同一组分的不同分子经过多个不同长度的途径流出色谱柱，如图11－5所示。

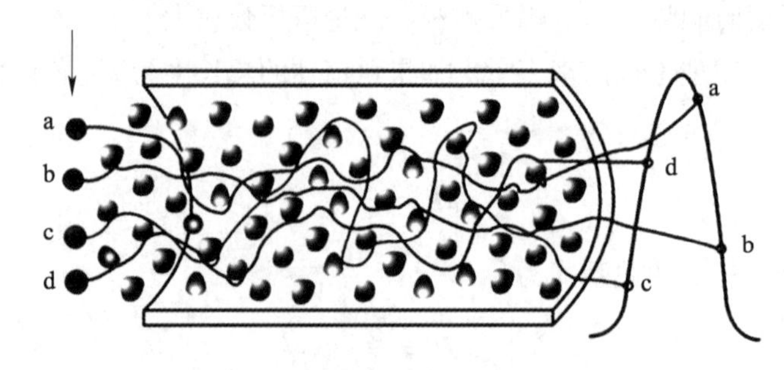

图 11－5 涡流扩散对色谱峰展宽的影响

$$A = 2\lambda d_{\text{p}} \qquad (11-28)$$

式中，λ 为填充不规则因子，它决定于固定相颗粒大小及粒度范围和填充均匀情况；d_{p}为固定相的平均粒度。采用粒度分布范围窄的固定相，填充均匀，λ 值就小；固定相粒度小，A 项也小，柱效就高。

2. 纵向扩散项（molecular diffusion，B/u） 纵向扩散项也称为分子扩散项，是由于样品组分的浓度差引起的沿柱轴方向的纵向扩散，这种扩散主要存在于流动相中。组分从柱入口进入，其浓度分布构型呈“塞子”状。它随着流动相向前推进，由于存在浓度梯度，组分分子必然自发地由高浓度区域向低浓度区域扩散，从而造成谱带展宽，峰展宽的情况如图11－6所示。纵向扩散项系数可用下式表示。

$$B = 2\gamma D_M \tag{11-29}$$

式中，γ为弯曲因子，亦称阻碍因子，它反映固定相颗粒的几何形状对分子自由扩散的阻碍情况，一般小于1；D_M为组分在流动相中的扩散系数。

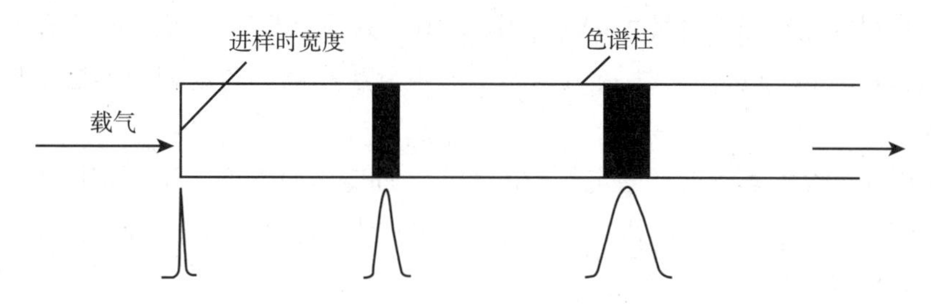

图11－6　纵向分子扩张使峰展宽

选择合适的流动相，使D_M减小，采用短柱和较高的线速度，适当降低柱温，会减小由于纵向扩散引起的峰展宽程度，提高柱效。组分分子的纵向扩散也会发生在固定相中，只是这种扩散相对于组分在流动相中的扩散可以忽略。

3. 传质阻力项（mass transfer resistance，$C \cdot u$） 在色谱分离过程中组分分子在流过色谱柱时不断地在流动相和固定相之间进行分配，这个分配的过程称为传质。由于组分分子与固定相、流动相分子间相互作用，会对组分的传质过程造成阻力、影响传质速率，这种现象称为传质阻力。

（1）流动相传质阻力　组分从流动相主体扩散到流动相与固定相的界面，会受到流动相分子的阻力，称为流动相传质阻力。由于流动相传质阻力的影响，某些组分分子往往来不及到达两相界面，就被流动相继续携带向前，阻碍了组分在两相间达到分配平衡，造成相同的分子有的迁移快，有的迁移慢，使谱带展宽。流动相传质阻力系数可表示为：

$$C_M = \omega \cdot \frac{d_p^{\ 2}}{D_M} \tag{11-30}$$

式中，ω是由柱填充性质决定的因子，与固定相性质及构型有关；d_p为固定相的粒度；D_M为组分在流动相中的扩散系数。影响该项展宽的因素有：①d_p越大，组分扩散到两相界面所需的时间越长，谱带展宽越严重。②u越大，流动相传质阻力越大。③D_M越大，组分越容易穿过流动相分子到达两相界面，有利于分配平衡的迅速建立；采用低黏度流动相，适当提高柱温，可使D_M增大。④柱长增加，组分停留在流动相中的时间增加，流动相中传质阻力也相应增加。

（2）固定相传质阻力　固定相中的组分分子，要返回到两相界面进入流动相时会受到固定相的阻力，称为固定相传质阻力。当组分达到分配平衡后［图11－7（a）］，流动相携带其中的组分向前移动，超过原谱带中心；而固定相中的组分由于受到固定相的传质阻力影响，相对滞后。这一超前和滞后部分的组分使平衡后的谱带比原来更

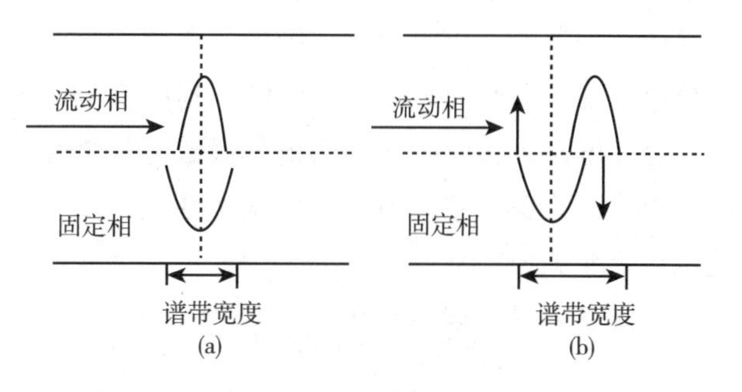

图11－7　固定相传质对色谱峰展宽的影响

（a）两相达平衡时；（b）达平衡后的瞬间内

宽［图 11－7（b）］。

由固定相中传质阻力引起的谱带展宽程度可表示为：

$$C_S = q \cdot \frac{k}{(1+k)^2} \cdot \frac{d_f^{\ 2}}{D_S} \tag{11-31}$$

式中，q 是与固定相性质、构型有关的因子；k 为分配比；d_f为固定液的平均厚度，若固定相为多孔颗粒，d_f可用 d_p代替；D_S为组分在固定相中的扩散系数。

影响该项展宽的因素有：①减小 d_f，缩短组分在固定液内的扩散时间，有利于平衡的迅速建立，有助于提高柱效；但 d_f过小，会使载体表面的吸附中心暴露，导致峰拖尾；同时 d_f减小，柱容量减小，对痕量分析不利。②采用低黏度和具有较大 D_S值的固定液，并适当提高柱温，可缩短平衡时间减小谱带展宽。③在建立平衡后的瞬间内，u 越大，流动相中的组分越超前，固定相中的组分显得越滞后，加剧了谱带的展宽程度。

由上可知，色谱柱填充均匀程度、固定相粒度大小、固定液膜厚度、流动相性质、流速和柱温等会对谱带展宽产生影响，从而影响柱效，因此速率方程可以指导人们如何选择合适分离条件来提高柱效。

（二）$H-u$ 曲线

图 11－8 是气相色谱的 $H-u$ 曲线，根据速率理论方程可知，板高 H 按双曲线随流速变化，在曲线最低点处柱效最高，板高为最小值 H_{min}，对应于此点的线速度为最佳流速 u_{opt}。u_{opt}及 H_{min}可由速率方程式微分求得：

$$\frac{dH}{du} = -\frac{B}{u^2} + C = 0$$

推出
$$H_{min} = A + 2\sqrt{BC} \tag{11-32}$$

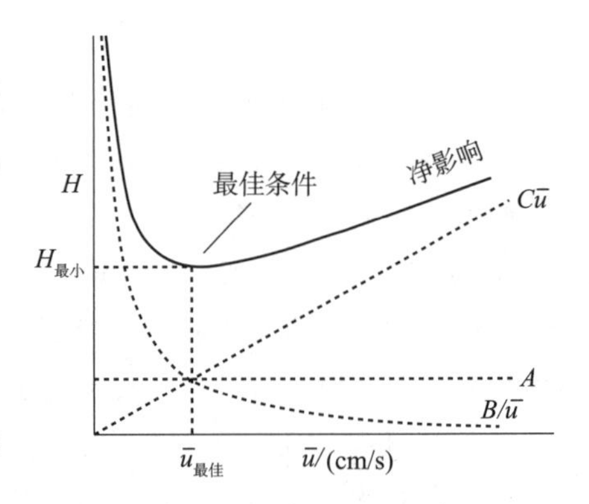

图 11－8 Van Deemter 速率理论方程 $H-u$ 曲线

从图 11－8 可以看出：当 $u<u_{opt}$时，纵向扩散项（B/u）是引起色谱峰展宽的主要因素，传质阻力对板高的影响可以忽略；$u>u_{opt}$时，传质阻力项（$C \cdot u$）是引起色谱峰展宽的主要因素，随 u 升高，H 增加；$u=u_{opt}$时，分子扩散和传质阻力对色谱峰展宽影响最小，H 最小，柱效最高。实际应用中一般选择 u 适当大于 u_{opt}，以兼顾柱效和分析速度。涡流扩散项 A 与流速无关。

三、分离度

分离度（R）又叫分辨率，是定量描述相邻两组分在色谱柱内分离程度的指标，它既能反映柱效又能反映选择性。如图 11－9 所示，一般将分离度定义为相邻两组分色谱峰保留时间之差与两峰的平均峰宽的比值。为提高分离度，一方面应增加两组分保留时间之差，即分配比或分配系数之差，另一方面减小峰宽，即提高柱效使色谱峰变尖锐。

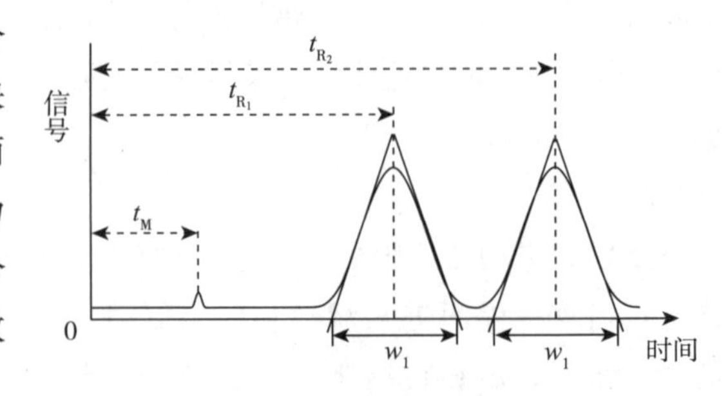

图 11－9 色谱峰分离情况示意图

分离度用 R 来表示：

$$R = \frac{t_{R_2} - t_{R_1}}{\frac{1}{2}(W_1 + W_2)} = \frac{2(t_{R_2} - t_{R_1})}{(W_1 + W_2)} \tag{11-33}$$

式中，t_{R_1}、t_{R_2}分别为组分 1 和组分 2 的保留时间；W_1、W_2分别为组分 1 和组分 2 的峰宽。

在一般情况下，当 $R<1$ 时，两峰有部分重叠；当 $R=1$ 时，两色谱峰有 2% 的重叠，分离程度可达 98%，这已适合多数定量分析的需要；当 $R=1.5$ 时，分离程度可达 99.7%，可以认为两峰已完全分开了。通常用 $R=1.5$ 作为相邻两组分已完全分离的标志，又称为基线分离。R 值越大，分离效果越好，但会延长分析时间。

四、色谱分离方程式

分离度反映了相邻色谱峰分离的程度。根据分离度定义式、塔板理论和保留方程式可推导出分离度与色谱柱效（n）、选择性因子（α）和容量因子（k）之间的关系式，即色谱分离方程。

$$R = \underbrace{\frac{\sqrt{n}}{4}}_{\mathbf{a}} \cdot \underbrace{\frac{\alpha - 1}{\alpha}}_{\mathbf{b}} \cdot \underbrace{\frac{k_2}{1 + k_2}}_{\mathbf{c}} \qquad (11-34)$$

式中，α 为选择性因子，$\alpha_{2,1} = \dfrac{t'_{R_2}}{t'_{R_1}} = \dfrac{k_2}{k_1} = \dfrac{K_2}{K_1}$；$k_2$为相邻色谱峰第 2 个色谱峰的容量因子。公式（11-34）称为色谱分离方程，反映了分离度与各种色谱参数之间的关系，其中 a 项称为柱效因子，b 项称为选择性因子，c 项称为柱容量因子。分离度的大小由这三项因子决定。

（一）增大选择性因子 α

R 随 α 增大而增大，特别是当 α 接近 1 时，α 的增加会显著提高分离度。α 值可通过改变固定相种类、流动相的性质及分析温度来调整。

（二）增大理论塔板数 n（或减小板高 H）

R 与理论塔板数 n 的平方根成正比，增加柱长或降低板高 H 可使分离度增加。可以通过改变色谱柱长、固定相的粒径、流速、流动相种类以及分析温度等操作条件来提高柱效。

$$\left(\frac{R_1}{R_2}\right)^2 = \frac{n_1}{n_2} = \frac{L_1}{L_2} \qquad (11-35)$$

（三）调节容量因子 k

在色谱分离方程式中若 $k_2=0$，则 $R_S=0$，即两组分在柱内均不保留，不能分离。随着 k 的增加 R 也增大，当 k 增加到足够大时，$k/(1+k)$ 趋近于 1。此时再增加 k，R 不会有明显改变。若 k 值太大，不但会使分离时间太长，而且谱带扩展严重，因此 k 值范围应为$1 \leqslant k_2 \leqslant 10$ 为宜。k 与流动相性质、固定相性质、温度及相比有关。

例 11-2　用 3.5m 长的色谱柱分离组分 A 和 B，结果非滞留组分、组分 A 和 B 三者的保留时间分别是 1.0 分钟、14.8 分钟、17.6 分钟，要使 A、B 达到基线分离，最短柱长是多少？设组分 B 的峰宽为 1.0 分钟。

解： 此题为求已知一分离度的柱长，求另一分离度的柱长。只改变柱长时，H 不变。

$$n_B = 16 \cdot \left(\frac{t_{R,B}}{W_B}\right)^2 = 16 \times \left(\frac{17.6}{1}\right)^2 = 4956$$

故可求得色谱柱的板高为　$H = \dfrac{L}{n} = \dfrac{3500}{4956} = 0.71\text{mm}$

同时可求得　$\alpha = \dfrac{17.6 - 1}{14.8 - 1} = 1.2$　　$k_B = \dfrac{17.6 - 1}{1} = 16.6$

故，$n_{B,1.5} = 16 \cdot R^2 \cdot \left(\dfrac{\alpha}{\alpha - 1}\right)^2 \cdot \left(\dfrac{1 + k}{k}\right)^2 = 1457$

因此，欲达到基线分离，所需柱长为 $L = n \cdot H = 0.71 \times 1457 = 1034\text{mm}$

答案解析

目标检测

一、名词解释

调整保留时间；调整保留体积；分配系数；分配比（保留因子或容量因子）；分离度；基线；基线宽度。

二、选择题

1. 在色谱分析中，要使两个组分完全分离，分离度应是

A. 0.1　　B. 0.5　　C. 1.0　　D. 1.5

2. 衡量色谱柱柱效能的指标是

A. 相对保留值　　B. 分离度　　C. 容量比　　D. 塔板数

3. 某色谱峰，其峰高 0.607 倍处色谱峰宽度为 4mm，半峰宽为

A. 4.71mm　　B. 6.66mm　　C. 9.42mm　　D. 3.33mm

4. Van Deemter 方程式主要阐述了

A. 色谱流出曲线的形状　　B. 组分在两相间的分配情况

C. 影响柱效的各种动力学因素　　D. 塔板高度的计算

5. 两组分能在分配色谱柱上分离的原因是

A. 吸附力大小不同　　B. 在固定液中的溶解度不同

C. 离子亲和力大小不同　　D. 分子尺寸大小不同

三、简答题

1. 如何表示速率理论的方程式？各项代表的意义是什么？
2. 塔板理论中评价柱效的参数有哪些？如何计算？
3. 如何表示色谱基本分离方程？各项代表的意义是什么？

四、计算题

1. 某色谱柱长度为 150cm，流动相的流速为 0.2cm/s，若某组分的保留时间为 40 分钟，求死时间 t_M 及该组分的容量因子 k。

2. 在 30.0cm 柱上分离 A、B 混合物，A 物质保留时间为 16.40 分钟，峰底宽 1.11 分钟；B 物质保留时间 17.63 分钟，峰底宽 1.21 分钟。计算：（1）A、B 两峰的分离度；（2）A、B 两组分理论塔板数及理论塔板高度；（3）达到 1.5 分离度所需柱长。

书网融合……

思政导航

本章小结

微课

题库

第十二章　经典液相色谱法

微课

学习目标

知识目标

1. 掌握　液固吸附色谱及薄层色谱的基本原理、色谱条件的选择、操作方法及其应用。

2. 熟悉　液液分配、离子交换、分子排阻色谱及纸色谱的原理及其适用范围。

3. 了解　经典液相色谱的进展及其在药学等相关学科中的应用。

能力目标　通过本章学习，能够使用经典液固吸附柱色谱和薄层色谱对混合物进行分离分析。

经典液相色谱法是指采用常规固定相，在常温、常压下依靠重力作用或毛细作用输送流动相，利用混合物中各组分在两相间的分配差异进行分离的色谱方法。按分离原理的不同可分为吸附色谱法、分配色谱法、离子交换色谱法、分子排阻色谱法等。按操作形式的不同又可分为柱色谱法、薄层色谱法、纸色谱法。相较于高效液相色谱（HPLC），经典液相色谱法分离效能较低、无法在线检测、分析周期较长，在检测灵敏度和定量准确度等方面表现一般。但是由于其设备简单、操作方便、可以实现较大样品量分析，在医药、临床、农业、食品、环境科学、化学化工等领域都有广泛应用，特别适宜于天然产物的分离、制备、纯化及定性鉴别。

第一节　吸附色谱法

PPT

吸附色谱法是根据所用吸附剂对不同物质吸附能力差异，使样品中各组分分离的色谱方法。其中固定相为吸附剂，一般为固体，所以又称液固吸附色谱。

一、基本原理

在吸附剂表面上存在着吸附 - 解吸附的平衡。吸附过程就是样品中的组分分子（X）与流动相分子（Y）争夺吸附剂表面活性中心的过程，即竞争吸附过程（图 12 - 1）。当流动相通过吸附剂时，流动相分子被吸附剂表面的活性中心所吸附。当组分分子随着流动相通过吸附剂表面时，流动相中的组分分子 X_M 与吸附剂表面的流动相分子（Y_a）发生置换，组分分子被吸附（X_a），流动相分子回到流动相内部（Y_M），其吸附平衡过程如下：

$$X_M + nY_a \rightleftharpoons X_a + nY_M$$

吸附平衡常数称为吸附系数（K_a），用下式表示：

$$K_a = \frac{[X_a][Y_M]^n}{[X_M][Y_a]^n}$$

因为流动相的量很大，$[Y_M]^n / [Y_a]^n$ 近似为常数，且吸附平衡

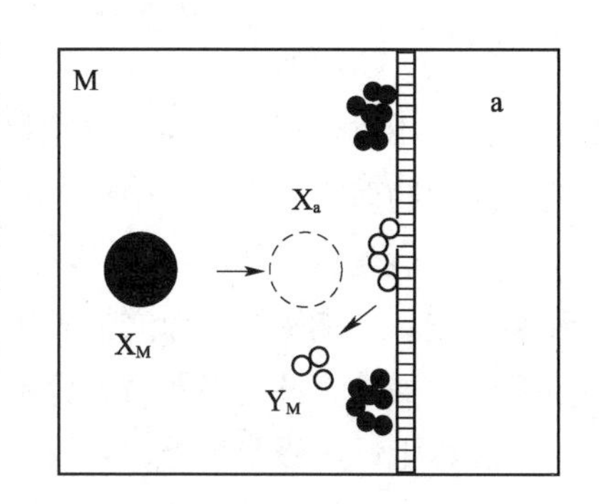

图 12 - 1　吸附色谱示意图

M. 流动相；a. 吸附剂；Y_M. 流动相分子；X_M. 流动相中组分分子；X_a. 被吸附的组分分子

过程只发生于吸附剂表面，所以，吸附系数可近似表示为：

$$K_a = \frac{[X_a]}{[X_M]} = \frac{m_a/S_a}{m_M/V_M} \tag{12-1}$$

式中，m_a 为组分在吸附剂表面的质量；m_M 为组分在流动相中的质量；S_a为吸附剂的表面积；V_M为流动相的体积。在吸附色谱中 K_a即分配系数 K，与组分的性质、吸附剂的活性、流动相的性质及温度有关。在吸附柱色谱中，保留方程可表示为：

$$t_R = t_0(1 + K\frac{S_a}{V_M}) \tag{12-2}$$

若组分与吸附剂吸附作用强（K_a大），则在吸附状态（吸附剂表面）时间长，即 t'_R 大，保留时间长。

二、常用吸附剂及其性质

吸附剂为多孔型微粒，具有较大的比表面积，其表面上有许多吸附中心。吸附中心的多少及其吸附能力的强弱直接影响吸附剂的性能。常用吸附剂有硅胶、氧化铝和聚酰胺。

（一）硅胶

色谱用硅胶常以 $SiO_2 \cdot xH_2O$ 表示，是多孔性的硅氧交链结构。硅胶表面硅醇基的羟基能与极性化合物或不饱和化合物形成氢键而表现其吸附性能，选择吸附极性大的化合物，为极性吸附剂。由于硅胶表面的硅醇基呈弱酸性，适于分离酸性和中性物质，如有机酸、酚类、氨基酸、甾体等。

硅胶易吸附水，使硅醇基变为水合硅醇基，从而失去活性吸附中心，使吸附能力降低（表 12－1）。含水高达 17% 以上时，硅胶吸附能力极低，只能作为分配色谱的载体。加热至 105～110℃ 能除去硅胶表面吸附的水，使硅胶的吸附能力增强，此过程称为活化。

表 12－1　硅胶、氧化铝含水量与活性级别的关系

硅胶含水量（%）	氧化铝含水量（%）	活度级别	吸附能力
0	0	Ⅰ	强
5	3	Ⅱ	↑
15	6	Ⅲ	
25	10	Ⅳ	
38	15	Ⅴ	弱

（二）氧化铝

色谱用氧化铝有碱性、中性和酸性三种。碱性氧化铝（pH 9～10）适用于弱碱性和中性化合物的分离，如生物碱、胺类等。中性氧化铝（pH 7.5）适用范围广，凡是酸性、碱性氧化铝可以分离的化合物，中性氧化铝也都适用，尤其适用于分离生物碱、挥发油、萜类、甾体、蒽醌以及在酸碱中不稳定的苷类、醌、内酯等成分。酸性氧化铝（pH 4～5）适用于分离酸性化合物，如有机酸、酸性色素、某些氨基酸、酸性多肽类以及对酸稳定的中性物质。氧化铝的活性也与含水量有关（表 12－1）。

除以上几种吸附剂外，常用吸附剂还有大孔吸附树脂、硅藻土、硅酸镁、二氧化锰等。

（三）吸附剂的活性及活度

吸附剂的活性是指吸附剂的吸附能力，活度是活性大小的指标。吸附剂的活性与含水量有一定的关系，含水量越高，其吸附活性越低，活度级别越大，吸附力越弱；反之亦然（表 12－1）。在一定温度下，加热除去水分以增强活性的过程称之为活化。反之，加入一定量水分使其活性降低，称为失活或减

活。可根据实验需要，在使用前对吸附剂进行活化或减活处理。

同一种吸附剂，如果制备和处理方法不同，吸附性能相差较大，会导致分离结果的重现性较差。因此应尽量采用相同批号与同样方法处理的吸附剂。

>>> 知识链接

大孔吸附树脂

大孔吸附树脂是一种不含交换基团，具有大孔网状结构的高分子吸附剂。大孔树脂理化性质稳定，不溶于酸、碱及有机溶剂，可分为非极性和中等极性两类，在水溶液中吸附力较强且有良好的吸附选择性，而在有机溶剂中吸附能力较弱。大孔吸附树脂主要用于水溶性化合物的分离纯化，近年来多用于皂苷及其他苷类化合物与水溶性杂质的分离；也可用于从水溶液中富集有效成分。大孔吸附树脂具有吸附容量大、选择性好、成本低、收率高和再生容易等优点，已广泛应用于环境保护、冶金工业、化学工业、制药等行业。

三、流动相（洗脱剂）

流动相的洗脱作用实质上是流动相分子与组分分子竞争吸附剂表面活性吸附中心的过程，以及流动相对于组分溶解的过程。流动相的洗脱能力，即流动相的洗脱强度，主要由其极性决定。强极性流动相分子竞争活性吸附中心的能力强，容易将组分从活性吸附中心置换下来，具有强的洗脱作用，使组分的 k 值变小，保留时间变短；非极性流动相给出相反的作用。另一方面，流动相对组分分子的溶解能力越强，组分溶解在流动相中越多，组分分子的 k 值越小，移动速度越快。因此，为了使样品中吸附能力稍有差异的各组分得到分离，就必须根据样品的性质、吸附剂的活性选择适当极性的流动相。

常用流动相溶剂的极性顺序是：石油醚 < 环己烷 < 四氯化碳 < 三氯乙烷 < 甲苯 < 苯 < 二氯甲烷 < 三氯甲烷 < 乙醚 < 乙酸乙酯 < 正丁醇 < 丙酮 < 乙醇 < 甲醇 < 吡啶 < 乙酸。

液固吸附色谱中，常采用二元以上的混合溶剂为流动相。混合溶剂的强度由溶剂组成决定（纯溶剂的强度和溶剂的比例）；不同溶剂有不同的选择性（参见第十四章第五节），可以调节溶剂的种类和组成，找到溶剂强度与选择性适宜的流动相，提高分离度。

四、色谱条件的选择

建立合适的色谱条件实现混合物的分离，就是要选择合适的固定相（吸附剂）和流动相（洗脱剂）。通常考虑3个方面的因素，即组分极性的大小、吸附剂的吸附活性和流动相的洗脱强度（极性），如图12－2所示。

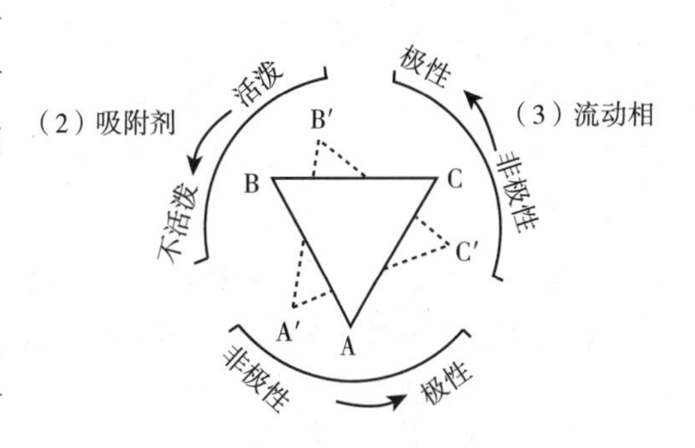

图12－2　被分离组分、固定相活性、流动相极性关系图

（一）组分的极性与混合样品的相对极性

1. 组分的极性　被分离组分的结构不同，其极性也不同，在吸附剂表面的吸附力也不同。化合物的极性大小，由化合物的官能团决定。常见官能团的极性大小顺序为：

烷烃 < 烯烃 < 醚 < 硝基化合物 < 二甲胺 < 酯 < 酮 < 醛 < 胺 < 酰胺 < 醇 < 酚 < 羧酸

判断化合物极性大小时，通常有以下规律：①饱和碳氢化合物为非极性化合物，一般不被吸附剂吸附。②基本母核相同的化合物，分子中引入的取代基的极性越强，则整个分子的极性越强，吸附能力越强；极性基团越多，分子极性越强（要同时考虑其他因素的影响）。③不饱和化合物比饱和化合物的吸附力强，分子中双键数越多，则吸附力越强；共轭双键越多，吸附力越强。④分子中取代基的空间排列对吸附性也有影响，例如，同一母核中，羟基处于能形成分子内氢键的位置时，其吸附能力降低。

2. 混合样品的相对极性 被分离的混合样品的相对极性是指混合物中包含的所有组分的极性大小范围。混合样品的相对极性大小可由提取溶剂的极性大小来估计。例如，某中药材水提取物的相对极性要大于石油醚提取物的相对极性。在选择吸附剂和流动相时，将根据混合样品的相对极性大小作为选择依据。

（二）吸附剂和流动相的选择原则

以硅胶和氧化铝为吸附剂分离极性较强的物质时，一般选用活性较低的吸附剂和极性较强的流动相，使组分有合适的 k 值，能在适宜的分析时间内被洗脱和分离。如果被分离的物质极性较弱，则宜选用活性较高的吸附剂和极性弱的流动相，使组分有足够的保留时间。在分离天然产物时，分离有机酸、氨基酸、甾体、酚、醛等酸性和中性化合物，宜选择硅胶吸附剂，这是考虑到硅胶的偏酸性；分离生物碱、挥发油、萜类、甾体、蒽醌以及在酸、碱中不稳定的苷类、酯、内酯等成分，宜选择中性氧化铝；分离酚、酸、黄酮、醌、硝基、羰基等易形成氢键的化合物，首选聚酰胺；分离纯化皂苷及苷类等水溶性化合物，可选择大孔吸附树脂。

流动相的选择可遵循“相似性”的原则，即流动相的极性与被分离组分的极性相近；也可以使用混合溶剂作为流动相，使得极性、酸碱性、互溶性和黏度相匹配，达到目标组分完全分离的目的。

五、经典吸附柱色谱操作

色谱柱管材质主要有玻璃、石英、玻璃钢和尼龙等，其中硬质玻璃柱管最常用。色谱柱的规格根据被分离物质的情况而定，内径与柱长的比例，一般在 1∶10～1∶20。吸附剂的用量应根据被分离的样品量而定，氧化铝用量为样品重量的 20～50 倍，对于难分离的化合物氧化铝用量可增至 100～200 倍；如果用硅胶作固定相其比例一般为 1∶30～1∶60；如为难分离化合物，可高达 1∶500～1∶1000。

柱色谱操作过程包括装柱、上样、洗脱和收集四部分。

1. 装柱 将玻璃柱垂直地固定于支架上（管下端塞有少量棉花或带有垂熔滤板），以保持一个平整的表面。填装要求均匀、不能有气泡，若吸附剂填充松紧不一致则分离物的移动速度不规则，影响分离效果。可分为干法装柱和湿法装柱。

（1）干法装柱 将干燥的吸附剂均匀、缓慢、连续地倒入柱内，然后轻轻敲打色谱柱使填装均匀。柱装好后，可剪一直径大小适合的滤纸放在吸附剂上面，防止倒入样品或流动相时将吸附剂冲起。加入流动相之前要注意打开活塞，避免柱内产生气泡。

（2）湿法装柱 将流动相预先装入柱管内，然后将与流动相混合成匀浆的吸附剂缓慢、连续倒入柱内，同时打开管下端活塞，使流动相慢慢流出，至吸附剂慢慢沉于柱管内，高度不再变动时，在吸附剂上面加少许棉花或直径与柱内径大小合适的滤纸片，将柱内流动相放至与吸附剂上端齐平，即可上样。

2. 上样 需注意加样量要少，不要超载。加样有湿法和干法两种方式。湿法上样是将样品溶于少量初始流动相中，沿管壁缓缓加入，加完后，打开活塞使液体慢慢放出，至液面与吸附剂上面相齐，可进行下一步洗脱。干法上样是将样品与少量吸附剂混匀后挥去溶剂，将混有样品的吸附剂均匀、平整地加于已制备好的色谱柱上端。

3. 洗脱　连续不断地加入流动相，实现对样品的分离。洗脱分为等度洗脱和梯度洗脱。洗脱过程中流动相的组成比例始终不变的为等度洗脱，流动相组成逐步变化、洗脱强度连续递增的为梯度洗脱。洗脱过程中应注意不能使柱顶吸附剂上方溶剂流干，即不能使柱子产生气泡，同时要控制流速。

4. 收集　可以等份收集洗脱液，也可以根据流动相的改变分段收集。将洗脱液用薄层色谱或纸色谱定性检查，根据检查结果，将成分相同的洗脱液合并，回收溶剂，得到较纯的成分。有色物质可按色带分段收集。

六、应用

吸附色谱法主要用于亲脂性样品的分离和分析。

PPT

第二节　分配色谱法

分配色谱法是用液体作固定相，利用样品中不同组分在固定相或流动相中的溶解度差异而实现分离的色谱法。

一、基本原理

分配色谱的固定相是涂布在惰性载体颗粒上的一层液膜，又称固定液。被分离的组分在相对移动的两相间发生反复多次的分配平衡，不同组分因分配平衡常数（K）的不同而获得高效分离。

分配色谱法的分离原理如图12－3所示，图中X_M和X_S分别代表流动相与固定相中的组分分子，溶解于流动相与固定相中的组分分子处于动态平衡，其平衡时的浓度之比为狭义的分配系数。

$$K=\frac{c_S}{c_M}=\frac{m_S/V_S}{m_M/V_M} \qquad (12-3)$$

组分分配系数K越大，则在固定液中的溶解度越大，其迁移速度较慢；而分配系数K小的组分，在固定液中的保留较弱，迁移速度较快，从而实现差速迁移而彼此分离。在液－液分配色谱中，K主要与组分的性质、固定相和流动相的性质有关。

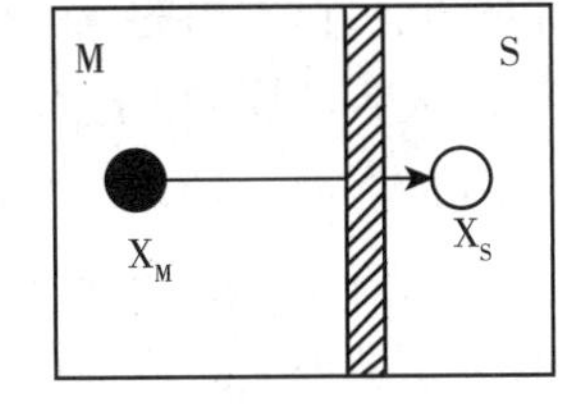

图12－3　分配色谱分离原理示意图
M. 流动相；S. 固定相；
X_M. 流动相中的组分分子；
X_S. 进入固定相内部的组分分子

二、固定相

分配色谱法的固定相是涂渍在惰性载体颗粒上的薄层液体，因此又称固定液。

（一）载体

在分配色谱法中载体只起负载固定相的作用。对它的要求是惰性，比表面积大，能吸留较大量的固定相液体；载体必须纯净，颗粒大小均匀。大多数的商品载体在使用之前需要精制、过筛。常用的载体有：①硅胶，可以吸收相当于本身重量50%以上的水仍不显湿状；但其规格不同，往往使分离结果不易重现。②硅藻土，是现在应用最多的载体；硅藻土中氧化硅较为致密，几乎不发生吸附作用。③纤维素，是纸色谱和分配柱色谱常用的载体。此外，还有淀粉，以及近几年采用的有机载体，如微孔聚乙烯小球等。

（二）固定液

固定液是涂布在载体表面的特殊液体，要求固定液是样品的良好溶剂，与流动相极性差异较大，不溶或难溶于流动相，且组分在固定液中的溶解度要略大于其在流动相中的溶解度（有合适的 k 值），保证较好分离且不易挥发流失。

三、色谱条件的选择

（一）固定相及其选择

分配色谱根据固定相和流动相的相对极性，可分为两类：一类称为正相分配色谱，其固定相的极性大于流动相，即以强极性溶剂作为固定液，而以弱极性的有机溶剂作为流动相；另一类为反相分配色谱，其固定液的极性小于流动相。

正相分配色谱法的固定液有水、各种缓冲溶液、稀硫酸、甲醇、甲酰胺、丙二醇等强极性溶剂及它们的混合溶液等。按一定的比例与载体混匀后填装于色谱柱，用被固定液饱和的有机溶剂作为流动相进行分离。被分离组分中极性大的亲水性组分移动慢，而极性小的亲脂性组分移动快。

反相分配色谱中，常以硅油、液体石蜡等极性小的有机溶剂作为固定液，而以水、酸（碱）水溶液或与水混合的有机溶剂为流动相。此时，被分离组分的移动情况与正相分配色谱相反，即亲脂性组分移动慢，在水中溶解度大的组分移动快。

此外还有一种新型的化学键合固定相，即通过化学合成反应，将各种有机基团键合到硅胶表面的游离羟基上，代替固定液涂渍的固定相，较好解决了固定液流失问题，目前，化学键合固定相应用较为普遍。

（二）流动相及其选择

正相分配色谱常用的流动相有石油醚、醇类、酮类、脂类、卤代烷类、苯等或它们的混合物，流动相的极性越大，洗脱能力越强。反相分配色谱常用的流动相则为正相色谱法中的固定液，如水、各种水溶液（包括酸、碱、盐及缓冲溶液）、低级醇类等，流动相的极性越小，洗脱能力越强。

固定相与流动相的选择，要根据被分离物中各组分在两相中的溶解度之比即分配系数而定。可先使用对各组分溶解度大的溶剂为流动相，再根据分离情况改变流动相的组成，即在流动相中加入其他溶剂，以改变流动相的洗脱强度或选择性，从而改变各组分的洗脱速率和被分离的情况。

四、分配柱色谱操作

（一）固定相的涂布与装柱

装柱前首先将固定液与载体混合。用硅胶、纤维素等作载体时，可直接称出一定量的载体，再加入一定比例的固定液，混匀后按吸附色谱装柱法装柱，也分干法和湿法两种。但应注意的是，因为分配柱色谱法使用两种溶剂，所以必须先使这两相互相饱和，即将两相放在一起振摇，等分层后再分开，分别取用，至少流动相应先用固定相饱和后再使用，否则，在洗脱时当通过大量流动相时，就会把载体上的固定液逐渐溶解掉。

如果以硅藻土为载体，加固定液直接混合的方法不易得到均匀的混合物，为此先把硅藻土放在大量的流动相中，不断搅拌，逐渐加入固定液，加入速度不宜太快，加完后继续搅拌片刻。有时因局部吸着水分（固定液）过多，硅藻土会聚成大块，可用玻璃棒将其打散，使硅藻土颗粒均匀，然后填充柱，分批小量地导入柱中，用一端平整的玻璃棒把硅藻土压实压平，随时把过量的溶剂放出。待全部装完后应得到一个均匀填充的色谱柱。

（二）上样和洗脱

上样方法有三种：①被分离物配成浓溶液，用吸管轻轻沿管壁加到含固定液载体的上端，然后加流动相洗脱；②被分离物溶液用少量含固定液的载体吸附，待溶剂挥发后，加在色谱柱载体的上端，然后加流动相洗脱；③用一块比色谱柱内径略小的圆形滤纸吸附被分离物质溶液，待溶剂挥发后，再加在色谱柱载体上，然后加流动相洗脱。

五、应用

分配色谱法主要用于强极性亲水性样品的分离、分析，如生物碱、苷类、有机酸、糖类及氨基酸的衍生物等。其优点在于有较好的重现性，分配系数在较大的浓度范围内是常数（线性等温线），其洗脱峰多数为对称峰，峰型尖锐，无强烈滞留现象。尽管流动相与固定相的极性要求完全不同，但固定液在流动相中仍有微量溶解；流动相通过色谱柱的机械冲击力，会造成固定液流失。因此，在实际使用时需注意试验结果的重复性及避免外界因素的干扰。

PPT

第三节　离子交换色谱法

离子交换色谱法是基于离子交换机制建立的色谱法。流动相中的组分离子与作为固定相的离子交换剂上的平衡离子进行可逆交换，不同组分离子对交换剂的基体离子亲和力大小不同从而实现分离。目前应用最多的离子交换剂是离子交换树脂。

一、离子交换平衡

离子交换剂为一种固体状可在水溶液中浸润和溶胀的多孔颗粒，其表面有许多可电离的基团；当在水中电离时，可自由交换并在水中自由移动的离子称为平衡离子，在固定相上不能自由移动的离子称为基体离子。

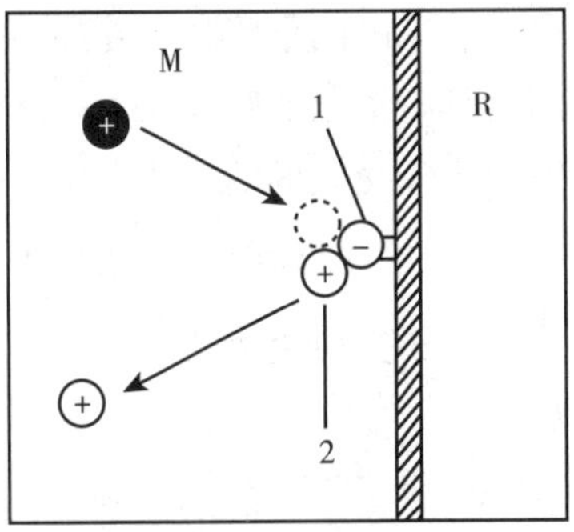

以阳离子交换树脂为例说明保留机制。图12－4中R为树脂骨架，树脂表面的负离子为不可交换的基体离子，其正离子（如B^+）为可交换的平衡离子。当流动相携带组分正离子（A^+）出现时，与B^+发生交换反应。当树脂上所有可交换的B^+均被交换后，树脂失去活性。此时，若用稀酸溶液对树脂进行处理，A^+就被亲和作用更强的H^+置换（洗脱）下来，树脂的交换能力又被恢复，这一过程称为树脂的再生。离子交换反应可用下式表示：

图12－4　阳离子交换色谱示意图

M. 为流动相；R. 离子交换剂基体；1. 基体离子；2. 平衡离子

$$R^-B^+ + A^+ \rightleftharpoons R^-A^+ + B^+$$

树脂的离子交换反应是可逆的，当达到平衡时，其平衡常数为：

$$K_{A/B} = \frac{[R^-A^+][B^+]}{[R^-B^+][A^+]} \qquad (12-4)$$

$[R^-A^+]$、$[R^-B^+]$分别表示在树脂相中A^+、B^+的离子浓度，$[A^+]$、$[B^+]$分别表示流动相中A^+、B^+离子的浓度。平衡常数与分配系数的关系为：

$$K_{A/B} = \frac{[R^-A^+]/[A^+]}{[R^-B^+]/[B^+]} = \frac{K_A}{K_B} \qquad (12-5)$$

$K_{A/B}$也称为离子交换反应的选择性系数。若$K_{A/B}>1$，说明树脂对A比对B有更大的亲合力，A的迁移速率更慢；$K_{A/B}$越大，说明A、B两种离子的交换能力差别越大。常选择某种离子（如H^+或Cl^-）作参考，测定一系列离子的选择性系数。

二、离子交换树脂

（一）离子交换树脂

离子交换树脂（ion exchange resin）是具有网状立体结构的高分子多元酸或多元碱的聚合物。其中聚苯乙烯型树脂应用比较普遍，其化学性质稳定，交换容量大，分为阳离子交换树脂和阴离子交换树脂。

以阳离子作为交换离子（平衡离子）的树脂称为阳离子交换树脂，含有$—SO_3H$、—COOH、—OH、—SH、$—PO_3H_2$等酸性基团，其中可电离的H^+离子与溶液中某些阳离子进行交换，当树脂上可交换的离子是H^+时，称为氢型树脂；若为某金属离子时，称为盐型树脂，商品树脂一般为钠型。依据其酸性强度，又可分为强酸型阳离子交换剂和弱酸型阳离子交换剂。树脂的酸性强度按下列次序递减：$R—SO_3H > R—PO_3H_2 > R—COOH > R—OH$。

阴离子交换树脂上连接$—NH_2$、—NHR、$—NR_2$或$—N^+R_3X^-$等活性基团。含有季铵者为强碱性，含有$—NH_2$、═NH、≡N 等基团者为弱碱性，此类树脂在水溶液中形成羟基型，商品一般为氯型。

离子交换树脂的性能常用交联度、交换容量、溶胀、粒度等指标进行衡量。树脂的交联度表示离子交换树脂中交联剂的含量，通常以重量百分比来表示；例如，聚苯乙烯型离子交换树脂是以苯乙烯和二乙烯苯聚合而成，其中二乙烯苯为交联剂，常用树脂交联度在 4%～12%。高交联度树脂网眼小，刚性较强，孔穴较多，溶胀较小；较低交联度的树脂虽具有较好的渗透性，但存在容易变形和耐压差等缺点。交换容量是指每克干树脂中真正参加交换反应的基团数，常用单位为 mmol/g 或 mmol/ml 表示，即每 1ml 干树脂中真正参加交换反应的基团数；交换容量的大小取决于合成树脂时引进母体骨架上的酸性或碱性基团的数目，另外还和交联度、溶胀性、溶液的 pH 有关。溶胀是指由于树脂上存在大量极性基团，具有很强的吸湿性，因此当浸入水中后，有大量水进入树脂内部，引起树脂膨胀的现象，溶胀的程度取决于交联度的高低。树脂的粒度是指溶胀状态颗粒的大小。

（二）影响离子亲和力大小的因素

离子交换色谱的保留行为和选择性受被分离离子、离子交换剂和流动相等性质的影响。简要讨论如下。

1. 溶质离子的电荷和水合半径 离子交换受库仑静电引力所支配，这取决于参加交换的两种离子的离子半径和电荷；离子在水溶液中是水合的，对于电荷相同的离子，其水合离子的半径随离子的裸半径减小而增大，这是因为裸半径较小的离子水合程度较大。离子的相对亲合力将随水合离子半径的增加和电荷的减小而降低。

一般情况下，常温稀溶液中，阳离子的交换亲和力随其电荷的升高而增大，如$Th^{4+} > Al^{2+} > Ca^{2+} > Na^+$；等价阳离子的交换亲和力随水合离子半径增大而变小，随其裸离子半径增大而变大，$Cs^+ > Rb^+ > K^+ > Na^+ > Li^+$；$Ra^{2+} > Ba^{2+} > Sr^{2+} > Ca^{2+} > Mg^{2+} > Be^{2+}$。

在强碱性阴离子交换树脂中，阴离子的亲合力顺序为：柠檬酸根$> PO_4^{3-} > SO_4^{2-} > C_2O_4^{2-} > I^- > HSO_4^- > NO_3^- > Br^- > CN^- > NO_2^- > Cl^- > HCOO^- > CH_3COO^- > OH^- > F^-$。

H^+和OH^-的亲和力随树脂交换基团的性质不同而有很大的差异，这取决于H^+和OH^-与交换基团所形成的酸和碱的强度，酸碱强度越大，其亲和力越小。故H^+对弱酸性树脂，OH^-对弱碱性树脂具有最大的亲和力。

2. 流动相的组成和 pH 常用流动相一般为缓冲盐的水溶液，主要影响组分离子和交换基团形成离子对的过程。选择性系数大的离子组成的流动相有强的洗脱能力，此外流动相离子强度大则洗脱能力强。使用强酸/强碱型离子交换树脂时，流动相pH在很宽的范围内变化对树脂的交换能力影响不大，但如果组分为弱电解质，其离解受流动相pH影响就很大，若组分的离解受抑制则其与离子交换树脂的亲和力会下降，保留时间就变短。用离子交换色谱法分离有机酸或有机碱类，就是利用在适当的pH下，不同组分离解度的差异而进行分离的。

三、操作方法

（一）树脂的处理和再生

离子交换树脂在使用前须处理，以除去杂质并使其全部转变为所需要的型式，如将阳离子交换树脂转变为氢型，将阴离子交换树脂转变为氯型或羟基型。可将树脂浸于蒸馏水中溶胀，然后用5%～10%盐酸处理阳离子交换树脂使其变为氢型，用10% NaOH或10% NaCl溶液处理阴离子交换树脂，使其变为羟基型或氯型，最后用蒸馏水洗至中性，即可使用。用过的树脂可用适当的酸或碱、盐处理，使其再生，恢复交换能力。

（二）装柱

将处理好的树脂加水充分搅拌，赶掉气泡，待大部分树脂沉降后倾去上层浑浊液，反复操作至上层液透明为止。将准备好的树脂加少量水搅拌后，倒入底部预装少量玻璃丝的色谱柱中，使树脂沉淀，让水流出，注意不要让气泡进入树脂层中。

（三）洗脱

大多数离子交换色谱都是在水溶液中进行的。有时也加少量的有机溶剂，如甲醇、乙醇、乙腈等，也可用弱酸弱碱和缓冲液。

四、应用

离子交换色谱法不但可分离无机离子，也可以分离有机离子、金属配位离子。其分离设备简单，操作方便，树脂可以再生，在药物生产、抗生素及中草药的提取分离和水的纯化等方面广泛应用。例如，用于除去干扰离子、测定盐类含量、微量元素的富集、有机物或生化溶液脱盐等。用于生物碱类、氨基酸类、糖类等中草药成分的分离纯化。

第四节　分子排阻色谱法

PPT

分子排阻色谱法（size exclusion chromatography）又称为凝胶色谱法、尺寸排阻色谱法，利用大小不同的分子在多孔固定相（凝胶）中的选择性渗透实现分离。固定相凝胶为化学惰性、具有多孔网状结构的物质，凝胶每个颗粒的结构，犹如一个筛子，小的分子可以进入胶粒内部，而大的分子则排阻于胶粒之外，从而达到分离的目的。该法可用于测定高聚物的相对分子质量的分布；分离各种大分子，如蛋白质、核酸等；也可以分离简单的混合物，但组分的相对分子质量必须有较大差别。根据流动相的不同可分为两类：以有机溶剂为流动相的凝胶渗透色谱法（gel permeation chromatography）和以水溶液为流动相的凝胶过滤色谱法（gel filtration chromatography）。

一、基本原理

分子排阻色谱法的分离机制与前面三种色谱法有本质不同，组分分子与固定相之间不产生任何作用力，保留值大小与流动相的性质亦无关，其分离只取决于凝胶的孔径大小与被分离组分的分子大小，类似于分子筛（反筛子）作用，如图 12－5 所示。凝胶颗粒孔隙内的液体为固定相，凝胶颗粒之间的液体为流动相。当组分进入凝胶色谱柱后，从高浓度的流动相中向固定相孔隙内扩散，小分子将渗入全部细孔中，经历的扩散路程最长；大分子完全被排斥在孔外，经历的路程最短；中等大小分子则渗入部分较大的孔隙，而被较小孔隙排斥，经历的路程居中。因此，大分子先流出，小分子后流出，洗脱次序仅仅是分子大小的函数。

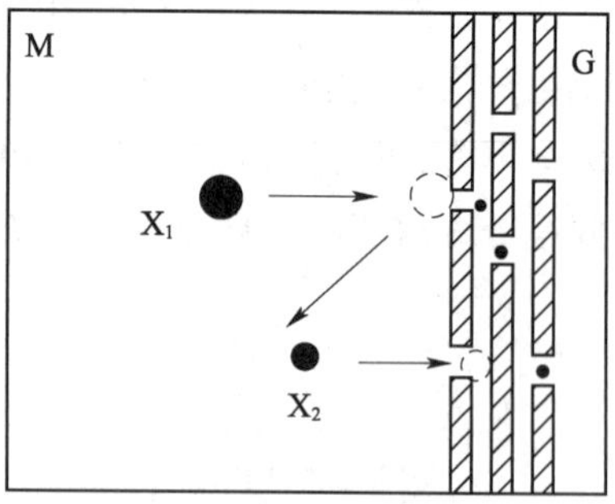

图 12－5　分子排阻色谱示意图

M：流动相；G：凝胶；

X_1、X_2 表示大小不同的分子

（一）分配系数与保留体积

组分在流动相与固定相之间达到扩散平衡时：$X_M \rightleftharpoons X_S$

组分的分配系数为：$K=\dfrac{[X_S]}{[X_M]}$　　　　(12－6)

$[X_M]$ 与 $[X_S]$ 分别为组分在凝胶孔隙外部的流动相中与凝胶孔穴中同等大小组分分子的浓度，K 亦称为渗透系数。

若分子直径大于固定相孔径，被全部排斥在孔隙之外，则 $[X_S]=0$，$K=0$；若分子直径小于所有孔径，会由于两相间的浓度梯度而发生扩散，孔穴内外浓度相等时达到扩散平衡，则有 $[X_S]=[X_M]$，$K=1$；若分子直径介于上述两种分子之间，能进入部分孔穴，则 $0<K<1$。因此在分子排阻色谱中，组分的分配系数符合：$0\leqslant K\leqslant 1$。

保留方程在分子排阻色谱中同样适用：

$$V_R=V_M+KV_S=V_o+KV_i \qquad (12-7)$$

V_M为凝胶的粒间体积，又称为外水体积，用 V_o表示；V_S为凝胶的孔内总容积，又称为内水体积，用 V_i表示。由于分子排阻色谱的分配系数符合以下限制条件：$0\leqslant K\leqslant 1$，因此对于所有不同相对分子质量的组分分子，其保留体积总是介于外水体积与内水、外水体积之和的范围内：$V_o\leqslant V_R\leqslant (V_o+V_i)$。

（二）相对分子质量校正曲线

将由不同相对分子质量的组分组成的混合物注入柱子，分离、测定不同组分的保留体积。以相对分子质量对保留体积作图，得一曲线，称相对分子质量校正曲线（图 12－6）。

此曲线有两个转折点，A 和 B。当组分的相对分子质量大于 A 点对应的相对分子质量，这些组分则全部被排斥于孔外，它们都在相同保留体积下流出，即 V_o。当组分的相对分子质量小于 B 点对应的相对分子质量，这些组分全部渗透，它们也都在同一保留体积下流出，即 (V_o+V_i)。A 和 B 点为该固定相能够分离的组分相对分子质量的上限（全排斥极限）和下限（全渗透极限）。A 与 B 之间的线性部分为选择渗透部分，只有相对分子质量处于 A、B 对应相对分子质量之间的组分，才有可能得到分离。分离程度取决于孔隙大小及孔径的分布范围。

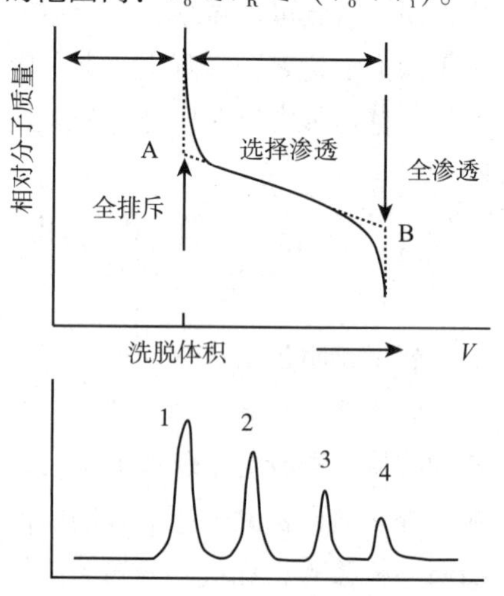

图 12－6　分子量校正曲线

对不同的固定相制作相对分子质量校正曲线之后，可以预测这些固定相对不同相对分子质量分布的样品的分离情况。校正曲线陡峭的固定相，分离相对分子质量邻近（K 值相近）组分时保留体积相差小，选择性差，这种固定相适合样品粗分（组别分离）；校正曲线平坦的固定相分离相对分子质

量邻近的组分时保留体积相差大，选择性好，故适合用于细分。

二、凝胶的分类

分子排阻柱色谱法的固定相为多孔凝胶，是产生分离作用的基础。商品凝胶是干燥的颗粒状物质，只有吸收大量溶剂溶胀后方称为凝胶。吸水量大于7.5g/g的凝胶，称为软胶，吸水量小于7.5g/g的凝胶，称为硬胶。常用凝胶主要有以下几种。

（一）葡聚糖凝胶

葡聚糖凝胶由葡聚糖和交联剂甘油通过醚桥（—O—CH_2—CHOH—CH_2—O—）相互交联而形成的多孔性网状结构，商品名是Sephadex。控制交联剂和葡聚糖的量，可以得到不同的交联度和多孔性。交联度大的孔隙小，吸液膨胀也少，可用于相对分子质量小的物质的分离；交联度小的孔隙大，吸液膨胀也大，适用于相对分子质量大的物质的分离。交联度可用吸水量或膨胀重量来表示，即用每克干凝胶所吸收的水分重量来表示，例如，每克干凝胶吸水量为2.5g，则其型号为G-25。

（二）聚丙烯酰胺凝胶

聚丙烯酰胺凝胶是由丙烯酰胺与N,N′-亚甲基-二丙烯酰胺交联聚合而成。用时需溶胀，最大的弱点是不耐酸，遇酸酰胺键水解会产生羧酸，使凝胶带有一定的离子交换作用，因此使用pH是2~11。可用于分离蛋白质、核酸及多糖等物质。

（三）琼脂糖凝胶

琼脂糖凝胶是琼脂经过分级沉淀除去带电荷的琼脂胶，留下的不带电荷的琼脂糖产品，然后再在油相中分散成球。链状琼脂糖分子相互以氢键交联，使用条件较严，一般在0~40℃、pH 4~9使用。其优点是相对分子质量使用范围宽，最大相对分子质量可达10^8。

（四）聚苯乙烯凝胶

上述三种凝胶都是亲水性凝胶，适宜于分离水溶性样品。对于一些难溶于水或具有一定亲脂性的样品，可用亲脂性凝胶分离。聚苯乙烯凝胶是一种应用很广的亲脂性凝胶，它是由苯乙烯和二乙烯苯聚合而成，商品为Styragel，可在有机溶剂中溶胀，机械性能好，孔隙分布比较宽，相对分子质量工作范围较大，多应用于合成高分子材料的分离分析。

（五）葡聚糖凝胶LH-20

亲脂性凝胶。在葡聚糖凝胶G-25分子中引入羟丙基以代替羟基的氢，成醚键结合状态：R—OH→R—O—CH_2—CH_2—CH_2—OH，因而具有一定程度的亲脂性，在许多有机溶剂中也能溶胀。适用于分离黄酮、蒽醌、色素等有机物。

（六）无机凝胶

有多孔性硅胶和多孔性玻璃。无机凝胶不会溶胀或收缩，适用于多种溶剂，有精确的孔径大小，机械性能好，选择性高。但因吸附较大，在处理极性大的样品时需加以注意。

三、实验操作

（一）凝胶的选择

分子排阻色谱法对所用凝胶有下列基本要求：化学性质惰性，不与溶质发生任何作用，可以反复使用而不改变其色谱性质；尽可能不带电荷以防止发生离子交换作用；颗粒大小均匀，机械强度尽可能高。除以上基本要求外，可根据分离对象和分离要求选择适当型号的凝胶。

1. 组别分离 对于分配系数有显著差别的分离称为组别分离，即从小分子物质（$K=1$）中分离大分子物质（$K=0$）或从大分子物质中分离小分子物质。例如对于小肽和相对分子质量低的物质（1000～5000）的脱盐可采用葡聚糖凝胶 G－10、G－25 及聚丙烯酰胺凝胶 P－2 和 P－4。

2. 分级分离 当被分离物质之间相对分子质量比较接近时，根据其分配系数的分布和凝胶的工作范围，把某一相对分子质量范围内的各组分分离开来，这种分离称之为分级分离。分级分离的分辨率比组别分离高，但流出曲线之间容易重叠。分级分离常用于相对分子质量的测定。

3. 亲脂性有机化合物的分离 可选用亲脂性凝胶，如黄酮、蒽醌、色素等的分离可选用葡聚糖凝胶 LH－20。

（二）装柱

将干凝胶浸入相当于其吸水量 10 倍的溶剂中，缓慢搅拌、充分溶胀。溶胀时间依交联度而定，交联度小的吸水量大，需要时间长，也可加热溶胀。由于分子排阻色谱本身分离速度较慢，因此尽管柱长加倍、分离度可增加 40%，但是一般使用柱长在 100cm 以内的柱子。当分离 K 值较接近的组分时，柱长确需超过 100cm 时，可采用几根短柱串联。

（三）上样

上样量可以是柱床体积的 25%～30%；如果分离 K 值相近的物质，上样量为柱床体积的 2%～5%。柱床体积是指充分溶胀的凝胶在柱中自由沉积后填充的体积。

（四）洗脱

一般要求流动相与溶胀凝胶所用的溶剂相同，因为如果换溶剂，凝胶体积会发生变化，从而影响分离效果。除非含有较强吸附的溶质，一般流动相用量也仅需一个柱体积。完全不带电荷的物质可用纯溶剂如蒸馏水洗脱，若分离物质有带电基团，需要用具有一定离子强度的流动相，如浓度大于 0.02mol/L 的缓冲溶液等。对吸附较强的组分也可使用水与有机溶剂的混合液，如水－甲醇、水－乙醇、水－丙酮等。

四、应用

分子排阻色谱法广泛地应用于各个领域或各个学科，主要用于分离、脱盐、浓缩、混合物的分离和纯化、缓冲液的转换及相对分子质量的测定等，还应用于放射免疫测定、细胞学研究、蛋白质和酶的研究等。

PPT

第五节 聚酰胺色谱法

以聚酰胺为固定相的色谱法叫作聚酰胺色谱法。聚酰胺是由酰胺聚合而成的一类高分子化合物。锦纶－6 和锦纶－66 是两种最为常用的色谱用聚酰胺，它们的亲水亲脂性能都好，是当前一种既能分离极性物质，又能分离非极性物质，应用广泛的色谱材料。聚酰胺可溶于浓盐酸、甲酸，微溶于乙酸、苯酚等溶剂，不溶于水、甲醇、乙醇、丙酮、乙醚、三氯甲烷、苯等常用溶剂；对碱较稳定，对酸特别是无机酸稳定性差，温度高时更敏感。

一、基本原理

聚酰胺色谱的分离机制表现为两个方面。

（一）氢键吸附

聚酰胺分子内的酰胺键可与酚类、酸类、醌类、硝基化合物形成氢键而产生吸附作用，如图 12－7 所示，如酚类（包括黄酮类、鞣质等）、酸类化合物的羟基与酰胺基的羰基形成氢键，硝基化合物的硝基、醌类化合物的羰基与酰胺基的游离胺基形成氢键。吸附作用的大小与形成氢键能力的强弱有关，通常在水中形成氢键的能力最强，在有机溶剂中较弱，在碱性溶液中最弱。

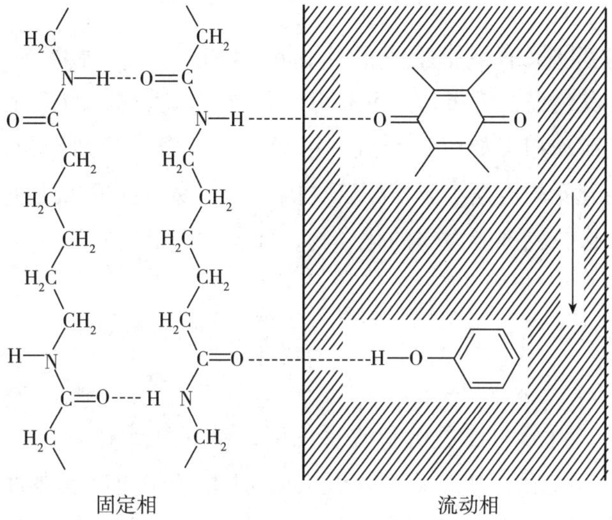

固定相　流动相

图 12－7　聚酰胺吸附作用示意图

水溶剂系统中各种化合物与聚酰胺形成氢键的能力有下列规律。

（1）形成氢键的基团数越多，吸附能力越强。

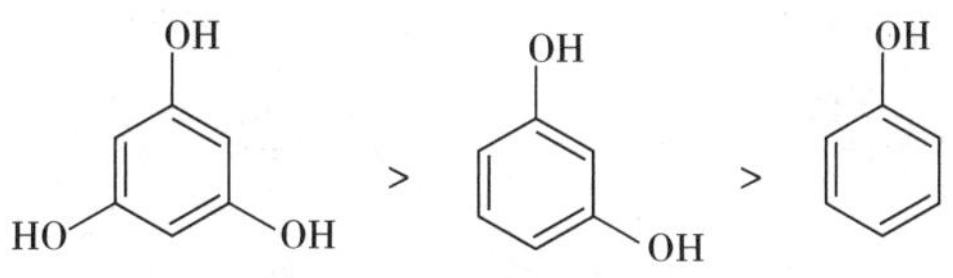

（2）形成氢键的能力与形成氢键的基团的位置有关，如间位、对位酚羟基使吸附力增大，邻位使吸附力减小。

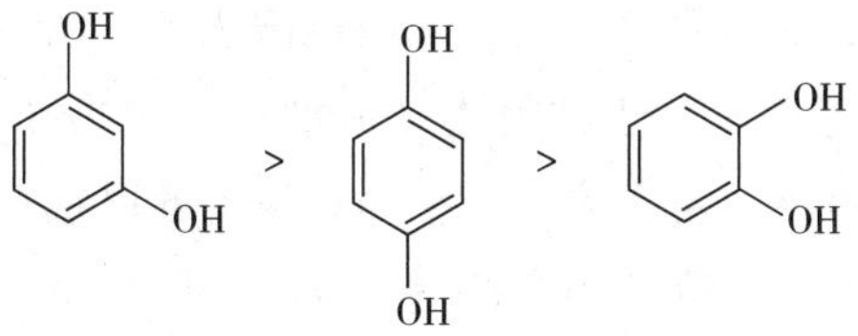

（3）芳香核、共轭双键越多，吸附力越大。

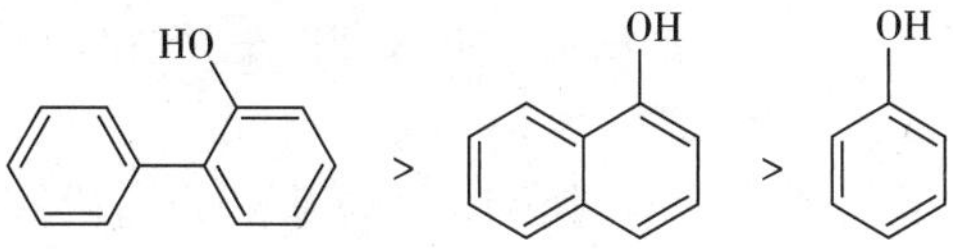

（4）分子内氢键的形成使化合物吸附力减小。

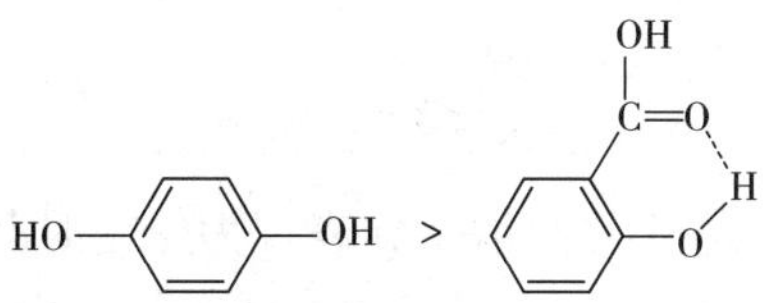

不同结构的化合物由于与聚酰胺形成氢键的能力不同，使得聚酰胺对它们的吸附力不同，用适当的溶剂洗脱或展开，就可将它们分离开来。

（二）双重色谱

有许多现象难以用氢键吸附解释，如对萜类、甾类、生物碱等也可以用聚酰胺分离；又如黄酮苷元与苷的分离，若以甲醇－水作流动相，黄酮苷比其苷元先被洗脱，而用非极性溶剂作流动相，结果恰恰相反。

聚酰胺分子中既有亲水基团又有亲脂基团，当用极性溶剂（如含水溶剂）作流动相时，聚酰胺中的烷基作为非极性固定相，其色谱行为类似于反相分配色谱，因黄酮苷的极性大于苷元，所以黄酮苷比苷元容易洗脱；当用非极性流动相（如三氯甲烷—甲醇）时，聚酰胺则作为极性固定相，其色谱行为类似于正相分配色谱。黄酮苷元的极性小于黄酮苷，因而苷元易被洗脱。此即双重色谱。双重色谱只适用于难与聚酰胺形成氢键或形成氢键能力弱的化合物，如萜类、甾类、生物碱、糖类、某些酚类、黄酮类、酸类等。

二、应用

聚酰胺色谱按其操作形式可分为柱色谱和薄膜色谱，可分离黄酮类、酚类、有机酸、生物碱、萜类、甾类、苷类、糖类、氨基酸衍生物、核苷类等物质。用柱色谱可将植物粗提物中的黄酮与非黄酮、黄酮苷元与苷分开；聚酰胺对鞣质的吸附特别强，高分子鞣质对聚酰胺的吸附是不可逆的，因此可利用聚酰胺将植物粗提物中的鞣质除去。聚酰胺薄层色谱广泛应用于酚性成分，包括黄酮、香豆素以及氨基酸衍生物的分离，展开时间短且图谱分离清晰，适合于微克量的蛋白质、肽的 N 端氨基酸的分析与测定，亦可用于测定中药制剂中的微量游离氨基酸。

第六节　平面色谱法

PPT

一、平面色谱法概述

平面色谱法是指固定相呈平面状态的色谱法。平面色谱法与柱色谱法的分离机制基本相同，操作方式有所区别，经典柱色谱法的固定相填充于柱管中，流动相靠重力作用流经固定相，分离过程称为洗脱，流动相也称洗脱剂；而平面色谱固定相涂布于平面载板上或以纸纤维为平面载体，流动相通过毛细作用流经固定相，分离过程称为展开，流动相也称展开剂。平面色谱具有分离效率高、分析速度快、灵敏度高、应用广泛，仪器简单、操作方便等特点。本节主要介绍薄层色谱法与纸色谱法。

二、平面色谱法基本原理

由于固定相可以通用，因此薄层色谱法与柱色谱法的基本分离机制相同，但两者的操作方式不同，部分概念和参数略有不同。

（一）比移值与相对比移值

1. 比移值（retardation factor，R_f） 差速迁移是色谱分离的本质。柱色谱中各组分均通过色谱柱被洗脱，其迁移距离相同，不同组分的迁移速度差异表现为保留时间不同；平面色谱中，各组分展开所用的时间相同，不同组分迁移速度的差异表现为迁移距离不同（如图 12－8 中的组分 A、B 的斑点），用比移值表示。比移值是平面色谱法的基本定性参数。R_f定义为组分迁移距离与展开剂迁移距离之比。

$$R_f = \frac{\text{原点到组分斑点质量中心的距离}}{\text{原点到溶剂前沿的距离}} = \frac{L}{L_0} \tag{12-8}$$

如图12-8中组分A的R_f值为L_1/L_0。R_f范围为0~1，在实际操作中，待测组分R_f在0.2~0.8为宜。

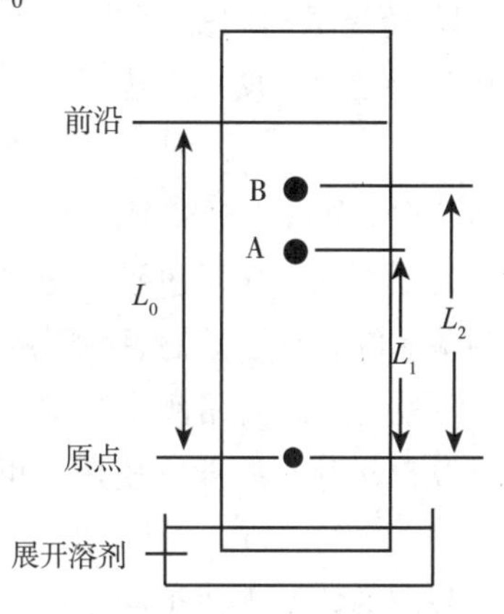

图12-8 平面色谱展开示意图

2. R_f与k的关系 根据式（11-16）及式（12-6）可推导出：

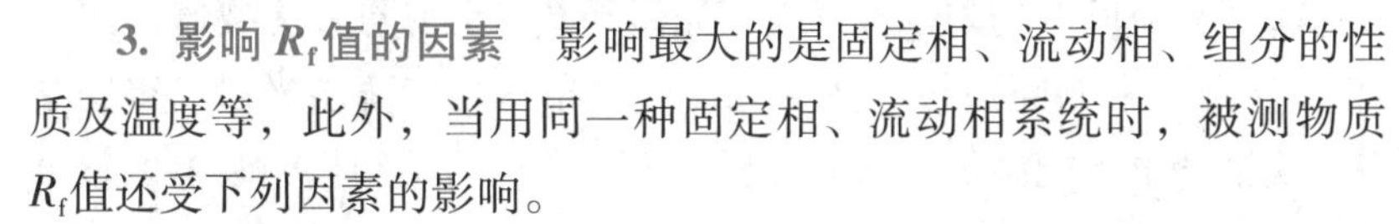

$$R_f = \frac{L}{L_0} = \frac{L/t}{L_0/t} = \frac{r}{u} = R = \frac{1}{1+k} \tag{12-9}$$

可见R_f即为柱色谱中的保留比R，组分的k越大，在薄层上移动速度越慢，R_f越小。若组分k为0，其$R_f=1$，表示该组分完全不被固定相保留；若k为无穷大，其中$R_f=0$，表示该组分在流动相中浓度为0，完全被固定相保留，停留在原点，不能被展开。

3. 影响R_f值的因素 影响最大的是固定相、流动相、组分的性质及温度等，此外，当用同一种固定相、流动相系统时，被测物质R_f值还受下列因素的影响。

（1）固定相厚度 厚度小于0.2mm时对R_f值的影响较大，薄层超过0.2mm时则可以认为没有影响，但不能超过0.35mm。

（2）展开距离 展开距离最好固定，否则对R_f值也会有影响，展开距离较大时，有物质R_f值会稍增大，而有些物质又稍有减少。

（3）展开容器中展开剂蒸气的饱和程度 如果展开容器中没有被展开剂的蒸气饱和，就有可能使组分的R_f变大，或产生边缘效应，影响R_f值。

（4）样品量 点样量过多，会使斑点变大，甚至因超载而拖尾，R_f值也会随之变化。

（5）操作时的环境湿度和吸附剂含水量 当用吸附剂作固定相时，环境湿度不同、吸附剂含水量不一致，就会影响组分的R_f值。

4. 相对比移值（relative retardation factor，R_{st}） 是在一定条件下，待测组分比移值［$R_{f(i)}$］与参考物质比移值［$R_{f(s)}$］之比。

$$R_{st} = \frac{R_{f(i)}}{R_{f(s)}} = \frac{L_i}{L_s} \tag{12-10}$$

式中，L_i、L_s分别为原点至待测组分i和参考物质s斑点中心距离。

由于待测组分与参考物质在相同条件下展开，在一定程度上消除了展开过程中影响R_f值的因素，因此R_{st}与R_f相比具有更好的重现性和可比性。参考物质可以选择纯物质加到试样中，也可以是试样中的某一已知组分。R_{st}可以大于1，也可以小于1。

三、薄层色谱法

平面色谱中最常用的是薄层色谱法（thin-layer chromatography，TLC），它是将固定相均匀地铺在表面平整、光洁的玻璃、塑料或金属板上，形成厚度小于1mm左右的薄层，这种具有固定相的平板叫薄层板；将待分离样品用毛细管或微量注射器点在距离薄层色谱板一端10~15mm处，流动相迁移过程中带动样品向另一端展开进行分离。按照分离机制，可将薄层色谱法分为吸附薄层色谱法、分配薄层色谱法、离子交换薄层色谱法、分子排阻薄层色谱法等。随着液相色谱技术的发展，键合相反相薄层色谱法、高效薄层色谱法也相继出现。薄层色谱中固定相和流动相（展开剂）的选择与优化请参考本章各类液相色谱法的相关内容，在此不再赘述。

下面以吸附薄层色谱为例介绍薄层色谱一般操作的相关内容。

（一）薄层色谱一般操作

1. 薄层板的制备 薄层板分为不含黏合剂的软板和含有黏合剂的硬板两种。软板固定相疏松、易被吹散，已很少使用。这里主要介绍硬板的制备方法。

（1）手动制版 ①选择大小合适、板面平整、光滑洁净的载板（一般为玻璃板）作为薄层板，使用前洗净、晾干。②将固定相与水（或黏合剂水溶液）按一定比例（一般为1∶3）在研钵中混合、研磨均匀至糊状。薄层色谱常用的黏合剂是0.2%～0.5%羧甲基纤维素钠（CMC－Na）水溶液，需要预先制备。③将调制好的糊状固定相，倒在薄层板上并振动使整板薄层均匀，也可以倒入涂布器中涂布制板。定性定量分析用薄层厚度为0.3～0.5mm，制备薄层厚度为0.5～2mm。④制好的板放置在水平处，于室温自然晾干后即可使用，也可根据需要于105～110℃加热活化0.5～1小时，置于干燥器中冷却备用。

分离的好坏取决于薄层板的质量。薄层板应厚度均匀一致、表面光滑平整、无麻点、无裂痕。

（2）市售预制板 预制板是由工厂生产出来的商品板，使用方便，涂布均匀，薄层光滑，牢固结实，分离效果及重现性好。品种繁多，规格齐全，能满足不同的分析要求。常见的预制板包装上的符号及含义见表12－2。

表12－2 薄层预制板表示符号及含义

符号	含义	符号	含义
G	石膏为黏合剂	C	薄层成条带状
H	无黏合剂	RP	反相
F_{254}	荧光指示剂及激发波长	RP－8	C_8键合
F_{365}	荧光指示剂及激发波长	RP－18	C_{18}键合
R	特别纯化的	NH_2	氨基键合
P	制备用	CN	氰基键合

2. 点样 用毛细管、微量注射器或自动点样器等将样品溶液点在薄层板的固定相上，称为点样。点样的位置称为原点，应距离薄层板一端10～15mm。

点样常采用点状点样，即用毛细管吸取一定量样品溶液，轻轻接触于薄层的点样位置上形成一圆点，直径以2～4mm为宜。若样品溶液较稀，可少量多次点样，每次点样后，使其自然干燥，或用电吹风吹干，再点下一次，避免斑点扩散过大。点样时应控制点样量，避免点样量过大造成超载，导致斑点拖尾及分离效果变差。带状点样是将样品点成条带状，上样量比点状点样大，适用于制备薄层，带状点样需借助自动点样仪才能得到较好的效果。

点样工具常用毛细管、定量毛细管、微量注射器（平头）等。样品溶剂一般采用乙醇、乙酸乙酯等挥发性有机溶剂，以便点样后溶剂能迅速挥发干。

3. 展开 将点好样的薄层板有原点的一端浸在展开剂中，展开剂通过毛细作用流经固定相使组分分离的过程称为展开。

展开应在密闭的环境中进行，一般为玻璃所制成的展开缸。常见展开缸有立式平底展开缸、立式双槽展开缸、近水平上行展开缸，此外还有夹心展开装置、水平展开装置等。

（1）展开方式

1）上行法展开 展开剂置于立式展开缸的槽内，将薄层板一端浸入展开剂中，展开剂距离原点5mm左右，由薄层下端借助毛细作用上升，待展开距离适当时，取出薄层板做好溶剂前沿标记，挥干溶剂，检视。上行法展开是薄层色谱中最常用的方式。

2）单向多次展开　取经展开一次后的薄层板让溶剂挥发干，再用同一种或不同展开剂，按相同的方向进行的第二次、第三次……展开，以达到更好的分离效果。也可使用自动多步展开仪进行程序化多次展开（automatic multiple development，AMD）。

3）双向展开　第一次展开后，取出，挥干溶剂，将薄层板旋转90°角后，再用相同或不同展开剂展开。

除此之外，尚有径向展开（薄层板为圆形）等展开方式。

（2）注意事项

1）展开缸必须密闭良好　为使色谱缸内展开剂蒸气饱和并保持不变，应检查色谱缸口与盖的边缘磨砂处是否密闭。

2）防止边缘效应　边缘效应是指同一组分的斑点在同一薄层板上出现边缘部分 R_f 值大于中间部分 R_f 值的现象。产生该现象的主要原因是由于展开缸内溶剂蒸气在展开前未达到饱和，如果薄层色谱板较宽，展开时间较长，造成展开过程中展开剂由薄层板上挥发，其蒸发速率在薄层板两边与中间部分不等，边缘快，中心慢，造成边缘迁移的展开剂多，相当于边缘展开距离长。另外，对于多元展开剂，其中极性较弱和沸点较低的溶剂在边缘挥发的更快些，致使边缘部分的展开剂中极性溶剂比例增大，对于吸附薄层，组分 R_f 值相对变大。

因此在展开之前，通常将点好样的薄层板置于盛有展开剂的展开缸内（此时薄层板不浸入展开剂中）放置一定时间，这个过程叫饱和。为了缩短饱和时间，常在色谱缸内的内壁贴上浸有展开剂的滤纸，以使展开剂蒸气在色谱缸内迅速达到饱和。待色谱缸的内部空间及放入其中的薄层板被展开剂蒸气完全饱和后，再将薄层板浸入展开剂中展开（图12－9、图12－10）。

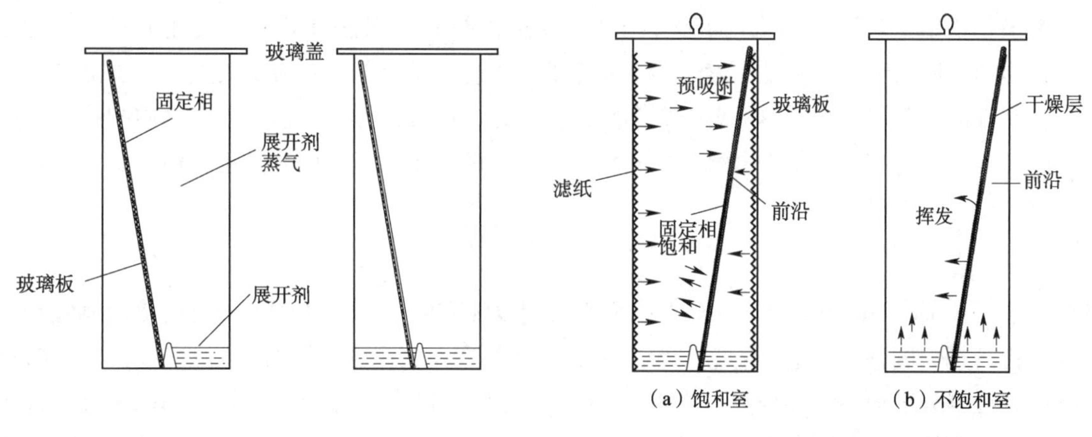

图12－9　饱和与展开　　图12－10　展开时溶剂蒸气的影响

4. 斑点的检出

（1）光学检出　化合物本身有色，在自然光下可直接观察斑点；有些化合物在可见光下不显色，但在一定波长的紫外光下能发出不同颜色的荧光，故在紫外分析仪下可显现不同颜色的亮斑。紫外分析仪有短波（254nm）和长波（365nm）两种灯；在可见光及紫外光下都不显色，可以用荧光薄层进行分离，紫外光灯下薄层可发出荧光，而组分在亮的背景上显示暗斑。

（2）试剂显色

1）喷雾显色　用喷雾器将显色剂直接喷洒于薄层板上，可直接显色或通过加热使组分显色。可选择能与待测组分有专属性反应的专属显色剂，如三氯化铁乙醇液、茚三酮试液等。也可以用通用显色剂如10%硫酸乙醇溶液，通过加热使斑点炭化显色。

2）蒸气显色　利用某些物质的蒸气与样品作用来显色。如多数有机化合物能吸附碘蒸气而显示黄色斑点，有些化合物遇碘蒸气后发生紫外吸收的变化或产生极强的荧光，挥发性的酸、碱，如盐酸、硝酸、浓氨水、二乙胺等蒸气也常用于斑点的显色。

（二）定性定量分析

1. 定性分析

（1）R_f值定性　在平面色谱法中，相同物质在同一色谱条件下的R_f值相同，这是平面色谱法定性鉴别的依据。使用R_f值定性是需要注意影响R_f因素。

有时两个不同的物质也可能有相同的R_f值，为了确定未知组分，经常采用的办法是以不同的固定相、展开剂进行展开，若在3种以上不同展开系统中得到的R_f值与对照品完全一致，才可基本认定该样品与对照品是同一化合物。

（2）R_{st}值定性　较R_f值定性效果好，可消除许多系统误差，参考物可另外加入，也可以直接以样品中某一组分作为参考物。

此外还可以通过板上的化学反应、TLC与其他技术间接联用定性。例如，TLC－MS或TLC－FTIR就可以很好地对已分离组分进行定性分析。

2. 定量分析　目前薄层色谱中常用的、较准确的定量方法是薄层扫描法，系指在薄层扫描仪上，用一定波长的光照射在薄层板上，对薄层色谱中可吸收紫外光（或可见光）或经激发后能发射出荧光的斑点进行扫描，将扫描得到的色谱图及积分数据用于鉴别、检查或含量测定。薄层扫描一般选择反射方式，采用吸收法或荧光法扫描测定。扫描方法可采用单波长或双波长锯齿形扫描。薄层扫描定量应保证供试品斑点的量在线性范围内，必要时可适当调整供试品溶液的点样量，供试品与对照品应同板点样、展开、扫描、测定和计算。

薄层色谱扫描用于含量测定时，通常采用外标（或内标）二点法计算，如线性范围很窄时，可用多点法校正多项式回归计算。供试品溶液和对照标准溶液应交叉点于同一薄层板上，供试品点样不得少于2个，对照标准物质每一浓度不得少于2个。扫描时，应沿展开方向扫描，不可横向扫描。薄层扫描法快速、简便，灵敏度高，适用于多组分物质和微量组分的定量分析，但变异系数稍大。

四、纸色谱法

纸色谱法（paper chromatography，PC）是以滤纸作为载体，以纸纤维素所结合的水为固定相，以水饱和过的有机溶剂为展开剂，组分依据在水中的溶解度不同而分离的色谱分析方法，属于分配色谱法。构成滤纸的纤维素分子中有许多羟基，被滤纸吸附的水分中约6%与纤维素上的羟基以氢键结合成复合态，这一部分水是纸色谱的固定相。由于这一部分水与滤纸纤维结合比较牢固，所以流动相既可以是与水不相混溶的有机溶剂，也可以是与水混溶的有机溶剂甚至水，流动相借毛细管作用在纸上展开。

纸色谱法与薄层色谱法基本操作相同，包括滤纸选择、点样、展开、斑点定位等步骤。纸色谱法的实验设备简单，操作费用低。但纸色谱法难以分离不溶于水的物质，而且纸色谱法的展开时间明显长。因此其应用范围不如薄层色谱法广泛。

1. 色谱纸的选择和处理

（1）滤纸的选择　纸色谱使用的滤纸应具备以下条件：①滤纸的质地要均匀，厚薄均一，纸面必须平整；②具有一定的机械强度，被溶剂润湿后仍能悬挂；③具有足够的纯度；④滤纸有厚型和薄型、快速和慢速之分，要选择纤维松紧适宜，薄厚适当，展开剂移动速度适中的滤纸。

（2）滤纸的处理　有时为了适应某些特殊化合物分离的需要，可对滤纸进行处理，使滤纸具有新的性能。有些化合物受pH的影响而有离子化程度的改变，例如，多数生物碱在中性溶剂中分离，往往产生拖尾现象，如将滤纸预先用一定pH的缓冲溶液处理就能克服。有时将滤纸上加有一定浓度的无机盐类借以调整纸纤维中的含水量，以改变分配比，改善分离。

2. 点样　纸色谱的点样方法与薄层色谱相似，这里不再赘述。

3. 展开剂的选择　纸色谱最常用的展开剂是水饱和的正丁醇、正戊醇、酚等。此外，为了防止弱酸、弱碱的解离而引起拖尾，常加少量的弱酸或弱碱，如乙酸、吡啶等。有时加入一定比例的甲醇、乙醇等以增加水在正丁醇中的溶解度，使展开剂极性增大，增强它对极性化合物的展开能力。例如正丁醇－乙酸作展开剂，应当先在分液漏斗中把它们与水振摇，分层后，分离被水饱和的有机层使用。展开剂如果没有预先被水所饱和，则展开过程就会把固定相中的水夺去，使分配过程不能正常进行。

4. 展开　与薄层色谱展开类似，在展开前，应先用溶剂蒸气饱和，然后再将滤纸浸入溶剂中进行展开。纸色谱的展开方式，通常采用上行法，让展开剂借毛细管效应自下向上移动。上行法操作简便，但溶剂渗透较慢。此外还有圆形水平展开法，展开剂由中心向四周作圆形展开，具有快速简便、重现性好等特点。

5. 检视　纸色谱的检出方法和 TLC 基本相同，但纸色谱不能用硫酸等腐蚀性显色剂。

6. 定性、定量分析　与薄层色谱基本相同。

答案解析

目标检测

一、选择题

1. 用硅胶为基质的填料作固定相时，流动相的 pH 范围应为

A. 在中性区域　B. 5 ~ 8　C. 1 ~ 14　D. 2 ~ 8

2. 下列关于以硅胶为固定相的吸附柱色谱，正确的说法是

A. 组分的极性越强，被固定相吸附的作用越强

B. 物质的相对分子质量越大，越有利于吸附

C. 流动相的极性越强，组分越容易被固定相所吸附

D. 吸附剂的活度级数越小，对组分的吸附力越小

3. 在液相色谱中，常用作固定相又可用作键合相载体的物质是

A. 分子筛　B. 硅胶　C. 氧化铝　D. 活性炭

4. 样品 TLC 分离时，要求其 R_f 值在

A. 0 ~ 0.3　B. 0.7 ~ 1.0

C. 0.2 ~ 0.8　D. 1.0 ~ 1.5

5. 在硅胶吸附薄层色谱中，若待分离物质的色谱斑点 R_f 值太小，欲增加 R_f 值应采取的措施是

A. 增加展开剂的极性　B. 减小展开剂的极性

C. 增加吸附剂的吸附活性　D. 更换吸附剂的种类

6. 在吸附薄层色谱中，若待分离物质的色谱斑点 R_f 值太大，欲降低 R_f 值通常采取的措施是

A. 增加展开剂的极性　B. 减小展开剂的极性

C. 减小吸附剂的吸附活性　D. 更换吸附剂的种类

7. TLC 中，分离极性物质，选择吸附剂、展开剂的一般原则是

A. 活性大的吸附剂和极性强的展开剂

B. 活性大的吸附剂和极性弱的展开剂

C. 活性小的吸附剂和极性弱的展开剂

D. 活性小的吸附剂和极性强的展开剂

8. 俄国植物学家 Tsweet 用石油醚为冲洗剂分离植物色素是

A. 液液色谱法　　B. 液固色谱法

C. 空间排阻色谱　　D. 离子交换色谱

9. 色谱过程中，固定相对物质起

A. 运输作用　　B. 滞留作用

C. 平衡作用　　D. 分解作用

10. 在薄层色谱法中，用于定性的参数是

A. 斑点宽度　　B. 斑点展开时间

C. 比移值　　D. 斑点面积

二、简答题

1. 分配系数 K 值的大小与 LSC 中的吸附程度、物质流出顺序有什么关系？
2. LSC 中柱色谱的操作步骤有哪些？
3. SEC 的固定相、流动相、分离对象和分离机制分别是什么？
4. 简述 TLC 的基本操作步骤及注意事项。
5. 简述硅胶 TLC 中比移值与组分性质、展开剂、固定相的关系。
6. PC 中 R_f 的影响因素有哪些？

三、计算题

1. 经薄层分离后，组分 A 的 R_f 值为 0.35，组分 B 的 R_f 值为 0.56，展开距离为 10.0cm，求组分 A 和 B 两组分色谱斑点之间的距离。

2. 某组分在薄层色谱体系中的分配比 $k=3$，经展开后样品斑点距原点 3.0cm，组分的 R_f 值为多少？此时溶剂前沿距原点多少厘米？

书网融合……

思政导航

本章小结

微课

题库

第十三章　气相色谱法 微课

学习目标

知识目标

1. 掌握　气相色谱仪的组成及其工作原理、特点和适用范围；色谱定性、定量方法原理及特点。

2. 熟悉　常用气相色谱柱的种类、保留行为及选择；气相色谱速率理论以及分析条件的选择与优化。

3. 了解　气相色谱法的进展及其在药物分析中的应用。

能力目标　通过本章学习，能够根据样品性质合理选择适宜的气相色谱方法进行分离、分析。

气相色谱法（gas chromatography，GC）是以气体作流动相（又称载气）的色谱分析方法。1941 年，英国科学家 Martin 和 Synge 在论文中提出可以采用气体作流动相，1952 年他们发表了第一篇关于气相色谱分离分析混合物的论文；1955 年第一台商品用气相色谱仪器被推出，1958 年毛细管气相色谱柱问世。随着气相色谱理论的发展和各种检测技术的应用，其在石油化工、环境监测、生命科学等领域得到广泛应用。在药物分析中，气相色谱常用于挥发性药效成分的含量测定、中药挥发油分析、药物残留溶剂分析等。

第一节　基本原理

PPT

一、气相色谱法基本原理及特点

气相色谱主要是利用物质的沸点、极性及吸附性质的差异来实现混合物的分离。待分析的样品气化后被流动相（载气）带入色谱柱，由于样品中各组分性质不同，在固定相和流动相之间形成分配或吸附平衡；其中，在载气中分配浓度大的组分先流出色谱柱，在固定相中分配浓度大的组分后流出，从而实现混合组分的分离。按分离机制，可分为吸附色谱（气固色谱）和分配色谱（气液色谱）。气相色谱适用于分离和测定挥发性较好（沸点 500℃ 以下）、热稳定的组分。目前已知的化合物中，有 20% ~ 25% 可用气相色谱直接分析。

气相色谱法具有高效、高选择性、高灵敏度、分析速度快（几秒至几十分钟）、操作简单的特点。由于气体的黏度小，因而流动相在色谱柱内流动的阻力小，可以采用较长的色谱柱；同时由于气体的扩散系数大，组分在固定相和流动相之间的传质速度快，有利于高效、快速的分离。气相色谱的固定相种类很多，可选择对样品组分有不同作用力的液体、固体作为固定相，使组分的分配系数有较大差异，从而将物理、化学性质相近的组分分离开。待测样品在气态下分离和检测，故气相色谱有多种高灵敏度的检测器可供使用，分析所需的样品量很小，可用于痕量组分的分析测定。

二、气相色谱仪的基本流程及结构

气相色谱仪的流程如图 13 -1 所示。载气由高压钢瓶（也可采用气体发生器）供给，经减压阀减压后，经净化器净化，由流量调节器调至适宜的流量、流经进样系统进入色谱柱，再经检测器流出色谱仪。样品由进样器注入进样口，液体样品在进样口被瞬间汽化，由载气带入色谱柱；样品中的组分在色谱柱中分离后依次被载气带出色谱柱，进入检测器；检测器将各组分的浓度（或质量）定量地转变为电信号，由色谱工作站记录下来，即得到色谱图（色谱流出曲线）。气相色谱仪一般由5部分组成。

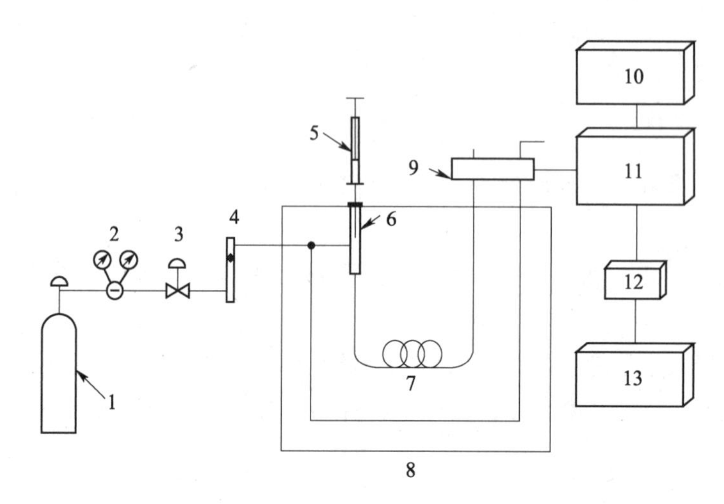

图13-1 气相色谱仪流程示意图

1. 高压载气瓶；2. 压力调节器；3. 气流调节器；4. 气体流量计；5. 进样器；6. 汽化室；7. 色谱柱；8. 柱温箱；9. 检测器；10. 记录仪；11. 静电计；12. 模数转换器；13. 色谱工作站

1. 气路系统 包括载气和检测器所用气体的气源（高压钢瓶或气体发生器）以及气体压力及流量控制装置。常用载气有氮气、氢气或氦气，要求高纯级（99.999%）；检测器辅助气体也要有较高纯度，以免气体中的杂质增加检测器的噪声，通常在气源与仪器之间需连接气体净化装置。

2. 进样系统 作用是将样品汽化并导入色谱柱进行分离，包括进样器、汽化室、加热系统。

3. 分离系统 包括柱温箱、色谱柱以及与进样口和检测器的接口。

4. 检测系统 包括检测器、控温装置。

5. 数据处理系统 对检测器的信号进行采集、存储，并进行数据处理和分析。

第二节 进样口及进样方式

PPT

一、分流/不分流进样口

气相色谱进样系统包括样品引入装置（如微量注射器或自动进样器）和汽化室（进样口）。为了获得良好的分析结果，首先要将样品定量引入进样口，使样品有效地汽化；然后用载气将样品快速“扫入”色谱柱。

分流（split）/不分流（splitless）进样口（图13-2）是最常用的毛细柱进样口，既可以分流进样，也可以不分流进样。使用毛细管柱时，由于柱内固定相的量少，柱容量低，为防止柱超载，待测组分含量高时常采用分流进样，待测组分含量很低（微量或痕量组分）时，为保证一定的检测灵敏度，可采用不分流进样。

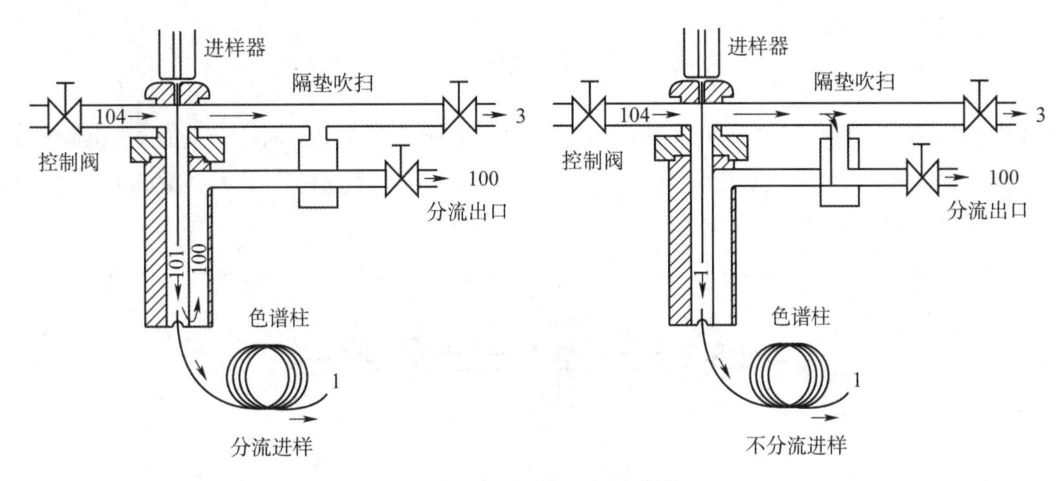

图13-2　分流/不分流进样口

（一）分流进样

分流进样是将样品汽化后，只让一小部分样品进入毛细管柱，而大部分样品都随载气由分流出口放空。在分流进样时，放空部分的样品量（m_s）与进入色谱柱部分的样品量（m_c）的比值称为分流比（split ratio），数值上等于分流出口放空的载气流量（F_s）与进入毛细柱的载气流量（F_c）之比。因此，当柱流量一定时，一般通过调节分流出口流量来调节分流比。

$$分流比 = m_s/m_c = F_s/F_c \tag{13-1}$$

工作中常用的分流比范围一般为10∶1～200∶1，样品浓度大或进样量大时，分流比可相应增大，反之则减小。分流进样口最高汽化温度350～420℃，常用250℃。

分流进样中常会遇到的问题是分流歧视。原因是样品中不同组分极性不同，沸点不同，汽化速度不同，在载气中的扩散速度不同，导致在一定分流比条件下，不同组分的实际分流比不同，使得进入色谱柱的样品组成不同于原来的样品组成，影响定量结果的准确度。可通过提高进样口温度使样品快速汽化、尽量减小分流比、采用专用的分流衬管等措施来避免或减小分流歧视。

为保证密封性，进样口安装有硅橡胶材料制成的进样隔垫。在汽化室高温作用下，硅橡胶材料内含有的一些残留溶剂或低分子聚合物容易逸出，同时硅橡胶也会发生部分降解，如果这些杂质进入色谱柱，会引起“鬼峰”。通过隔垫吹扫，将隔垫流失物排出，同时降低隔垫处温度，防止隔垫老化，隔垫吹扫气路流速通常为2～3ml/min。

通常汽化室不锈钢套管中要插入一个石英或玻璃管，即衬管，从而增加汽化室内壁的惰性，使之防止对样品产生吸附、发生化学反应或对样品分解起催化作用；衬管中填入少量石英玻璃毛以加快样品汽化，减小分流歧视，也可避免颗粒物填塞色谱柱。衬管和玻璃毛都要经过硅烷化处理起到“去活”的作用，增加其惰性。

（二）不分流进样

不分流进样时只需要在进样时将分流气路的电磁阀关闭，让样品全部进入色谱柱，即可实现不分流进样。不分流进样适用于低浓度样品，可提高灵敏度，但会因溶剂效应引起初始谱带变宽。原因是样品中含有大量溶剂，样品汽化后的体积相对于柱内载气流量太大，不可能瞬间进入色谱柱，结果溶剂峰就会严重拖尾，使得早流出组分的峰被掩盖在溶剂拖尾峰中，从而使分析变得困难，可通过降低初始柱温并在进样一定时间后打开分流阀吹扫的方法加以改善。

二、填充柱进样口

填充柱进样口结构如图 13－3 所示，其作用是提供一个样品汽化室，所有汽化的样品都被载气带入色谱柱进行分离；连接的色谱柱是玻璃或不锈钢填充柱。由于填充柱柱容量大，故定量分析准确度较高。填充柱进样量一般为1～5μl，或更高。

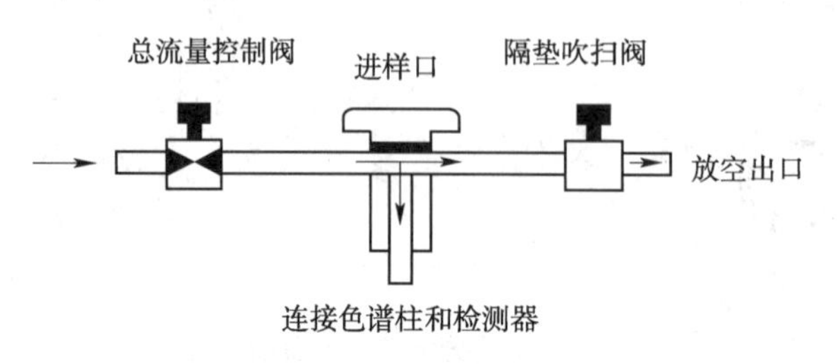

图 13－3 填充柱进样口

进样口温度应高于待测组分的沸点，使样品瞬间汽化。温度太高可能引起某些热不稳定组分的分解，温度太低，高沸点组分的色谱峰会变形（展宽、拖尾或前伸）。

三、其他类型进样口

其他类型进样口还有冷柱上进样、程序升温汽化进样、大体积进样等。

冷柱上进样（cool－on－column，COC）是将样品直接注入处于低温的色谱柱内，然后逐步升高柱温使组分依次汽化通过色谱柱分离。其优点是可以消除歧化效应、避免样品分解，准确度、精密度高；缺点是要求进样体积小，否则会超载，操作复杂，对起始柱温、溶剂性质、进样速度有严格的要求。

程序升温汽化进样（programmable temperature vaporization，PTV）是将气体或液体样品注入处于低温的进样口衬管内，按设定程序升高进样口温度，使不同沸点的组分依次汽化，适用于组成复杂的样品。其缺点是进样口结构复杂，操作技术要求更高，价格贵。

四、进样方式

有手动进样和自动进样。手动进样使用微量注射器直接进样，应选用体积合适的注射器（常用 1μl、5μl、10μl）。进样时要求注射速度快，取样准确、重现，避免样品之间的交叉污染。由于气相色谱的进样量较小，进样误差较大，定量时应采用内标法，以消除进样量不准带来的误差。自动进样采用自动进样器，通常具有可变的注射速度、宽范围的进样体积（0.5～50μl）、适用于多种进样模式等功能，较之于手动进样具有更高的进样准确性和重现性，可实现自动分析。

PPT

第三节　色谱柱

气相色谱柱可分为填充柱和毛细柱。填充柱内要填充一定的固定相，柱管内有固定相颗粒；而大部分毛细柱是将固定相涂在柱管内壁上，柱管内是“空心”的，又称空心毛细柱或开管毛细柱。按固定相的状态，可分为气液色谱（GLC）和气固色谱（GSC）；前者采用液体固定相，即涂渍在惰性载体上的高沸点有机物（称为固定液），由于可供选择的固定液种类多，故选择性较好，在实际 GC 分析中，90%以上的应用为气液色谱；后者固定相常用吸附剂，其分离的对象主要是一些永久性的气体和低沸点的化合物。

一、填充柱

（一）气液色谱柱

气液色谱柱由固定液和载体填充而成。固定液为涂渍在载体上的高沸点物质，在操作温度下呈液态；分离机制属于分配色谱。载体是一种化学惰性的固体颗粒，其作用是承载固定液，使固定液以薄膜状态分布在其表面上。

1. 固定液

（1）对固定液的要求　固定液要求挥发性小，热稳定性好，对试样各组分有适当的溶解能力，具有高的选择性，化学稳定性好。因此，固定液一般都是高沸点的有机化合物，而且各有其特定的使用温度范围，特别是最高使用温度极限。

（2）组分与固定液分子间的相互作用力　包括静电力、诱导力、色散力和氢键力。

1）静电力　是由于极性分子的永久偶极间存在静电作用引起的。在极性固定液上分离极性试样时，分子间的作用力主要是静电力。组分极性越大，与固定液间的作用力越强，该组分在色谱柱内滞留时间越长。因为静电力的大小与绝对温度成反比，所以在较低柱温下依靠静电力有良好选择性的固定液，在高温时选择性会变差，即升高柱温对分离不利。

2）诱导力　发生在极性分子和非极性分子之间。受极性分子永久偶极电场的作用，非极性分子发生极化产生诱导偶极，从而产生诱导力。在分离非极性分子和可极化分子的混合物时，可利用极性固定液的诱导效应将其分离。

3）色散力　是由于非极性分子具有瞬间周期变化的偶极矩，互相极化而产生的。对于非极性和弱极性分子而言，分子间作用力主要是色散力。由于色散力与沸点成正比，所以组分基本按沸点顺序分离。

4）氢键力　也是一种定向力，当分子中一个氢原子与一个电负性很大的原子构成共价键时，它又能和另一个电负性很大的原子形成定向性的静电吸引力，即氢键力。固定液分子中含有—OH、—COOH、—COOR、$—NH_2$、═NH 等官能团时，对含氟、含氮、含氧化合物常有显著的氢键作用力，使之具有较大的保留值。

（3）固定液的分类　气相色谱的固定液种类繁多，一般按极性大小和化学类型对其分类。

固定液的极性可以采用相对极性 P 来表示。这种表示方法规定强极性固定液 β,β' - 氧二丙腈的相对极性 $P=100$，非极性固定液角鲨烷的相对极性 $P=0$，其他固定液的相对极性在 0 ~ 100。把 0 ~ 100 分成 5 级，每 20 为 1 级，P 在 0 ~ 20 为非极性固定液，21 ~ 40 为弱极性固定液，41 ~ 60 为中等极性固定液，61 ~ 100 为强极性固定液。常用固定液的性质见表 13 - 1。

表 13 - 1　常用固定液及其性质

序号	中文名	英文名	相对极性	最高使用温度（℃）	常用溶剂
1	角鲨烷	Squalene	0	325	三氯甲烷，乙醚
2	阿皮松 L	Apiezon L	+	300	三氯甲烷，苯
3	甲基聚硅氧烷*	SE - 30、OV - 1、OV - 101	+	300 ~ 350	三氯甲烷，甲苯
4	苯基乙烯基甲基硅橡胶	SE - 54	+	350	丙酮
5	苯基甲基硅烷	DC - 550	+ +	325	丙酮
6	苯基（50%）甲基聚硅氧烷*	OV - 17	+ +	350	三氯甲烷

续表

序号	中文名	英文名	相对极性	最高使用温度（℃）	常用溶剂
7	三氟丙基甲基聚硅氧烷	QF－1	＋＋＋	250	丙酮
		OV－210	＋＋＋	250	丙酮
8	氰乙基（20%）甲基硅酮	XE－60	＋＋＋	275	丙酮
9	氰丙基（25%）苯基（25%）甲基硅橡胶	OV－225	＋＋＋	275	三氯甲烷
10	聚乙二醇*	PEG－20M	＋＋＋	250	三氯甲烷
11	聚乙二醇－20M－2－2硝基对苯二甲酸	FFAP	＋＋＋	275	三氯甲烷
12	聚乙二醇1000	PEG－1000	＋＋＋	150	三氯甲烷
13	己二酸二乙二醇聚酯	DEGA	＋＋＋	200	丙酮
14	丁二酸二乙二醇聚酯	DEGS	＋＋＋	200	丙酮
15	100%氰丙基聚硅氧烷	Silar 10c	＋＋＋	250	三氯甲烷

*《中国药典》推荐首选品种。

也可将固定液按照其官能团的差异进行分类，即化学分类法。在分离中，选择性质与组分相似的固定液，可增加其选择性。表13－2为按照化学结构分类的常用固定液。

表13－2 按化学结构分类的固定液

固定液的结构类型	极性	常见固定液	分析对象
烃类	非极性	角鲨烷、阿皮松类真空润滑脂、芳烃	非极性化合物
聚硅氧烷类	应用广泛，从弱极性到强极性	甲基硅氧烷、硅橡胶、苯基硅氧烷、氟基硅氧烷、氰基硅氧烷	不同极性化合物
聚二醇类	强极性	聚乙二醇	可形成氢键的化合物
聚酯类	中强极性	苯甲酸二壬酯	应用较广
腈类	强极性	氧二丙腈、苯乙腈	极性化合物
其他（具有选择性）		无机盐、有机皂土、重金属脂肪酸、液晶等	多核芳烃、芳香异构体、空间异构体

（4）固定液的选择　根据试样中待分离组分的性质选择固定液，使难分离物质达到完全分离。

1）按相似性原则选择　根据"相似相溶"的原则，选择与待分离组分的极性或官能团相似的固定液，从而使组分在固定液中的溶解度大，分配系数大，保留值增加，提高分离度。分离非极性组分通常选用非极性固定液，各组分按沸点顺序先后流出色谱柱，低沸点组分先出峰。分离极性组分一般选用极性固定液，各组分按极性大小顺序分离，极性小的组分先出峰。分离极性和非极性混合物时，一般选用极性固定液，此时，非极性组分先出峰，极性组分（或易被极化的组分）后出峰。对于能形成氢键的组分或强极性试样，如醇、酚、胺、水等，通常选择氢键型或极性固定液，试样中各组分按照与固定液分子间形成氢键的能力大小先后流出。组成复杂、较难分离的试样，通常使用特殊固定液或混合固定相。

2）按主要差别选择　若组分的主要差别是沸点，可选非极性固定液；若主要差别为极性，则选极性固定液。例如，苯与环己烷沸点相差0.6℃（苯80.1℃，环己烷80.7℃），用非极性固定液很难将苯与环己烷分开；而苯为弱极性化合物，环己烷为非极性化合物，改用中等极性的固定液，如用邻苯二甲酸二壬酯，则苯的保留时间是环己烷的1.5倍；若再改用聚乙二醇400，则苯的保留时间是环己烷的3.9倍。

3）使用混合固定液　对于难分离的复杂样品或异构体，可选用两种或两种以上极性不同的固定液，按一定比例混合后，涂渍于载体上（混涂），或将分别涂渍有不同固定液的载体，按一定比例混匀后装入一根色谱柱柱管内。

2. 载体　又称为担体，用于填充柱中涂布固定液，一般是化学惰性的多孔性微粒。载体的表面结构和孔径分布决定了固定液在载体上的分布以及液相传质和纵向扩散的情况。一般要求载体表面积大，表面和孔径分布均匀；这样固定液涂在载体表面上成为均匀的薄膜，液相传质快，可提高柱效。载体粒度均匀、细小，亦有利于提高柱效。但粒度过细，阻力过大，使柱压增大，对操作不利。对 3～6mm 内径的色谱柱，使用 60～80 目的载体较为合适。现在气液填充柱已经很少使用，故在此不作详细介绍，必要时可参考相关专著。

（二）气固色谱柱

气固色谱柱的固定相有吸附剂、分子筛及高分子多孔微球（GDX）等。

吸附剂常用石墨化炭黑、硅胶及氧化铝等。吸附剂的特点是吸附能力较大，适用于永久性气体（如 H_2、O_2、N_2、CO_2、CH_4等）或低沸点烃类的分离；但由于吸附剂在高温下常具有催化活性，因此不宜于分析高沸点和含有易被催化组分的样品。

分子筛是一种特殊吸附剂，具有吸附及分子筛两种作用；若不考虑吸附作用，分子筛是一种“反筛子”，分离机制与凝胶色谱类似。分子筛主要用于分析 H_2、O_2、N_2、CO、CH_4 以及在低温下分离惰性气体。

GDX 是一种人工合成的新型固定相，由苯乙烯与二乙烯苯交联共聚而成的为非极性（如 GDX－1、GDX－2），若在苯乙烯和二乙烯苯共聚物中引入极性官能团，则形成极性聚合物（如 GDX－3、GDX－4）。GDX 的分离机制一般认为具有吸附、分配及分子筛三种作用，有如下优点。①改变制备条件及原料可以合成不同极性、不同孔径、不同分离性能的 GDX，可根据样品的性质选择，使分离效果最佳；②无有害的吸附活性中心，拖尾现象很小，有利于分析强极性物质；③无流失现象，柱寿命长；④具有强疏水性能，被分离组分基本按分子量顺序分离，特别适于分析样品中的水含量；⑤粒度均匀，机械强度高，耐腐蚀、耐高温，最高使用温度可达 250～300℃。在药物分析中，GDX 应用较广，既可用于分析永久性气体，也可用于水分、多元醇、脂肪酸和有机溶剂残留的测定。

二、毛细管色谱柱

1957 年 Golay 提出把固定液直接涂在毛细管管壁上，从而发明了空心毛细管柱（capillary column），又称为开管柱（open tubular column）。20 世纪 60 年代主要用不锈钢毛细管涂浸固定液，70 年代用玻璃材料做毛细管柱，1979 年石英毛细管柱的问世，开创了毛细管色谱的新纪元。

毛细管柱的内径通常为 0.1～0.5mm，长度可达 100m，其柱压只相当于 4m 长的填充柱，较之于填充柱具有更高的柱效（表 13－3），总理论板数可达几十万至上百万，可用于分离组成复杂的试样。

表 13－3　填充柱与毛细管柱主要参数比较

参数	常用内径（mm）	常用长度（m）	每米柱效（n）	柱容量	载气体积流速（ml/min）	载气线速度（cm/s）
填充柱	2～6	1～10	1000～5000	毫克级	20～100	10～50
毛细管柱	0.1～0.53	25～100	1000～8000	<100ng	0.5～5	20～50

毛细管柱可分为填充毛细管柱和空心毛细管柱两大类。填充毛细管柱是先在玻璃管内疏松地装入载体（或吸附剂），拉成毛细管后再涂固定液，微型填充柱与一般填充柱相似，只是柱径细，载体颗粒也细到几十到几百微米。通常人们所说的毛细管柱，多数指空心毛细管柱，是目前应用最多的气相色谱柱。空心毛细管柱根据柱内固定相涂渍情况的不同，又可分为以下几种。

1. 涂壁毛细管柱（wall coated open tubular column，WCOT 柱） 将固定液直接涂在毛细管内壁上，不含任何固态载体。该柱柱效高，现在使用的绝大部分毛细管柱是这种类型。

2. 涂载体毛细管柱（support coated open tubular column，SCOT 柱） 在毛细管内壁上先黏附一层载体，如硅藻土载体，使表面积大大提高，在此载体上再涂以固定液，在液膜厚度不增加的情况下，可提高固定液涂渍量，从而增大进样量，适用于痕量分析。

3. 多孔层毛细管柱（porous - layer open tubular column，PLOT 柱） 内壁上有多孔层固定相的空心柱，其内壁表面用熔融石英或伸长的结晶沉积物等加以增大，属气固色谱，进样量比以上两种柱子都大。

毛细管柱与填充柱相比，有以下特点。①分离效能高，总柱效可达 10^4~10^6 塔板数，所以毛细管色谱对固定液的选择性的要求不很苛刻。②柱渗透性好，毛细管柱一般为开管柱，阻力小，可在较高的载气流速下分析，分析速度较快。③柱容量小，由于毛细管柱柱体积小，通常只有几毫升，固定液液膜涂得又薄，涂浸的固定液只有几十毫克，因此柱容量小，允许的最大进样量很小，所以进样时要采取特殊的进样技术，一般采用分流进样。④易实现气相色谱 - 质谱联用，由于毛细管柱的载气流速小，较易于维持质谱仪的高真空度。⑤应用范围广，毛细管色谱具有高效、快速等特点，其应用遍及诸多学科和领域。毛细管气相色谱法的优越性还表现在对痕量物质的分析应用上，其检测限已达到皮克以下的水平。在医药卫生领域中，如体液分析、病因调查、药代动力学研究、药品中有机溶剂残留量以及兴奋剂检测等都有应用。

第四节　检测器

PPT

一、检测器的分类与要求

（一）分类

检测器（detector）作用是将载气中组分的真实浓度或质量流量变成可测量的电信号。按照响应值与浓度还是质量有关，检测器分为浓度型和质量型两类。浓度型检测器，响应值取决于载气中组分的浓度，进样量一定时峰面积随载气流速增加而减小，峰高与载气流速无关，常用的浓度型检测器有热导检测器、电子捕获检测器等。质量型检测器，响应值取决于单位时间内进入检测器的组分质量，进样量一定时峰高随载气流速增加而增大，峰面积不受载气流速影响，常用的质量型检测器有氢焰离子化检测器、氮磷检测器等。

（二）要求

理想的检测器应满足以下要求：灵敏度高，稳定性好，噪声低，具有合适的通用性或选择性，线性范围宽，死体积小，响应快。不同检测器有不同的性能、特点（表 13 - 4）。

表 13 - 4　常用气相色谱检测器的主要性能比较

类型	检测限（g/s）	线性范围	适用范围
TCD	10^{-5} ~ 10^{-6}	10^3 ~ 10^4	通用型
FID	10^{-12}	10^6 ~ 10^7	准通用型，含碳有机物
ECD	10^{-14}	10^2 ~ 10^3	专属型，电负性大的化合物
FPD	10^{-13}	10^2	专属型，含有硫、磷化合物
NPD	10^{-8} ~ 10^{-14}	10^5 ~ 10^7	专属型，有机氮、有机磷等化合物

1. 噪声和漂移　当只有载气通过检测器时，由仪器本身和工作条件等偶然因素引起的响应信号曲线称为基线。各种原因（如柱内固定液流失，橡胶隔垫流失，载气、温度、电压的波动等因素）引起的基线波动，称为噪声（noise，N），单位用 mV 等表示。基线随时间单方向的缓慢变化，称为漂移（drift，d），单位用 mV/h 表示（图 13－4）。检测器的噪声与漂移很小，表明检测器稳定性好。

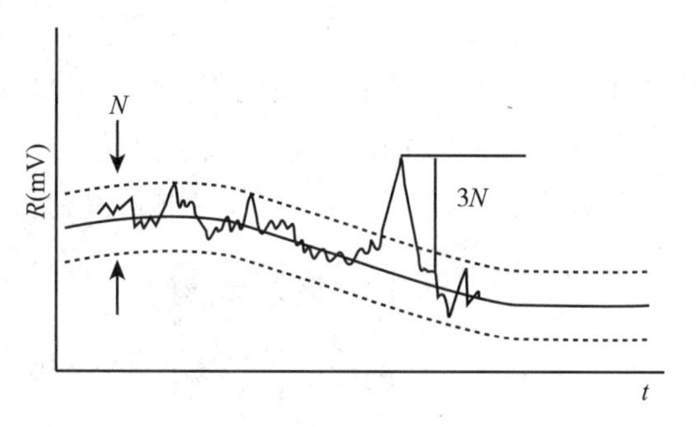

图 13－4　检测器的噪声、漂移和检测限

2. 灵敏度和检测限　灵敏度（sensitivity，S）是指通过检测器物质的量（ΔQ）变化时，该物质响应值的变化率（ΔR），即

$$S=\frac{\Delta R}{\Delta Q} \tag{13-2}$$

式中，R 的单位为 mV；浓度型检测器中 Q 的单位为 mg/ml，表示 1ml 载气携带 1mg 的某组分通过检测器时产生的电压变化；质量型检测器中 Q 的单位为 g/s，表示每秒钟有 1g 的某组分被载气携带通过检测器时产生的电压变化。S 值越大，检测器（也即色谱仪）的灵敏度就越高。

噪声水平决定着能被检测到的组分浓度（或质量）。从图 13－4 中可以看出，如果要把信号从基线噪声中识别出来，则组分的响应值一定要高于 N。检测限（detectability，D）是指检测器响应值为 3 倍噪声水平时，所对应的单位时间内进入检测器的组分质量或单位体积载气中含有的组分量，即

$$D=3N/S \tag{13-3}$$

灵敏度越大，检测限越小，检测器性能越好。

3. 通用性和选择性　不同种类化合物，其单位质量物质在检测器上的响应值之比小于 10 时，该检测器为通用型检测器；若某类化合物的响应值比另一类大 10 倍以上时，通常认为该检测器具有选择性。分析过程中，某些情况下希望对所有进入检测器的组分均有响应，而另一些情况下仅要求对某类（种）化合物有响应，可根据需要选用通用型或具有某种选择性的检测器。

4. 线性范围（liner range）　是指进入检测器的被测物质的量与其响应信号成线性关系的范围，通常线性范围用检测器保持线性响应时的最大允许进样量与最小进样量表示。

二、热导检测器

热导检测器（thermal conductivity detector，TCD）是气相色谱中应用广泛的通用型检测器之一，对无机物和有机物都有响应，不破坏样品，结构简单，稳定性好，线性范围宽，但灵敏度较低。

（一）基本原理

TCD 是根据被测组分和载气之间热导系数的差异产生响应信号进行检测的浓度型检测器。由于不同气态物质所具有的热导系数不同，当它们经过处于恒温下的热敏元件（钨丝或铼钨丝）表面时，带走的热量不同，导致温度变化，热敏元件的电阻将发生变化，将引起的电阻变化通过某种方式转化为可以记录的电压信号，从而实现对被测组分的检测。

TCD 由热导池和热敏元件构成。热导池的电路联结通常采用惠斯登电桥形式。如图 13－5 是由测量臂和参比臂构成的双臂热导池，R_1 和 R_2 为材质和电阻相同的热敏元件，R_2 所在的腔体作为参考臂连接在色谱柱之前，只通载气；R_1 所在的腔体作为测量臂，连接在色谱柱之后。R_3、R_4 为阻值相等的固定电阻。在一定的池体温度和载气流速下，当只有载气通过测量臂和参比臂时，热量的产生与散热达到动态平衡，电桥 A、B 两端处于平衡状态，此时 $R_1/R_2=R_3/R_4$，A、B 两点间的电位差 $V_{AB}=0$，无信号输出。

当载气携带组分流出色谱柱、进入测量臂时，由于组分与载气热导系数的差异，钨丝温度发生变化，电桥失去平衡，A、B 两端产生电压，输出信号被记录。由于 V_{AB} 的大小取决于组分与载气的热导率之差以及组分在载气中的浓度，因此在载气与组分一定时，峰高（V_{AB}）或峰面积可用于定量。图 13－5 中的 R_3、R_4 如果也用热敏元件，各作为测量臂和参比臂，则称为四臂热导池，其灵敏度可增大一倍。

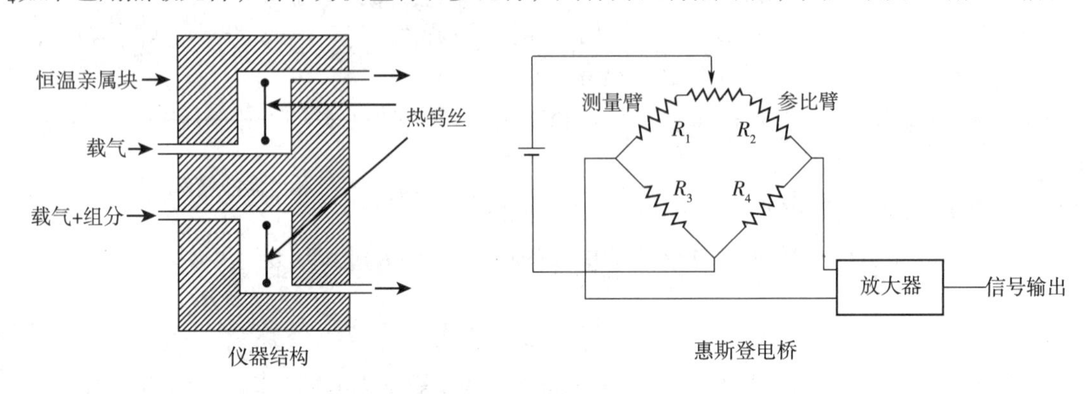

图 13－5　双臂热导池检测器示意图

（二）操作条件

惠斯登电桥桥电流增加，使热敏元件温度增加，气体热传导亦随之增加，灵敏度增加；但桥电流过大，热敏元件寿命下降；故桥电流通常选择在 100～200mA。池体温度低，与热敏元件间温差大，灵敏度提高；但温度过低，可使试样凝结于检测器中；通常池体温度应高于柱温，且保持稳定。载气与试样的热导系数相差越大，则灵敏度越高；通常选择热导系数 λ 大的 H_2［λ，22.40×10^{-4} J/(cm·s·℃)，100℃］和 He［λ，17.41×10^{-4} J/(cm·s·℃)，100℃］作载气可以提高灵敏度；用 N_2［λ，3.14×10^{-4} J/(cm·s·℃)，100℃］作载气灵敏度较低，且热导系数较大的试样［如甲烷，λ，4.56×10^{-4} J/(cm·s·℃)，100℃］会出现倒峰。另外，在仪器操作过程中，开机时，应先通载气，再加桥流；关机时，应先关桥流，再关载气，防止热敏元件温度过高而损坏。

三、氢焰离子化检测器

氢焰离子化检测器（hydrogen flame ionization detector，FID）是应用最广泛的一种准通用型检测器，死体积小，灵敏度高（比 TCD 高 100～1000 倍），稳定性好，响应快，线性范围宽，只对含碳有机物产生信号。

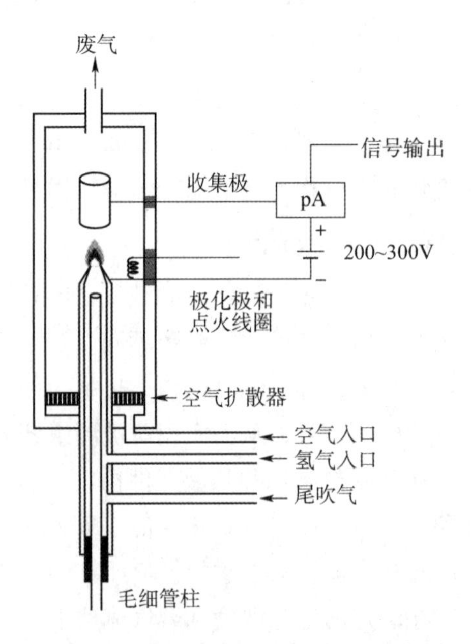

图 13－6　氢焰离子化检测器结构示意图

（一）基本原理

FID 是利用含碳有机物在氢焰的作用下化学电离成离子，在电场作用下定向运动形成离子流，根据离子流的浓度来进行检测的质量型检测器，基本构造如图 13－6 所示。极化极（负极）与圆筒型收集极（正极）之间通过施加恒定电压形成静电场。自色谱柱流出的气体进入喷嘴，与氢气混合，在空气助燃下燃烧形成氢焰。当只有载气通过时，两极间离子很少，基流很低（$10^{-12}\sim10^{-11}$A）；当载气携带组分时，组分在氢焰（2000℃左右）中燃烧电离成带电的离子，在电场作用下离子向两极定向移动形成电流（10^{-7}A，增加量与组分的量有关)，经放大后测量电流信号。

组分分子中碳原子数越多，燃烧形成的离子越多，FID 对此化合物的灵敏度越高。氢焰中不能电离的无机物和小分子化合物，例如 N_2、NO_X、H_2S、CS_2、CO、CO_2、COS、HCOOH 以及 H_2O，不能用 FID 检测。

（二）操作条件

FID 通常选择 H_2作燃气，空气作助燃气，N_2作尾吹气。H_2与空气的流量关系一般为 1∶10。在 FID 中，由于氢气燃烧，产生大量水蒸气，若检测器温度过低，水蒸气会冷凝成水，使检测器灵敏度降低，噪声增加，所以，要求 FID 温度必须在 150℃以上。FID 为质量型检测器，色谱峰高取决于单位时间内引入检测器中组分的质量；在进样量一定时，峰高与载气流速成正比，因此用峰高定量时，应控制流速恒定。

毛细管气相色谱中，检测器需采用尾吹气（make up gas，又叫补充气、辅助气），即从色谱柱出口处直接进入检测器的一路气体。由于毛细管柱的柱内流量低（一般为 1～5ml/min），经分离的各组分流出毛细管柱后，由于检测器内管道体积增大导致流速减缓，引起谱带展宽，通常使用尾吹气来消除检测器死体积的柱外效应。

四、电子捕获检测器

电子捕获检测器（electron capture detector，ECD）是一种高选择性、高灵敏度的检测器，用于分析含有强电负性元素的化合物，如对含有卤素、硫、氧、羰基、氰基、氨基和共轭双键体系等的化合物有很高的响应。广泛应用于有机氯农药残留量、金属配合物、金属有机多卤或多硫化合物等的分析测定。其线性范围窄，易受操作条件影响而导致分析重现性较差。

（一）基本原理

ECD 的结构如图 13－7 所示。电离室由不锈钢制成，内壁装有 β 射线放射源（常用放射源是^{63}Ni）为阴极，以一个不锈钢棒作为阳极，在两极间施加直流或脉冲极化电压。

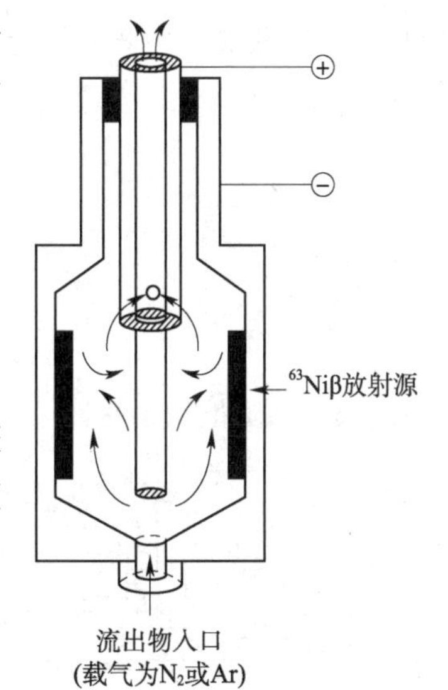

图 13－7 电子捕获检测器结构示意图

从色谱柱流出的载气（N_2或 Ar－甲烷）被 ECD 内腔中的β放射源电离，形成次级离子和电子。

$$N_2 \rightarrow N_2^+ + e$$

在电场作用下，次级离子和电子发生定向迁移而形成电流（基流，约 10^{-8}A）。当含较大电负性的有机物 AB 被载气带入 ECD 内时，将捕获已形成的低速自由电子，生成负离子，并释放出能量。电子捕获反应如下。

$$AB + e \rightarrow AB^- + E$$

反应式中，E 为反应释放的能量。

电子捕获反应中生成的负离子 AB^- 与载气的正离子 N_2^+ 复合生成中性分子。

$$AB^- + N_2^+ \rightarrow N_2 + AB$$

由于电子捕获和正负离子的复合，使电极间电子数和离子数目减少，致使基流降低，形成“倒峰”。倒峰的峰面积大小与样品的浓度成正比，这是 ECD 的定量基础。

（二）操作条件

ECD 可用 N_2或 Ar－甲烷作载气，常用高纯 N_2（>99.999%）。载气必须严格净化，若含有少量的 O_2和 H_2O 等电负性杂质，对检测器的基流和响应值会有很大的影响。ECD 为浓度型检测器，当进样量一定时，峰高与流速无关。当使用毛细柱时，为了保证检测器性能、减小柱外效应，也应使用尾吹气。

五、火焰光度检测器

火焰光度检测器（flame photometric detector，FPD）又叫硫磷检测器，是对硫、磷物质具有高灵敏度和高选择性的检测器。主要用于 SO_2、H_2S、石油精馏物的含硫量以及有机硫、有机磷的农药残留物分析等。

检测器结构如图 13－8 所示，它是由氢火焰和光度计两部分构成。富氢火焰（2000～3200℃）燃烧使含硫、磷杂原子的有机物分解，产生激发态 S_2^* 或 HPO^*，同时发射不同波长的分子光谱（S_2^* 的特征光谱为 394nm，HPO^* 为 526nm），其光强度与被测组分量成正比，通过光电倍增管放大，实现检测。

六、氮磷检测器

氮磷检测器（nitrogen－phosphorus detector，NPD）又称为热离子检测器（thermionic detector，TID），对含氮、磷的有机化合物灵敏度高、专一性好。主要用于药品、食品的农药残留以及亚硝酸类化合物等的分析。其结构与 FID 相似，但离子化机制不同（图 13－9）。在喷嘴与收集极之间加一个硅酸铷作表面涂层的玻璃或陶瓷珠，作为热离子电离源（600～800℃），用电加热，氢气（低流速，约 3ml/min）在受热的小球周围燃烧形成暗淡的冷火焰带，含有氮或磷的有机化合物在热离子源电离产生离子，被收集极收集形成信号。与 FID 对有机磷和有机氮的检测灵敏度相比，NPD 分别是其 500 倍和 50 倍。

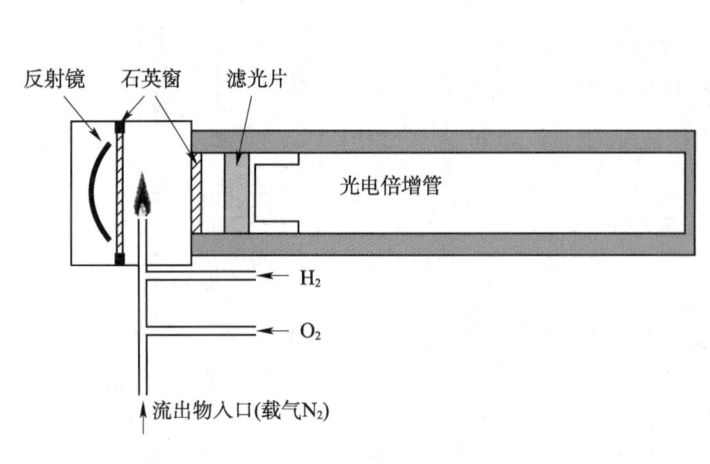

图 13－8 火焰光度检测器结构示意图

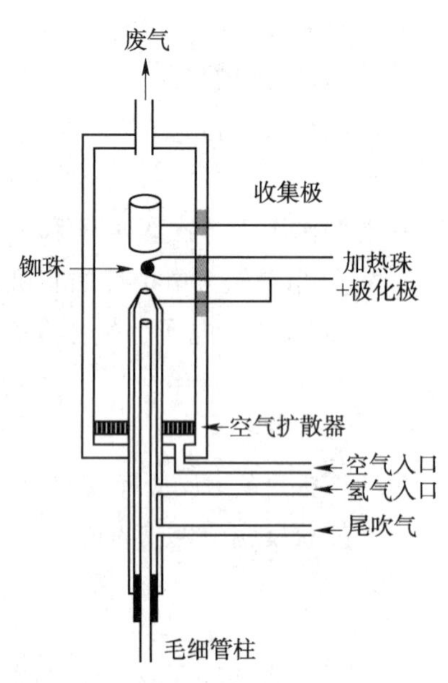

图 13－9 氮磷检测器结构示意图

第五节　色谱分离条件的选择

PPT

一、气相色谱速率理论

（一）填充柱气相色谱速率理论

速率理论方程式（11－24）将影响塔板高度的因素归纳成三项，即涡流扩散项 A、分子扩散项 B/u 和传质阻抗项 Cu。

各项在填充柱气相色谱中的物理意义如下。

1. 涡流扩散项 A　在填充柱色谱中，涡流扩散项 A 与填充物的平均直径 d_p 和填充物的填充不规则因子 λ 有关。采用粒度较细，颗粒均匀的载体，尽量填充均匀可以降低涡流扩散项，降低塔板高度 H，提高柱效。在气相色谱中，一般用的填充柱较长，不适宜用 d_p 太小的填料，因为 d_p 太小则不易填均匀，而且柱阻也大。多采用粒度 60～80 目或 80～100 目的填料。

2. 分子扩散项 B/u　填充柱色谱中，分子扩散项 $B/u=2\gamma D_g/u$，与组分在载气中的扩散系数 D_g 成正比，与载气的平均线速度 u 成反比。由于填充柱填料的存在，使扩散遇障碍，$\gamma<1$，硅藻土载体的 γ 为 0.5～0.7。扩散系数 D_g 除了与组分的性质有关外，还与载气性质、柱温、柱压等因素有关。D_g 与载气的分子量（M）的平方根成反比，随柱温（T）升高而增大，随柱压（P）增大而减小。因此，采用分子量较大的载气（如 N_2）、控制较低的柱温、采用较高的载气流速，可以减小分子扩散，有利于分离。但分子量大时，黏度大，柱压增大。因此，载气线速度较低时用氮气，较高时宜用氦气或氢气。由于组分在气相中的分子扩散系数比其在液相中大 10^4～10^5 倍，因而在气液色谱中，组分在固定液中的分子扩散可以忽略不计。

3. 传质阻力项 Cu　它包括气相（流动相）传质阻力项和液相（固定相）传质阻力项，即：

$$Cu=(C_g+C_l)\cdot u=\frac{0.01k^2}{(1+k)^2}\cdot\frac{d_p{}^2}{D_g}\cdot u+\frac{2k}{3(1+k)^2}\frac{d_f{}^2}{D_l}\cdot u \tag{13-4}$$

式中，C_g 是指试样组分在气相和气液界面之间进行质量交换时的气相传质阻力系数；C_l 为组分在气液界面和液相之间进行质量交换时的液相传质阻力系数；d_p 为填料的粒度；d_f 为固定相液膜厚度；D_g 为组分在气相中的扩散系数；D_l 为组分在液相中的扩散系数。在气相色谱中，C_g 很小，可以忽略不计，故 $C\approx C_l$。从式（13－4）能看出，固定相的液膜涂渍得越薄，组分在固定液中的传质阻力就愈小，但柱容量会降低；若载体表面有深孔，而使固定液也涂入深孔，必然会造成较严重的峰扩张，所以希望载体表面没有深孔。同时，当载气流速增大时，传质阻力项就增大，造成塔板高度 H 增大，柱效降低。

因此，色谱柱填充的均匀程度、载体的粒度、载气的流速和种类、固定液的液膜厚度和柱温等因素都对柱效能产生直接的影响。其中许多因素是互相矛盾、互相制约的，如增加载气流速，分子扩散项的影响将减小，但是传质阻抗项的影响却增加了；柱温升高有利于减少传质阻力，但是又加剧了分子扩散。因此应全面考虑这些因素的影响，选择适宜的色谱操作条件，才能达到预期的分离效果。

（二）毛细管柱的速率理论（Golay 方程）

1958 年，戈雷（Golay）在范第姆特方程的基础上导出空心毛细管柱的速率理论方程。

$$\begin{aligned}H&=\frac{B}{u}+C_gu+C_lu\\&=\frac{2D_g}{u}+\frac{r^2(1+6k+11k^2)}{24D_g(1+k)^2}\cdot u+\frac{2kd_f{}^2}{3(1+k)^2D_l}\cdot u\end{aligned} \tag{13-5}$$

式（13－5）中各项参数物理意义及影响因素与填充柱的速率方程式相同。r 为毛细管柱半径。与范第姆特方程比较，主要的差别是：①毛细管柱只有一个流路，无涡流扩散项，$A=0$。②纵向扩散项中的弯曲因子 $\gamma=1$，故 $B=2D_g$；该项随载气线速度增加而很快下降，这是因为线速大，溶质扩散时间短。③传质阻力项与填充柱相似，只是以柱内径 r 代替填充物粒度 d_P，r 越小，柱效越高，但柱容量会降低；对于高效薄液膜毛细管柱，液相传质阻力系数 C_l 一般较填充柱小，气相传质阻力常是色谱峰扩张的重要因素，为了降低气相传质项，增加 D_g，常采用高扩散系数和低黏度的氢气或氦气作载气；在高载气线速度下，毛细管柱柱效降低不多，比填充柱更适于快速分析。

二、操作条件的选择

（一）载气及流速

载气种类的选择应考虑三个方面：载气对柱效的影响、检测器的要求及载气性质。作为载气的气体种类较多，如氦、氢、氮、氩和二氧化碳等，应用最多的是氮气、氦气和氢气。由于载气中的氧、水分以及烃类杂质会产生本底干扰，同时影响色谱柱的寿命和分离效率，因此要选用高纯度的载气，另外载气流路最好有“去水”“去氧”和“去总烃”的净化措施。选择载气时应考虑对不同检测器的适应性，以及载气的安全性、经济性及来源是否广泛等因素。

对于载气流速的确定，主要根据速率理论方程式考虑流速对柱效的影响。对一定的色谱柱和试样，有一个最佳的载气流速，此时柱效最高。当流速较小时，分子扩散项（B/u 项）就成为色谱峰扩张的主要因素，此时应采用相对分子质量较大的载气（N_2、Ar），使组分在载气中有较小的扩散系数。而当流速较大时，传质阻力项（Cu 项）为控制因素，宜采用相对分子质量较小的载气（H_2、He），此时组分在载气中有较大的扩散系数，可减小气相传质阻力，提高柱效。在实际工作中，为了缩短分析时间，往往使流速稍高于最佳流速。对于填充柱，N_2 的最佳实用线速为 10～12cm/s，H_2 为 15～20cm/s。

（二）柱温

柱温是影响分离效能和分析速度的重要参数。柱温的选择首先要考虑每种固定液的使用温度，柱温不能高于固定液的最高使用温度，否则固定液挥发流失。

柱温对组分分离的影响较大。提高柱温，被测组分的挥发度增加，在气相中的浓度也随之增大，分配系数减小，保留时间缩短，低沸点组分峰易产生重叠，分离度下降。所以，从分离的角度考虑，宜采用较低的柱温。但柱温太低，被测组分在两相中的扩散速率大为减小，分配不能迅速达到平衡，峰形变宽，柱效下降，分析时间增加。

柱温选择的原则是在满足最难分离的组分达到预定的分离度的前提下，使用较高的柱温以缩短分析时间。当然还要注意仪器和固定相所能承受的最大限度的温度范围。

对于多组分宽沸程样品（混合物中高沸点组分与低沸点组分的沸点之差称为沸程），宜采用程序升温，即柱温按预定的加热速度，随时间作线性的增加。在较低的初始温度，沸点较低的组分，即最早流出的峰可以得到良好的分离。随柱温增加，较高沸点的组分也能较快流出，并和低沸点组分一样也能得到分离良好的窄峰。图 13－10（a）为柱温恒定于 168 ℃时的分离结果，此时低沸点组分峰密集，分离不好；图 13－10（b）为程序升温，从 50℃起始，升温速度为 6℃/min，至 240℃，在此条件下，低沸点及高沸点组分都能在各自适宜温度下得到良好的分离，且高沸点组分峰展宽较小，峰宽较窄。

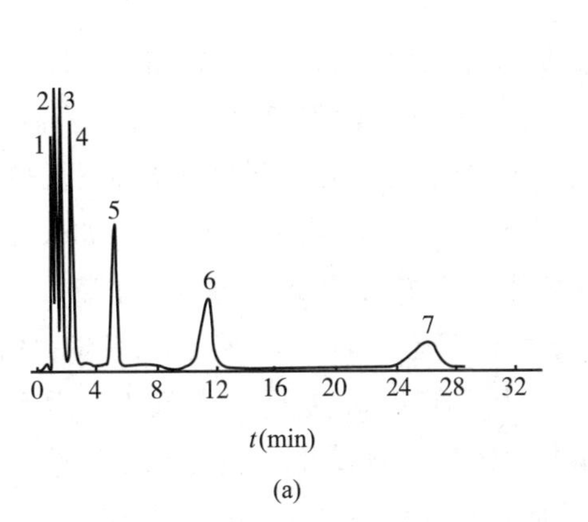

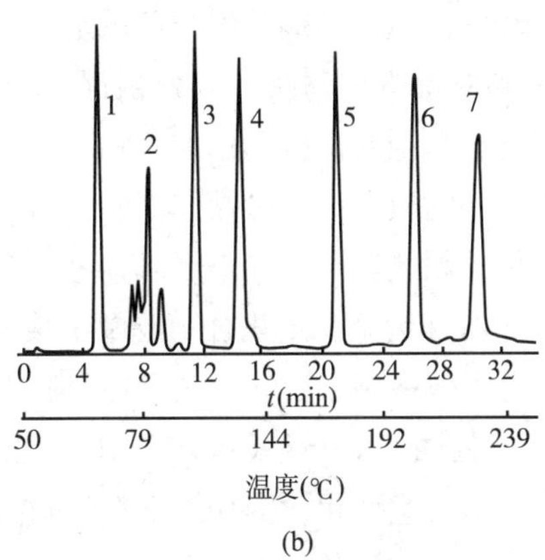

图 13－10　宽沸程样品恒温色谱与程序升温色谱分离效果比较

（a）恒温分析；（b）程序升温分析

（三）固定液的性质和用量

固定液的性质决定色谱系统的选择性，会显著地影响分离度。分离工作中可针对试样中组分的性质，选择合适的固定液（参考第三节“固定液的选择”）。对于固定液的用量，一般来说，固定液用量越高，允许的进样量也就越多。但是为了改善在固定液中的传质，应使液膜薄一些，以提高柱效，并可缩短分析时间。但液膜越薄，允许的进样量也就越少。毛细管气相色谱中，快速分析液膜厚度可低至 0.05μm，常用的液膜厚度在 0.25～0.5μm，分析高挥发性、保留值小的物质时，液膜厚度可大于 1μm。

（四）样品量

液体试样一般进样 0.1～1μl，气体试样 0.1～10ml。进样量太多，会引起柱超载，分离不好。但进样量太少，又会使含量少的组分因检测器灵敏度不够而不出峰。最大允许的进样量，应控制在峰面积或峰高与进样量呈线性关系的范围内。

气相色谱一般要求快速进样，以减小峰宽，一般用注射器或进样阀进样时，进样时间都在 1 秒钟以内。若进样时间过长，试样原始宽度变大，半峰宽将变宽，甚至使峰变形。

（五）气化温度和检测室温度

进样口要有足够的气化温度，使液体试样能迅速汽化后被载气带入柱中。在保证试样不分解的情况下，适当提高气化温度对分离及定量有利，尤其当进样量大时更是如此；一般取稍高于试样组分中最高沸点的温度，为了使色谱柱的流出物不在检测器中冷凝，污染检测器，检测室温度需高于或等于进样口温度。

PPT

第六节　定性与定量分析

色谱分析法具有高分离效率，特别是毛细管气相色谱可在很短的时间内分离极复杂的混合物。但是，分离不是最终目的，而是要得到定性或定量结果。理想的分离效能给定性、定量分析提供了良好的前提。

一、定性分析

（一）保留值定性

各种物质在一定的色谱条件（固定相、操作条件）下，均有固定的保留值，因此保留值可作为一种定性指标。比较保留值，是最常用的色谱定性方法。

1. 保留时间和保留体积定性 定性依据为相同组分在相同色谱条件下有相同的保留值。因此可在相同的色谱条件下，分别对试样和标准物质进样分析，测得各自的保留时间 t_R 或保留体积 V_R，进行比较，判断是否为同一物质。该方法操作简便，但是由于不同化合物在相同色谱条件下往往具有近似甚至完全相同的保留值，因此其可靠性不足以鉴定完全未知的物质。应根据其他信息（如来源，其他定性方法的结果等）确定试样为某几个化合物或属于某种类型化合物时，可再通过该法作最后确证。该法的可靠性与色谱柱的分离效率关系密切，只有在待测组分完全分离的前提下，鉴定结果才有较高的可信度。

2. 相对保留值定性 由于 t_R 受载气流速、柱温波动影响较大；V_R 不受载气流速影响，但同样会随其他操作条件的波动发生变化，容易给定性带来困难。为了提高可靠性，应采用重现性好、受操作条件影响小的保留值。相对保留值 $r_{i,s}$ 仅受组分性质、柱温与固定相性质的影响，与固定液的用量、柱长、柱填充情况及载气流速等无关，因此在柱温和固定相一定时，$r_{i,s}$ 可作为定性较可靠的参数。

$$r_{i,s}=\frac{t'_{R,i}}{t'_{R,s}}=\frac{V'_{R,i}}{V'_{R,s}}=\frac{K_i}{K_s} \quad (13-6)$$

3. 已知物峰高增加法定性 若样品组成复杂，色谱峰间距小，则难以确定待测组分与已知物的保留值是否一致。此时，可在样品中加入适量的已知标准物质，相同条件下进样分析，对比加入前后的色谱图，若已知物加入后某色谱峰只有峰高增高，且峰型对称不变宽，则该组分与已知物可能为同一物质。这是确认复杂样品中是否含有某一组分的较好办法。

4. 双柱或多柱定性 有时，不同的组分在同一根色谱柱上具有相同的保留值，此时可用双柱法或多柱法定性，提高定性分析结果的准确度。该法比较适用于同系物的定性。采用双柱法定性时，应选择固定相性质差别尽量大的两根柱子，从而使组分在两根柱子上的保留值差别变大。

此外，还可以利用保留值随分子结构或性质变化的规律定性，例如同系物间的碳数规律和同分异构体间的沸点规律等。

（二）保留指数定性

保留指数，又称 Kovúts 指数（I），是一种重现性较好的定性参数，当固定液和柱温一定时，可以直接与文献值对照进行定性，而不需要标准物质。

保留指数 I 是把物质的保留行为用两个靠近它的标准物（一般是两个正构烷烃）来标定。在恒温分析中，某物质的保留指数可由下式计算而得。

$$I=100\left[z+\frac{\lg X'_{Ri}-\lg X'_{Rz}}{\lg X'_{R(Z+1)}-\lg X'_{RZ}}\right] \quad (13-7)$$

式中，X'_R 为调整保留值，可以用调整保留时间 t'_R 或调整保留体积 V'_R 表示；i 为被测物质，Z、Z+1 为具有 Z 个和 Z+1 个碳原子数的正构烷烃。被测物质的 X'_R 值应恰在这两个正构烷烃的 X'_R 值之间，即 $X'_{R,Z}<X'_{R,i}<X'_{R,Z+1}$。正构烷烃的保留指数人为地定为它的碳数乘以 100，如正戊烷、正己烷、正庚烷的保留指数分别 500、600、700。

在线性程序升温分析中，保留指数的计算公式可以校正为下式。

$$I=100\times\left(z+\frac{X_{Ri}-X_{RZ}}{X_{R(Z+1)}-X_{RZ}}\right) \quad (13-8)$$

式中，X_R 为保留值。

例 13-1 如图 13-11 所示，根据分析结果计算未知物的保留指数。

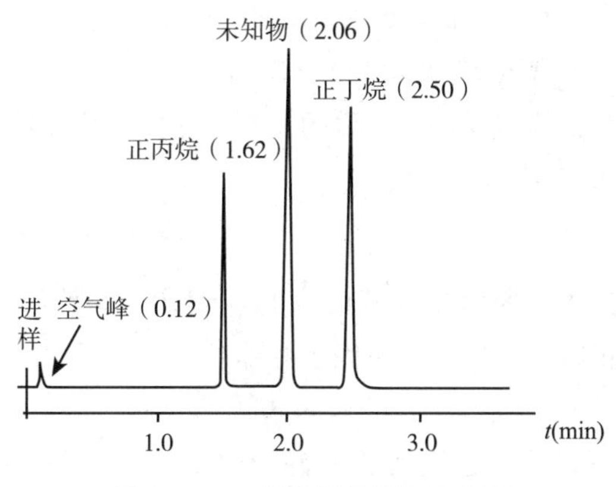

图 13－11　保留指数测定示意图

解： $I_{\mathrm{unknown}} = 100\left[3 + \frac{\lg(2.06-0.12)-\lg(1.62-0.12)}{\lg(2.50-0.12)-\lg(1.62-0.12)}\right] = 356$

（三）其他定性方法

1. 利用联用技术定性　将质谱仪、红外光谱仪或核磁共振波谱仪作为气相色谱仪的检测器，通过适当的“接口”与色谱仪连接起来，形成一体化的联用仪，可以更有效地进行样品的定性和定量分析。复杂样品经气相色谱分离为单组分，通过“接口”直接送到上述仪器（检测器）中，测定各个色谱峰的质谱、红外光谱或核磁共振波谱图，根据其质谱或波谱性质解析其结构，从而解决组成复杂的混合物的定性分析问题。

2. 与化学方法配合定性　利用化学反应，使样品中具有某些官能团的化合物与特征试剂反应生成相应的衍生物，则色谱峰会消失或提前或移后，通过比较反应前后色谱图的差异，初步辨认试样中含有哪些官能团。常用的方法有三种：柱前预处理法、柱上（预柱）选择性除去法、柱后流出物化学反应定性。

3. 利用检测器的选择性进行定性分析　不同类型的检测器对各种组分的选择性和灵敏度不同，如图 13－12 所示。例如热导检测器对无机物和有机物都有响应，但灵敏度较低；氢焰离子化检测器对有机物灵敏度高，而对无机气体、水分、二硫化碳等响应很小，甚至无响应；电子捕获检测器只对含有卤素、氧、氮等电负性强的组分有高的灵敏度；火焰光度检测器只对含硫、磷的物质有信号；氮磷检测器对含卤素、硫、磷、氮等杂原子的有机物特别灵敏。将两个检测器并联，在柱出口将流出物分两路引入两个检测器，分别记录色谱图，通过比较，辅助定性。

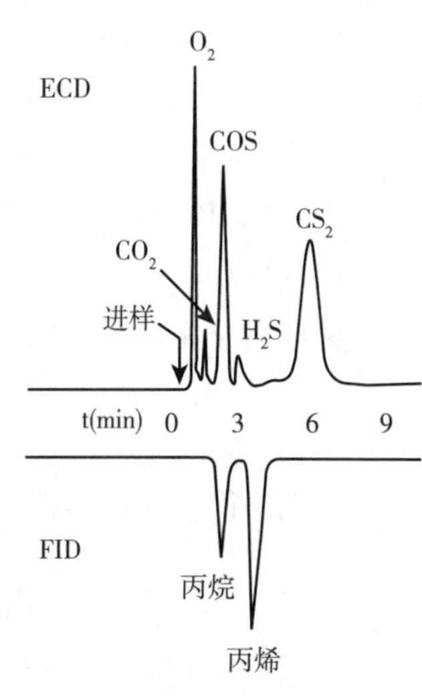

图 13－12　选择性不同的两个检测器同时检测的色谱图

二、定量分析

色谱法定量的依据是，组分的质量或在载气中的浓度与色谱峰的峰面积或峰高（检测器的响应信号）成正比，即

$$m_i = f_i \cdot A_i \text{或} m_i = f_i \cdot h_i$$

式中 m_i为组分的量；f_i为比例系数，又称校正因子；A_i为峰面积，h_i为峰高。因此，如果要对组分 i 定量，须准确测定定量校正因子、该组分的色谱峰面积或者峰高。

对称的色谱峰可以按照下式近似计算峰面积。

$$A = 1.065 \times h \times W_{1/2} \tag{13-9}$$

式中，A 为峰面积；h 为峰高；$W_{1/2}$为半峰宽。

同一含量的不同物质，由于其物理、化学性质的差别，在同一检测器上产生的信号往往不同，不宜直接用响应信号定量，因此引入定量校正因子。

（一）定量校正因子

定量校正因子的物理意义是单位峰面积（或峰高）所代表的被测组分的量。根据被测组分使用的计量单位不同，又分为质量校正因子、摩尔校正因子和体积校正因子。

$$f_i' = m_i/A_i \tag{13-10}$$

f_i' 称为绝对定量校正因子，其值随色谱实验条件而改变，因而很少使用，实际工作中一般采用相对定量校正因子，即某物质 i 与标准物质 s 绝对校正因子之比。常用的标准物质，热导检测器是苯，氢焰离子化检测器是正庚烷。

相对校正因子：

$$f_m = \frac{f_i'}{f_s'} = \frac{m_i/A_i}{m_s/A_s} \tag{13-11}$$

式中，m 以质量表示，f_m又称为相对质量校正因子，通常简称为质量校正因子（$f_{i,s}$）。

应该注意的是，使用热导检测器时，以氢气或氦气作载气测得的校正因子相差不超过3%，可以通用；但以氮气作载气测得的校正因子与前二者相差很大，不能通用。氢焰离子化检测器的校正因子与载气性质无关。

例 13-2 现配制苯（标准物质）与液体组分 A、B、C、D 纯品的混合溶液，它们的质量分别为 0.348g、0.5224g、0.6912g、0.6912g、1.408g。取以上混合溶液 0.2μl 进样分析，测得峰面积分别为 60、97.5、114、121.5、225。然后取试样 0.5μl 分析，测得 A、B、C、D 的峰面积分别为 52.5、67.5、60、30。A、B、C、D 的分子量分别为 32.0、60.0、74.0、88.0。求试样中 A、B、C、D 的质量百分数和摩尔百分数。

解：先求相对质量校正因子。

$$f_A = \frac{f_A'}{f_s'} = \frac{0.5224/97.5}{0.348/60} = 0.924$$

同理求得 $f_B = 1.04$，$f_C = 0.981$，$f_D = 1.08$

$$A\% = \frac{52.5 \times 0.924}{52.5 \times 0.924 + 67.5 \times 1.04 + 60 \times 0.981 + 30 \times 1.08} \times 100\% = 23.1\%$$

同理求得 B% =33.4%，C% =28.0%，D% =15.4%

欲求摩尔百分数，先求得相对摩尔校正因子：

$$f_A = f_m \frac{M_s}{M_i} = 0.924 \times \frac{78}{32} = 2.25$$

同理求得 $f_B = 1.35$，$f_C = 1.03$，$f_D = 0.957$

摩尔百分数为：

$$A\% = \frac{52.5 \times 2.25}{52.5 \times 2.25 + 67.5 \times 1.35 + 60 \times 1.03 + 30 \times 0.957} \times 100\% = 39.4\%$$

同理求得 B% =30.4%，C% =20.6%，D% =9.58%

（二）定量分析方法

常用的定量方法有归一化法、外标法、内标法和标准加入法。这些定量方法各有优缺点和使用范围，因此实际工作中应根据分析目的、要求以及样品的具体情况选择合适的定量方法。

1. 归一化法（normalization method） 归一化法简便、准确，使用条件是样品中所有组分都出峰、都能分开、都已知校正因子，将所有出峰组分的含量之和按100%计，当测量参数为峰面积时，计算见公式（13－12）。

$$X_i\% = \frac{A_i f_i}{A_1 f_1 + A_2 f_2 + A_3 f_3 + \cdots\cdots + A_n f_n} \times 100\% = \frac{A_i f_i}{\sum A_i f_i} \times 100\% \qquad (13-12)$$

式中，X_i为试样中组分i的百分含量；f_i为组分i的校正因子；A_i为组分i的峰面积。

如果样品中组分是同分异构体或同系物，校正因子近似相等，可将校正因子消去，直接用峰面积归一化进行计算，即

$$X_i\% = \frac{A_i}{A_1 + A_2 + A_3 + \cdots\cdots + A_n} \times 100\% = \frac{A_i}{\sum A_i} \times 100\% \qquad (13-13)$$

归一化法的优点是方法准确，在线性范围内，定量结果与进样量的准确度无关，仪器与操作条件略有变化时对结果影响较小。该定量方法的局限性在于，某些组分在所用检测器上可能不出峰；个别组分分离度不好、重叠在一起时，会影响峰面积的测量，不适用归一化法定量。使用选择性检测器时，一般不用该法定量。

2. 外标法（external standard method） 用待测组分的纯品作对照物质，以对照物质和样品中待测组分的响应信号相比较进行定量的方法称为外标法。外标法可分为标准曲线法、外标一点法和外标两点法等。

标准曲线法是用对照物质配制一系列浓度的对照品溶液，进样相同体积，测量其相应的峰面积或峰高，绘制标准曲线，求出斜率、截距。在相同条件下，进样相同体积的样品溶液，从色谱图上测出峰面积或峰高，通过标准曲线计算待测组分的浓度。

当标准曲线过原点，即截距为零时，可采用外标一点法进行定量分析。即配置一个与被测组分含量十分接近的对照品溶液，定量进样，由被测组分与对照品的峰面积或峰高的比值，计算被测组分的含量。

$$c_i = c_s \frac{A_i}{A_s} \qquad (13-14)$$

式中，c_i与A_i代表样品溶液中组分i的浓度及峰面积；c_s与A_s代表对照品溶液s的浓度和相同进样体积测得的色谱峰面积。

当标准曲线不过原点时，可采用外标两点法进行定量分析。即配置两个不同浓度的对照品溶液，定量进样分析，测定其相应的色谱峰面积或峰高，即可计算标准曲线的斜率和截距，进一步分析测定待测组分的含量。

外标法方法简便，不需用校正因子，不论样品中其他组分是否出峰，均可对待测组分定量。缺点是仪器和操作条件对分析结果影响很大，标准曲线使用一段时间后应当校正。

3. 内标法（internal standard method） 选择样品中不含有的纯物质作为内标物加入待测样品溶液中，以待测组分和内标物的响应信号的比值，计算待测组分含量的方法称为内标法。

当分析样品不能全部出峰，或只需测定混合物中某几个组分的含量时，可采用内标法。

方法：准确称取样品，选择适宜的化合物作为内标物，在样品中准确加入一定量的内标物，根据待测组分和内标物的质量、校正因子以及它们在色谱图上相应的峰面积，计算待测组分的含量。

$$X_i\% = \frac{A_i f_i}{A_s f_s} \cdot \frac{m_s}{m} \times 100\% \qquad (13-15)$$

式中，$X_i\%$为样品中组分i的百分含量；m_s为加入内标物的质量；m为称取的样品量；A_i和A_s分别

为待测组分 i 和内标物的峰面积；f_i和f_s分别是组分 i 和内标物的质量校正因子。亦可用峰高作为定量的参数。在外标法的基础上，向所有标准溶液和样品溶液中定量加入相同量的内标物，以待测组分与内标物响应值的比值为纵坐标，以标准溶液的浓度为横坐标建立标准曲线，即为内标标准曲线法，同理，有内标一点法和内标两点法。

对内标物的要求：①内标物是原样品中不含有的组分，与样品中的组分有良好的分离度（$R_s \geq 1.5$），且保留时间与待测组分相近；②不能与样品或固定相发生反应，能与样品完全互溶；③加入内标物的量要接近待测组分的含量；④内标物须是纯度合乎要求的纯物质。

内标法的优点是：进样量在线性范围内时，定量结果与进样量的重复性无关，可以消除进样量不准带来的误差；定量比较准确，不像归一化法有使用上的限制。缺点是需准确称量内标物和样品，操作比较麻烦；且样品中多加了一个内标物，对分离的要求更高。

例 13-3 测定某试样中间苯二甲酸的含量。称取样品 0.357g，癸二酸（内标）0.1029g。为改进分离和提高定量分析准确度，将样品衍生化，使酸转变成相应的甲酯，进样分析。测得间苯二甲酸二甲酯的峰面积为 237，癸二酸二甲酯的峰面积为 245。已知这两种酯的重量校正因子分别为 0.77 和 1.00。求间苯二酸的含量。

解：题中给的是酯的峰面积和校正因子，而内标物及样品则是酸，因此不能将已知条件直接带入内标法公式计算，而必须考虑化学反应前后的变化。

先计算间苯二甲酸二甲酯的重量（W_1）：

$$W_1 = \frac{A_i f_i W_s}{A_s f_s} = \frac{237 \times 0.77 \times 0.1029 \times \frac{230}{202}}{245 \times 1.00} = 0.0873$$

将以上酯量换算成相应的酸量（W_2）：

$$W_2 = 0.0873 \times \frac{166}{194} = 0.0747$$

间苯二甲酸的含量为：

$$X_i\% = \frac{0.0747}{0.3578} \times 100 = 20.9$$

PPT

第七节　现代气相色谱法简介

一、气相色谱 - 质谱联用

气相色谱 - 质谱联用（gas chromatography - mass spectrometry，GC - MS）始于 1957 年，是利用气相色谱对混合物的高效分离能力和质谱对纯物质的准确鉴定能力发展而成的一种技术。该系统由气相色谱单元、接口、质谱单元及工作站组成。

（一）气相色谱单元

气相色谱单元中采用的色谱柱取决于待测样品的复杂性和极性；色谱柱中涂渍的固定液除应考虑色谱分离效率外，还必须兼顾其流失问题，否则会干扰质谱检测，使本底增高、灵敏度降低；对载气的一般要求是化学惰性、对质谱检测无干扰，氦气是一种理想的载气。

（二）接口技术

接口是气相色谱 - 质谱联用系统的关键技术，起到压力适配和恒温的作用。当使用毛细柱和低流量

（1ml/min）的氦气作载气时，由于氦气分子量小，流量低，对质谱仪的影响可以忽略不计，因此毛细柱可以直接到达离子源，此时只要保证接口的温度足够高，防止组分冷凝即可。

（三）质谱单元

用于联用的质谱仪主要由离子源、质量分析器、检测系统和数据处理系统（计算机）组成。气质联用系统中最常用的离子源为电子轰击源（EI）、化学电离源（CI）等。常用的质量分析器有四级杆质量分析器、三重四级杆串联质量分析器等。

（四）联用分析的信息

气质联用获得的谱图有两类：色谱图和质谱图，其中色谱图通常又分为总离子流图、质量色谱图和选择离子监测图。

1. 总离子流色谱图（total ionic chromatogram，TIC） 通常，总离子流图是以平面图的形式表示，横坐标是时间，纵坐标为丰度（即离子流强度），可给出各组分的保留时间、峰高、峰面积等信息。由于总离子流图离子流强度的获取是通过质量分析器将各离子按不同质荷比进行分离并记录下来，每次扫描即构成一张质谱图，因此总离子流图也可以用三维图表示（图 13－13），即 x 轴为时间，z 轴为丰度，y 轴为质荷比（m/z）。

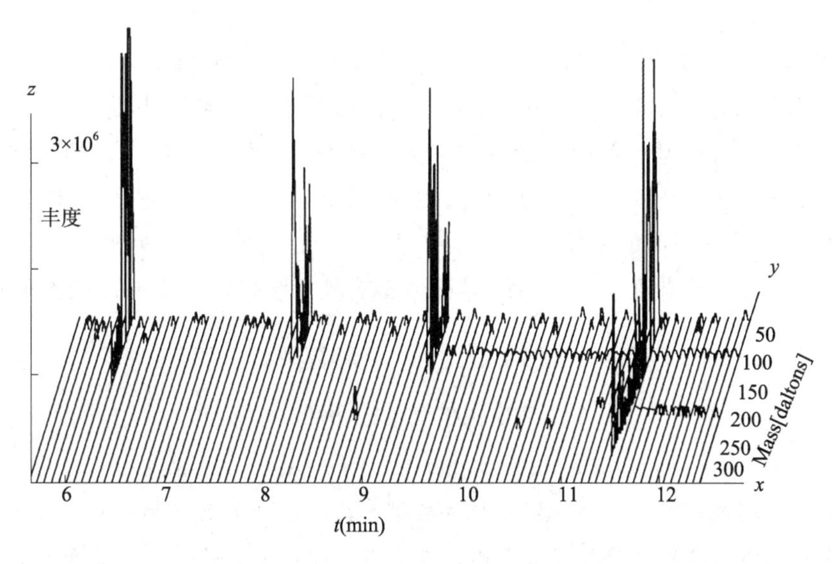

图 13－13　GC－MS 分析的总离子流图（三维）

2. 质量色谱图（mass chromatogram，MC） 又称离子碎片色谱图。它是当色谱峰出现时，质谱仪在一定的质量范围内自动重复扫描，并将所得数据经计算机处理后给出的各质量数的色谱图。其坐标的表示和通常的总离子流图一样，表示在一次扫描中，具有某一质荷比的离子强度随时间的变化规律。

3. 选择离子监测图（selective ion monitor，SIM） 选择离子监测是针对预先选定的某个或某几个特征质荷比的离子进行单离子或多离子检测，而获得的某种或某几种质荷比的离子流强度随时间变化的情况。由于该法仅针对少数特征离子进行检测，故可获得更大的信号强度，其检测灵敏度比总离子流检测高 2～3 个数量级。采用选择离子监测具有很高的选择性，可对某些色谱混峰进行“分离”。例如试样中结构相似的组分常不易分离，可以选择这些组分的质谱中质荷比不同的特征离子进行检测，即可在其选择离子监测图上将它们分离，即使色谱峰分不开，也能很好地定量。

4. 质谱图 是在一次扫描时间内，连续改变射频电压，使不同质荷比的离子依次产生峰强信号，又称全扫描（full scan）质谱图，其横坐标为质荷比，纵坐标为离子强度。全扫描质谱图包含了某时间点（色谱图上）被测组分分子量、元素组成和分子结构的信息，是未知组分定性的依据。当使用 EI 源时，可以通过标准质谱图谱库进行自动检索获得化合物的结构等信息。

二、顶空气相色谱法

顶空气相色谱法（headspace gas chromatography，HS－GC）将一定量的样品置于密闭的顶空瓶中，通过一定温度和时间的加热，使样品中挥发性组分挥发到顶空瓶的顶部空气中，并定量抽取顶部空气进行气相色谱分析，从而测定这些组分在原样品中的含量。顶空分析可以减少样品前处理，更加简便、干净、快速、不需要使用大量的有机溶剂且易于实现仪器自动化。根据取样和进样方式的不同，顶空分析可以分为静态顶空和动态顶空两种。

顶空分析法的原理基于 Dalton 定律、Raoult 定律和 Henry 定律。在一定温度下样品中的挥发性组分在气－液或气－固两相甚至气－液－固三相中的分配达到平衡，由于在平衡状态下，气相的组成与样品原来的组成为正比关系，故通过气相色谱分析，可以算出原来样品的组成，这是静态顶空气相色谱的理论依据。药物中的残留有机溶剂分析通常采用这种方法。动态顶空是利用流动的气体（通常采用氦气）将样品中的挥发性成分“吹扫”出来，再用一个捕集器将吹扫出来的物质吸附下来，然后经加热解吸附将样品送入气相色谱进行分析，这种技术通常叫作吹扫－捕集（purge－trap）进样技术，在环境分析中应用较广。

在顶空分析中不需要对复杂样品进行处理，但是样品的性质对分析结果仍有直接的影响。顶空气体中各组分的含量既与其本身的挥发性有关，又与样品基质有关；特别是那些在样品基质中溶解度大（分配系数大）的组分，“基质效应”更明显。这是顶空分析的一大特点，即顶空气体的组成与原样品中组成不同，这对定量分析影响尤为严重。因此，标准样品不能仅用待测物的标准品配制，有时还必须有与原样品相同或相似的基质，否则会产生较大的分析误差。另外，顶空样品瓶中的样品体积（样品量）、样品的平衡温度、平衡时间等都会影响分析结果，需要通过试验来确定。

>>> 知识链接

高温裂解气相色谱法

高温裂解气相色谱法（pyrolysis gas chromatography，Py－GC）的原理是在一定条件下，高分子及非挥发性有机物遵循一定的规律裂解，即特定的样品能够产生特征的裂解产物及产物分布，据此可对原样品进行表征。其分析流程是将待测样品置于裂解器中，在严格控制的条件下快速加热，使之迅速分解成为可挥发性的小分子产物，然后将裂解产物有效地转移到色谱柱中分离后进行定性和定量分析，研究其与裂解温度、裂解时间等操作条件的关系，以及与原样品的组成、结构和物化性能的关系，亦可进一步研究裂解机制和反应动力学。因此高温裂解气相色谱是一种破坏性分析方法。

裂解与气相色谱的联机分析是 1959 年报道的。除最初的管式炉裂解器外，相继出现了热丝裂解器、居里点裂解器、激光裂解器和微型炉裂解器。在应用方面，从最早主要用于聚合物的分析，发展到地球化学、微生物学、法庭科学、环境保护、医药分析及考古学等领域。中药研究中，可以通过测定中药材的裂解气相色谱指纹图谱，实现对中药材的鉴定。

PPT

第八节　应用与示例

气相色谱法在药物分析中应用广泛，包括中药挥发油研究、制剂分析、药物的含量测定、杂质检查、药物中间体的监控以及药物代谢研究等。

一、中药成分的定性分析

中药挥发油是一类具有芳香气味油状液体的总称，在常温下可挥发，一种挥发油多含有数十种乃至数百种成分。采用 GC－MS 对其分析，通过对各色谱峰的质谱特征分析、质谱数据库检索以及保留指数比较，可以对挥发油中的化合物组成进行定性分析。

例 13－4　中药细辛挥发油的 GC－MS 分析。

细辛挥发油的制备　按《中国药典》(2020 年版) 中挥发油测定法提取挥发油。

色谱条件：色谱柱 HP－5 MS（30m×250μm×0.25μm）；进样口温度 250℃；载气为氦气，流量 1ml/min，分流比 40∶1，进样量 0.2μl；初始温度 50℃，以 2℃/min 升至 220℃，再以 8℃/min 升至 280℃，保持 5 分钟。质谱条件：标准谱图调谐；电离方式 EI，电子能量 70eV；离子源温度：230℃；数据采集扫描模式为全扫描。

测定结果：GC－MS 分析结果如图 13－14 所示。根据色谱峰的质谱信息，并结合保留指数定性，可以确定其中 40 余种化合物的结构。

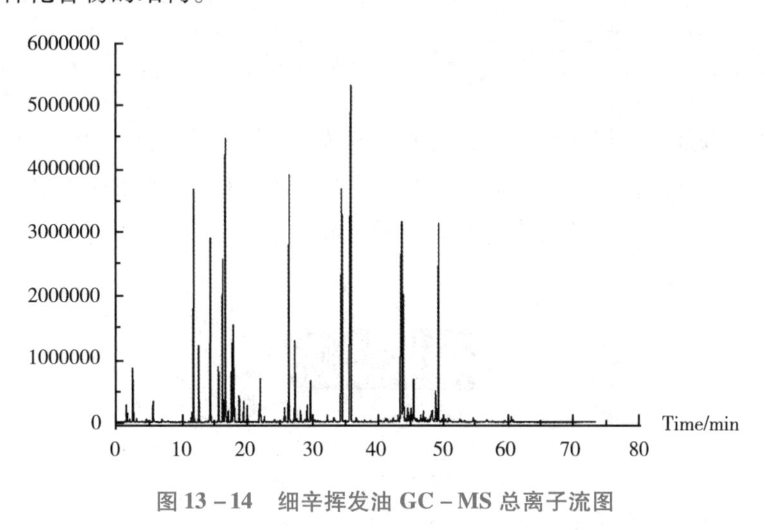

图 13－14　细辛挥发油 GC－MS 总离子流图

二、药效物质及药用辅料的定量分析

对含有挥发性药效物质的中药材、化学药以及药用辅料，《中国药典》(2020 年版) 规定了采用气相色谱法进行含量测定的方法，以控制药物质量，保证临床疗效和用药安全。

例 13－5　校正因子法测定广藿香中百秋李醇的含量。

色谱条件与系统适应性试验　HP－5 毛细管柱（30m×320μm×0.25μm）；程序升温：150℃，保持 23 分钟，以 8℃/min 升温至 230℃，保持 2 分钟；进样口温度 280℃，检测器温度 280℃；分流比 20∶1。理论板数按百秋李醇峰计算应不低于 50000。

校正因子测定　取正十八烷适量，精密称定，加正己烷制成每 1ml 含 15mg 的溶液，作为内标溶液。取百秋李醇对照品 30mg，精密称定，置 10ml 量瓶中，精密加入内标溶液 1ml，用正己烷稀释至刻度，摇匀，取 1μl 注入气相色谱仪，计算校正因子。

测定　取广藿香粗粉约 3g，精密称定，置锥形瓶中，加三氯甲烷 50ml，超声处理 3 次，每次 20 分钟，滤过，合并滤液，回收溶剂至干，残渣加正己烷使溶解，转移至 5ml 量瓶中，精密加入内标溶液 0.5ml，加正己烷至刻度，摇匀，吸取 1μl，注入气相色谱仪，测定，即得。

三、溶剂残留分析

合成药品中往往含有部分残留溶剂。顶空进样技术用于药品溶剂残留分析的样品前处理，可以净化样品，可减少干扰因素、降低试验成本。

例 13－6　顶空毛细管气相色谱法测定盐酸丁卡因原料药中的残留溶剂。

盐酸丁卡因原料药在制备过程中使用了多种有机溶剂，依据 ICH 提出的残留溶剂指导原则，为保证药品质量和用药安全，须对该原料药进行有机溶剂残留量检测。

色谱条件：色谱柱为 Agilent DB－624 石英毛细管色谱柱（30m × 0.53mm × 3.0μm）；进样口温度 190℃；检测器温度 210℃；载气为高纯氮气，流量 1.75ml/min；不分流进样；程序升温，36℃保持 16 分钟，以 20℃/min 升至 180℃，保持 10 分钟。顶空条件：顶空瓶加热温度 100℃，样品环温度 130℃，传输线温度 150℃，进样时间 0.3 分钟；加热平衡时间 30 分钟。

测定结果：采用该法可以同时测定乙醇、乙酸乙酯、正丁醇、溴丁烷、N,N－二甲基乙酰胺 5 种有机溶剂的残留，最低检测限 1.2～112μl/g，测定结果精密度、准确度、重现性良好。

四、体内药物分析

在药代动力学研究以及代谢组学研究中，需要测定血液、尿液或其他组织中的药物及代谢产物的浓度，这些样品中往往由于浓度低、干扰多对分析测定造成困难。GC－MS 法灵敏度高、分离能力强，可用于挥发性药物成分或衍生化之后的药物成分的分析测定。

答案解析

目标检测

一、选择题

1. 气相色谱中，用于定量的参数是
   A. 保留值　B. 基线宽度　C. 峰面积　D. 半峰宽
2. 关于毛细管柱的说法不正确的是
   A. 分离效率高，比填充柱高 10～100 倍　B. 相比（β）大
   C. 柱容量大，进样量大　D. 总柱效高，分离复杂混合物的能力大为提高
3. 分离非极性组分通常选用非极性固定液，组分出峰顺序为
   A. 按组分沸点高低，沸点高的先出峰　B. 按组分沸点高低，沸点低的先出峰
   C. 按组分极性大小，极性大的先出峰　D. 按组分极性大小，极性小的先出峰
4. 气相色谱法中对于多组分宽沸程样品宜采用（　）提高分离效果
   A. 高温　B. 低温　C. 中温　D. 程序升温
5. 下列因素对理论塔板高度没有影响的是
   A. 填充物的粒度　B. 载气的流速
   C. 色谱柱的柱长　D. 载气的种类
6. 在气相色谱中，为改善选择性，应
   A. 增加柱长　B. 增加流动相流速
   C. 改变载气的种类　D. 改变固定相种类

7. 气相色谱中，若两组份分离不好，为增加分离度可

A. 增加流速　　B. 增加柱温

C. 增加柱长　　D. 增加进样量

8. Van Deemter 方程中，影响涡流扩散项的主要因素是

A. 固定相填料粒度大小　　B. 流动相流速

C. 固定液液膜的厚度　　D. 流动相的黏度系数

9. 降低固定液传质阻力以提高柱效的措施有

A. 适当增加柱温　　B. 提高载气流速

C. 适当增加固定液膜厚度　　D. 增加柱压

10. 下列属于通用型气相色谱检测器的是

A. TCD　　B. NPD　　C. FPD　　D. ECD

二、简答题

1. 简要说明气相色谱法的分离原理及特点。

2. 简述气相色谱仪的组成及各部分的作用。

3. 简述 TCD、FID、ECD、FPD、NPD 的工作原理、适用范围及特点。

4. 简述分流进样的原理。

5. 常用的色谱定量方法有哪些？简述各种定量方法的原理、特点和适用条件。

三、计算题

1. 应用气相色谱法测定某混合试样中组分 i 的含量。称取 1.800g 混合样，加入 0.360g 内标物 S，混合均匀后进样。从色谱图上测得 $A_i=268.8$，$A_s=250.0$，已知 $f_i'=0.930$，$f_s'=1.00$，求组分 i 的质量分数。

2. 分析某农药生产过程中的中间体含量时，已知反应液中含有部分苯甲酸、三氯乙醛、农药中间体、部分水和杂质等，现称取 1.500g 试样，并加入 0.1050g 氯乙酸为内标，混匀后，吸取 2.0μl 进样，从分析结果和查表得如下数据。

	苯甲酸	三氯乙醛	农药中间体	氯乙酸
峰面积	42.2	36.4	98.0	121.0
相对灵敏度 S'	0.762	0.547	0.918	1.00

试求苯甲酸、三氯乙醛和农药中间体的质量分数。

3. 用热导池为检测器的气相色谱法分析仅含乙醇、庚烷、苯和乙酸乙酯的混合试样。测得它们的峰面积分别为 50.0、90.0、40.0 和 70.0，它们的重量相对校正因子分别为 0.64、0.70、0.78 和 0.79。求它们各自质量分数。

书网融合……

思政导航

本章小结

微课

题库

第十四章　高效液相色谱法 微课

学习目标

知识目标

1. 掌握　高效液相色谱法的类型、原理和特点；高效液相色谱仪检测器类型、原理和适应范围。

2. 熟悉　高效液相色谱仪的组成和分析条件的优化。

3. 了解　高效液相色谱法的最新进展及其在药学研究中的应用。

能力目标　通过本章学习，能够应用高效液相色谱法的理论和实验技能，开展定性和定量分析。

第一节　概　述

PPT

高效液相色谱法（high performance liquid chromatography，HPLC）是 20 世纪 60 年代末以经典液相色谱为基础，引入气相色谱的理论与技术，采用高压泵、小颗粒高效固定相、高灵敏度在线检测器而发展起来的一种重要的分离分析方法。

气相色谱法具有分析速度快、分离效率高和灵敏度高等优点。但是气相色谱要求样品在操作温度下能汽化且不分解。据估计，在已知化合物中能直接进行气相色谱分析的占 15%～20%。对于高沸点化合物、难挥发及热不稳定的化合物、离子型化合物及高聚物等，很难用气相色谱法分析。

经典液相色谱法，流动相在常压或低压下运行，固定相颗粒粗，传质速度慢，柱效低，分析时间长，一般不能在线检测，常用于制备分离。高效液相色谱由于采用了小颗粒高效固定相、高压泵和高灵敏度检测器，因此具有分离效率高、分析速度快、检测灵敏度高、色谱柱可重复使用、适用范围广、可自动化操作等优点。按照其分离机制，高效液相色谱可以分为吸附色谱、分配色谱、离子交换色谱和凝胶渗透色谱等。

第二节　高效液相色谱仪

PPT

一、基本组成

虽然目前高效液相色谱仪的品牌、配置多种多样，但其基本工作原理、基本组成、基本流程相同。基本组成主要包括高压输液系统、进样系统、分离系统、检测器、自动组分收集器、色谱工作站等，如图 14－1 所示。流动相的溶剂经脱气后由高压泵系统恒流输出，经进样器到色谱柱，再到检测器；样品由进样器导入，随流动相进入色谱柱进行分离，被分离组分进入检测器产生信号，信号经色谱工作站采集、记录、处理，获得色谱图和分析结果。如果是制备色谱，还可通过色谱工作站控制组分收集器根据信号或时间间隔自动分段收集，得到纯化的目标化合物。

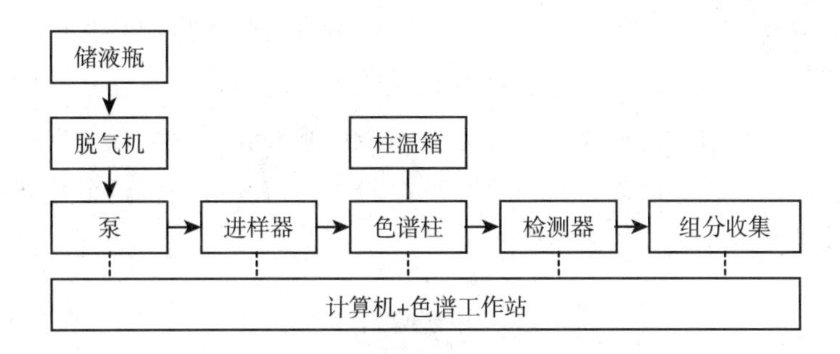

图 14－1　高效液相色谱仪基本组成

二、高压输液系统

1. 储液瓶　用来储存流动相溶剂，其材质应耐腐蚀，一般为玻璃瓶，容积一般为 0.5～2.0L，无色或棕色，棕色瓶可起到避光作用，常用于盛放水溶液以减缓菌类生长，盛放水溶液的储液瓶应定期清洗。储液瓶的位置一般应高于泵，以保持一定的输液静压差。

流动相所用溶剂应经过 0.2～0.45μm 滤膜过滤，除去溶剂中的固体杂质后放入储液瓶，以防止堵塞系统。插入储液瓶中的输液管路顶端为微孔过滤头。

2. 溶剂脱气装置　HPLC 所用流动相必须预先脱气，如果脱气不好则容易产生气泡，影响泵的正常工作，造成压力波动；还会影响检测器的基线稳定性，使基线噪声增大，甚至无法检测待测组分；在梯度洗脱时会造成基线漂移过大或形成鬼峰。此外，溶解在流动相中的氧还可与样品、固定相反应使其降解；或者与某些溶剂（如四氢呋喃）形成有紫外吸收的络合物，增加背景吸收；在荧光检测中，溶解的氧在一定条件下还会引起荧光猝灭现象；在电化学检测中，氧的影响更大。

常用的脱气方法有加热回流脱气、抽真空脱气、超声波振荡脱气、氦气鼓泡脱气、在线真空脱气机脱气。可实现流动相的连续不间断脱气，脱气效果优于其他方法，并适用于多元溶剂系统，其结构示意图如图 14－2 所示，当溶剂流经管状半透膜时，溶剂中的气体可渗透出来进入真空腔而被脱去。

3. 高压输液泵　是 HPLC 系统中最重要的部件之一。由于高效液相色谱所用色谱柱固定相粒度小，对流动相阻力大，因此，必须借助于高压泵使流动相以一定的速度流过色谱柱，泵的性能好坏直接影响整个系统的工作质量和分析结果的可靠性。输液泵应具备以下性能：①流量稳定，这对定性、定量分析的准确性至关重要；②流量可以自由调节，可调范围宽；③输出压力高，无脉动；④适于梯度洗脱；⑤密封性好，耐腐蚀。常见的高压输液泵有单元泵、二元泵和四元泵。

高压输液泵的种类很多，按输出液体方式可分为恒压泵和恒流泵。目前应用最多的是恒流泵中的柱塞往复泵，结构如图 14－3 所示。

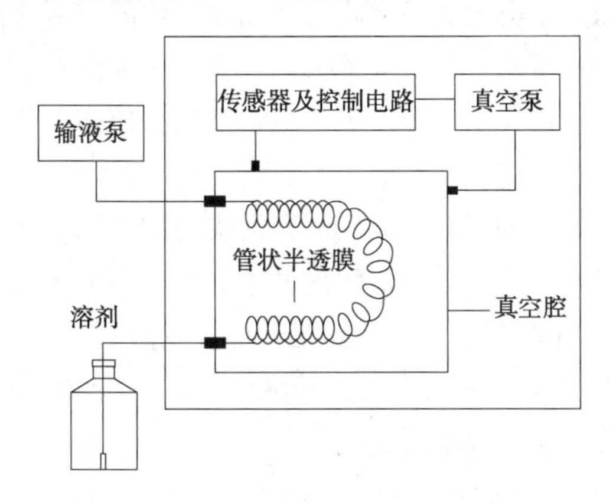

图 14－2　在线真空脱气机结构示意图

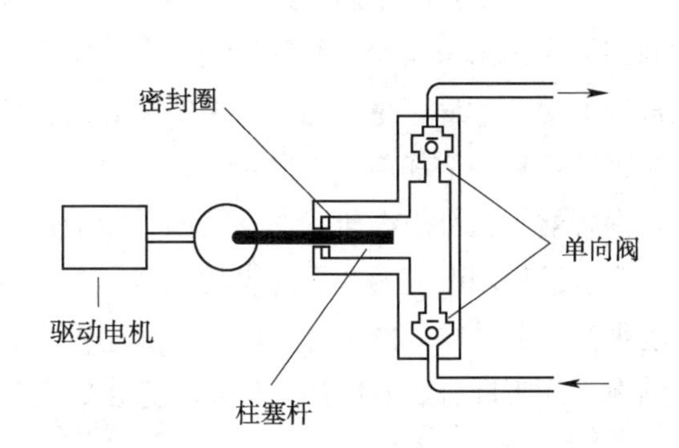

图 14－3　柱塞往复泵结构示意图

柱塞往复泵的泵腔容积小，易于清洗和更换流动相，特别适合于再循环和梯度洗脱；能方便地调节流量，流量不受柱阻影响。其主要缺点是输出的脉动性较大，现多采用双柱塞补偿法及脉冲阻尼器来克服。双柱塞补偿按连接方式可分为并联泵和串联泵，一般说来并联泵的流量重现性较好，但因多一组单向阀，出故障的机会较多，价格也较贵，故现在串联泵较多，串联泵是将两个柱塞往复泵串联，其结构如图 14－4 所示。

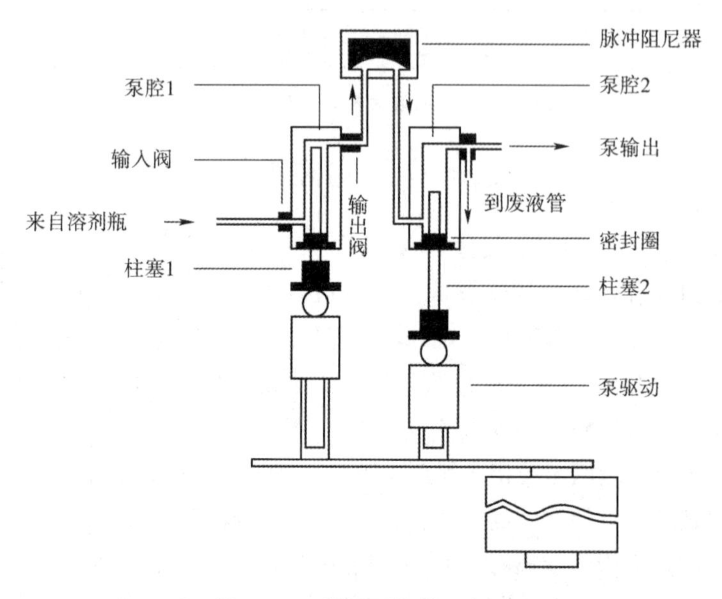

图 14－4　单元泵结构示意图

串联泵工作时两个柱塞杆运动方向相反，柱塞 1 的行程是柱塞 2 的 2 倍，即吸液和排液的流量是柱塞 2 的 2 倍。当柱塞 1 吸液时，柱塞 2 排液，液体由泵腔 2 输出；当柱塞 1 排液时，柱塞 2 吸液，其排出的液体 1/2 被柱塞 2 吸取到泵腔 2，1/2 输出；如此往复运动，输出恒定流量的流动相。

4. 梯度洗脱装置及四元泵和二元泵　高效液相色谱有等度（isocratic）洗脱和梯度（gradient）洗脱两种洗脱方式。等度洗脱是指在洗脱时流动相组成保持恒定不变，梯度洗脱是指在一个分析周期内由工作站控制，按一定速率连续改变流动相的组成，如溶剂的极性、pH 等，用于分析组分数目多、组分 k 值差异较大的复杂样品，可以在保证分离度的前提下缩短分析时间、改善峰形、提高检测灵敏度，但是常常引起基线漂移和重现性变差。

梯度洗脱有两种实现方式：低压梯度和高压梯度。

低压梯度是指溶剂在常压下混合。流动相所需的各种溶剂经脱气后，在常压下进入多通道比例阀，由多通道比例阀控制各种溶剂的比例，混合后进入高压泵，再由高压泵将流动相以一定的流量输出至色谱柱。最常见的低压梯度泵是四元泵，其结构如图 14－5 所示。其特点是只需一个高压输液泵，由梯度程序控制四元比例阀来改变溶剂的比例，即可实现二元至四元的梯度洗脱，成本低廉、使用方便；由于溶剂在常压下混合，易产生气泡，故需要良好的在线脱气装置。

高压梯度是指溶剂在高压下混合。最常见的是二元泵，即用两个高压泵分别按设定比例输送两种不同溶剂至混合器，在泵后高压状态下将两种溶液进行混合，然后以一定的流量输出。其主要优点是，只要通过梯度程序控制改变两个泵各自的流量，并保持输出总流量不变，就能获得任意形式的梯度曲线，而且精度很高，其结构如图 14－6 所示。其主要缺点是必须使用两个高压输液泵，因此价格比较昂贵。由于溶剂在高压下混合，其中的气体不会逸出，所以二元泵可以不用脱气机。

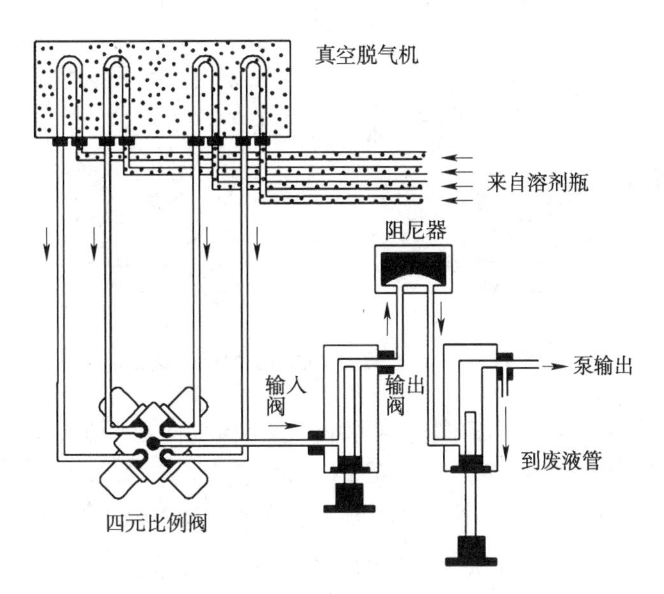

图 14－5　四元泵结构示意图

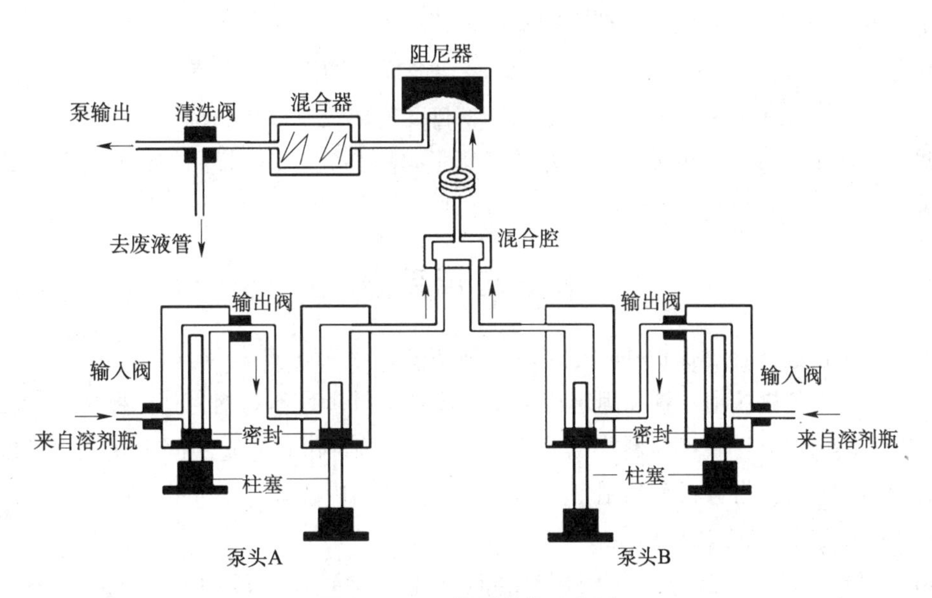

图 14－6　二元泵结构示意图

三、进样系统

进样系统连接在高压泵和色谱柱之间，作用是将样品溶液引入色谱柱，常用装置有六通阀手动进样器及自动进样器。

1. 六通阀手动进样器　结构原理如图 14－7 所示。六通阀有 6 个接口，进样时先将阀切换到“加样位置”（load），流动相由泵直接进入色谱柱，用微量注射器将样品溶液由针孔注入样品环（多余的废液由 6 号口排除），然后将进样阀手柄顺时针转动 60°至“进样位置”（inject），流动相由泵进入样品环，将样品溶液带到色谱柱中，完成进样。

常用的样品环体积是 20μl，可以根据需要更换不同体积的样品环。六通阀进样器具有进样重现性好、能耐高压的特点。使用时要注意必须用 HPLC 专用平头微量注射器，不能使用尖头的微量注射器，否则会损坏六通阀的转子密封垫，造成漏液。

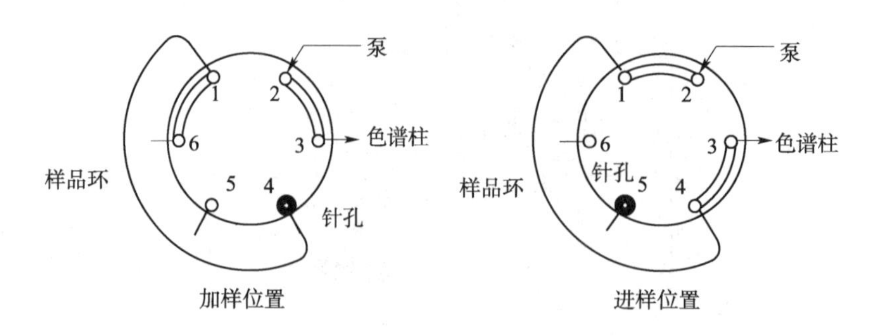

图 14－7　六通阀手动进样器原理示意图

六通阀的进样方式有满阀进样和非满阀进样两种。①满阀进样是指进样前在加样位置用样品溶液将样品环充满，然后再转到进样位置进样，实际进样体积即为样品环的体积。由于样品环的体积是一定的，所以满阀进样的定量重现性很好。满阀进样时，应注意注入的样品溶液体积应达到样品环体积的 5～10 倍，才能确保进样的准确度及重现性。②非满阀进样是指进样体积小于样品环的体积。用非满阀进样时，注入的样品溶液体积应不大于定量环体积的 50%，并要求每次进样体积准确、相同。此法的准确度和重现性取决于用注射器取样的精度和操作熟练程度。

2. 自动进样器　主要由机械手、进样针、针座、进样六通阀、计量泵、进样针清洗组件等组成，由计算机软件控制按预先编制的进样操作程序工作，自动完成定量取样、洗针、进样、复位等过程，进样量连续可调，进样重现性好，可按照设置好的序列完成几十至上百个样品的自动分析，适合大批量样品的连续分析，实现自动化操作。

四、分离系统

色谱分离系统包括色谱柱、保护柱、柱温箱、柱切换阀等。

1. 色谱柱　HPLC 色谱柱由柱管和固定相组成，柱管材料多为不锈钢，其内壁要求镜面抛光，在色谱柱的两端各有一块由多孔不锈钢材料烧结而成的过滤片（筛板），以防止固定相流出及固体颗粒杂质进入。常用的 HPLC 色谱柱有分析型和制备型，普通分析柱的内径 2～4.6mm，柱长 10～30cm；实验室用制备柱内径 9～40mm，柱长 10～30cm。

2. 保护柱　又称预柱，是装有与分析柱相同固定相填料的短柱（5～50mm 长），接在色谱柱前，可以方便地更换，起到保护色谱柱、延长柱寿命的作用。

3. 柱温箱　是用来使色谱柱恒温的装置，有些柱温箱还可选装柱切换阀，从而实现色谱柱选择、样品富集、预柱反冲、二维色谱分析等功能。

精确控制柱温可提高色谱分析结果的重现性。当使用示差折光检测器时，柱温会显著地影响检测器的基线波动大小和最小检出限。分析某些生物样品时，其柱温往往也有特殊要求，需要用柱温箱来控制柱温。

4. 色谱柱的评价　《中国药典》（2020 年版）中规定，用高效液相色谱法进行定量分析时，需进行“系统适用性试验”，给出分析状态下色谱柱应达到的最小理论塔板数、分离度和拖尾因子等。购买新色谱柱时也需检验柱性能是否合乎要求，检验条件可参考色谱柱附带的手册或检验报告。

五、检测器

高效液相色谱检测器的作用是将柱后流动相中待测组分的含量定量地转化为可供检测的电信号。理想的高效液相色谱检测器应灵敏度高、适用范围广、适用于梯度洗脱、死体积小、线性范围宽、不破坏待测组分，但实际中很难找到满足上述全部要求的检测器，应根据待测组分的性质和各种检测器的特点选择合适的检测器。高效液相色谱检测器有通用型检测器和专用型检测器，常见的通用型检测器有示差折光检测器、蒸发光散射检测器等，专用型检测器主要有紫外检测器、荧光检测器、安培检测器等。

1. 可变波长紫外检测器（variable wavelength detector，VWD） 是目前高效液相色谱中应用最广泛、配置最多的检测器，适用于有紫外吸收的化合物的检测，具有灵敏度高、精密度好、线性范围宽、对温度及流动相流速变化不敏感、可用于梯度洗脱等特点。缺点是不适用于无紫外特征吸收的组分的检测，不能使用有紫外吸收的溶剂作流动相（溶剂的截止波长必须小于检测波长）。

VWD 的光路示意图如图 14－8 所示。光源（氘灯）发射的光经过入射狭缝、反射镜 1 到达光栅产生单色光，单色光经反射镜 2 至光束分裂器，透过光束分裂器的光通过样品流通池，到达样品光电二极管；被光束分裂器反射的光到达参比光电二极管；通过比较两者的光强可以获得吸光度（A）信号，同时可以消除光源光强波动造成的影响。

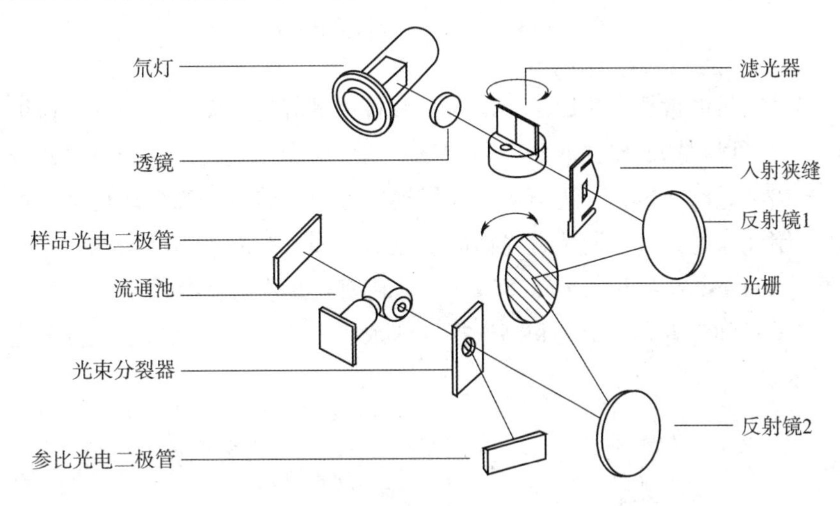

图 14－8　可变波长紫外检测器光路示意图

2. 二极管阵列检测器（diode array detector，DAD；photo－diode array detector，PDA，PDAD） 是 20 世纪 80 年代发展起来的一种新型紫外检测器，其光路示意图如图 14－9 所示。与可变波长紫外检测器不同的是，光源发出的复合光不经分光先通过流通池，被流动相中的组分吸收，再通过狭缝到光栅进行色散分光，将含有吸收信息的各波长的光投射到一个由 1024 个二极管组成的二极管阵列上而被同时检测，每一个二极管各自测量某一波长下的光强，并用电子学方法及计算机技术对二极管阵列快速扫描采集数据。由于扫描速度非常快，所以无需停止流动相，即可获得柱后流出液的各个瞬间光谱图及各个波长下的色谱图，经计算机处理后可得到色谱－光谱三维图谱，如图 14－10 所示。

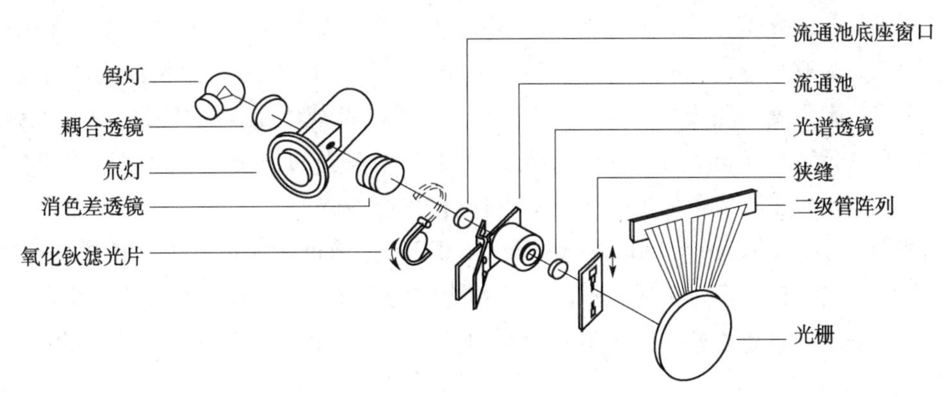

图 14－9　二极管阵列检测器光路示意图

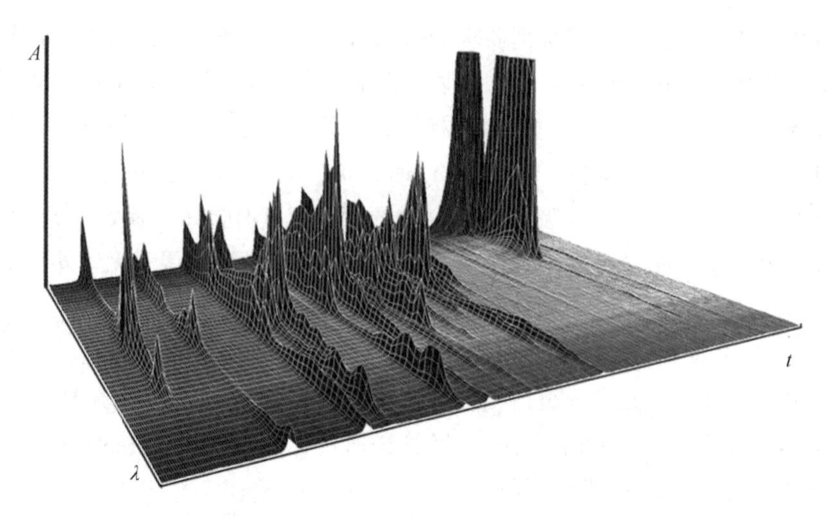

图 14－10　多组分混合物的三维图谱

分析完成后可以从获得的数据中提取出不同时刻及各色谱峰光谱图，利用色谱保留值规律及光谱图综合进行定性分析；也可以根据需要提取出不同波长下的色谱图作色谱定量分析。此外，还可对每个色谱峰的不同位置的光谱图进行比较，来进行色谱峰峰纯度检验，若色谱峰分离良好、纯度高，则不同位置的光谱图应一致，因此通过计算不同位置光谱间的相似度即可判断色谱峰的纯度。

3. 荧光检测器（fluorescence detector，FLD） 是利用某些物质受紫外光激发后，能发射荧光的性质来进行检测的。它是一种具有高灵敏度和高选择性的浓度型检测器，相当于一台荧光分光光度计，其光路如图 14－11 所示。

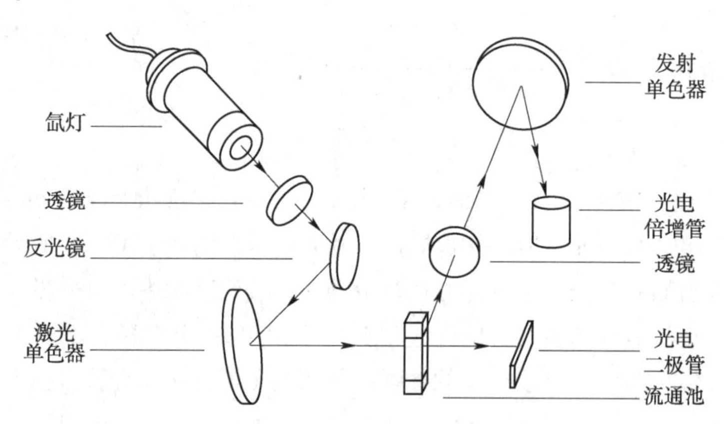

图 14－11　荧光检测器光路示意图

由光源（氙灯）发出的光经激发单色器选择特定波长的激发光通过流通池，流动相中的荧光组分受激发后产生荧光，为避免透射光的干扰，在与激发光呈 90°方向上经发射单色器选择特定波长的荧光，由光电倍增管测定荧光强度，此荧光强度与产生荧光物质的浓度成正比，其灵敏度比紫外检测器高 2 个数量级。荧光检测器只适用于能发出荧光的组分；对不产生荧光的物质，可利用柱前或柱后衍生化技术，使其与荧光试剂反应，生成可发生荧光的衍生物后再进行测定。

4. 示差折光检测器（refractive index detector，RID） 是通过连续测定柱后流出液折射率的变化来对组分进行检测的，当一束光透过折射率不同的两种物质的界面时，此光束会发生一定程度的偏转，其偏转程度正比于两物质折射率之差。由于不同物质的折射率都不相同，因此 RID 是一种通用型检测器，其光路示意图如图 14－12 所示。

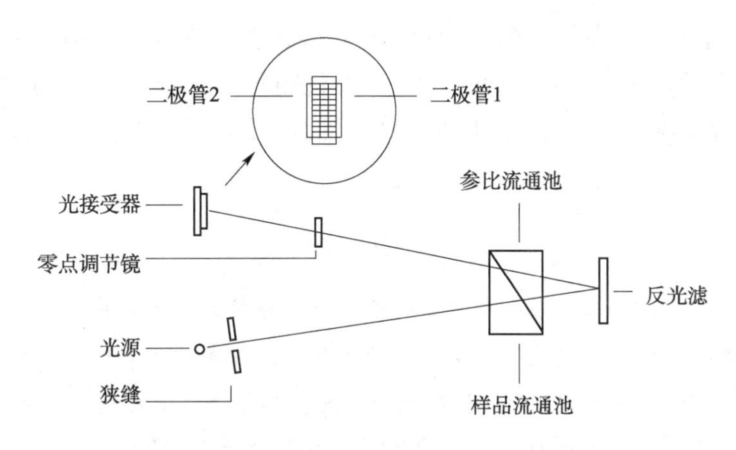

图 14－12　示差折光检测器光路示意图

光源发出的光通过样品流通池和参比流通池，由反光镜反射后照射到光接收器的两排光电二极管上。进样前先用流动相同时冲洗样品流通池和参比流通池，使两个流通池中的液体相同，并通过调节零点调节镜，使照射到两排光电二极管的光强差为零。进样后，参比池关闭，流动相只经过样品流通池，当有组分进入样品流通池内时，折射率改变，光线发生偏转，照射到两排二极管上的光强变化，其光强差不为零，产生信号。含有组分的流动相和纯流动相之间的折射率之差反映了组分在流动相中的浓度，RID 属于浓度型检测器。

RID 通用性强，但灵敏度较低，对温度、压力等变化很敏感，色谱柱和检测器本身都要恒温。此外，由于流动相组成的变化会使折射率变化很大，因此，这种检测器不适用于梯度洗脱，流动相须预先配好并充分脱气。

5. 蒸发光散射检测器（evaporative light scattering detector，ELSD） 是将含有样品组分的流动相先通过喷雾器雾化，溶剂在热的漂移管中蒸发使组分形成固体微粒，通过测定固体微粒对光的散射现象来检测组分含量，是一种通用型的高效液相色谱检测方法。结构原理如图 14－13 所示。

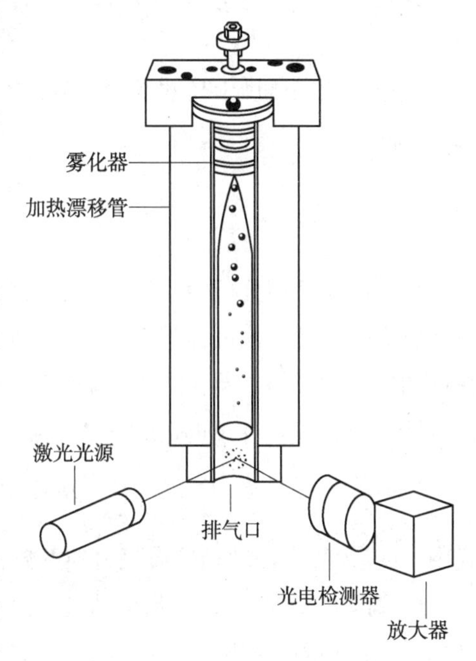

图 14－13　ELSD 原理示意图

柱后流动相在进入检测器后，与高速气体（一般为氮气）混合，由雾化器喷成雾状液滴，在加热的恒温蒸发漂移管中，流动相蒸发，使组分形成微小的固体颗粒，随气体通过检测系统。检测系统由激光光源和光电倍增管检测器构成，在散射室中，光被散射，产生信号，大小取决于散射室中组分颗粒的大小和数量，所以其响应值仅与光束中组分颗粒的大小和数量有关，而与组分的化学组成无关，属于质量型检测器。

蒸发光散射检测器与紫外检测器和示差折光检测器相比，可以消除因溶剂组成变化和温度变化而引起的基线漂移，特别适合于梯度洗脱，可以检测其他检测器难以检测的化合物，如磷脂、皂苷、糖类和聚合物等。但蒸发光散射检测器不适于测定具有挥发性的化合物，而且流动相必须是可挥发的，如果流动相含有缓冲盐，则必须使用挥发性盐，如醋酸铵等，而且浓度要尽可能低。

6. 其他检测器 包括电化学检测器（electrochemical detector）、化学发光检测器（chemiluminescence detector）、质谱检测器（HPLC－MS 联用）等。

7. 检测器的性能指标 HPLC 检测器的性能指标主要有灵敏度（sensitivity，S）、噪声（noise，N）、漂移（drift，d）、检测限（detectability，D）、线性范围（liner range）等，请参见气相色谱部分。另外紫外、荧光等光学检测器还有波长准确度、光源光强度等指标。

知识链接

二维高效液相色谱法

对于复杂性高的样品，例如含有多个难分离的物质对的样品，或者是需分析痕量杂质含量的高纯样品，想使用一根高效液相色谱柱来解决不同类型的分析问题，在实际应用中是不可行的。为了实现组成复杂的样品分离，20 世纪 70 年代由 Huber 等提出并开发了二维高效液相色谱分离技术，将样品在经过一维色谱柱分离的基础上，利用高压切换阀，把色谱柱中某个混合组分（混合组分峰）的一部分（或全部）选择性地切换到二维色谱柱上进行再次分离。二维高效液相色谱显示出超强的分离能力：①可大大提高色谱系统的选择性和分离能力，与常规一维高效液相色谱相比，分离效果好、节省分析时间。②能从含多种未知组分的复杂样品中分离出目标组分，而不需对样品进行预处理。③可对纯净样品中的痕量杂质进行分析和富集，从而提高检测灵敏度。

第三节 高效液相色谱法中的速率理论

PPT

速率理论也适用于高效液相色谱，由于高效液相色谱用液体作流动相，所以其表现形式与气相色谱有所不同。

一、柱内展宽

高效液相色谱分析中，当样品进入液相色谱柱后，在液体流动相的带动下实现各个组分的分离，并引起色谱峰展宽，此过程与气相色谱类似，也符合速率理论方程式，参见第十一章式（11－27）。由于液体和气体性质的差异，液相色谱的速率方程式在纵向扩散项（B/u）和传质阻力项（Cu）上与气相色谱有所差异，1958 年 Giddings 等人提出了液相色谱速率方程。

$$H = A + \frac{B}{u} + (C_{\mathrm{M}} + C_{\mathrm{SM}} + C_{\mathrm{S}}) \cdot u \tag{14-1}$$

式中，C_{SM}为静态流动相传质阻力项系数，其余各项与 Van Deemter 方程含义相同。

1. 涡流扩散项（A） 当样品进入由全多孔微粒固定相填充的色谱柱后，在液体流动相驱动下，样品分子会遇到固定相颗粒的阻碍，不可能沿直线运动，而是不断改变方向，形成紊乱似涡流的曲线运动。由于样品分子在不同流路中受到的阻力不同，使其在柱中的运行速度不同，加上运行路径的长短不一致，因此到达柱出口的时间不同，导致峰形的展宽，它仅与固定相的粒度和色谱柱填充的均匀程度有关，即 $A = 2\lambda d_{\mathrm{p}}$，所以减小固定相颗粒直径、填充均匀可以减小涡流扩散，提高柱效。

2. 纵向扩散项（B/u） 样品在色谱柱后，由于存在浓度梯度，组分分子沿着流动相前进的方向自发地由高浓度区域向低浓度区域扩散，造成色谱峰展宽，又称纵向扩散。样品在色谱柱中滞留的时间愈长，组分在液体流动相中的扩散系数（D_{M}）越大，谱带展宽也越严重。由于液相色谱中流动相是液体，黏度（η）比气体大得多，柱温（T）又比气相色谱低得多，而 $D_{\mathrm{M}} \propto (T/\eta)$，因此液相色谱的 D_{M}比气相色谱的 D_{M}小约 10^5倍。而且在液相色谱中流动相流速一般至少是最佳流速的 3～5 倍，因此液相色

谱中纵向扩散项 B/u 很小，在大多数情况下可忽略不计。

3. 固定相的传质阻力项（$C_S u$） 组分分子从液体流动相转移进入固定相和从固定相移出重新进入液体流动相的过程，会受到固定相的阻碍，引起色谱峰的展宽，由于目前大都采用化学键合相，固定相表面是键合的单分子层官能团，其传质阻力很小，所以 C_S 可以忽略不计。

4. 流动相的传质阻力项（$C_M u$） 组分分子从液体流动相转移进入固定相和从固定相移出重新进入液体流动相的过程，会受到流动相液体的阻碍，引起色谱峰的展宽。同时，在固定相颗粒间移动的流动相，对处于不同层流的组分分子具有不同的流速，在紧挨颗粒边缘的流动相层流中的组分分子移动速度要比在中心层流中的移动速度慢，也会引起峰形扩展。由于 $C_M \propto d_p^2/D_M$ ，所以减小固定相颗粒及流动相液体的黏度可以减小峰展宽，提高柱效。

5. 静态流动相的传质阻力项（$C_{SM} u$） 液相色谱柱中装填的全多孔固定相，其颗粒内部的孔洞充满了静态流动相，组分分子在静态流动相中的扩散会产生传质阻力。对仅扩散到孔洞中静态流动相表层的组分分子，其仅需移动很短的距离，就能很快地返回到颗粒间流动的主流路；而扩散到孔洞较深处静态流动相中的组分分子，就会消耗更多的时间停留在孔洞中，当其返回到主流路时造成谱带的扩展。由于影响 C_{SM} 的因素与 C_M 相同，即 $C_M \propto d_p^2/D_M$ ，所以减小固定相颗粒及流动相液体的黏度可以减小峰展宽，提高柱效。

综上所述，HPLC 中使用键合固定相时，速率方程的表现形式为：

$$H = A + (C_M + C_{SM})u \qquad (14-2)$$

将 H 对 u 作图，可绘制出和气相色谱相似的 $H-u$ 曲线，如图 14－14 所示。曲线的最低点对应着最低理论塔板高度 H_{min} 和流动相的最佳线速 u_{opt}。在 HPLC 中，$H-u$ 曲线具有平稳的斜率，这表明采用较高的流动相流速时，色谱柱柱效无明显的损失。因此，HPLC 实际应用中可以采用较高流速进行分析，缩短分析时间。

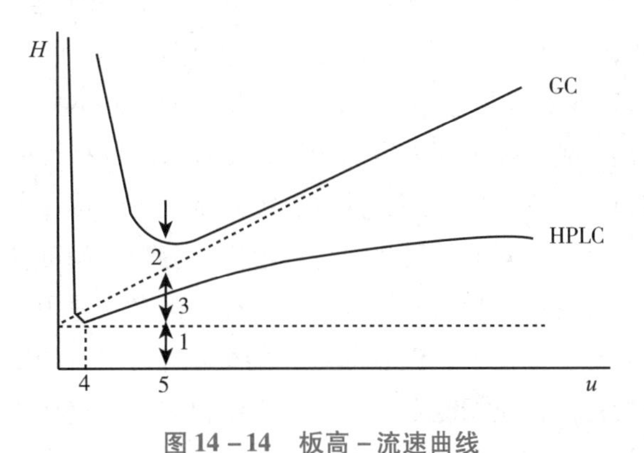

图 14－14　板高－流速曲线

1. A；2. B/u；3. Cu；4. HPLC 的 u_{opt}；5. GC 的 u_{opt}

二、柱外展宽

从进样器到检测器之间除柱子本身外的所有死体积称为柱外死体积，柱外峰展宽是指组分由于柱外死体积所导致的峰展宽。如进样器、接头、连接管路和检测池等，都将导致色谱峰的展宽，柱效下降。

为了减小柱外展宽的影响，应当尽可能减小柱外死体积。为了减少柱外效应，各部件连接时，一般使用所谓“零死体积接头”。检测器应尽可能采用小体积流通池。

第四节 各类高效液相色谱分离方法

一、吸附色谱法

1. 分离原理 吸附色谱（adsorption chromatography）又称为液-固吸附色谱（liquid-solid adsorption chromatography），是以固体吸附剂为固定相，基于其对不同组分吸附能力的差异进行混合物分离。吸附剂是一些多孔性的固体颗粒，如氧化铝、硅胶等。当混合物随流动相通过吸附剂时，在吸附剂表面的活性中心，组分分子和流动相分子发生吸附竞争。由于流动相与各组分对吸附剂的吸附能力不同，对极性吸附剂来讲，极性大的组分易被吸附，保留能力强，K 值大；当流动相极性增大时，在吸附剂表面流动相分子对吸附剂表面活性中心的吸附竞争增强，洗脱能力增强，组分的 K 值减小。

2. 吸附色谱固定相 可分为极性和非极性两大类。极性固定相主要有硅胶、氧化铝和硅酸镁分子筛等。非极性固定相有高强度多孔微粒活性炭和近来开始使用的5～10μm的多孔石墨化炭黑，以及高交联度苯乙烯-二乙烯基苯共聚物的单分散多孔微球（5～10μm）与碳多孔小球等，其中应用最广泛的是硅胶，主要有表面多孔型硅胶、无定形全多孔硅胶、球形全多孔硅胶、堆积硅珠等类型。

其中，球形全多孔硅胶常用粒度为3～10μm，除具有无定形全多孔硅胶的优点外，还有涡流扩散小、渗透性好的优点，是化学键合相的理想载体。主要用于分离易溶于有机溶剂的极性至弱极性化合物及异构体。使用硅胶作固定相时流动相应严格脱水。

二、化学键合相色谱法

化学键合相（chemical bounded phase）是采用化学反应的方法将固定液的官能团键合在载体表面上形成的固定相，简称键合相；以化学键合相为固定相的液相色谱法称为化学键合相色谱（chemical bounded phase chromatography）或键合相色谱（bounded phase chromatography，BPC）。由于键合相非常稳定，在使用中不易流失。键合到载体表面的官能团可以是各种不同极性的，因此它适用于各种样品的分离分析，目前在高效液相色谱法中应用最广，并占有极其重要的地位。

根据键合相与流动相相对极性的强弱，可将键合相色谱法分为正相键合相色谱法和反相键合相色谱法。在正相键合相色谱法中，键合固定相的极性大于流动相的极性，适用于分离脂溶性或水溶性的极性与强极性化合物。在反相键合相色谱法中，键合固定相的极性小于流动相的极性，适用于分离非极性、极性或离子型化合物，其应用范围比正相键合相色谱法广泛得多。在高效液相色谱法中，70%～80%的分析任务是由反相键合相色谱法来完成的。

1. 分离原理

（1）正相键合相色谱的分离原理　正相键合相色谱固定相是极性键合相，以极性有机基团如氨基（$—NH_2$）、氰基（—CN）等键合在硅胶表面制成的，组分分子在此类固定相上的分离主要靠范德华作用力的定向作用力、诱导作用力及氢键作用力。流动相极性增大，洗脱能力增强，组分的 K 值减小。

（2）反相键合相色谱的分离原理　反相键合相色谱固定相是极性较小的键合相，以极性较小的有机基团如苯基、烷基等键合在硅胶表面制成的，流动相溶剂的极性大于固定相，其分离机制可用疏溶剂作用理论来解释。这种理论认为：键合在硅胶表面的非极性或弱极性基团具有较强的疏水性，当用极性溶剂作流动相时，组分分子中的非极性部分与极性溶剂相接触相互产生排斥力（疏溶剂斥力），促使组分分子与键合相的疏水基团产生疏水缔合作用，使其在固定相上产生保留作用；另一方面，当组分分子中有极性官能团时，极性部分受到极性溶剂的作用，促使它离开固定相，产生解缔作用并减小其保留作用，如图14－15所示。

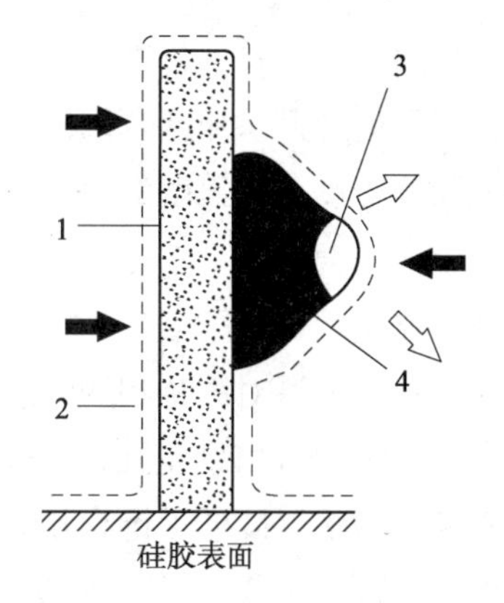

图14－15　疏溶剂缔合作用示意图

1. 烷基键合相；2. 溶剂膜；3. 组分分子极性部分；4. 组分分子非极性部分；
➡表示疏溶剂作用；
⇨表示极性溶剂的解缔作用

不同结构的组分在键合固定相上的缔合和解缔能力不同，决定了不同组分分子在色谱分离过程中的迁移速度不同，从而使得各种不同组分得到了分离。

烷基键合固定相对每种组分分子缔合作用和解缔作用能力之差，就决定了组分分子的保留值。组分的容量因子 k 与它和非极性烷基键合相缔合过程的总自由能的变化 ΔG 值相关，可表示为：

$$\ln k = \ln \frac{1}{\beta} - \frac{\Delta G}{RT}, \beta = \frac{V_m}{V_s} \quad (14-3)$$

式中，β 为相比；ΔG 与组分的分子结构、烷基固定相的特性和流动相的性质密切相关。

1）组分分子结构对保留值的影响　在反相键合相色谱中，组分的分离是以它们的疏水结构差异为依据的，组分的极性越弱，疏水性越强，保留值越大。根据疏溶剂理论，组分的保留值与其分子中非极性部分的总表面积有关，其与烷基键合固定相接触的面积愈大，保留值也越大。

2）烷基键合固定相的特性对保留值的影响　烷基键合固定相的作用在于提供非极性作用表面，因此键合到硅胶表面的烷基数量决定着组分 k 的大小。随碳链的加长，烷基的疏水特性增加，键合相的非极性作用的表面积增大，组分的保留值增加，其对组分分离的选择性也增大。

3）流动相性质对保留值的影响　流动相的表面张力愈大、介电常数愈大，其极性愈强，此时组分与烷基键合相的缔合作用愈强，流动相的洗脱强度弱，组分的保留值越大。

2. 化学键合固定相　由于键合相表面的固定液官能团一般多是单分子层，类似于“毛刷”，因此也称具有单分子层官能团的键合相为“刷子”型键合相。键合相的优点：①使用过程中不流失；②化学性能稳定，一般在pH 2～8的溶液中不变质；③热稳定性好，一般在70℃以下不变性；④载样量大，比硅胶约高一个数量级；⑤适用梯度洗脱。

目前，化学键合相广泛采用全多孔硅胶为载体，按固定液（基团）与载体（硅胶）相结合的化学键类型，可分为Si—O—C、Si—N、Si—C及Si—O—Si—C型键合相。Si—O—Si—C型键合相稳定性好，容易制备，是目前应用最广的键合相，制备方法是用氯代硅烷或烷氧基硅烷与硅胶表面的游离硅醇基反应，形成Si—O—Si—C型的单分子膜而制得，按极性可分为非极性、中等极性与极性三类。

（1）非极性键合相　十八烷基键合相（octadecylsilane，ODS或 C_{18}）是最常用的非极性键合相。将十八烷基氯硅烷试剂与硅胶表面的硅醇基，经多步反应脱HCl生成ODS键合相。键合反应可简化如下。

$$\equiv Si—OH + Cl—\underset{R_2}{\overset{R_1}{Si}}—C_{18}H_{37} \longrightarrow \equiv Si—O—\underset{R_2}{\overset{R_1}{Si}}—C_{18}H_{37} + HCl$$

由于不同生产厂家所用的硅胶、硅烷化试剂和反应条件不同，具有相同键合基团的键合相，其表面有机官能团的键合量往往差别很大，使其产品性能有很大的不同。键合相的键合量常用含碳量（C%）来表示，按含碳量的不同，可分为高碳、中碳及低碳型ODS键合相。若 R_1、R_2 是两个甲基，构成高碳ODS键合相［Si—O—Si（CH_3）$_2$—$C_{18}H_{37}$］，该键合相载样量大、保留能力强；若 R_1 是氢、R_2 是氯，氯与硅胶的另一个硅醇基脱HCl，则生成中碳ODS键合相［（Si—O—）$_2$Si（H）—$C_{18}H_{37}$］；若 R_1、R_2 都是氯，与硅胶的另两个硅醇基再脱两分子HCl，生成低碳ODS键合相［（Si—O—）$_3$Si—$C_{18}H_{37}$］。含碳量与键合反应及表面覆盖度有关。

在硅胶表面，每平方纳米约有5或6个硅醇基可供化学键合。由于键合基团的立体结构障碍，使这些硅醇基不能全部参加键合反应。参加反应的硅醇基数目，占硅胶表面硅醇基总数的比例，称为该固定相的表面覆盖度。覆盖度的大小决定键合相是分配作用还是吸附作用占主导。Partisil 5 - ODS的表面覆盖度为98%，即残存2%的硅醇基，分配作用占主导。Partisil 10 - ODS的表面覆盖度为50%，既有分配又有吸附作用。

残余的硅醇基对键合相的性能有很大影响，特别是对非极性键合相，它可以减小键合相表面的疏水性，对极性组分（特别是碱性化合物）产生次级化学吸附，从而使保留机制复杂化，使组分在两相间的平衡速度减慢，降低了键合相填料的稳定性，使碱性组分的峰形拖尾等。为尽量减少残余硅醇基，一般在键合反应后，用三甲基氯硅烷或六甲基二硅胺进行钝化处理，称封尾（或称遮盖、封端、封顶，end - capping），封尾后的ODS吸附性能降低，稳定性增加，这种键合相只有分配作用，具有强疏水性。有时为了使ODS与含水流动相有较好的湿润性，有些ODS填料是不封尾的。

常见的其他非极性键合相有八烷基及苯基键合相等。八烷基键合相（C_8）与十八烷基键合相类似，但载样量有差别。键合基团的链长增加，载样量增大、k值增大。苯基键合相（$—C_6H_5$）与极性样品具有可诱导极化分子间作用力，极性略大于ODS。

（2）中等极性键合相　常见的有醚基键合相。这种键合相既可作正相色谱又可作反相色谱的固定相，视流动相的极性而定。这类固定相应用较少。

（3）极性键合相　常用氨基、氰基键合相为极性键合相。分别将氨丙硅烷基［$—Si—(CH_2)_3NH_2$］及氰乙硅烷基［$—Si(CH_2)_2CN$］键合在硅胶上而制成，可用作正相色谱的固定相。氨基键合相是分离糖类最常用固定相，常用乙腈 - 水为流动相；氰基键合相与硅胶类似，但极性比硅胶弱，且对双键异构体有良好的分离选择性。

三、离子对色谱法

在流动相中加入与组分分子电荷相反的离子对试剂，对离子型或可离子化的化合物进行分离的方法称为离子对色谱法（ion pair chromatography，IPC或paired ion chromatography，PIC），是由离子对萃取发展而成的一种分离分析方法，离子对萃取是一种液 - 液分配分离离子型化合物的技术，这种萃取方法是选择合适的反电荷离子加入水相中，与被分离化合物形成离子对，离子对表现为非离子性的中性物质，被萃取到有机相中。因此可用于分析在反相键合相上保留值很低的完全离子化的强极性化合物。现在最常用的是反相离子对色谱法，它使用反相色谱中常用的固定相（如ODS），能同时分离离子型化合物和中性化合物。

1. 原理　将一种（或数种）与样品离子电荷（A^+）相反的离子（B^-，称为对离子、反离子，counter ion，）加入色谱系统的流动相中，使其与样品离子结合生成弱极性的离子对A^+B^-，（呈电中性缔合物）。此离子对不易在水中离解而迅速进入有机相中，存在以下平衡。

$$A_W^+ + B_W^- \leftrightarrow (A^+B^-)_O \qquad (14-4)$$

式中，下标W为水相，O为有机相。

此时样品A会在水相和有机相中分布，其分布系数E_{AB}为：

$$E_{AB} = \frac{[A^+B^-]_O}{[A^+]_W[B^-]_W} \qquad (14-5)$$

由于加入的对离子$[B^-]_W >> [A^+]_W$，所以$[A^+]_W$很小。

当用反相键合相为固定相时，就构成反相离子对色谱，则组分A（弱极性的离子对）的K值为：

$$K = \frac{C_s}{C_m} = \frac{[A^+ B^-]_O}{[A^+]_W} = E_{AB}[B^-]_W \qquad (14-6)$$

由此可见，当流动相的 pH、离子强度、离子对试剂的类型、浓度及温度保持恒定时，K 与离子对试剂的浓度 $[B^-]_W$ 成正比。因此通过调节对离子的浓度，可以改变被分离样品离子的保留时间 t_R。不同组分的 E_{AB} 不同，K 值不同。

2. 影响离子对色谱保留值及分离选择性的因素

（1）溶剂极性的影响　在反相离子对色谱中，常使用水－甲醇、水－乙腈混合溶剂作流动相。当增加甲醇、乙腈含量，降低水的体积比时，会使流动相的洗脱强度增大，使组分的 K 减小。

（2）离子强度的影响　在反相离子对色谱中，增加含水流动相的离子强度，会使组分的 K 值降低。

（3）pH 的影响　在离子对色谱中，改变流动相的 pH 是改善分离选择性很有效的方法。在反相离子对色谱中，当 pH 接近 7 时，组分的 K 值最大，此时样品分子完全电离，最容易形成离子对。当流动相 pH 降低时，样品阴离子 X^- 开始形成不易离解的酸 HX，从而导致固定相中样品离子对的减少。因此对阴离子样品来讲，其 K 值随体系的 pH 降低而减小。

（4）离子对试剂的性质和浓度的影响　在离子对色谱中，能够提供对（反）离子的试剂称为离子对试剂，分析有机碱的常用离子对试剂为高氯酸盐和烷基磺酸盐。分析有机酸的离子对试剂为叔胺盐和季铵盐。在反相离子对色谱中，离子对试剂的烷基链越长，其分子量、疏水性增大，会使生成的离子对缔合物的 K 值增大。此时，若使用无机盐离子对试剂，会因其疏水性减小而使缔合物的 K 值显著降低。反相离子对色谱中，随对离子浓度的增加，缔合物的 K 值会增加。由式（14－6）可知，离子对试剂的浓度越高，组分的 K 值越大。

四、分子排阻色谱法

分子排阻色谱（size exclusion chromatography，SEC）是按分子尺寸大小顺序进行分离的一种色谱方法。根据所用流动相的不同，可分为两类：即用水溶剂作流动相的凝胶过滤色谱法（GFC）与用有机溶剂作流动相的凝胶渗透色谱法（GPC），主要用来分析高分子物质的相对分子质量分布。

1. 常用固定相　目前常用的主要是刚性凝胶，主要类型有：高交联度苯乙烯－二乙烯基苯共聚物微球，粒度约为 10μm，孔径 10～100nm，耐压达 40MPa，主要用于多种聚合物的凝胶渗透色谱；羟基化聚醚多孔微球，粒度为 10μm，孔径 5～200nm，耐压 20～30MP，主要用于像聚乙二醇类的线性聚合物和球蛋白的凝胶过滤色谱；表面经疏水性基团改性的多孔球形硅胶，粒度 10μm，孔径 10～200nm，耐压达 50MPa，可用于凝胶渗透色谱，表面经亲水性基团改性的多孔球形硅胶即可用于蛋白质、核酸、多糖的凝胶过滤色谱，也可用于凝胶渗透色谱。

2. 凝胶固定相的特性参数

（1）渗透极限　系指凝胶可用来分离化合物（或组分）分子量的最大值，超过此极限，高分子量化合物（或组分）都从凝胶颗粒间的空隙体积（V_o）处流出，而无法分离。

（2）分离范围　是指凝胶的分子量校正曲线的线性部分，应根据其分离范围及样品的分子量分布范围来选择合适的凝胶固定相。

3. 高分子化合物的分子量及其分布的测定　因为 $V_R = K_1 - K_2 \lg M$，所以可根据色谱分离结果测定高分子的分子量及其分布。测定时应先利用分子量已知的标准样品，测绘分子量校正曲线，即 $\lg M - V_R$ 曲线，再由此曲线测定待测样品的分子量及其分布。

五、其他色谱法

高效液相色谱法中还包括离子交换色谱（ion exchange chromatography，IEC）、亲和色谱（affinity chromatography)、胶束色谱（micellar chromatography)、手性色谱（chiral chromatography）等方法。

PPT

第五节　流动相及洗脱方式

在高效液相色谱分析中，当选定色谱柱后，主要通过调节流动相的组成改善分离，因此流动相的作用非常重要。根据色谱分离方程：$R=\frac{\sqrt{n}}{4}\cdot\frac{k_2}{1+k_2}\cdot\frac{\alpha-1}{\alpha}$，在保证柱效（$n$）的前提下，应选择合适的溶剂强度使组分的 k 在最佳范围，选择合适种类的溶剂以改善选择性使α增大，来获得良好的分离度。

一、对流动相溶剂的一般要求

从实用角度考虑，选用作为流动相的溶剂应当价廉，容易购得，使用安全，纯度高。除此之外，还应满足高效液相色谱分析的下述要求。

（1）用作流动相的溶剂应与固定相不互溶，并能保持色谱柱的稳定性；所用溶剂纯度要高，一般应选用 HPLC 级（色谱纯）试剂，如果溶剂不纯，其所含微量杂质在色谱柱中积累，会造成色谱柱性能改变、基线噪声增加、分析结果重现性变差等不良影响。

（2）选用的溶剂性能应与所使用的检测器相匹配。如使用紫外吸收检测器，不能选用在检测波长处有紫外吸收的溶剂；若使用示差折光检测器，不能使用梯度洗脱。

（3）选用的溶剂应对样品有足够的溶解能力，以提高测定的灵敏度和精密度。

（4）选用的溶剂应具有低的黏度和适当低的沸点。溶剂黏度低，可减小组分的传质阻力，利于提高柱效。另外从制备、纯化样品考虑，低沸点的溶剂易用蒸馏方法从柱后收集液中除去，利于样品的纯化。

（5）应尽量避免使用具有显著毒性的溶剂，以保证操作人员的安全。

二、常用流动相溶剂的性质

液相色谱中常用溶剂的物理性质和有关的色谱性质参见附录四。

1. 表征溶剂特性的重要参数　表征溶剂特性的参数有沸点、介电常数、水溶性等物理性质以及与所用检测器有关的折射率、紫外吸收截止波长。与高效液相色谱分离过程密切相关的溶剂特性参数是溶剂强度参数 ε^0，极性参数 P'和黏度 η。

（1）黏度（η）　随溶剂黏度增加，传质速率降低，柱效下降，应尽可能选用低黏度溶剂。

（2）溶剂强度参数 ε^0　在液固吸附色谱中常用由 Snyder 提出的溶剂强度参数 ε^0来表示溶剂的洗脱强度。它定义为溶剂 ε^0数值愈大，表明溶剂与吸附剂的亲和能力愈强，则愈易从吸附剂上将组分洗脱下来，即对组分的洗脱能力愈强，从而使组分的 k 愈小。

在液固吸附色谱法中，对复杂混合物的分离难以用纯溶剂洗脱来实现，此时需采用二元混合溶剂体系来提高分离的选择性。二元混合溶剂的洗脱强度随其组成的改变而变化，在液固吸附色谱中，组分的 k 与溶剂强度 ε^0的关系为：

$$\lg\frac{k_1}{k_2}=\beta\cdot A_s(\varepsilon_2^0-\varepsilon_1^0) \tag{14-7}$$

式中，k_1、k_2 分别为组分被溶剂强度为 ε_1^0、ε_2^0 的两种流动相洗脱时的容量因子；β 为吸附剂活性；A_s 为组分分子的表面积，均为定值。因此组分 k 值之比的对数与流动相的 ε^0 数值之差成正比，从而可找到具有适用的 ε^0 值的混合溶剂，使组分的 k 值达到最佳。

（3）溶剂的极性参数 P'　在分配色谱和键合相色谱中为了描述溶剂和组分分子作用力的大小，用“极性”对流动相的综合作用力给以定量地表示，常用 Rohrschneider 数据来描述溶剂的极性，以极性参数 P' 表示。在正相色谱中，P' 越大，洗脱能力越强；在反相色谱中，P' 越大，洗脱能力越弱。调节溶剂极性可使样品组分的容量因子在适宜范围。

混合溶剂的极性参数可由式（14－8）计算：

$$P'_{ab} = \varphi_a P'_a + \varphi_b P'_b \tag{14-8}$$

式中，φ_a 和 φ_b 分别为混合溶剂中溶剂 A 和 B 所占的体积分数；P'_a 和 P'_b 分别为溶剂 A 和 B 的极性参数。对正相色谱组分的 k 与溶剂极性参数 P' 的关系为：

$$\frac{k_2}{k_1} = 10^{(P'_1-P'_2)/2} \tag{14-9}$$

反相色谱则为：

$$\frac{k_2}{k_1} = 10^{(P'_2-P'_1)/2} \tag{14-10}$$

式中，P'_1、P'_2 分别为两种流动相的极性参数；k_1、k_2 为组分相应的容量因子。

2. 溶剂的选择性与分类　溶剂的选择性是由溶剂分子与组分分子间的相互作用力决定的，当溶剂分子与组分分子间的相互作用力不同时，其选择性才有差异。Synder 根据分子间作用力不同，将溶剂的选择性参数分为 3 类，即溶剂接受质子能力（x_e）、给予质子能力（x_d）和偶极作用的能力（x_n），将高效液相色谱的常用溶剂按其 x_e、x_d、x_n 值作成三角坐标图，可发现选择性相似的溶剂分布在一定的区域内，按选择性不同，常用溶剂可分为 8 组，如图 14－16 所示。

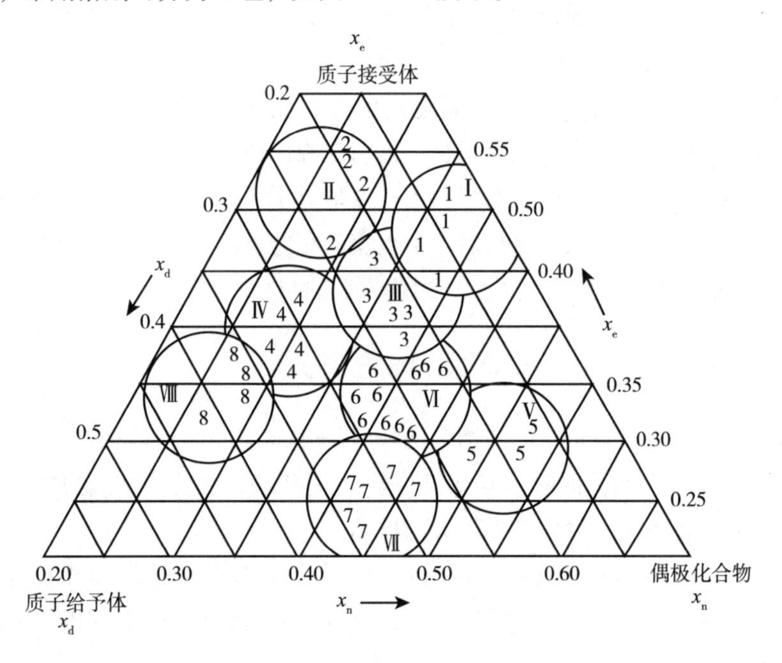

图 14－16　溶剂选择性分组三角形坐标图

按图 14－16 选择性分类，各选择性组大致包括以下一些溶剂。

Ⅰ组：脂肪醚（纯质子接受体）、三烷基胺、四甲基胍、六甲基磷酰胺。

Ⅱ组：脂肪醇（质子接受－给予体）。

Ⅲ组：吡啶衍生物、四氢呋喃（质子接受体，易极化）、亚砜、酰胺（除甲酰胺外）。

Ⅳ组：乙二醇、乙酸、甲酰胺、苯甲醇。

Ⅴ组：二氯甲烷、二氯乙烷（大偶极矩）。

Ⅵ组：脂肪酮和酯、二氧六环、腈、砜。

Ⅶ组：芳烃、芳醚、硝基甲烷。

Ⅷ组：氟代醇、三氯甲烷、水（质子给予体）。

各种同系物属同一个选择性组。同一组溶剂在分离中具有相似的选择性，不同组别的溶剂，具有不同的选择性，距离越远，选择性差异越大。采用不同组别的溶剂，可显著改变溶剂的选择性。从图14－16可以看到，Ⅰ、Ⅴ、Ⅷ三组溶剂距离最远，由一组溶剂变换到另一组溶剂，将有最大的选择性变化。

3. 改善色谱分离度的方法

（1）调节流动相的极性和选择性　为使组分获得良好的分离，通常希望待测组分的容量因子 k 保持在1～10，若组分的 k 值大于10或小于1时，可通过调节流动相的极性，来获取适用的 k 值。

在正相色谱中常采用饱和烷烃如正己烷作基础溶剂，加入具有不同选择性的溶剂如乙醚（Ⅰ组）、二氯甲烷（Ⅴ组）、三氯甲烷（Ⅷ组）等，来调节溶剂强度；在反相色谱中则常采用水为基础溶剂，加入甲醇（Ⅱ组）、乙腈（Ⅵ组）、四氢呋喃（Ⅲ组）等来调节溶剂强度，并获得不同的选择性。

当选择的二元混合溶剂对给定的分离有合适的溶剂强度，即被分离组分的 k 在1～10，但选择性不好时，为改善分离的选择性，欲用另一选择性组别的溶剂B代替A，重新组成混合流动相，并保持极性参数 P' 不变，可利用式（14－8）计算所需溶剂B的体积分数 φ_b。若二元溶剂不能达到良好的选择性还可采用多元溶剂系统来改善选择性。

（2）向流动相中加入改性剂改善峰形

1）离子抑制法　反相色谱中分离分析有机弱酸、弱碱时，常向含水流动相中加入酸、碱或缓冲溶液，以控制流动相的pH，抑制组分的解离，减少谱带拖尾、改善峰形。

2）离子强度调节法　反相色谱中，在分析易离解的碱性有机物时，随流动相pH的增加，键合相表面残存的硅羟基与碱的阴离子的亲和能力增强，会引起峰形拖尾并干扰分离，此时若向流动相中加入0.1%～1%的乙酸盐或硫酸盐、硼酸盐，就可利用盐效应减弱残存硅羟基的干扰作用，抑制峰形拖尾，改善分离效果。向含水流动相中加入无机盐后，会使流动相的表面张力增大，对非离子型组分，会引起 k 值增加，对离子型组分，会随盐效应的增加，引起 k 值的减小。

三、洗脱方式

HPLC有等度洗脱（isocratic elution）和梯度洗脱（gradient elution）两种洗脱方式。

1. 等度洗脱　是指进行色谱分离时，流动相的极性、pH等，在分离的全过程中皆保持不变的洗脱方式，适合于待测组分数目较少，性质差别不大的样品。

2. 梯度洗脱　是指在洗脱过程中含两种或两种以上不同极性溶剂的流动相的组成会连续或间歇地改变，以调节流动相的极性、pH等，改善样品中各组分间的分离度。用于分析组分数目多、性质（k）差异较大的复杂样品。

若试样中含有多个组分，其容量因子 k 值的分布范围很宽，如用低强度的流动相进行等度洗脱，此时 k 值小的组分分离度较大，而 k 值大的组分保留值较大，其峰形很宽；如用高强度的流动相进行等度洗脱，虽然强保留组分可在适当的时间范围内作为窄峰被洗脱下来，但弱保留的组分就会在色谱图的起始部分挤在一起流出，而不能获得满意的分离。对上述等度洗脱时存在的问题，若改用梯度洗脱就可圆满地予以解决。

梯度洗脱可先用低强度流动相开始洗脱，待 k 值小的组分彼此分离后，逐渐增加流动相的洗脱强度，使 k 值大的强保留组分能在适当的保留时间内，以满意的分离度从色谱柱中洗脱，从而获得满意的分析结果。高效液相色谱分析中的梯度洗脱和气相色谱分析中的程序升温作用类似。

梯度洗脱可以缩短分析时间、提高分离度、改善峰形、提高检测灵敏度，但是常常引起基线漂移和降低重现性。

第六节　定性与定量分析方法

PPT

一、定性分析

由于液相色谱过程中影响组分迁移的因素较多，同一组分在不同色谱条件下的保留值相差很大，即便在相同的操作条件下，同一组分在不同色谱柱上的保留也可能有很大差别，因此液相色谱与气相色谱相比，定性的难度更大。以下介绍几种常用的定性方法。

1. 利用已知物对照品对照定性　利用对照品对照来对未知化合物定性是最常用的液相色谱定性方法，该方法的原理与气相色谱法中相同。

（1）利用保留时间定性　当色谱条件一定时，保留值只与组分的性质有关，因此可以利用保留值进行定性。如果在相同的色谱条件下待测组分与对照品的保留值一致，就可以初步认为待测组分与对照品相同。若流动相组成经多次改变后，待测组分的保留值仍与对照品的保留值一致，就能进一步证实待测组分与对照品为同一化合物。

（2）利用加入对照品增加峰高定性　将适量的对照品加入样品中，混匀，进样，对比对照品加入前后的色谱图，若加入对照品后某色谱峰相对增高，而峰宽不变，则该色谱组分与对照品可能为同一物质。

2. 利用色谱－光谱联用技术定性　DAD 检测器可得到三维色谱－光谱图，可以对比待测组分及标准物质的光谱图结合保留时间进行定性鉴别。此外还可利用 HPLC－MS、HPLC－NMR、HPLC－FTIR 等联用技术进行定性分析。

二、定量分析

高效液相色谱的定量方法与气相色谱定量方法类似，主要有面积归一化法、外标法和内标法。

1. 归一化法　要求所有组分都能分离并有响应，其基本方法与气相色谱中的归一化法类似。由于液相色谱所用检测器多为选择性检测器，对某些组分没有响应，因此液相色谱法很少使用归一化法。

2. 外标法　是以待测组分对照品配制标准溶液，与样品溶液同时作色谱分析，通过比较组分峰面积和对照品的峰面积而定量的，可分为标准曲线法、外标一点法和外标两点法。外标法是高效液相色谱最常用的定量分析方法。

3. 内标法　是将一定量的内标物加入样品中，经色谱分析，根据样品的重量和内标物重量以及待测组分峰面积和内标物的峰面积，就可求出待测组分的含量。亦可分为标准曲线法、内标一点法（内标对比法）、内标二点法及校正因子法。所用内标物的要求同气相色谱。其优点是可抵消样品基质复杂、仪器稳定性差、进样量不准确等原因带来的定量分析误差。缺点是样品配制比较麻烦，不易寻找内标物。

第七节　超高效液相色谱简介

超高效液相色谱（ultra performance liquid chromatography，UPLC），借助于 HPLC 的理论及原理，利用小颗粒固定相（1.7μm）、非常低的系统体积及快速检测手段等全新技术，使分离度、分析速度、检测灵敏度及色谱峰容量大大提高，从而全面提升了液相色谱的分离分析效能。

一、理论基础

在高效液相色谱的速率理论中，如果仅考虑固定相粒度 d_p 对板高 H 的影响，其简化方程式可表达为：

$$H = A(d_p) + \frac{B}{u} + C(d_p)^2 u \tag{14-11}$$

所以，减小固定相粒度 d_p，可显著减小板高 H。不同粒度 d_p 的固定相的 $H-u$ 曲线如图 14－17 所示。

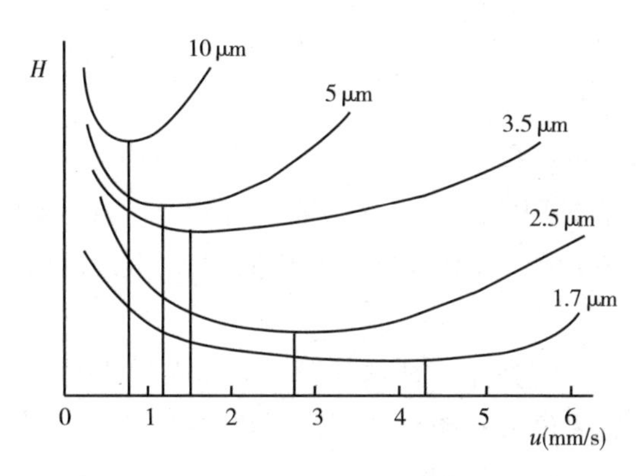

图 14－17　不同粒度（d_p）的 $H-u$ 曲线

由式（14－11）可明显看出，随固定相粒度 d_p 的减小，色谱柱的 H 也愈小，柱效也越高。因此，固定相的粒度大小是影响色谱柱柱效最重要的因素。

具有不同粒度固定相的色谱柱，都对应各自最佳的流动相的线速度，在图 14－17 中，不同粒度的 $H-u$ 曲线对应的最佳线速度如下。

d_p（μm）	10	5	3.5	2.5	1.7
u（mm/s）	0.79	1.20	1.47	2.78	4.32

上述数据表明，随色谱柱中固定相粒度的减小最佳线速度向高流速方向移动，并且有更宽的优化范围。因此，降低色谱柱中固定相的粒度，不仅可以增加柱效，同时还可增加分离分析速度。但是，在使用小颗粒的固定相时，会使 Δp 大大增加，使用更高的流速会受到固定相的机械强度和色谱仪系统耐压性能的限制。只有当使用小粒度的固定相，并达到最佳线速度时，它具有的高柱效和快速分离的特点才能显现出来。

二、实现超高效液相色谱的必要条件

几个领域最新成果的组合，才促成超高效液相色谱的实现：①解决小颗粒填料的耐压问题；②解决小颗粒填料的装填问题，包括颗粒度的分布以及色谱柱的结构；③高压溶剂输送单元；④实现完善的系统整体性设计，降低整个系统的体积，特别是死体积，并解决超高压下的耐压及渗漏问题；⑤快速自动进样器，降低进样的交叉污染；⑥高速检测器，优化流动池以解决高速检测及扩散问题；⑦系统控制及数据管理，解决高速数据的采集、仪器的控制问题。

三、应用前景

与传统的 HPLC 相比，UPLC 的分离速度、灵敏度及分离度分别是 HPLC 的 9 倍、3 倍及 1.7 倍，因此大大节约分析时间，节省溶剂，在很多领域已得到广泛应用：①在组合化学和各种化合物库的合成中，可用于对合成的大量化合物进行快速高通量筛选；②在蛋白质、多肽、代谢组学分析及其他一些生化分析时，大量的样品需要在很短的时间内完成，这时 UPLC 与质谱联用发挥重要作用；③用于在新药合成中作为候选药物的先导化合物的筛选、确定药物破坏性试验的分析方法等，可在短时间内获得大量信息；④在天然产物的分析方面，使用 UPLC 与质谱检测器联用，会对天然产物分析，特别是中药研究领域的发展是一个极大的促进；⑤用于通用、常规 HPLC 分析方法的开发，可大大提高开发速度，缩短开发时间。

PPT

第八节　高效液相色谱－质谱联用技术简介

高效液相色谱－质谱联用技术（HPLC－MS）发挥了色谱高效分离的长处和质谱的高选择性及定性分析的优势，是目前应用最广的色谱－质谱联用技术之一。由于GC－MS 分析热稳定性差或不易汽化的样品存在一定困难，随着联用仪接口问题的解决，HPLC－MS 联用技术有了飞速发展，其应用也越来越广泛。

一、仪器组成原理

HPLC－MS 联用仪由高效液相色谱仪、质谱检测器及 HPLC 和 MS 之间的接口组成。HPLC－MS 联用的关键是 HPLC 和 MS 之间的接口装置。接口装置的主要作用是去除溶剂并使样品离子化。目前 HPLC－MS 联用仪接口装置大都使用大气压离子源（atmosphere pressure ionization，API），主要有电喷雾离子源（electron spray ionization，ESI）和大气压化学离子源（atmospheric pressure chemical ionization，APCI）等，其中电喷雾源应用最为广泛。按质量分析器不同质谱类型主要有单四极杆质谱（Quadrupole，单 Q）、串联三重四极杆质谱（QQQ）、离子阱质谱（ion trap，Trap）、飞行时间质谱（time－of－flight，TOF）等，也有多种质量分析器联合使用的，如 Q－TOF、Q－Trap 等。

二、实验条件的选择

1. HPLC 分析条件的选择　要得到最佳分离及最佳电离。HPLC 条件主要是流动相的组成和流速。在 HPLC 和 MS 联用时，由于要考虑喷雾雾化和电离，有些溶剂、无机酸、不挥发的盐（如磷酸盐）和表面活性剂等不适合作流动相，不挥发性的盐会在离子源内析出结晶，而表面活性剂会抑制其他化合物电离。在 HPLC－MS 分析中常用的溶剂和缓冲液有水、甲醇、乙酸、氢氧化铵和乙酸铵等。由于普通 HPLC 分离的最佳流量往往超过电喷雾允许的最佳流量，常需要采取柱后分流，以达到较好的雾化效果。

2. 离子源的选择　ESI 适合于中等极性到强极性的化合物分子，特别是那些在溶液中能预先形成离子的化合物和可以获得多个质子的大分子（蛋白质）。只要有相对强的极性，ESI 对小分子的分析常常可以得到满意的结果。APCI 适合于非极性或中等极性小分子的分析。

3. 正、负离子模式的选择 ESI 和 APCI 接口都有正负离子测定模式可供选择。正离子模式，适合于碱性样品；负离子模式，适合于酸性样品。样品中含有仲胺或叔胺基时可优先考虑使用正离子模式，如果样品中含有较多的电负性强的基团，如含氯、溴和多个羟基时可尝试使用负离子模式。有些酸碱性不明确的化合物则要通过预试决定需采用的离子模式。

三、定性、定量分析

HPLC - MS 由于其检测灵敏度高、选择性好，在药物及其代谢产物的分析、中药活性成分分析、分子生物学如蛋白质分析等方面均有广泛的应用。

1. 定性分析 由于 HPLC - MS 的电喷雾是一种软电离源，通常很少或没有碎片，可较准确地提供未知化合物的分子量信息，但因提供的结构信息很少，且所得质谱图受试验条件影响较大，因此没有标准图谱库可供检索定性。如果有标准品，利用 HPLC - MS - MS 可以自己建立标准样品的子离子质谱库，利用谱库检索进行定性分析。采用高分辨质谱仪（如 TOF）可以得到未知化合物的组成式，对定性分析十分有利。利用 HPLC - MS - MS 和蛋白质的酶解技术可以进行蛋白质的序列测定。

2. 定量分析 HPLC - MS 得到的信息与 GC - MS 联用仪类似，可通过全扫描、选择离子监测（SIM）等获得待测组分的色谱图等信息，用于定量分析，其基本方法与色谱定量方法相同。对于 HPLC - MS 定量分析，一般不采用通过全扫描获得的总离子流色谱图，而多采用 SIM 色谱图，此时，不相关的组分将不出峰，这样可以减少组分间的互相干扰。

然而，有时样品体系十分复杂，比如血液、尿样等，即使利用 SIM 色谱图，仍然有保留时间相同、分子量也相同的干扰成分存在。为消除其干扰，最好的办法是采用串联质谱（如 QQQ）的多反应监测（multi - reaction monitor，MRM）技术，这样得到的色谱图进行了 3 次选择：通过 HPLC 分离选择组分的保留时间，一级 MS（Q1）选择母离子的分子量，在碰撞室（Q2）内碎裂成碎片，第二级 MS（Q3）选择子离子进行检测，这样得到的色谱峰可以认为不再有干扰，可以得到较高的选择性和精度。这是复杂体系中进行微量成分定量分析常用的方法。

第九节 应用示例

PPT

远志的 HPLC 分析

（1）样品处理 称取一定量药材粉末，用 50% 甲醇水溶液超声提取 40 分钟，抽滤，滤液减压浓缩、定容，取适量用 0.45μm 微孔滤膜过滤，取续滤液进行高效液相色谱分析。

（2）色谱条件 色谱柱：Kromasil C_{18}（4.6 × 250mm，5μm）；流动相：按表 14 - 1 进行梯度洗脱；检测波长：330nm；柱温：30℃；进样量：20μl；在此色谱条件下，远志的色谱图如图 14 - 18 所示。

表 14 - 1 梯度时间表

时间（min）	乙腈（%）	水（%）	流速（ml/min）
0	8	92	1.0
10	12	88	1.0
25	25	75	1.0
45	100	0	1.0

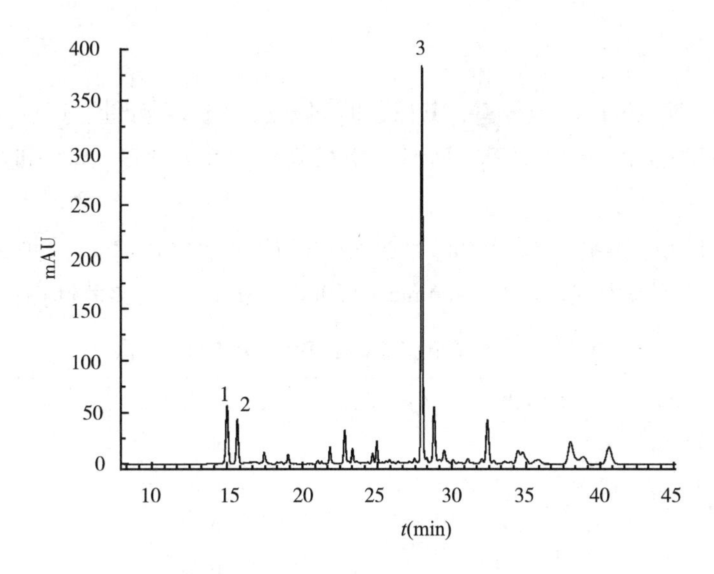

图 14-18 远志的 HPLC 色谱图

1. 西伯利亚远志糖 A_5；2. 西伯利亚远志糖 A_6；3. 3,6′-二芥子酰基蔗糖

目标检测

一、单选题

1. 在高效液相色谱中，范式方程中的（　　）对柱效的影响可以忽略不计

A. 涡流扩散项　　B. 流动相的传质阻力项

C. 固定相的传质阻力项　　D. 纵向扩散项

2. 下列因素中对理论塔板高度没有影响的是

A. 色谱柱的柱长　　B. 流速

C. 色谱柱填料装填的均匀程度　　D. 填料的粒度

3. 在高效液相色谱中，梯度洗脱适用于分离

A. 挥发性组分　　B. 极性化合物

C. 分子量相差大的混合物　　D. 分配比变化范围宽的复杂试样

4. 下列为高效液相色谱仪通用检测器的是

A. 紫外检测器　　B. 蒸发光散射检测器

C. 安培检测器　　D. 荧光检测器

5. 在液相色谱中，为了改变柱子的选择性，可以

A. 改变柱长　　B. 改变填料粒度

C. 改变流动相或固定相种类　　D. 改变流动相的流速

二、简答题

1. 高效液相色谱仪主要部件及其作用是什么？
2. 影响 HPLC 柱效的因素有哪些？如何提高柱效？
3. 试用疏溶剂作用理论解释反相键合相色谱的分离机制。
4. 什么是梯度洗脱？有何特点？
5. 简述如何优化流动相提高分离度。

三、计算题

1. 组分 A 和 B 在一根 10cm 柱上分离，其保留时间分别为 14.4 分钟、15.4 分钟，峰底宽 1.07 分钟、1.16 分钟，死时间为 4.2 分钟，计算：①理论塔板高度；②分离度为 1.5 时所需柱长；③在长柱上组分 B 的保留时间。

2. 取中药大黄药材粉末，精密称取 100mg，加入甲醇 10ml 超声提取 30 分钟，提取液定容至 10ml。采用 RP－HPLC 法测定，色谱柱为 C_{18}柱（4.6mm×150mm，5μm），进样量 20μl。分析结果见表 14－2。

表 14－2　大黄甲醇提取液 HPLC 分析数据报告

色谱峰	化合物	保留时间（min）	半峰宽（min）	峰面积 mAU＊s
1	芦荟大黄素	2.42	0.07	4289
2	大黄酸	2.96	0.08	5960
3	大黄素	3.30	0.10	1067
4	大黄酚	5.83	0.15	2372

（1）若死时间为 1.0 分钟，请计算大黄酚的分配比 k。

（2）计算芦荟大黄素与大黄酸之间的分离度。

（3）以大黄素计算该色谱柱的理论塔板数 n 值。

（4）若配制大黄酸标准品溶液的浓度为 50μg/ml，按同一色谱条件测定后，大黄酸标准溶液的色谱峰面积为 6900mAU＊s，请采用外标一点法计算样品中大黄酸的浓度（μg/ml），以及药材粉末中大黄酸的含量（百分含量）。

书网融合……

思政导航

本章小结

微课

题库

第十五章　高效毛细管电泳 微课

学习目标

知识目标

1. 掌握　高效毛细管电泳法的特点、基本原理和分离模式。
2. 熟悉　毛细管电泳仪的组成。
3. 了解　毛细管电泳区带电泳分离条件的选择。

能力目标　通过本章学习，能够根据样品性质选择合适的毛细管电泳法分离模式。

电泳是电解质中带电粒子在电场作用下，以不同的速度向所带电荷相反电极方向迁移的现象。

毛细管电泳(capillary electrophoresis,CE)又称高效毛细管电泳（high performance capillary electrophoresis，HPCE)，是一类以毛细管为分离通道、以高压直流电场为驱动力的新型液相分离技术。毛细管电泳实际上包含电泳、色谱及其交叉内容，它使分析化学得以从微升水平进入纳升水平，并使单细胞分析，乃至单分子分析成为可能。与传统的电泳技术和现代色谱技术相比，毛细管电泳具有以下特点。①高效快速：分离效率一般可达10^5~10^7理论塔板数/m，分析在几十秒至几十分钟内完成。②微量：进样体积为nl级。③分析对象广：从无机离子到有机物乃至整个细胞。④多模式：可根据需要选用不同的分离模式且仅需一台仪器。⑤经济：实验仪消耗几毫升缓冲溶液，维持费用很低。⑥环保：通常使用水溶液，对人身及环境均无害。

但是，目前毛细管电泳仍然存在一些问题：①制备能力低；②检测绝对含量灵敏度不如高效液相色谱，由于毛细管直径小，使光路太短，用一些检测方法（如紫外吸收光谱法）时，灵敏度较低；③管壁对样品的吸附相对来说比较严重，不利于有吸附性的样品如蛋白质的分析；④重现性差，电渗会因样品组成而变化，易受操作中一些参数变化的影响，进而影响分离重现性和分离模式的选用。

第一节　基本原理

PPT

一、基本概念

（一）电泳

带电荷粒子在外电场作用的定向移动的现象称为电泳。

球形粒子在电场中的迁移速度：

$$v_{ep}=\mu_{ep}\cdot E=\frac{q}{6\pi\eta r}\cdot E \tag{15-1}$$

棒状粒子在电场中的迁移速度：

$$v_{ep}=\mu_{ep}\cdot E=\frac{q}{4\pi\eta r}\cdot E \tag{15-2}$$

式中，q为溶质粒子所带有效电荷；E为电场强度；η为电泳介质的黏度；v_{ep}为溶质粒子在电场中的迁移速度；μ_{ep}为溶质粒子的表观液态动力学半径。

可见，带电粒子的电泳速度除了与电场强度成正比外，还与其有效电荷、形状、大小以及介质黏度有关。不同物质在同一电场中，因其有效电荷、形状、大小的差异电泳速度不同，从而得以分开。即，带电粒子在电场中的差速迁移是电泳分离的基础。

（二）双电层和 zeta 电势

毛细管电泳中使用的毛细管通常是石英材质，其内表面在pH >3 情况下带负电，毛细管内表面与溶液的界面上形成大小相等符号相反的电荷层，即为双电层。当毛细管内表面与溶液接触时，会形成紧贴内表面的和游离的两部分离子，其中第一部分又称之为 Stern 层，第二层为扩散层。扩散层中游离离子的电荷密度随着与表面距离的增大而急剧减小。在 Stern 层与扩散层起点的边界层之间的电势称之为管壁的 zeta 电势。典型值大体在 0 ~ 100mV，zeta 电势的值随距离增大按指数衰减，使其衰减一个指数单位所需的距离称之为双电层的厚度（δ）。双电层结构及其电势随距离的变化如图 15 –1 所示。熔硅表面的 zeta 电势与它表面上的电荷数及双电层厚度有关，而这些又受到离子的性质、缓冲溶液 pH、缓冲溶液中阳离子和熔硅表面间的平衡等因素的影响。

（三）电渗流

固体与液体相接触时，如果固体表面因某种原因带一种电荷，则因静电引力使其周围液体带相反电荷，在固液界面形成双电层。当液体两端施加电压时，在紧密层和扩散层的界面上会发生固液两相的相对运动。由于离子是溶剂化的，当扩散层的离子在电场中发生迁移时，将携带溶剂一起移动。这种液体相对于固体表面的电渗流（electroosmotic flow，EOF），如图 15 –2 所示。

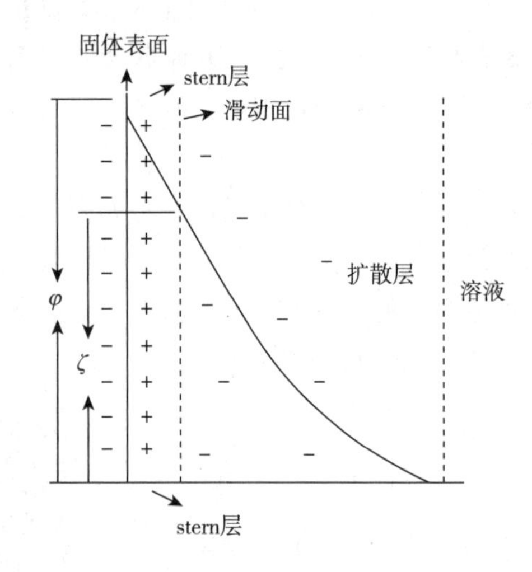

图 15 –1　双电层结构及其电势随距离的变化

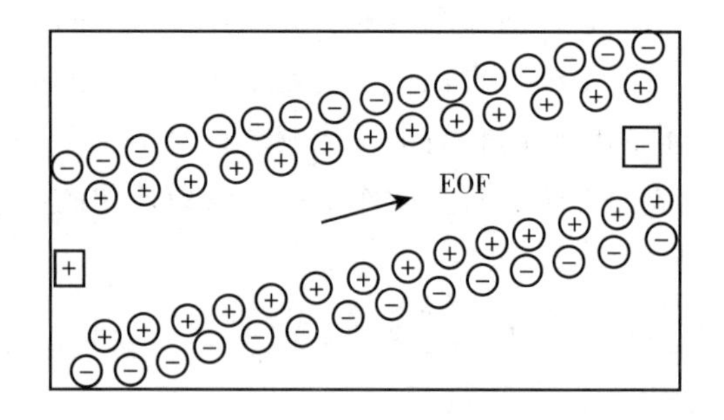

图 15 –2　电渗流示意图

电渗流的大小用电渗流速度 v_{eo}表示，其大小决定于电渗淌度 μ_{eo}和电场强度 E。即

$$v_{eo} = \mu_{eo} \cdot E \tag{15-3}$$

电渗淌度 μ_{eo}决定于电泳介质及双电层的 zeta 电势，即 $\mu_{eo} = \varepsilon_0 \varepsilon \zeta / \eta$ 。

因此

$$v_{eo} = \frac{\varepsilon_0 \varepsilon \zeta}{\eta} E \tag{15-4}$$

式中，ε_0为真空介电常数；ε 为电泳介质的介电常数；ζ 为毛细管壁的 zeta 电势。

如图 15 –3 所示，由于毛细管内壁表面扩散层的过剩阳离子均匀分布，所以在外电场力驱动下产生的电渗流为平流，即塞式流动。液体流动速度除在管壁附近因摩擦力迅速减小到零以外，其余部分几乎处处相等。HPLC 流动相的流型是抛物线形的层流，在管壁的速度为零，管中心的速度为平均速度的 2 倍。层流引起的区带展宽明显，而 CE 中的电渗流是平流流形，几乎不引起样品的区带展宽。电渗流呈平流是 CE 能获得高分离效率的重要原因。

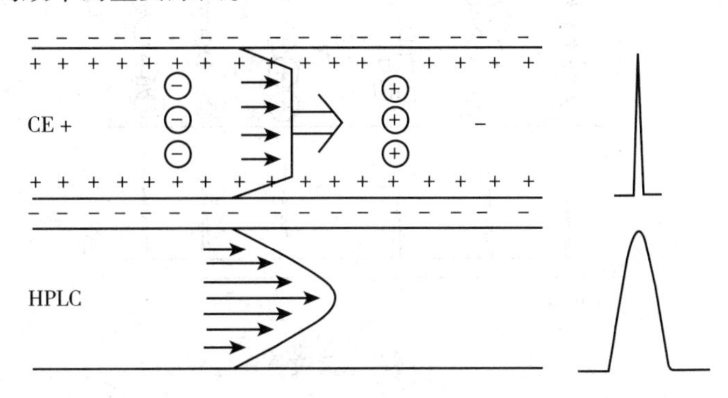

图 15 – 3　CE 电渗流与 HPLC 流动相的流型及其对样品区带展宽的影响

（四）淌度

淌度是指带电粒子在单位电场强度下的迁移速度。

在无限稀释溶液中带电粒子在单位电场强度下的平均迁移速度称为绝对淌度（absolute mobility），简称淌度，用μ_{ab}表示。绝对淌度表示一种离子在没有其他离子影响下的电泳能力，是该离子在无限稀释溶液中的特征物理量。

在实际工作中，在无限稀释溶液中进行电泳是不可能的，某种离子在溶液中并非孤立存在，必然会受到其他离子的影响，其形状、大小及带电荷数量都可能发生变化。溶质在实际溶液中的淌度叫有效淌度（effective mobility），用μ_{eff}表示，一般通过实验测得。

在毛细管电泳中，同时存在电泳和电渗，离子在电场中被观察到的实际淌度，即表观淌度（apparent mobility），不仅决定于离子的有效淌度，而且还与电渗淌度有关，它是有效淌度和电渗淌度的矢量和。表观淌度用μ_{ap}表示。

二、分离原理

在电解质溶液中，带电粒子在电场作用下，以不同速度向其所带电荷相反电极方向迁移，产生电泳。CE 通常采用石英毛细管柱，当内充液 pH > 3 时，内表面带负电，和溶液接触时形成双电层。在毛细管两端施加高压时，双电层中的阳离子整体向负极方向移动，产生电渗流。在多数情况下，电渗的速度是电泳速度的 5 ~ 7 倍。

带电粒子在毛细管内的移动速度是电泳速度（v_{eff}）和电渗流速度（v_{eo}）的矢量和，即

$$v = v_{eo} \pm v_{eff} = (\mu_{eo} \pm \mu_{eff}) \cdot E \qquad (15-5)$$

式中，E 为电场强度；μ 为淌度。

在电泳中，正离子的运动方向和电渗流一致，最先流出；中性粒子的电泳速度为“零”，其迁移速度等于电渗流速度；而负离子的运动方向和电渗流方向相反，但因电渗流速度一般大于电泳速度，故在中性粒子之后流出，从而各种粒子因迁移速度不同实现分离，如图 15 – 4 所示。

可见在一般情况下，电渗流可以带动阳离子、阴离子和中性物质以不同的速度从负极端流出毛细管。所以，电渗流在 CE 分离中起着关键作用：①电渗流起到像 HPLC 中输液泵一样的作用，带动阳离子、阴离子和中性物质分离；②改变电渗流的大小或方向，可以改变 CE 的分离效率和选择性，这是 CE 中优化分离的重要因素；③电渗流速度明显影响各种电性物质在毛细管中的迁移速度，电渗流的微小变化就会影响 CE 分离测定结果的重现性。而电泳中影响电渗流的因素很多，所以控制电渗流恒定是电泳分析中极其重要的任务。

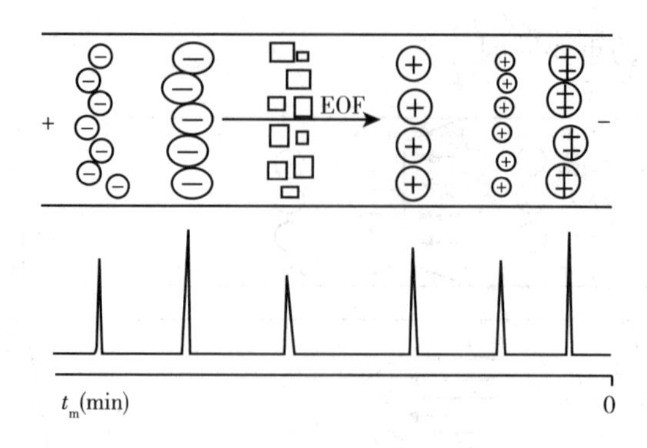

图 15-4　CE 中各种电荷粒子分离示意图

三、分析参数

HPCE 兼具有电化学的特性和色谱分析的特性，有关色谱理论也适用。

（一）迁移时间

从加压开始电泳到溶质到达检测器所需要的时间称为该溶质的迁移时间，或保留时间，用 t_R 表示，其表达式如下。

$$t_R = \frac{L_{eff}}{v_{ap}} = \frac{L_{eff}}{\mu_{ap}E} = \frac{L_{eff}L}{\mu_{ap}V} \tag{15-6}$$

式中，L 为毛细管总长度；L_{eff}为毛细管的有效长度；V 为外加电压；v_{ap}为溶质的实际迁移速度；μ_{ap}为溶质的表观淌度。

（二）分离效率

HPCE 中，分离效率用塔板数 n 表示：

$$n = \left(\frac{L_{eff}}{\sigma}\right)^2 \tag{15-7}$$

式中，σ 为标准偏差，它表示溶质的峰宽度。溶质的峰宽也可以用基线峰宽 W 或半峰宽 $W_{1/2}$表示，即

$$n = 5.54 \cdot \left(\frac{t_R}{W_{1/2}}\right)^2 = 16 \cdot \left(\frac{t_R}{W}\right)^2 \tag{15-8}$$

式中，t_R 为溶质的迁移时间；W 为溶质基线峰宽；$W_{1/2}$为半峰宽。组分峰越窄，理论塔板数越高，塔板高度越小，表明毛细管柱效越高。

（三）分离度

CE 中两个相邻组分分开的程度用 R_s表示，可以通过电泳图直接用下式求得。

$$R_s = \frac{2(t_{R_2} - t_{R_1})}{W_1 + W_2} \tag{15-9}$$

式中，t_{R_1}、t_{R_2}分别为两相邻组分的迁移时间；W_1、W_2分别为两相邻组分的基线峰宽。

根据 Giddiness 的定义，两相邻组分的分离度又可表示为：

$$R_s = 0.177(\mu_2 - \mu_1)\left[\frac{Vl}{DL(\mu_{ep} + \mu_{eo})}\right]^{1/2} \tag{15-10}$$

式中，μ_1、μ_2分别为两相邻组分的有效电泳淌度；D 为组分在介质中的扩散系数。

（四）影响分离效率的因素

柱效是反映毛细管电泳过程中溶质区带加宽的程度。根据公式（15-10）可知影响分离效率的主要

因素如下。

1. 工作电压（V） 工作电压增加，分离度增加，但若要使分离度加倍，电压要增加4倍才行，而且还会引起焦耳热的增加。因此，增加电压并不是提高柱效的最佳选择。

2. 毛细管有效长度和总长度之比（l/L） 毛细管有效长度增加，分离度增加，但毛细管长度增加会使分析时间延长。因此，应选择长度适当而又能得到较高分离度的毛细管。

3. 组分的有效电泳淌度差（$\mu_2-\mu_1$） 是使分离度增加的关键因素，这需要借助选择不同的操作模式和不同的缓冲溶液体系来实现。

4. 电渗淌度（μ_{eo}） 当$\mu_{eo}=-\mu_{ep}$时（电渗淌度和电泳淌度相等而方向相反时），分离度最大，但此时的分析时间无限长。因此，要使分析时间既不要过长，又要有较高的柱效，即需要找出最佳的μ_{eo}值。

在实际电泳过程中，除了上述因素外还存在很多引起峰加宽的因素，如焦耳热引起的温度梯度、进样塞长度、溶质与毛细管间的吸附作用、溶质与缓冲溶液间的电导不匹配引起的电分散等。

第二节 高效毛细管电泳分离模式

PPT

毛细管电泳根据分离模式不同可以归结出多种不同类型的毛细管电泳，如毛细管区带电泳（capillary zone electrophoresis，CZE）、毛细管凝胶电泳（capillary gel electrophoresis，CGE）、胶束电动毛细管色谱（micellar electrokinetic capillary chromatography，MECC）、毛细管等电聚焦电泳（capillary isoelectric focussing，CIEF）、毛细管等速电泳（capillary isotachophoresis，CITP）和毛细管电色谱（capillary electrochromatography，CEC）等，详见表15-1。不同的电泳模式具有不同的分离机制和应用范围，这给样品分离提供了不同的选择机会，对复杂样品的分离分析是非常重要的。

表15-1 毛细管电泳类型

类型	缩写	分离机制
毛细管区带电泳	CZE	溶质在自由溶液中的淌度差异
毛细管等速电泳	CITP	溶质在电场梯度下的分布差异
毛细管等电聚焦	CIEF	溶质等电点差异
毛细管凝胶电泳	CGE	溶质分子尺寸与电荷/质量比差异
胶束电动毛细管色谱	MECC	溶质在胶束与水相间分配系数的差异
微乳液毛细管电动色谱	MEEKC	溶质与微乳液液滴亲和作用差异
亲和毛细管电泳	ACE	溶质与配体亲和常数的差异
非水毛细管电泳	NACE	溶质在有机溶剂为介质的缓冲溶液中的淌度差异
毛细管电色谱	CEC	溶质与固定相的分配系数差异和溶质的淌度差异

一、毛细管区带电泳

毛细管区带电泳初称为自由溶液毛细管电泳，是CE中最简单、应用最广泛的一种操作模式，也是其他操作模式的基础。其分离机制是基于各物质的静电荷与质量之间比值的差异，不同离子按照各自表面电荷密度的差异，以不同的速度在电解质溶液中移动，从而形成一个一个独立的溶质带。它要求缓冲溶液具有均一性，毛细管中除电解液外，无需填充任何物质，操作容易，自动化程度高。特别适合分离带电化合物，包括无机离子、有机酸、胺类化合物、氨基酸、蛋白质等，但中性物质因淌度差为零而无法得到分离。

二、胶束电动毛细管色谱

用普通毛细管电泳方法无法分离中性分子，因为它们只随电渗流迁移，其迁移速率与电渗流迁移速率相同。胶束电动毛细管色谱法利用不同离子或不同分子在水相和胶束相之间的分配系数不同，既可以分离离子，又可以分离中性分子。

将一种离子表面活性剂，如十二烷基磺酸钠加入毛细管电泳的缓冲溶液中，当表面活性剂分子的浓度超过临界胶束浓度（即形成胶束的最低浓度）时，它们就会聚集形成具有三维结构的胶束，疏水尾基指向胶束中心，而带电荷的首基指向表面。由十二烷基磺酸钠形成的胶束是一种阴离子胶束，必然向阳极迁移，而强大的电渗流使缓冲溶液向阴极迁移。由于电渗流速度大于向相反方向迁移的胶束迁移速率，从而形成快速迁移的缓冲溶液水相和慢速移动的胶束相，后者相对前者来说，移动极慢，或视作“不移动”，因此把胶束相称为“准固定相”。当被分离的中性化合物从毛细管一端注入后，就在水相与胶束相两相之间迅速建立分配平衡，一部分分子与胶束结合，随胶束慢慢迁移，而另一部分随电渗流迅速迁移。由于不同的中性分子在水相和胶束相之间的分配系数不同，经过一定距离的差速迁移后得到分离。出峰顺序一般决定于被分析物质的疏水性，疏水性越强，与胶束中心的尾基作用越强，迁移时间越长；反之，亲水性越强，迁移时间越短。不同的离子与胶束的带电荷首基之间的作用强弱不同，从而使不同离子的分离选择性得以提高。

三、毛细管凝胶电泳

毛细管凝胶电泳是在毛细管中装入凝胶作为支持物进行的电泳。凝胶具有多孔性，起类似分子筛的作用，使溶质按分子大小及电荷差异逐一分离。凝胶的黏度大，可减少溶质的扩散，使被分离组分峰形尖锐，能达到 CE 中最高的柱效。常用的凝胶有聚丙烯酰胺、葡聚糖、琼脂糖等。主要应用于蛋白质、核苷酸、RNA、DNA 片段分离和测序、聚合酶链反应产物分析等。

四、毛细管等电聚焦电泳

毛细管等电聚焦电泳是 20 世纪 60 年代建立起来的一种蛋白质分离分析手段。它是在电解槽中放入两性电解质载体，当通以电流时，便形成一个由阳极到阴极 pH 逐步上升的梯度。两性化合物顺着这一梯度迁移到相当于其等电点的位置，并在此停下，产生非常窄的聚焦带，并使不同等电点的蛋白质聚焦在不同位置上。1987 年 Hjerten 建立了毛细管等电聚焦电泳方法，具有极高的分辨率，例如可以使等电点差异小于 0.01pH 单位的两种蛋白质得到有效分离。

五、毛细管等速电泳

等速电泳是根据样品的有效淌度的差别进行分离的一门电泳技术。以阴离子的分离为例，为了分离阴离子，必须在被分离溶液中加入具有一定缓冲能力的前导电解质和终末电解质。前导电解质的阴离子必须具有大于所有待分离阴离子的有效淌度，而其阳离子对分析进行时溶液的 pH 有缓冲能力。终末电解质的阴离子和有效淌度比所有待分离阴离子都小。被分离样品加于前导电解质和终末电解质之间。电泳系统通电产生均匀的电场后，不同的阴离子具有不同的迁移速度，具有最大有效淌度的阴离子将走在最前面，有效淌度小的落在后面。所以前导电解质的阴离子永远走在最前面，其他离子不能超越它。同理，终末电解质的阴离子永远在最后，待分离样品的区带总是夹在前导电解质和终末电解质之间，并且各阴离子按照有效淌度的大小递减排列，至此系统进入一个恒稳态，达到一个等速分离系统。最后得到一系列互相连接的区带，所有的阴离子都被分开。

六、非水毛细管电泳

根据配制缓冲液的介质不同，可以把 CE 分为水相毛细管电泳和非水毛细管电泳。非水毛细管电泳是以有机溶剂作介质的电泳缓冲液代替以水为介质的缓冲溶液，增加了疏水性物质的溶解度，特别适用于在水溶液中难溶而不能用 CE 分离的物质或在水溶液中性质相似难以分离的同系物，拓宽了 CE 的分析领域。

与水相 CZE 相比，非水毛细管电泳不论在分离还是与检测器联用等方面都显示出了非常独特的优势。通过选择适当的有机溶剂不仅可以提高被分析物的分离选择性，还可以用于中性物质的分离；在有机缓冲溶液中，由于分离高压所引起的电泳电流较小，因此，使得非水毛细管电泳与一些检测器具有非常好的兼容性；可以使用超大内径的毛细管柱作为分离通道，并且能够施加高的分离电压，提高了分析的灵敏度和分析速度；对在水中不稳定化合物、中性物质以及手性物质分离分析方面亦显示了独特的优势。

PPT

第三节 高效毛细管电泳仪

一般的毛细管电泳仪包括高压电源、毛细管、缓冲溶液贮瓶、检测器及数据处理装置。毛细管电泳仪示意图如图 15－5 所示。毛细管电泳仪比高效液相色谱仪结构简单，易于实现自动化。一般的商品仪器都设有十几个、甚至高达几十个进、出口位置，可以根据预先设定好的程序对毛细管进行清洗、平衡，并连续对样品进行自动分析。常用的毛细管电泳仪品牌有贝克曼、安捷伦等。

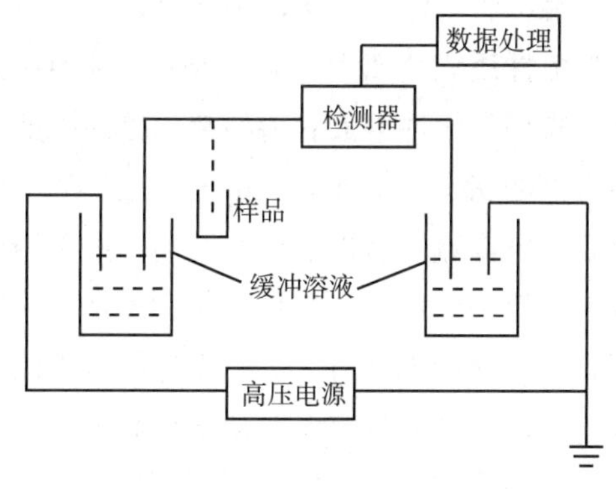

图 15－5 毛细管电泳仪示意图

一、高压电源

常用高压电源为 5～30kV 连续可调高压直流电源。为保持迁移时间具有足够好的重现性，要求电压的稳定性在 ±0.1% 以内。此外，通常采用 Pt 丝作为导电电极。

二、毛细管

毛细管是 CE 的核心部件之一，毛细管电泳的分离和检测都在毛细管内完成。采用细柱可以减小电流和自热，而且能加快散热，以保持高效分离；但会造成进样、检测及清洗困难，也不利于对吸附的抑制，故一般采用 25～100μm 内径的毛细管。增加柱的长度，会使电流减小，分析时间增加，而短柱易造成热过载，一般常用 10～100cm 的长度。最常用的是石英毛细管，因为其具有良好的光学性质（能透过紫外光）和良好的散热性能，石英表面有硅醇基团，能产生吸附和形成电渗流。电渗流在 CE 分离中起重要作用，需要根据不同的分离要求而加以控制。

三、进样方法

CE 的常规进样方式有两种：流体力学和电迁移进样。电迁移进样是在电场作用下，依靠样品离子的电迁移和（或）电渗流将样品注入，由于不同离子的电迁移率存在差异，故进入毛细管的样品与实际样品组成存在差异，即存在电歧视现象，降低分析的准确性和可靠性，但此法适用于黏度大的缓冲液和 CGE 情况。流体力学进样是普适方法，可以通过虹吸、在进样端加压或检测器端抽真空等方法来实现，进样量可通过调节压力大小和进样时间长短控制，但不适合黏度大的样品。

四、缓冲液池

缓冲液池中装缓冲溶液，为电泳提供工作介质。要求缓冲液池为化学惰性，机械稳定性好。

五、检测器

毛细管电泳常用的检测器有紫外检测器、荧光检测器、激光诱导荧光检测器，此外还有安培检测器、电导检测器等。其中紫外检测器适用范围广，二极管阵列检测器可提供紫外光谱信息；荧光检测器及激光诱导荧光检测器灵敏度高，但通常需衍生化。

第四节　毛细管区带电泳分离条件的选择

PPT

一、缓冲溶液的选择

毛细管电泳中，缓冲溶液可以维持溶液 pH 稳定，其种类、浓度、pH 对电渗流的大小、方向、试样的带电性质均会产生影响，因此缓冲溶液的选取在毛细管电泳中至关重要。

常用的缓冲溶液有磷酸盐、硼砂、醋酸盐等。缓冲溶液的 pH 决定了电渗流的大小和样品在毛细管中带电的状态，缓冲盐的浓度直接影响电泳介质的离子强度，从而影响 zeta 电势，而 zeta 电势的变化又会影响电渗流。缓冲液浓度升高，离子强度增加，双电层厚度减小，zeta 电势降低，电渗流减小，样品在毛细管中停留时间变长，有利于迁移时间短的组分分离，分析效率提高。同时，随着电解液浓度的提高，电解液的电导将大大高于样品溶液的电导而使样品在毛细管柱上产生堆积的效果，增强样品的富集现象，增加样品的容量，从而提高分析灵敏度。但是，电解液浓度太高，电流增大，由于热效应而使样品组分峰形扩展，分离效果反而变差。此外，离子还可以通过与管壁作用以及影响溶液的黏度、介电常数等来影响电渗，离子强度过高或过低都对提高分离效率不利。

二、工作电压的选择

在 CE 中，分离电压也是控制电渗的一个重要参数。高电压是实现 CE 快速、高效的前提，电压升高，样品的迁移速度加大，分析时间缩短，但毛细管中焦耳热增大，基线稳定性降低，灵敏度降低；分离电压越低，分离效果越好，分析时间延长，峰形变宽，导致分离效率降低。因此，相对较高的分离电压会提高分离度和缩短分析时间，但电压过高又会使谱带变宽而降低分离效率。电解质浓度相同时，非水介质中的电流值和焦耳热均比水相介质中小得多，因而在非水介质中允许使用更高的分离电压。

三、添加剂的选择

在毛细管电泳分离中，除了缓冲溶液中的电解质成分外，往往需要在缓冲溶液中添加某种成分，通过其与毛细管管壁或样品组分之间的相互作用，改变管壁或溶液的物理化学特性，进一步优化分离条件，提高分离度及分离选择性。常用的添加剂有以下几种。

（一）无机盐与两性离子添加剂

加入高浓度的无机盐，大量的阳离子争夺毛细管壁的负电荷从而降低管壁对蛋白质的吸附。阳离子越大，覆盖毛细管表面越有效。

用两性离子代替无机盐，可克服加无机盐产生大量焦耳热的缺点。常用的两性离子，如强酸强碱型的（$(CH_3)_3N^+CH_2CH_2CH_2SO_3^-$）（简称 TMAPS）、三甲基氨基乙酸盐（$(CH_3)_3N^+CH_2COO^-$）。因为它们既可以保持高离子强度，缩短迁移时间，又不会产生较大的电流，提高了分离效率，改善了分离度和重现性。

（二）手性添加剂

手性冠醚、环糊精及其衍生物等的加入可以实现对光学异构体的手性拆分，已成功应用于多种毛细管电泳分离模式中，使不同的手性对映体由于形成配合物的配位常数不同而获得分离。

（三）表面活性剂

表面活性剂具有增溶、吸附形成胶束的功能。低浓度（小于临界胶束浓度）的阳离子表面活性剂能在毛细管壁形成单层或者双层吸附，可以改变电渗流的大小甚至方向。

（四）有机溶剂

在电泳分析中，缓冲溶液一般用水配制，但用水-有机混合溶剂能有效改善分离度及选择性。加入有机溶剂会降低离子强度，zeta 电势增大，溶液黏度降低，改变管壁内表面电荷分布，使电渗流降低，溶质迁移时间延长。常用的溶剂为甲醇和乙腈。

第五节　应用与示例

PPT

一、定性分析

与其他色谱法类似，保留值定性也是毛细管电泳法常用的定性方法。将供试品与对照品在相同操作条件下进行电泳分离，二者保留时间（迁移时间）一致，则二者可能是同一物质。

二、定量分析

高效毛细管电泳法由于进样量小，进样重复性不如 HPLC，采用外标法定量的误差通常较大，因此更适宜采用内标法进行定量分析。若难以找到适宜的内标物，可用叠加对比法定量，在电泳图中找一个与待测组分的迁移时间和峰面积相当且稳定的特征峰，作为内参比峰。

三、应用与示例

毛细管电泳具有多种分离模式（多种分离介质和原理），故具有多种功能，因此其应用十分广泛，通常能配成溶液或悬浮溶液的样品（除挥发性和不溶物外）均能用 CE 进行分离和分析，小到无机离子，大到生物大分子和超分子，甚至整个细胞都可进行分离检测。它广泛应用于化学、生命科学、药学、临床医学、农学、环境科学、食品科学等领域。

毛细管电泳技术的研究和应用，给药物分析领域带来了生机与活力，尤其在中成药复方制剂的分析、中药材种属的鉴定和基因工程药物研究方面的进展，令人瞩目。

应用实例：冬虫夏草水提液的毛细管电泳分析。孙毓庆等使用有效长度为50cm，内径为75μm的毛细管，36mmol/L硼砂－15mmol/L磷酸氢二钠（pH 9.2）为缓冲溶液，运行电压14.0kV，检测波长254nm的毛细管电泳分离条件下，可获得44个峰，如图15－6所示。而用HPLC只能获得十几个色谱峰，很容易与蛹虫草、人工冬虫夏草、人工蛹虫草及其伪品及次品等区别。

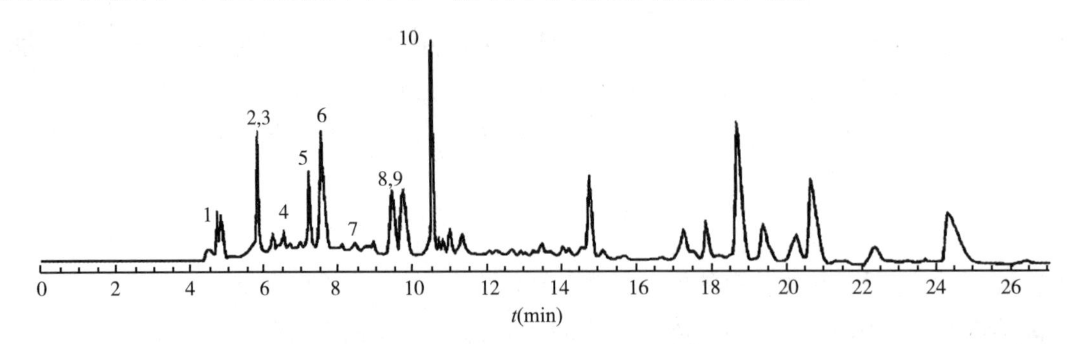

图15－6　冬虫夏草的毛细管电泳图谱

1. 虫草素；2. 腺嘌呤；3. 胸腺嘧啶脱氧核苷；4. 尿嘧啶；5. 内标；
6. 腺苷；7. 次黄嘌呤；8. 鸟苷；9. 尿苷；10. 次黄嘌呤核苷

近些年来，由于大气压电离、电喷雾电离等离子源以及快速扫描的新型质谱仪的出现，可以满足CE峰形窄、要求检测器响应速度快的特点，使得CE－MS、CE－MS－MS均得到快速发展，并正在成为实验室的重要常规分析方法之一。

20世纪90年代发展起来的微流控分析系统通常也被称为集成毛细管电泳（integrated capillaryelectrophoresis，ICE），是将常规CE的原理和技术与流动注射进样技术相结合，借助微机电加工技术，在平方厘米级大小的芯片上刻蚀出矩形或梯形管道和具有其他功能的单元，通过不同的管道网路、反应器、检测单元等的设计和布局，实现样品的采集、预处理、反应、分离和检测，是一种多功能化的快速、高效、高灵敏度和低消耗的微型装置。微流控分析系统可大大提高分析速度和极大地降低分析费用，使分析科学进入了一个微型化、集成化和自动化的崭新世界。

知识链接

毛细管电泳技术在药典中的应用

自2000年5月1日《美国药典》第24版的第二增补本收录毛细管电泳法后，《中国药典》（2005年版）也收录了毛细管电泳法，并在后续各版本中逐步扩大了毛细管电泳法的应用范围，目前主要用于异构体的拆分，如《中国药典》（2020年版）中使用毛细管电泳法检查佐米曲普坦光学纯度。

答案解析

目标检测

一、名词解释

淌度；表观淌度；电渗流。

二、选择题

1. 关于电泳迁移速率，说法错误的是

A. 电场强度越高，样品迁移率越大

B. 缓冲溶液 pH 决定样品带电荷的性质，因此影响样品迁移率

C. 温度高，样品迁移率变大

D. 溶液的离子强度对样品迁移速率没有影响

E. 一般带电荷越大，离子颗粒越小，迁移速率就越大

2. 关于毛细管电泳，下列说法错误的是

A. 一般使用石英材料毛细管

B. 毛细管电泳比 HPLC 更高效

C. 一般情况下，样品从正极流向负极

D. 可以通过增大内径做成制备电泳

E. 区带电泳中样品靠电泳和电渗作用移动

3. 下列说法错误的是

A. 毛细管电泳一般使用柱上检测

B. 毛细管电泳仪电极常使用铂丝

C. 电动进样对样品存在歧视

D. 流体力学进样能够反映样品的真正组成

E. 所有样品都可以采用流体力学进样

三、简答题

1. 在 pH 大于 3 的情况下，CZE 分离模式中，正离子、负离子、中性分子在石英毛细管柱上的出峰顺序如何？不同的正离子是如何实现分离的？

2. 影响毛细管电泳法分离效率的因素有哪些？

3. 毛细管电泳法的进样方法有电动进样和压力进样，两种方法有何优劣？

4. 写出三种毛细管电泳的分离模式，说明其适用情况。

书网融合……

思政导航

本章小结

微课

题库

附　录

附录一　有机化合物主要官能团的^{13}C化学位移

	官能团	δ_C(ppm)
$>C=O$	酮	225 ~ 175
	α,β-不饱和酮	210 ~ 180
	α-卤代酮	200 ~ 160
$>C=O$（H）	醛	205 ~ 175
	α，β-不饱和醛	195 ~ 175
	α-卤代醛	190 ~ 170
—COOH	羧酸	185 ~ 160
—COCl	酰氯	182 ~ 165
—CONHR	酰胺	180 ~ 160
$(—CO)_2NR$	酰亚胺	180 ~ 165
—COOR	羧酸酯	175 ~ 155
$(—CO)_2O$	酸酐	175 ~ 150
— $(R_2N)_2CS$	硫脲	185 ~ 165
$(R_2N)_2CO$	脲	170 ~ 150
$>C=NOH$	肟	165 ~ 155
$(RO)_2CO$	碳酸酯	160 ~ 150
$>C=N—$	甲亚胺	165 ~ 145
$—^{\oplus}N\equiv C^{\ominus}$	异氰化物	150 ~ 130
$—C\equiv N$	氰化物	130 ~ 110
—N=C=S	异硫氰化物	140 ~ 120
$—S—C\equiv N$	硫氰化物	120 ~ 110
—N=C=O	异氰酸盐（酯）	135 ~ 115
$—O—C\equiv N$	氰酸盐（酯）	120 ~ 105
—X—C(=)<	杂芳环，α-C	155 ~ 135
$>C=C<$	杂芳环	140 ~ 115
$>C=C<$（X）	芳环C（取代）	145 ~ 125
$>C=C<$	芳环	135 ~ 110

续表

	官能团	δ_C(ppm)
$>C=C<$	烯烃	150 ~ 110
$-C\equiv C-$	炔烃	100 ~ 70
$-\overset{\vert}{\underset{\vert}{C}}-\overset{\vert}{\underset{\vert}{C}}-$	烷烃	55 ~ 5
△	环丙烷	5 ~ −5
$-\overset{\vert}{\underset{\vert}{C}}-\overset{\vert}{\underset{\vert}{C}}-$	C(季碳)	70 ~ 35
$-\!\!\!>\!C-O$		85 ~ 70
$-\!\!\!>\!C-N<$		75 ~ 65
$-\!\!\!>\!C-S-$		70 ~ 55
$-\!\!\!>\!C-X-$	(卤素)	Cl 75 ~ 35 I
$>CH-C<$	C(叔碳)	60 ~ 30
$>CH-O-$		75 ~ 60
$>CH-N<$		70 ~ 50
$>CH-S-$		55 ~ 40
$>CH-X-$	卤素	Cl 65 ~ 30 I
$-CH_2-C<$	C(仲碳)	45 ~ 25
$-CH_2-O-$		70 ~ 40
$-CH_2-N<$		60 ~ 40
$-CH_2-S-$		45 ~ 25
$-CH_2-X-$	卤素	Cl 45 ~ −10 I
$H_3C-C<$	C(伯碳)	30 ~ −20
H_3C-O-		60 ~ 40
$H_3C-N<$		45 ~ 20
H_3C-S-		30 ~ 10
H_3C-X		Cl 35 ~ −35 I

附录二 质谱中常见的碎片离子（正电荷未标出）

m/z	离子
14	CH_2
15	CH_3
16	O
17	OH
18	H_2O，NH_4
19	F
20	HF
26	$C{\equiv}N$，C_2H_2
27	C_2H_3
28	N_2（空气），$CH{=}NH$，C_2H_4，CO
29	CHO，C_2H_5
30	CH_2NH_2，NO
31	CH_2OH，OCH_3
32	O_2（空气）
33	SH，CH_2F
34	H_2S
35	Cl
36	HCl
39	C_3H_3
40	CH_2CN，Ar（空气），C_3H_4
41	C_3H_5，$CH_2C{=}N+H$，C_2H_2NH
42	C_3H_6，C_2H_2O
43	$CH_3C{=}O$，C_3H_7，C_2H_5N
44	$CH_2—\overset{H}{\overset{\vert}{C}}{=}O+H$，$CH_3CHNH_2$，$CO_2$
45	CH_2CH_2OH，$\overset{CH_3}{\overset{\vert}{C}}HOH$，$\overset{O}{\overset{\Vert}{C}}OH$，$CH_2OCH_3$，$CH_3CH—O+H$
46	NO_2
47	CH_3S，CH_2SH
48	CH_3S+H
49	CH_2Cl
51	CHF_2
53	C_4H_5
54	$CH_2CH_2C{\equiv}N$
55	C_4H_7，$CH_2{=}CHC{=}O$
56	C_4H_8
57	C_4H_9，$C_2H_5C{=}O$
58	CH_3COCH_2+H，C_2H_2S，$C_2H_5CHNH_2$，$(CH_3)_2NCH_2$，$C_2H_5NHCH_2$
59	NH_2COCH_2+H，$\overset{O}{\overset{\Vert}{C}}—O—CH_3$，$CH_3OCHCH_3$，$(CH_3)_2COH$，$CH_2OC_2H_5$，$CH_3CHCH_2OH$
60	CH_2ONO，$CH_2COOH+H$
61	$COOCH_3+2H$，CH_2SCH_3
65	$\equiv C_5H_5$
66	$\equiv C_5H_6$
67	C_5H_7
68	$CH_2CH_2CH_2C{\equiv}N$
69	C_5H_9，CF_3，$CH_3CH{=}CH—C{=}O$
70	C_5H_{10}
71	C_5H_{11}，$C_3H_7C{=}O$

续表

m/z	离子	m/z	离子
72	$C_2H_5COCH_2+H$，$C_3H_7CHNH_2$ $(CH_3)_2N{=}\,{=}O$，$C_2H_5NHCHCH_3$ 和异构体	88	$CH_2COOC_2H_5+H$
73	59 的同系数 $COOC_2H_5$，$C_3H_7OCH_2$	89	$C(=O)OC_3H_7+2H$，C_6H_5—C
74	CH_2—$C(=O)$—OCH_3+H	90	CH_3CHONO_2，C_6H_5—CH
75	$C(=O)$—OC_2H_5+2H，$CH_2SC_2H_5$， $(CH_3)_2CSH$，$(CH_3O)_2CH$	91	C_6H_5—CH_2，C_6H_5—CH+H，C_6H_5—C+2H， C_6H_5—N，$(CH_2)_4Cl$
77	C_6H_5	92	C_5H_4N—CH_2，C_6H_5—CH_2+H
78	H_6H_5+H	93	CH_2Br，C_7H_9，C_7H_9（萜类）
79	C_6H_5+2H，Br	94	C_6H_5—O+H，C_4H_3NH—$C{=}O$
80	CH_3SS+H，HBr，C_4H_3NH—CH_2	95	C_4H_3O—$C{=}O$
81	C_4H_3O—CH_2，C_6H_9	96	$CH_2CH_2CH_2CH_2CH_2C\equiv N$
82	$CH_2CH_2CH_2CH_2C\equiv N$，$CCl_2$，$C_6H_{10}$	97	C_4H_3S—CH_2，C_7H_{13}
83	C_6H_{11}，$CHCl_2$，$C_4H_3S^+$	98	C_4H_3O—CH_2O+H
85	$CClF_2$，$C_4H_9C{=}O$，C_6H_{13}		
86	$C_3H_7C(=O)+H$ CH_2，$C_4H_9CHNH_2$和异构体		
87	$C_3H_7OC(=O)$，73的同系物		

续表

m/z	离子	m/z	离子
99	C_7H_{15}，$C_6H_{11}O$	119	CF_3CF_2，$C_6H_5—C(CH_3)—CH_3$
100	$C_4H_9COCH_2+H$，$C_5H_{11}CHNH_2$	120	$C_6H_4O—C=O$（邻位 C=O）
101	$C(=O)—OC_4H_9$	121	$HO—C_6H_4—C=O$，$CH_3O—C_6H_4—CH_2$，$C_6H_6(N=O)(NH)$，
102	$CH_2—C(=O)—OC_3H_7+H$	123	$F—C_6H_4—C=O$
103	$C(=O)—OC_4H_9+2H$，$C_5H_{11}S$，$CH(OCH_2CH_3)_2$	125	$C_6H_5—S—O$
104	$C_2H_5CHONO_2$	127	I
105	$C_6H_5—C=O$，$C_6H_5—CH_2CH_2$ $C_6H_5—CHCH_3$	131	C_3F_5，$C_6H_5—CH=CH—C(=O)$
106	$C_6H_5—NHCH_2$	135	$(CH_2)_4Br$
107	邻 $HO—C_6H_4—CH_2$，$C_6H_5—CH_2O$， 对 $HO—C_6H_4—CH_2$（H_2C）	138	邻 $HO—C_6H_4—C(=O)O+H$
108	$C_6H_5—CH_2O+H$	139	$C_6H_4(CC)—C=O$
109	环己烯基 $—C=O$	149	$C_6H_4(C=O)_2O+H$
111	噻吩基 $—C=O$	154	$C_6H_5—C_6H_5$

附录三 质谱中经常失去的中性碎片

分子离子减去	失去的碎片
1	$\cdot H$
15	$\cdot CH_3$
17	$\cdot HO$
18	H_2O
19	$\cdot F$
20	HF
26	$CH\equiv CH$, $\cdot C\equiv N$
27	$CH_2=CH\cdot$, $HC\equiv N$
28	$CH_2=CH_2$, CO, ($HCN + H\cdot$)
29	$CH_3CH_2\cdot$, $\cdot CHO$
30	$NH_2CH_2\cdot$, CH_2O, NO
31	$\cdot OCH_3$, $\cdot CH_2OH$, CH_3NH_2
32	CH_3OH, S
33	$HS\cdot$, ($\cdot CH_3$ 和 H_2O)
34	H_2S
35	$\cdot Cl$
36	HCl, $2H_2O$
37	H_2Cl, (或 $HCl + H$)
38	$\cdot C_3H_2$, C_2N, F_2
39	C_3H_3, HC_2N
40	$CH_3C\equiv CH$
41	$CH_2=CHCH_2\cdot$
42	$CH_2=CHCH_3$, $CH_2=C=O$
43	△, $NCNH_2$, $\cdot C_3H_7$, [$CH_3\cdot$ 和 $CH_2=CH_2$], $HCNO$, $CH_2=CH-O\cdot$, $CH_3-\overset{\overset{O}{\|}}{C}\cdot$
44	$CH_2=CHOH$, CO_2, N_2O, $CONH_2$, $NHCH_2CH_3$
45	$CH_3CHOH\cdot$, $CH_3CH_2O\cdot$, $COOH$, $CH_3CH_2NH_2$
46	[H_2O 和 $CH_2=CH_2$], CH_3CH_2OH, $\cdot NO_2$
47	$CH_3S\cdot$
48	CH_3SH, SO, $O_3\cdot$
49	$\cdot CH_2Cl$
51	$\cdot CHF_2$
52	C_4H_4, C_2N_2
53	C_4H_5
54	$CH_2=CH-CH=CH_2$
55	$\cdot CH_2=CHCHCH_3$
56	$CH_2=CHCH_2CH_3$, $2CO$, $CH_3CH=CHCH_3$
57	$\cdot C_4H_9$
58	$\cdot NCS$, ($NO + CO$), CH_3COCH_3
59	H | S· △
60	C_3H_7OH, CH_3COOH
61	$CH_3CH_2S\cdot$
62	[H_2S 和 $CH_2=CH_2$]
63	$\cdot CH_2CH_2Cl$
64	C_5H_4, S_2, SO_2
68	$CH_2=\overset{\overset{CH_3}{\|}}{C}-CH=CH_2$
69	$\cdot CF_3$, $\cdot C_5H_9$
71	$\cdot C_5H_{11}$
73	$CH_3CH_2OC=O\cdot$
74	C_4H_9OH
75	C_6H_3
76	C_6H_4, CS_2
77	C_6H_5, CS_2H
78	C_6H_6, CS_2H_2, C_5H_4N
79	C_5H_5N, $Br\cdot$
80	HBr
85	$\cdot CClF_2$
100	$CF_2=CF_2$
119	$CF_3-CF_2\cdot$
122	C_6H_5COOH
127	$I\cdot$
128	HI

附录四　高效液相色谱法常用溶剂的性质[①]

溶剂	b. p. (℃)	η [(cP 25℃)]	RI	λ_{UV} (nm)	e	γ	δ	δ_d	δ_o	δ_a	δ_h	P'	ε^0	x_e	x_d	x_n	选择性分组[③]	水溶性[④]
全氟烃[②]	50	0.40	1.267	210	1.88		6.0	6.0	0	1	0	< -2	0.25					
正戊烷	36	0.22	1.355	195	1.84		7.1	7.1	0	0	0	0	0					0.010
正己烷	69	0.30	1.372	190	1.88		7.3	7.3	0	0	0	0.1	0.01					0.010
正庚烷	98	0.40	1.385	195	1.92		7.4	7.4	0	0	0	0.2	0.01					0.010
环己烷	81	0.90	1.423	200	2.02		8.2	8.2	0	0	0	-0.2	0.04					0.012
四氯化碳	77	0.90	1.457	265	2.24		8.6	8.6	0	0.5	0	1.6	0.18					0.008
苯	80	0.60	1.498	280	2.30		9.2	9.2	0	0.5	0	2.7	0.32	0.23	0.32	0.45	Ⅶ	0.058
甲苯	110	0.55	1.494	285	2.40		8.9	8.9	0	0.5	0	2.4	0.29	0.25	0.28	0.47	Ⅶ	0.046
乙醚	35	0.24	1.350	218	4.30		7.4	6.7	2	2	0	2.8	0.38	0.53	0.13	0.34	Ⅰ	1.30
二氯甲烷	40	0.41	1.421	233	8.9		9.6	6.4	5.5	0.5	0	3.1	0.42	0.29	0.18	0.53	Ⅴ	0.17
正丙醇	97	1.90	1.385	205	20.3	23	10.2	7.2	2.5	4	4	4.0	0.82	0.54	0.19	0.27	Ⅱ	互溶
正丁醇	118	2.60	1.397	210	17.5							3.9	0.70	0.59	0.19	0.25	Ⅱ	20.1
四氢呋喃	66	0.46	1.405	212	7.6	27.6	9.1	7.6	4	3	0	4.0	0.57	0.38	0.20	0.42	Ⅲ	互溶
乙酸乙酯	77	0.43	1.370	256	6.0		8.6	7.0	3	2	0	4.4	0.58	0.34	0.23	0.43	Ⅵ	9.8
三氯甲烷	61	0.53	1.443	245	4.8		9.1	8.1	3	0.5	0	4.1	0.40	0.25	0.41	0.33	Ⅷ	0.072
甲乙酮	80	0.38	1.376	329	18.5							4.7	0.51	0.35	0.22	0.43	Ⅶ	23.4
二氧六环	101	1.20	1.420	215	2.2	33	9.8	7.8	4	3	0	4.8	0.56	0.36	0.24	0.40	Ⅵ	互溶
吡啶	115	0.88	1.507	305	12.4		10.4	9.0	4	5	0	5.3	0.71	0.41	0.22	0.36	Ⅲ	互溶
硝基乙烷	114	0.64	1.390	380								5.2	0.60	0.28	0.29	0.43	Ⅶ	0.90
丙酮	56	0.30	1.356	330	20.7	23	9.4	6.8	5	2.5	0	5.1	0.50	0.35	0.23	0.42	Ⅵ	互溶
乙醇	78	1.08	1.359	210	24.6	22						4.3	0.88	0.52	0.19	0.29	Ⅱ	互溶

续表

溶剂	b. p. (℃)	η [(cP 25℃)]	RI	λ_{UV} (nm)	e	γ	δ	δ_d	δ_o	δ_a	δ_h	P'	ε^0	x_e	x_d	x_n	选择性分组[3]	水溶性[4]
乙酸	118	1.10	1.370	230	6.2		12.4	7				6.0	1.0	0.39	0.31	0.30	Ⅳ	互溶
乙腈	82	0.34	1.341	190	37.5	29	11.8	6.5	8	2.5	0	5.8	0.65	0.31	0.27	0.42	Ⅵ	互溶
二甲基亚酰胺	153	0.80	1.428	268	36.7		11.5	7.9				6.4		0.39	0.21	0.40	Ⅲ	互溶
二甲亚砜	189	2.0	1.477	268	4.7		12.8	8.4	7.5	5	0	7.2	0.75	0.39	0.23	0.39	Ⅲ	互溶
甲醇	65	0.54	1.326	205	32.7	22	12.9	6.2	5	7.5	7.5	5.1	0.95	0.48	0.22	0.31	Ⅱ	互溶
硝基甲烷	101	0.61	1.380	380			11.0	7.3	8	1	0	6.0	0.64	0.28	0.31	0.40	Ⅶ	2.1
乙二醇	182	16.5	1.431		37.7		14.7	8.0	大	大	大	6.9	1.11	0.43	0.29	0.28	Ⅳ	互溶
甲酰胺	210	3.3	1.447	210			17.9	8.3	大	大	大	9.6		0.36	0.33	0.30	Ⅳ	互溶
水	100	0.89	1.333		78.5	73	21	6.3	大	大	大	10.2		0.37	0.37	0.25	Ⅷ	

注：①符号：η 为黏度（25℃）（mP·s）；RI 为折射率；λ_{uv} 为 UV 吸收截止波；e 为介电常数；γ 为表面张力（10^{-3} N/m）；δ 为溶解度参数（由沸点计算获得）；δ_d 为色散溶解度参数；δ_o 为取向溶解度参数；δ_a 为接受质子溶解度参数；δ_h 为给予质子溶解度参数；P' 为溶剂极性参数；ε^0 为在 Al_2O_3 吸附剂上的溶剂强度参数；x_e 为质子接受体作用力；x_d 为质子给予体作用力；x_n 为强偶极作用力。

②不同化合物的平均值。

③参见第十四章图 14-16。

④系指 20℃时溶解在溶剂中的水的质量分数。

参考文献

[1] 尹华，王新宏. 仪器分析[M]. 3版. 北京：人民卫生出版社，2021.

[2] 王淑美. 分析化学（下）[M]. 5版. 北京：中国中医药出版社，2021.

[3] 胡坪，王氢. 仪器分析[M]. 5版. 北京：高等教育出版社，2019.

[4] 陈怀侠. 仪器分析[M]. 北京：科学出版社，2022.

[5] 柴逸峰，邸欣. 分析化学[M]. 8版. 北京：人民卫生出版社，2016.

[6] 武汉大学. 分析化学（下册）[M]. 6版. 北京：高等教育出版社，2018.

[7] 华中师范大学，东北师范大学，陕西师范大学，等. 分析化学（下册）[M]. 4版. 北京：高等教育出版社，2012.

[8] 闫冬良，周建庆. 分析化学[M]. 2版. 北京：人民卫生出版社，2021.

[9] 池玉梅，范卓文. 分析化学[M]. 北京：人民卫生出版社，2021.

[10] 范康年. 谱学导论[M]. 2版. 北京：高等教育出版社，2011.

[11] 白银娟，张世平. 波谱原理及解析[M]. 4版. 北京：科学出版社，2021.

[12] 裴月湖. 有机化合物波谱解析[M]. 5版. 北京：中国医药科技出版社，2019.

[13] 宁永成. 有机化合物结构鉴定与有机波谱学[M]. 4版. 北京：科学出版社，2018.

[14] 孟令芝，龚淑玲. 有机波谱分析[M]. 4版. 武汉：武汉大学出版社，2016.

[15] 张正行. 有机光谱分析[M]. 北京：人民卫生出版社，2009.

[16] Robert M. Siverstein，Francis X. Webster，等. 有机化合物的波谱解析（原著第八版）[M]. 上海：华东理工大学出版社，2021.

[17] 孔令义. 波谱解析[M]. 3版. 北京：人民卫生出版社，2023.

[18] 苏立强，郑永杰. 色谱分析法[M]. 2版. 北京：清华大学出版社，2017.

[19] 刘虎威. 气相色谱方法及应用[M]. 3版. 北京：化学工业出版社，2023.

[20] 于世林. 高效液相色谱法及应用[M]. 3版. 北京：化学工业出版社，2019.